C O N S T R U C T I O N   E N V R O N M E N T A L   D E S I G N

AutoCAD 2006/2011

건설환경디자인CAD

- AutoCAD 2006/2011 -

이 승 원 저

도서출판
구미서관

머리말

현재 건설환경기술이 고도로 발달함에 따라 이에 따른 건설환경디자인 분야에서 CAD가 절대적으로 중요한 역할이 되고 있다. 본서는 건설환경기술자가 CAD 실무를 느끼고 실제로 적용할 수 있도록 하기 위하여 오랫동안 심혈을 기울여 집필한 책으로서, CAD는 건설환경공학의 구조, 콘크리트, 토질, 수공, 측량, 상하수도, 환경 등 전 분야에 걸쳐서 설계의 기초가 되는 필수적인 학문이라 할 수 있다. 따라서 안전하고도 경제적이며 미관상으로도 아름다운 구조물 및 시설물을 설계, 시공, 유지관리하기 위해서는 철저한 학습을 통하여 CAD를 이해하고 응용할 수 있는 실무 능력을 배양해야 하겠다.

본서에서는 CAD에 대한 기본 이론은 가능한 한 쉽고 간단하게 전개하고, 이 기본 이론에 대한 이해를 성취하기 위해서 많은 실습 예제들을 광범위하게 다루기 위하여, 건설환경디자인 분야에서의 다양한 실무 예제의 선정과 그 해설의 체계적인 전개를 위해 많은 노력을 기울였다.

특히 장래의 훌륭한 건설환경기술자의 길을 걷기 시작하는 혹은 현재 활동 중인 기술자들을 위하여 교량, 토공, 도로, 각종 콘크리트 구조물, 환경시설물에서부터 가시설, 지장물도 및 지형도 등에 이르기까지 다양한 실제 구조물의 CAD 도면을 전개하였으며, CAD 관련 웹사이트를 소개하였다.

본서로 인하여 건설환경기술자들이 CAD를 보다 더 쉽게 이해하고 디자인 업무에 잘 활용하길 바라며, 본서는 CAD를 처음 접하는 분들을 위하여 기획 및 집필된 것이기도 하지만, 각종 국가기술자격시험을 준비하는 수험생들과 대학에서 공부하는 학생 그리고 건설환경 실무에 종사하는 모든 분들에게도 훌륭한 기초 자료가 될 것임을 기대한다.

끝으로 본서를 출간하는 데 큰 도움을 준 (주)동이이엔씨의 권순태사장을 비롯한 모든 분들과 출판을 맡아 수고해 주신 도서출판 구미서관 관계자의 노고에 깊은 감사를 드린다.

2012년 2월

저자 이 승 원

목 차

PART 1.

AutoCAD의 개요

Chapter 01

AutoCAD의 소개

1.1 정 의

CAD는 [Computer Aided Design & Drafting]의 약자로 컴퓨터를 활용한 디자인 또는 도면작업을 의미한다. 즉, 도면설계 및 제도와 같은 일련의 작업을 수작업으로 하던 과거와는 달리 컴퓨터를 이용하여 분석, 편집, 수정절차를 단시간에 수행할 수 있는 설계 전용 소프트웨어이다.

컴퓨터를 이용하여 모니터, 마우스, 플로터 등과 같은 입출력 장치를 사용하여 최적의 설계, 분석, 수정 등을 행하는 것을 말한다.

1.2 소 개

AutoCAD는 미국 오토데스크(Autodesk)사가 개발한 컴퓨터 지원설계(CAD)프로그램이다. 개인용 컴퓨터(PC)용으로 개발한 최초의 주요 CAD프로그램의 하나로, 사용자들이 많아 업계 표준프로그램이 되었다.

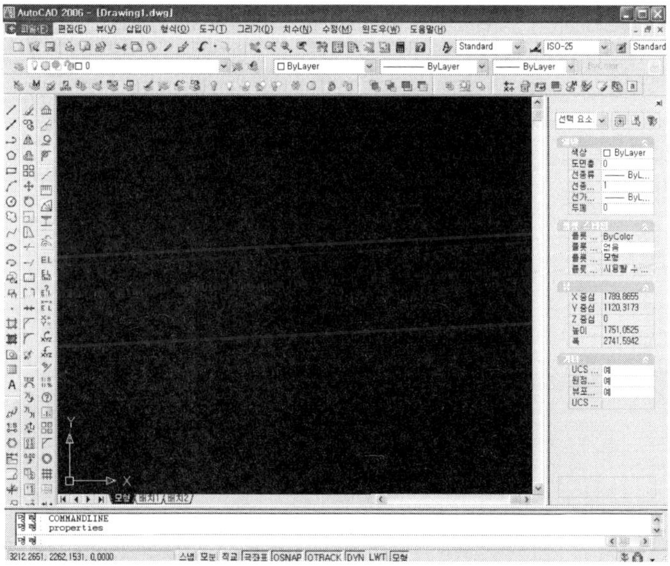

Chapter 02

AutoCAD의 역사

2.1 발 전

AutoCAD 프로그램은 1982년 12월 미국의 Autodesk상에 의하여 만들어져 계속적으로 내용을 추가, 확장하면서 현재의 AutoCAD 2012까지 발전되어 왔다. AutoCAD의 발전과정을 살펴보면 다음과 같다.

제목	날짜	내용
Version 1.0(Release 1)	1982. 12	라스베가스 컴덱스(Comdex) 무역박람회에서 처음 소개
Version 1.2(Release 2)	1983. 4	치수 기입 기능을 추가
Version 1.3(Release 3)	1983. 8	구성, 레이어 기능을 추가
Version 1.4(Release 4)	1983. 10	제도 기능과 제도 보조기능을 추가
Version 2.0(Release 5)	1984. 10	선의 종류 및 레이어 기능을 확대 추가
Version 2.1(Release 6)	1985. 5	2차원 기능과 출력기능을 추가, AutoLisp 프로그램 언어 사용
Version 2.5(Release 7)	1986. 6	AutoSketch와 워크스테이션 버전 출시
Version 2.6(Release 8)	1987. 4	3DFACE와 같은 3차원 기능 추가
Release 9	1987. 9	풀다운 메뉴와 3차원 기능을 추가, AutoShade 발표
Release 10	1988. 11	3차원 기능의 대폭 추가, Animator 발표
Release 11	1990. 8	Network, AME, ASD 기능 추가와 윈도우 버전 출시
Release 12	1992. 7	GUI 기능 향상과 ASE, Render 기능 추가
Release 13	1994. 12	윈도우 NT 버전 출시와 GUI, Render 기능 확장
Release 14	1997. 5	인터넷 웹 브라우저 기능, GUI 기능 확장, 속도 향상
AutoCAD 2000	1999. 5	다중 설계환경(MDE) 기능, Design Center 인터페이스 추가, 3차원 기능 확장
AutoCAD 2004	2003. 5	Gradation 해칭 기능추가, 작업 데이터 공유, 도구 팔레트 기능 강화
AutoCAD 2005	2004. 2	Sheet Set manager 기능, 플롯 및 게시도구 추가기능, 생산성 도구 기능
AutoCAD 2006	2005. 3	다중 설계환경(MDE) 기능, 도면층(Layer) 특성관리자 기능, 웹 출판 기능
AutoCAD 2011	2010. 5	도면요소에 대한 처리속도 향상, 퍼블리싱 도구추가, 3D 디자인 기능과 서페이스 모델링 도구 및 객체와 도면층의 투영도 적용

2.2 토목캐드로의 AutoCAD

최근 AutoCAD 2012까지 출시되었으나, 토목제도를 하는 유틸리티로서 부족함이 없이 무난하게 사용할 수 있는 AutoCAD 버전으로 AutoCAD 2006~ 2011을 선택하였다.

AutoCAD 는 다중설계환경에서 여러도면을 동시에 불러들여 사용함으로써 보다 손쉽게 작성 및 수정을 할 수 있고, 여러 추가 기능을 활용할 수 있다. 또한 동적 블록의 작성등의 다양하고 향상된 기능을 안정되게 사용할 수 있는 많은 유저들이 사용하고 있는 오랜기간 검증된 AutoCAD 프로그램 버전중 하나이다.

따라서, AutoCAD를 처음 접하여 배워나가려는 초보자가 활용하고 익혀나가는데 가장 적합한 AutoCAD 프로그램이라고 할 수 있고, 본 교재에서는 AutoCAD를 이용하여 사용법 및 활용방안 등을 설명하고, 실습예제를 통하여 응용할 수 있도록 하였다.

Chapter 03

AutoCAD의 개요

3.1 개 요

현재 AutoCAD 프로그램은 건설환경디자인 전분야 즉, 토목을 포함하여 환경, 건축, 기계, 전기, 설비 등 건설 분야뿐만 아니라 군사 과학에 이르기까지 광범위한 분야에 활용되고 있다.

CAD의 응용분야를 살펴보면 대략적으로 다음과 같다.

- 토목환경설계, 건축설계
- 자동차, 항공기, 선박의 기계설계
- 산업, 공업 분야의 인테리어 디자인 및 익스테리어 디자인
- 영화, 광고, 방송 등의 산업예술
- 애니메이션 영화제작
- 군사, 과학 연구를 위한 시뮬레이션
- 무대의 조명 디자인
- 제안서나 세미나를 위한 프리핸드 도면작성

AutoCAD를 설계 및 생산에 이용함으로써 얻게 되는 효과는 설계시간의 단축, 생산성 향상, 기호 및 명령어 등의 표준화, 분업화 등을 꼽을 수 있다.

3.2 효 과

AutoCAD 시스템 도입으로 인해 얻을 수 있는 효과는 다음과 같다.

높은 정밀도

도면의 일부를 10조배까지 확대하고, 데이터가 ±14자리의 범위까지 지원하는 높은 정밀도를 얻을 수 있다.

생산성 향상

가시적으로 도면작성 시간이 단축되고, 효율적인 도면작성 및 편집이 용이하여 생산성이 향상된다.

품질의 향상

도면작성의 정확도를 바탕으로 작업오류가 줄어들고, 출력 및 시뮬레이션 등이 가능하여 완성된 제품의 품질이 향상된다.

작업의 표준화

작업을 위한 데이터의 표준화가 가능하므로 분업 및 동시에 작업하여도 동일한 품질의 작업이 가능하다.

호환성 향상

어떠한 컴퓨터와도 호환이 가능하고 애니메이션 및 3D Studio 등과 같은 강력한 기능을 가진 응용 프로그램과도 완벽하게 호환이 가능하다.

원가 절감

설계과정의 간소화, 표준화로 설계시간이 최소화되어 원가절감을 기대할 수 있다.

3.3 분 류

CAD의 기능을 통한 분류

종류	응용분야	프로그램 종류
범용 CAD	분야에 관계없이 범용적으로 쓸 수 있으며, 사용자가 편리한 인터페이스를 조정할 수 있는 CAD 프로그램	AutoCAD, AutoCAD LT, IntelilCAD, FelixCAD, UniCAD
AEC	건축분야를 전문적으로 시용하는 CAD 프로그램	AutoCAD ADT, CAD Overlay, ArchiCAD
EDA	전자회로 등을 설계하기 위하여 만들어진 CAD 프로그램	OrCAD, PCAD
GIS	지리 관련 지도 제작 등을 만들기 위한 CAD 프로그램	AutoCAD MAP, OpenGIS, Autodesk World, Autoesk MapGuide

종류	응용분야	프로그램 종류
CNS/FMS	도로 등의 토목 설계 전용 CAD 프로그램	Autodesk Civil/Survay, Eagle Point, Quick-Road
MDA	기계관련 설계 전용 CAD 프로그램	MDT, Autodesk Inventor, SolidWorks, Solid Edge
CAM	기계관련으로 도면을 목적으로 만들어 지는 것이 아닌 가공을 목적으로 만들어지는 프로그램(CAD와 개념이 비슷하며, 밀접한 관계를 갖는다)	MASTER CAM, etc
서드파티	범용 CAD 사용시 어떠한 특정 분야에 대하여 특별히 많은 기능을 주는 CAD 프로그램으로 CAD용 유틸리티	진캐드, CIM CAD, 건CAD, 참한글
CGP	컴퓨터그래픽 전용 프로그램으로 보통 CG라고 함. CAD와도 데이터 호환 등 밀접한 관계를 맺고 있으며, 도면 출력이 아닌 이미지 출력을 목적으로 만들어진 프로그램	3DS MAX, 3DS VIZ, Bryce 3D, Poser, Soft Image, Light Wave 3D, Maya
PACS	의학에서 CT나 MRI에서 만들어진 이미지를 데이터 구조로 만들어 주며, 가상 수술 등을 위한 의학 전용 CAD 프로그램	DICOM
변형 CAD	일반적으로 단순한 CAD 기능뿐만이 아닌 다른 특정한 부가 기능을 갖고 있는 것, 예를 들면 CAD의 기능과 Office의 기능을 합한 것이나, CAD의 기능과 CG의 기능을 합한 기능을 보유한 프로그램처럼 단순히 CAD만을 위한 프로그램이 아니면서 CAD의 기능르 고스란히 보유하고 있는 프로그램	Rino 3D, SmartSketch, Visio 등
특수목적 CAD	보석세공을 위한 설계나 의류설계 EMD 특정 분야에만 적용하기 위해 만들어진 CAD 프로그램	JewelCAD
CASE	소프트웨어 공학 및 프로그램 설계를 위한 프로그램	Rose, Together, Visio Architect 등

CAD의 기능을 통한 분류(2000년 2월 기준)

3.4 장 비

CAD는 컴퓨터를 이용하여 설계를 하는 만큼 컴퓨터는 필수이고 다음과 같은 장비들이 추가적으로 필요하게 된다.

컴퓨터(연산장치와 메모리)

AutoCAD에서 사용하는 컴퓨터로는 Windows XP를 운용할 수 있는 장비라야 한다. 이런 장비로는 펜티엄급 800 MHz 이상의 CPU와 512 Mb 이상의 RAM 정도는 가져야

충분한 활용이 가능하다. 또한, 하드디스크의 용량은 300 Mb 정도의 여유 공간이 있어야 AutoCAD를 설치하고 프로그램을 실행할 수 있다.

하드 디스크란 파일을 저장하는 장소로서, 많은 양의 사료와 도면이 저장되기 위해서는 고용량의 하드디스크가 필요하다.

모니터/그래픽 보드

모니터와 그래픽 보드는 컴퓨터가 처리한 정보를 화면에 표시하는 장치로서 AutoCAD를 충분히 활용할 수 있으려면 1024×768 정도의 해상도는 있어야 한다.

마우스/디지타이저

그래픽이나 CAD를 사용하려면 마우스나 디지타이저는 기본 장비이며, 현재 Windows 운영체제하의 컴퓨터에서는 필수 장비로 그래픽 모니터 화면상에서 입력이나 명령을 수행시키는 입력장치이다.

프린터

파일로 저장된 문서나 그림의 결과물을 출력하는 장치로서, 문서 출력 Size는 주로 A3, A4 단위이며, 출력 형식에 따라 도트, 잉크젯, 레이저, 열전사 방식 등 여러 가지가 있다.

플로터

도면을 출력하는 장비로서 프린터보다 크기가 큰 A0, A1, A2 이상의 도면출력에 쓰이는 장비이며, 출력 형식에 따라 펜, 잉크젯, 레이저, 열전사 방식 등 여러 가지가 있다.

스캐너

그림이나 문서를 이미지(Image) 상태로 읽어 저장하는 장치이다. 지적도나 지도 같은 Data는 벡터(Vecter) 상태로 쉽게 컴퓨터로 입력시키는 데 사용된다.

PART 1

Chapter 04

설치 및 실행

4.1 설 치

① Windows XP의 바탕화면에서 AutoCAD2006 프로그램을 설치한다.

② AutoCAD 설치CD를 CD-ROM 드라이브에 삽입한다.
AutoCAD 설치는 CD삽입과 동시에 자동으로 실행되게 되어 있지만, 만일 실행되지 않는 경우에는 [시작-실행]을 선택하고 실행 대화상자를 열어 [SETUP.EXE]를 입력한 후에 [확인] 버튼을 누른다.
그러면 다음과 같이 화면에 설치창이 표시된다.

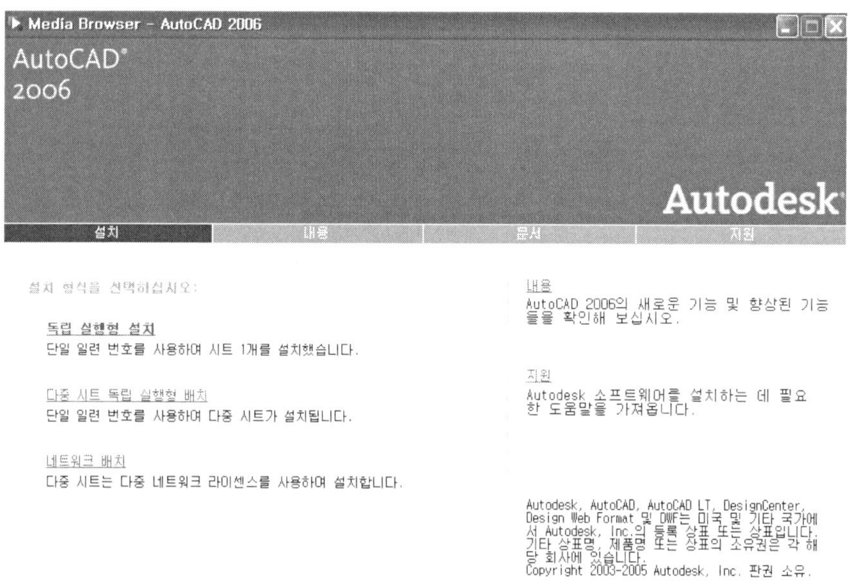

③ AutoCAD 설치창에서 [독립실행형 설치]를 선택하여 클릭한다.

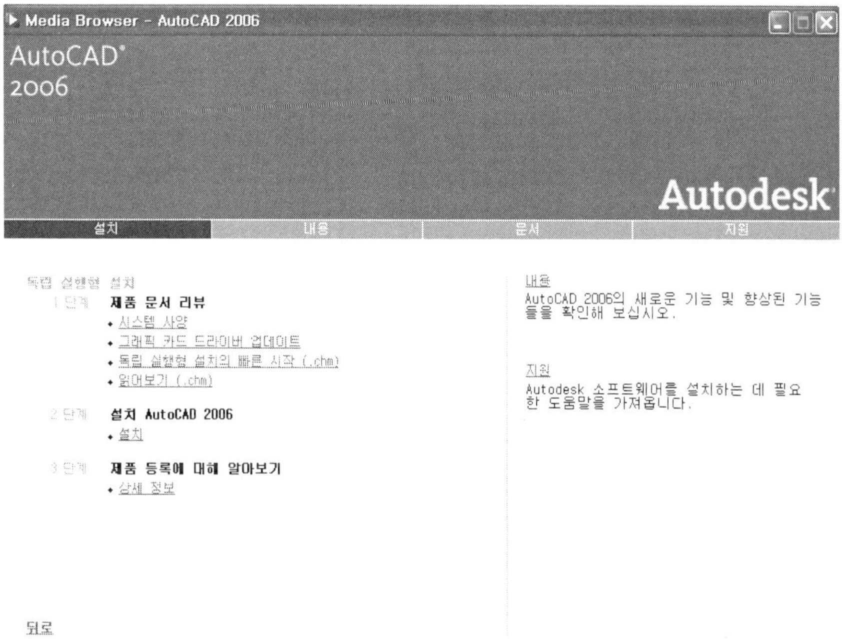

④ AutoCAD 설치창에서 [설치]를 선택하여 클릭한다.

⑤ 설치준비가 완료되면 다음과 같은 문구가 나타나면서 사용자의 시스템을 점검하는데, 이때 [NEXT 또는 다음] 버튼을 클릭한다.

⑥ 소프트웨어 라이센스 계약동의서가 표시되면 [I accept 또는 동의함]을 클릭한 다음 [NEXT 또는 다음] 버튼을 클릭한다.

⑦ 다음과 같이 [Serial Number 또는 일련번호]를 입력하고, [NEXT 또는 다음] 버튼을 클릭한다.

⑧ Serial Number 또는 일련번호를 입력하고 나면 User Information 또는 사용자정보 대화상자가 나타나는데, 다 입력한 후에 AutoCAD를 설치한다. 이때 입력한 정보는 acad.exe 파일에 저장된다.

⑨ Setup Information Type 또는 설치형식선택 대화상자가 나오면 [전체설치]를 선택하여 클릭한다.

⑩ AutoCAD 파일이 설치될 장소 즉 대상폴더를 지정하는 대화상자가 나오면 원하는 폴더를 지정한 후에 [NEXT 또는 다음] 버튼을 클릭한다.

⑪ Start Installation 또는 설치시작이라는 대화상자가 나오면 [NEXT 또는 다음] 버튼을 클릭한다. 클릭과 동시에 설치가 시작되며 설치상황이 화면에 표시되면서 시스템 업데이팅이 진행된다.

⑫ 설치가 완료되면 설치가 끝났음을 알리는 대화상자가 나오는데, [Finish 또는 마침] 버튼을 클릭한다.

4.2 실 행

AutoCAD를 실행하기 위해서는 프로그램메뉴의 AutoCAD 폴더에서 실행할 수 있고, 윈도우 바탕화면에 설치된 단축아이콘을 이용하여 바로 실행할 수도 있다.

① 바탕화면의 AutoCAD 단축아이콘을 찾아 더블클릭한다.

② 윈도우 바탕화면에서 좌측하단의 [시작]버튼을 클릭한다.
[시작-프로그램-Autode]나 [-AutoCAD -AutoCAD]을 클릭한다.

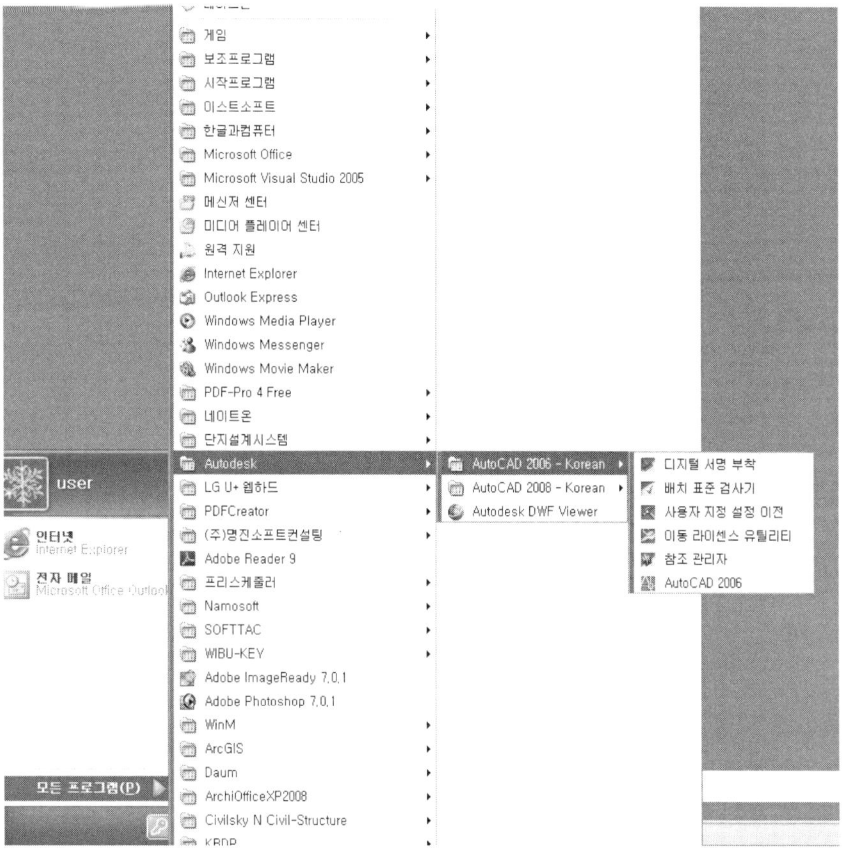

PART 2.

AutoCAD의 입문

Chapter 01

AutoCAD의 화면구성

1.1 AutoCAD의 초기화면

AutoCAD 화면의 각 부분의 이름을 꼭 알아야하는 이유가 있다. 특히 처음 배우는 단계에서는 명칭, 기능, 사용법을 정확하게 익혀야 효과적으로 프로그램을 사용할 뿐더러 AutoCAD를 사용하여 도면작성 및 편집을 제대로 할 수 있기 때문이다.

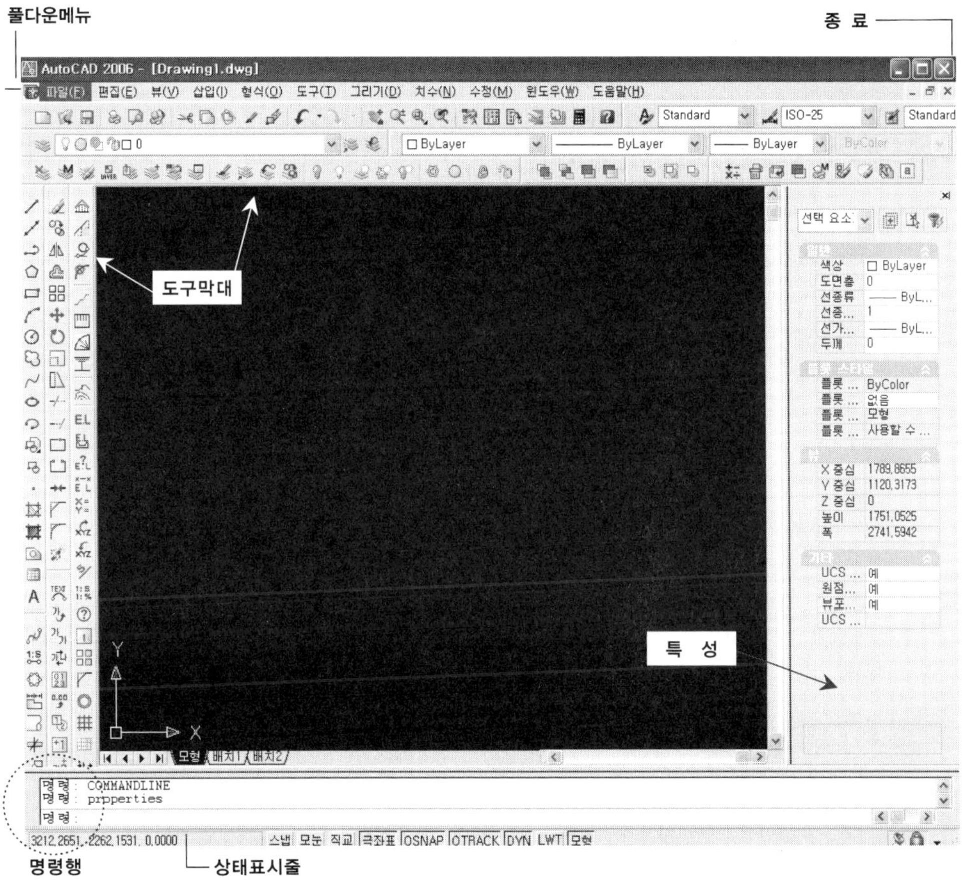

거의 모든 프로그램에서 볼 수 있는 풀다운 메뉴이다.

AutoCAD의 명령을 종류별로 구분하여 묶어 놓은 것으로 다른 윈도우용 프로그램의 풀다운 메뉴 구성과 유사한 구성이다.

1.2 AutoCAD의 풀다운메뉴

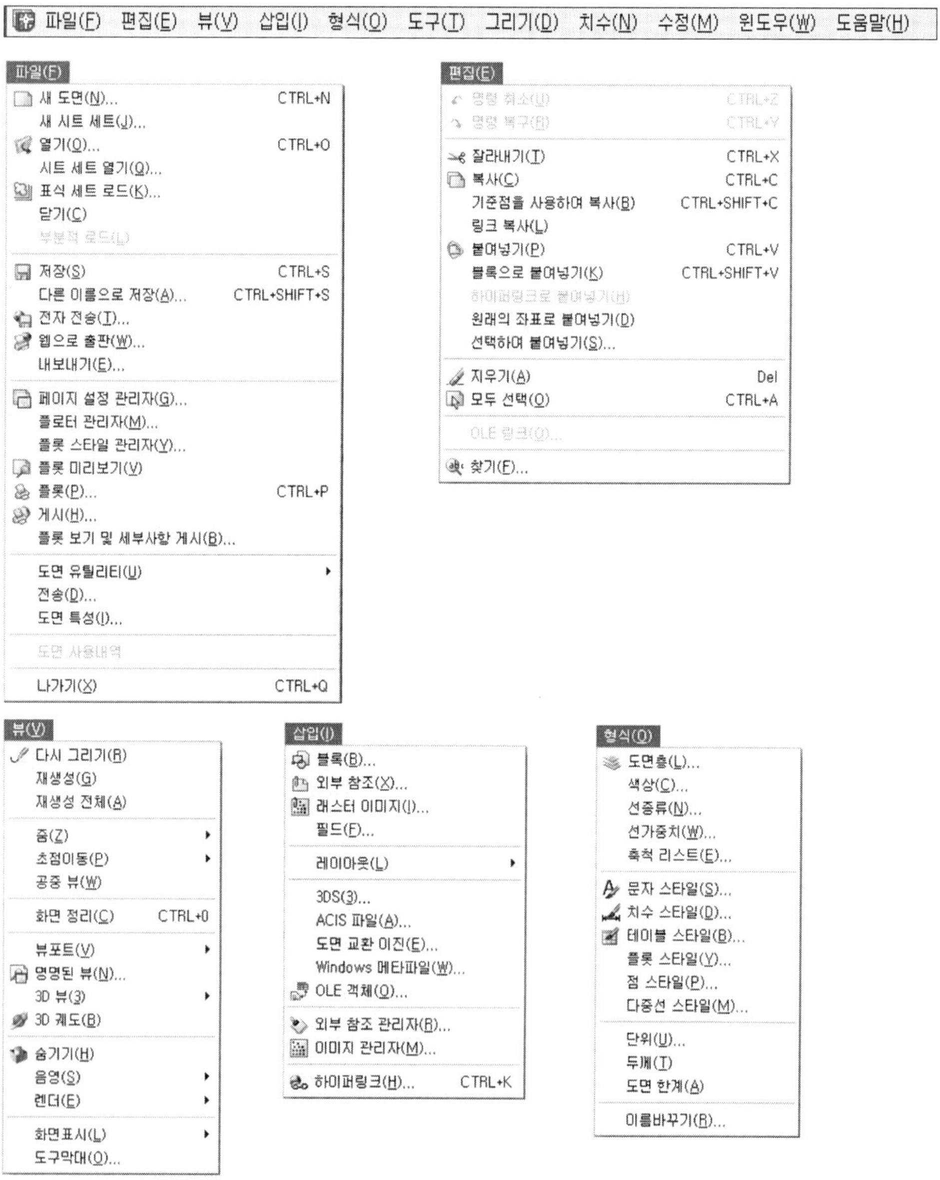

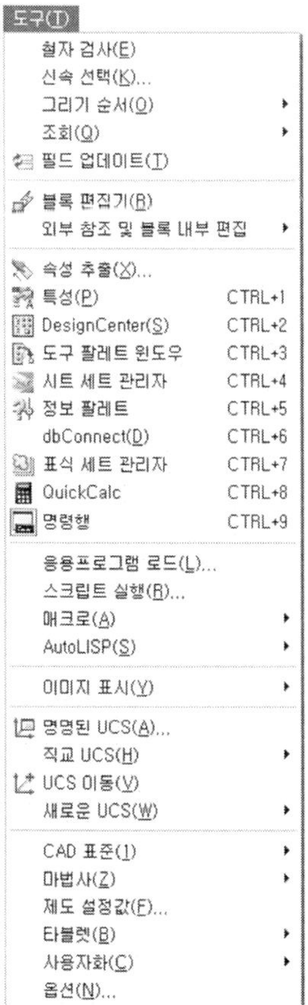
도구(T)
철자 검사(E)
신속 선택(K)...
그리기 순서(O)
조회(Q)
필드 업데이트(T)
블록 편집기(B)
외부 참조 및 블록 내부 편집
속성 추출(X)...
특성(P) CTRL+1
DesignCenter(S) CTRL+2
도구 팔레트 윈도우 CTRL+3
시트 세트 관리자 CTRL+4
정보 팔레트 CTRL+5
dbConnect(D) CTRL+6
표식 세트 관리자 CTRL+7
QuickCalc CTRL+8
명령행 CTRL+9
응용프로그램 로드(L)...
스크립트 실행(R)...
매크로(A)
AutoLISP(S)
이미지 표시(Y)
명명된 UCS(A)...
직교 UCS(H)
UCS 이동(V)
새로운 UCS(W)
CAD 표준(I)
마법사(Z)
제도 설정값(F)...
타블렛(B)
사용자화(C)
옵션(N)...

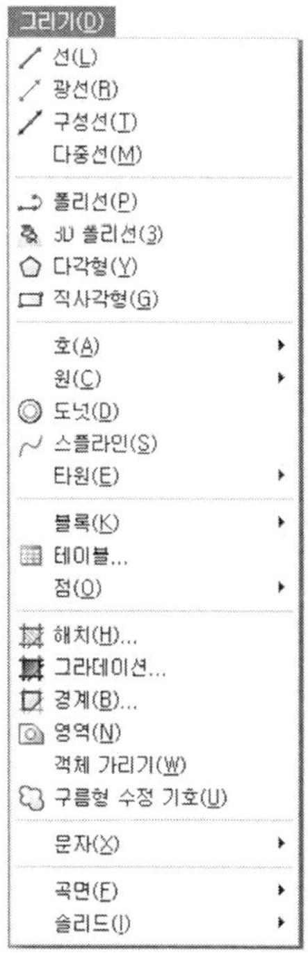
그리기(D)
선(L)
광선(R)
구성선(T)
다중선(M)
폴리선(P)
3D 폴리선(3)
다각형(Y)
직사각형(G)
호(A)
원(C)
도넛(D)
스플라인(S)
타원(E)
블록(K)
테이블...
점(O)
해치(H)...
그라데이션...
경계(B)...
영역(N)
객체 가리기(W)
구름형 수정 기호(U)
문자(X)
곡면(F)
솔리드(I)

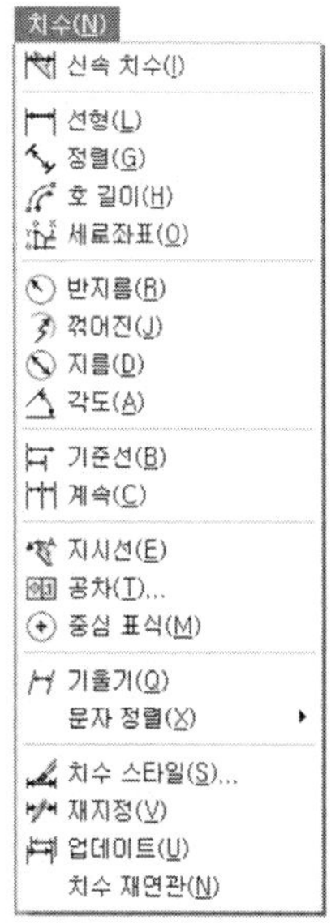
치수(N)
신속 치수(Q)
선형(L)
정렬(G)
호 길이(H)
세로좌표(O)
반지름(R)
꺾어진(J)
지름(D)
각도(A)
기준선(B)
계속(C)
지시선(E)
공차(T)...
중심 표식(M)
기울기(Q)
문자 정렬(X)
치수 스타일(S)...
재지정(V)
업데이트(U)
치수 재연관(N)

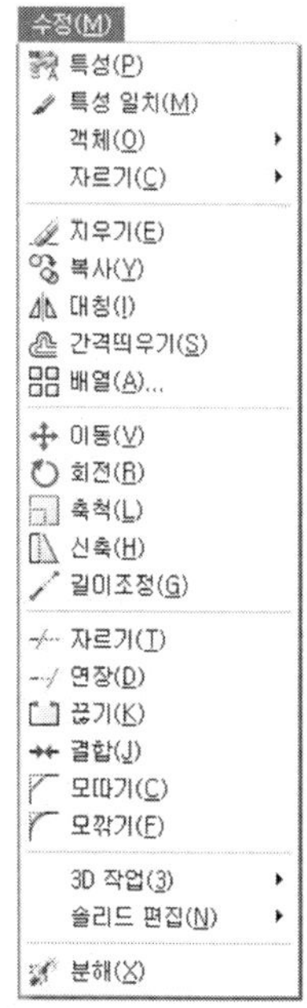
수정(M)
특성(P)
특성 일치(M)
객체(O)
자르기(C)
지우기(E)
복사(Y)
대칭(I)
간격띄우기(S)
배열(A)...
이동(V)
회전(R)
축척(L)
신축(H)
길이조정(G)
자르기(T)
연장(D)
끊기(K)
결합(J)
모따기(C)
모깎기(F)
3D 작업(3)
솔리드 편집(N)
분해(X)

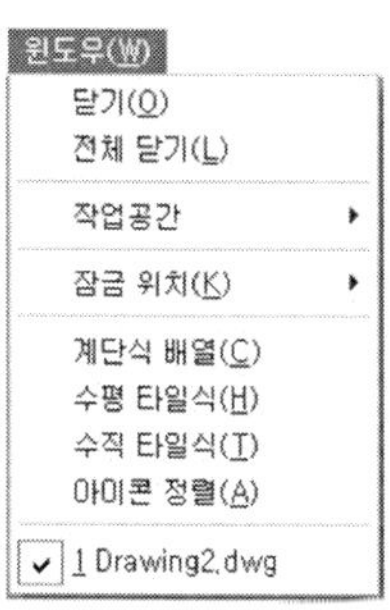
윈도우(W)
닫기(O)
전체 닫기(L)
작업공간
잠금 위치(K)
계단식 배열(C)
수평 타일식(H)
수직 타일식(T)
아이콘 정렬(A)
1 Drawing2.dwg

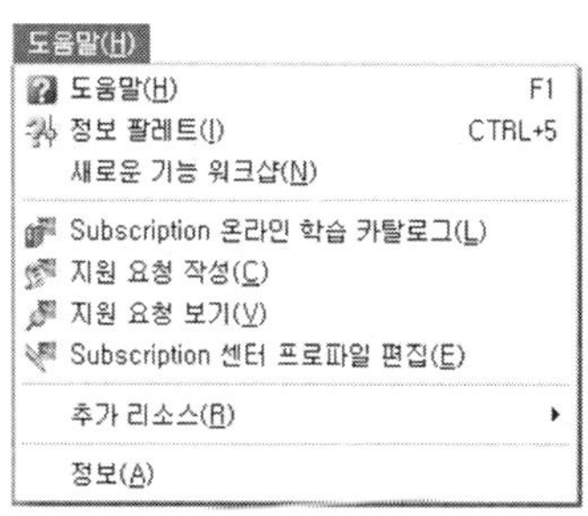
도움말(H)
도움말(H) F1
정보 팔레트(I) CTRL+5
새로운 기능 워크샵(N)
Subscription 온라인 학습 카탈로그(L)
지원 요청 작성(C)
지원 요청 보기(V)
Subscription 센터 프로파일 편집(E)
추가 리소스(R)
정보(A)

도구막대(ToolBar)

아이콘을 클릭하여 해당 기능을 수행할 수 있다. GUI환경으로 인터페이스가 향상되면서 점차 아이콘이 늘어가는 추세이지만, 모든 도구막대를 화면에 나타나게 사용하면 작업영역이 줄어들게 되므로 자주 사용하는 것만 표시하여 사용하도록 하는 것이 바람직하다.

기본적으로 사용하는 도구막대를 살펴보면 다음과 같다.

■ 3D 궤도

- 3D 초점이동
- 3D 줌
- 3D 궤도
- 3D 연속궤도
- 3D 선회
- 3D 거리조정
- 3D 자르기 평면조정
- 정면자르기 켜기/끄기
- 뒷면자르기 켜기/끄기

■ 객체스냅(OBJECT SNAP)

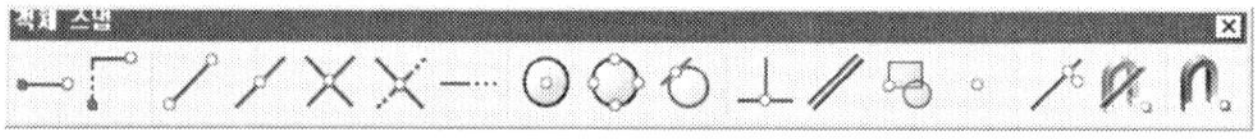

- 임시추적점
- 시작점으로부터 스냅
- 끝점으로부터 스냅
- 중간점으로 스냅
- 교차점으로 스냅
- 가장 교차점으로 스냅
- 연장선으로 스냅
- 중심점으로 스냅
- 사분점으로 스냅
- 접점으로 스냅
- 수직점으로 스냅
- 평행으로 스냅
- 삽입점으로 스냅
- 노드로 스냅
- 근처점으로 스냅
- 스냅하지 않음
- 객체스냅 설정값

■ 곡면(SURFACE)

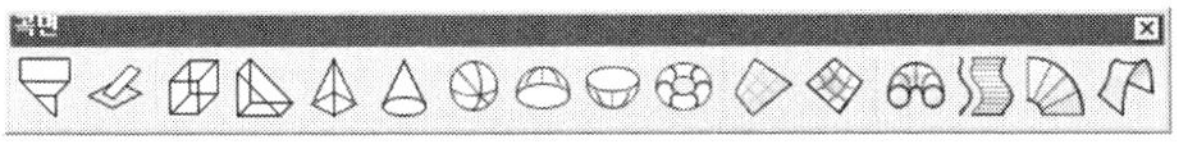

- 2D 솔리드
- 3D 면
- 상자
- 쐐기
- 피라미드
- 원추
- 구
- 돔
- 접시
- 토러스
- 모서리
- 3D 메시
- 회전곡면
- 방향벡터곡면
- 직선보간곡면
- 모서리곡면

■ 그리기(DRAW)

- 선
- 구성선
- 폴리선
- 다각형
- 직사각형
- 호
- 원
- 구름형 수정
- 스플라인
- 타원
- 타원 호
- 블록삽입
- 블록작성
- 점
- 해치
- 그라데이션
- 영역
- 테이블
- 다중행 문자

■ 그리기순서

- 앞으로 가져오기
- 뒤로 보내기
- 객체위로 가져오기
- 객체아래로 보내기

■ 도면층

도면층 특성관리자	도면층 잠금/잠금해제
도면층 켜기, 끄기	도면층 색상
전체 뷰포트를 동결/동결해제	객체의 도면층을 현재로 만들기
현재 도면에서 동결/동결해제	이전의 도면층

■ 레이아웃(LAYOUTS)

신규 레이아웃	페이지 설정관리자
템플릿으로부터 레이아웃	뷰포트 대화상자 표시

■ 렌더(RENDER)

숨기기	배경
렌더	안개
장면	조경 새로만들기
광원	조경 편집
재질	조경 라이브러리
재질 라이브러리	기본 설정
맵핑	통계

■ 문자(TEXT)

다중행 문자	문자스타일
단일행 문자	축척
편집	자리맞춤
찾기	거리변환

■ 뷰(VIEW)

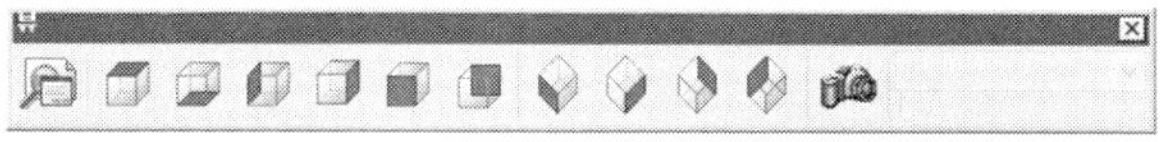

- 명명된 뷰
- 평면도
- 밑면도
- 왼쪽으로
- 오른쪽으로
- 정면도
- 배면도
- 남서 등각 투영
- 남동 등각 투영
- 북동 등각 투영
- 북서 등각 투영
- 카메라

■ 뷰 포트(VIEW PORTS)

- 뷰포트 대화상자 표시
- 단일 뷰포트
- 다각형 뷰포트
- 뷰포트로 객체를 변환
- 기존 뷰포트 자르기

■ 삽입(INSERT)

- 블록삽입
- 외부 참조관리자
- 이미지 관리자
- 가져오기
- OLE 객체

■ 솔리드(SOLIDS)

- 상자
- 구
- 원통
- 원추
- 쐐기
- 토러스
- 돌출
- 회전
- 슬라이스
- 단면
- 간섭
- 도면
- 뷰
- 프로파일

■ 솔리드 편집(SOLIDS EDITING)

- 합집합
- 차집합
- 교집합
- 면 돌출
- 면 이동
- 면 간격띄우기
- 면 삭제
- 면 회전
- 면 테이퍼
- 면 복사
- 면 색상입히기
- 모서리 복사
- 모서리 색상입히기
- 각인
- 지우기
- 분리
- 셸
- 점검

■ 수정(MODIFY)

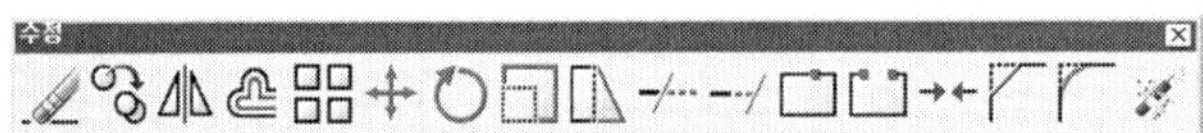

- 지우기
- 복사
- 대칭
- 간격띄우기
- 배열
- 이동
- 회전
- 축척
- 신축
- 자르기
- 연장
- 점에서 끊기
- 끊기
- 결합
- 모따기
- 모깎기
- 분해

■ 수정Ⅱ(MODIFYⅡ)

- 그리기 순서
- 해치편집
- 폴리선 편집
- 스플라인 편집
- 속성편집
- 블록 속성관리자
- 속성 동기화
- 속성 추출

■ 스타일(STYLE)

문자스타일

치수스타일

테이블스타일

■ 웹(WEB)

뒤로 가기

앞으로 가기

검색중지

웹검색

■ 음영(SHADE)

2D 와이어프레임

3D 와이어프레임

숨기기

단순 음영처리

구로 음영처리

단순 음영처리, 모서리 표 시켜기

구로 음영처리, 모서리 표 시켜기

■ 작업공간

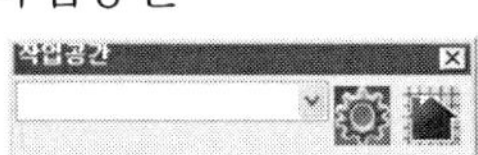

작업공간 설정

내 작업공간

■ 조회(INQUIRY)

거리

영역

영역/질량 특성

리스트

점 찾기

■ 줌(ZOOM)

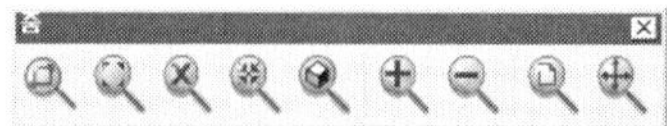

- 줌 윈도우
- 줌 동적
- 줌 축척
- 줌 중심
- 객체 줌
- 줌 확대
- 줌 축소
- 줌 전체
- 줌 범위

■ 참조(REFERENCE)

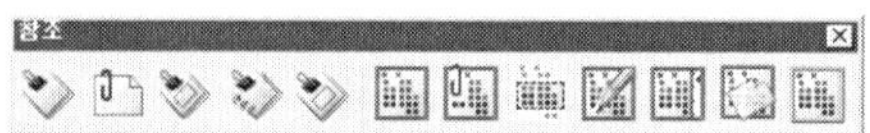

- 외부참조 관리자
- 외부참조
- 외부참조(객체선택)
- 결합
- 프레임
- 래스터이미지
- 이미지
- 조정
- 품질
- 투명도

■ 참조 편집(REPEDIT)

- 내부참조 편집
- 작업세트에 추가
- 작업세트로부터 제거
- 참조 닫기
- 참조 편집저장

■ 특성(PRPPERTIES)

- 색상조정
- 선종류 조정
- 선가중치 조정
- 플롯유형 조정

■ 치수(DIMENSION)

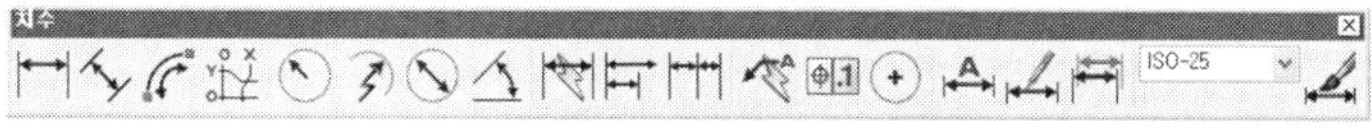

선형
정렬
호 길이
세로좌표
반지름
꺾어진
지름
각도
신속 치수
기준선
연속
신속 지시선
공차
중심 표식
치수 편집
치수 문자 편집
치수 업데이트
치수 스타일

■ 표준(STANDARD)

빠른 새도면
열기
저장
플롯
플롯 미리보기
게시
잘라내기
복사
붙여넣기
특성일치
블록편집기
멍령취소
명령복구
실시간 초점이동
실시간 줌
줌 윈도우
줌 이전
특성
Design Center
도구 팔레트 윈도우
시트 세트관리자
표식 세트관리자
Quick Calc
도움말

■ CAD 표준

구성
점검
도면층 변환

■ UCS

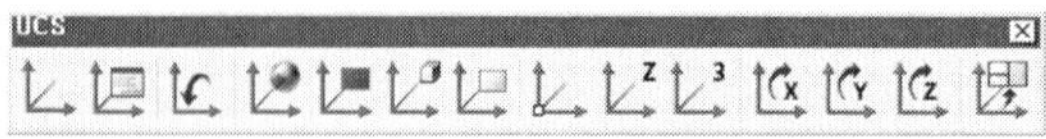

UCS	원점
명명된 UCS	Z축 벡터
UCS 이전	3점
표준	X
객체	Y
면 UCS	Z
뷰	적용

■ UCS Ⅱ

- 명명된 UCS
- UCS 이동

도면영역(Drawing Area)

마우스로 작업하여 그리는 도면의 영역으로 Vport명령어로 화면분할이 가능하며 크기를 조정할 수 있다.

명령프롬프트(Prompt Area)

명령어, Option, Data를 입력하고 명령어 수행을 보게 되는 영역으로서, 항상 [명령 :]일 때 입력하거나 지정해야 한다. 명령행의 창의 크기를 줄여 도면영역을 넓힐 수 있다.

상태막대(Status Area)

Coordinate좌표값을 볼 수 있으며, 좌표값 형태는 기능키 F6을 누르면 상대좌표와 절대좌표를 볼 수 있다.

또한 스냅(snap), 모눈(grid), 직교(ortho), 극좌표(polar), 모형(model)을 조작하며, 조작 설정은 마우스 오른쪽 버튼을 클릭한다.

Chapter 02

AutoCAD 따라하기

2.1 메뉴와 명령어 실행

풀다운메뉴 실행

AutoCAD 명령어를 익히기전에 풀다운메뉴에 있는 주요기능 중 빈번하게 사용하는 것을 먼저 살펴보기로 한다.

① 새도면

풀다운메뉴 『파일- 새도면』으로 새도면을 시작하거나, 단축키 『Ctrl + N』를 눌러 새 도면을 실행해도 된다.

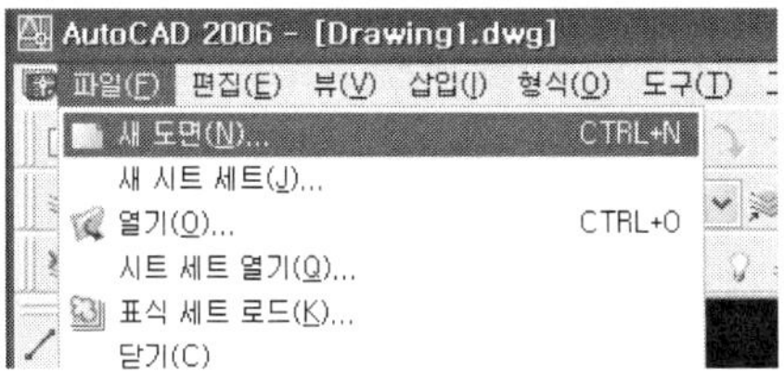

(그림 2-1)과 같이 (템플릿선택) 대화상자가 나타난다.

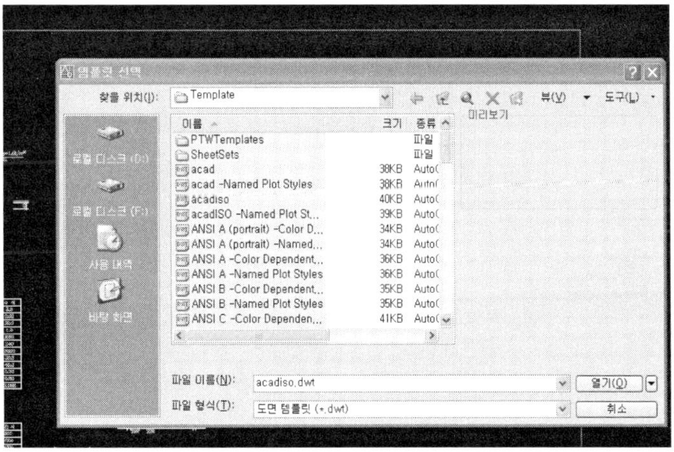

(그림 2-1)

템플릿에 대해서는 뒤에서 설명하도록 하고,“acadiso.dwt"를 선택하여 『열기』를 클릭하면 다음과 같은 화면이 보인다.

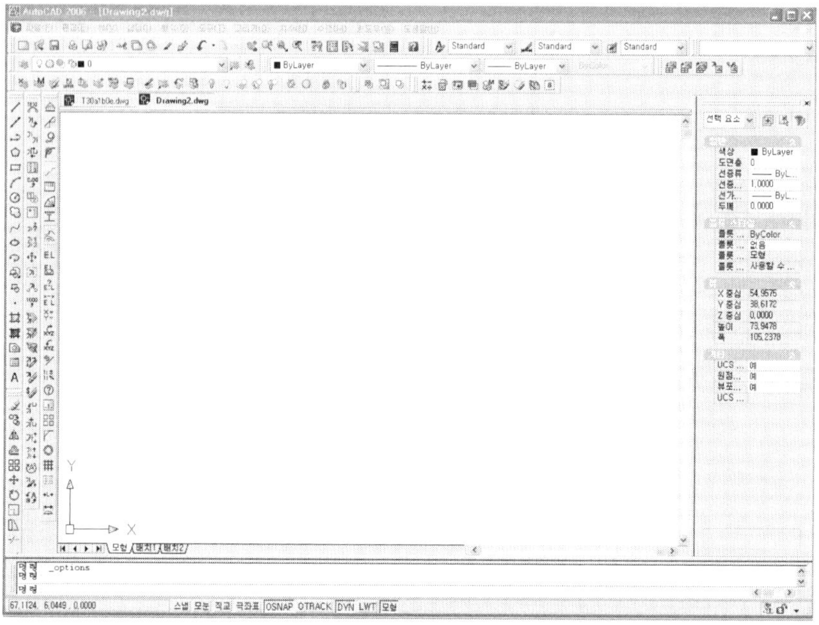

② 열기

풀다운메뉴 『파일- 열기』로 도면을 열거나, 단축키『Ctrl + O』를 눌러 도면 열기를 실행해도 된다.

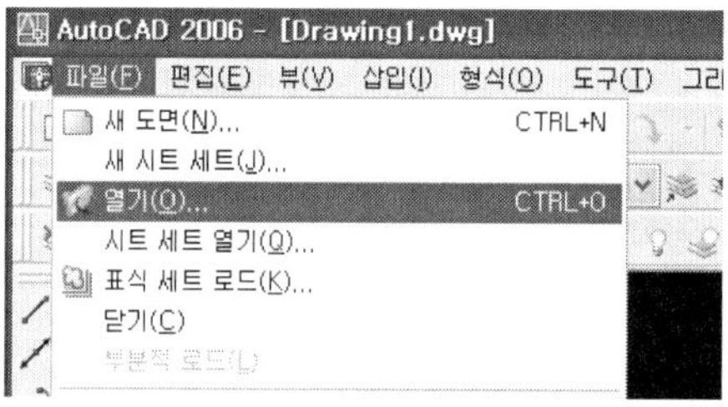

(그림 2-2)와 같이「도면열기」 대화상자가 나타난다.

"T30a1b0e.dwg"를 선택하여 『열기』를 클릭하면 다음과 같은 화면이 보인다.

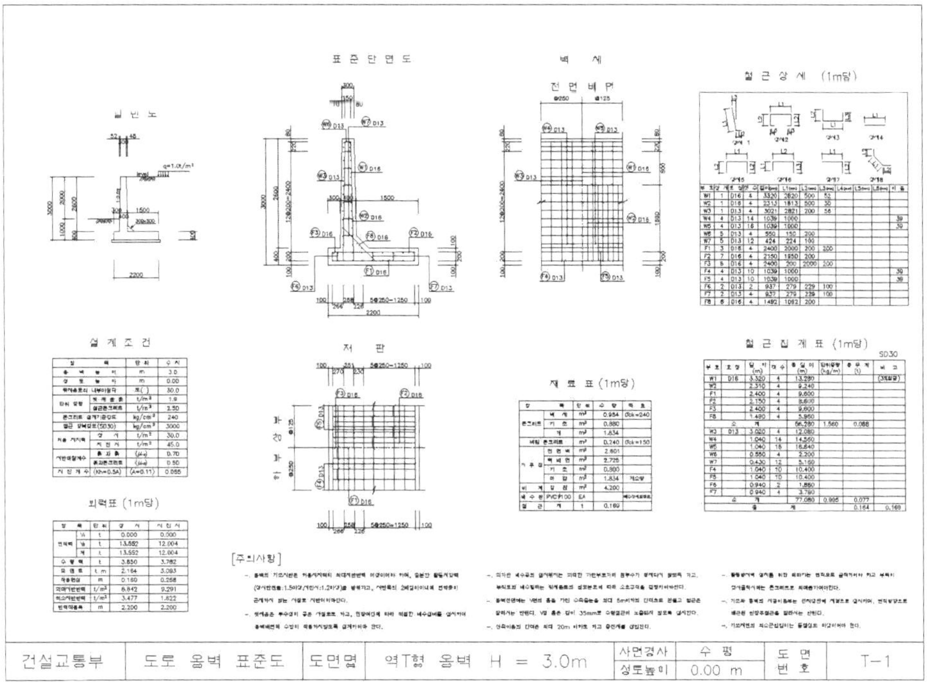

(그림 2-2)

③ 닫기

풀다운메뉴 『파일- 닫기』로 도면을 닫는다.

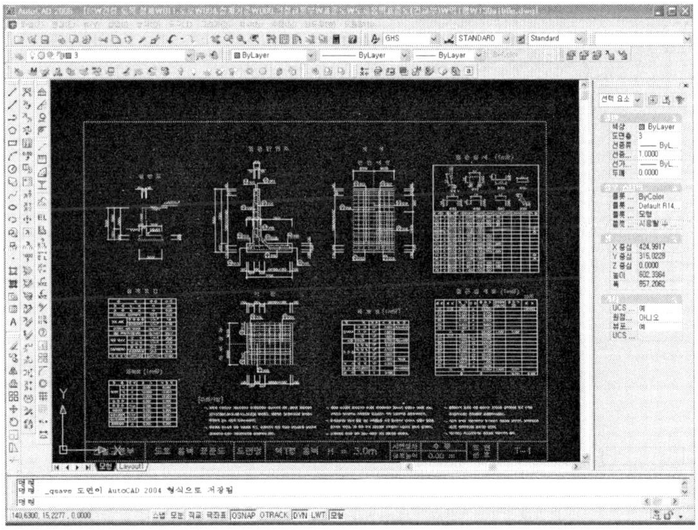

④ 저장

풀다운메뉴 『파일- 저장』으로 도면을 저장하거나, 단축키 『Ctrl + S』를 눌러 도면 저장을 실행해도 된다.

⑤ 다른이름으로 저장

풀다운메뉴 『파일- 다른 이름으로 저장』으로 도면을 저장하거나, 단축키『Ctrl + Shift + S』를 눌러 「다른이름으로 도면 저장」을 실행해도 된다.

(그림 2-3)과 같이 (다른이름으로 도면저장) 대화상자가 나타난다.

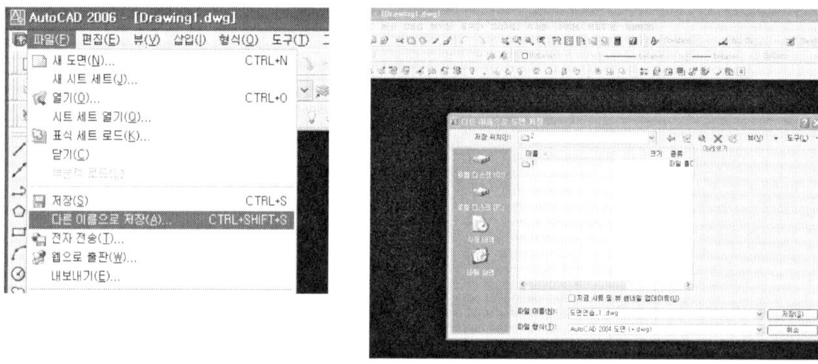

(그림 2-3)

(그림 2-3)의 대화상자에서 「기존 파일과 다른 이름으로 저장」하면 작업한 파일이 새 파일로 저장된다.

⑥ 플롯

풀다운메뉴 『파일- 플롯』으로 도면을 인쇄하거나, 단축키 『Ctrl +P』를 눌러 다른 이름으로 도면을 출력해도 된다.

(그림 2-4)와 같이 「플롯」 대화상자가 나타난다.

(그림 2-4)

(그림 2-4)의 대화상자에서 페이지설정 프린터 및 플로터 기종, 용지, 플롯 영역 등을 설정하여 확인을 클릭하여 출력하게 된다.

기본 명령어 실행

AutoCAD 명령어 중에서 가장 기본적이면서 빈번하게 사용하는 명령어의 정의를 먼저 살펴보기로 한다.

- NEW : 새로운 도면을 시작한다.
- OPEN : 저장되어 있는 도면을 저장한다.
- CLOSE : 열려 있는 작업도면을 닫는다.
- SAVE : 현재 작업중인 도면을 저장한다.
- SAVEAS : 현재 도면의 이름을 변경하여 저장한다.
- SAVETIME : 자동저장의 저장간격을 분(minute)단위로 설정한다.
- QSAVE : 현재 도면이름으로 신속하게 저장한다.
- QUIT : 도면의 저장여부를 지정후 AutoCAD를 종료한다.
- EXIT : 현재 파일이름으로 저장한 후 AutoCAD를 종료한다.
- HELP : AutoCAD의 도움말을 표시한다.
- PLOT : 현재 열려 있는 도면을 출력한다.
- LIMITS : 도면의 작업영역(도면의 크기)을 설정한다.
- OPTION : 현재 프로파일의 여러 속성을 설정한다.
- EXPORT : 현재의 도면을 다른 응용프로그램과 호환이 가능한 파일형식으로 저장해 준다.
- SHELL : DOS 명령어 상태(mode)로 대기한다.
- GRID(모눈) : 격자 형태의 점 집합으로 표시한다.
- SNAP(스냅) : 일정한 간격으로 이루어진 좌표에서 일정한 간격으로 커서를 움직이게 한다.
- ORTHO(직교) : 마우스의 포인터를 수평과 수직으로만 이동시킨다.
- COLOR : 도면상에 그려질 도면요소의 색상을 제어한다.

PART 3.

AutoCAD의 기본

Chapter 01

AutoCAD 좌표

1.1 개 요

AutoCAD 프로그램에서 좌표의 개념은 Data를 공간상에 표현하기위해 위치를 나타내는 방안으로 고안되었다.
우리가 화면상에서 흔히 보는 선, 원, 호 등의 도면 요소 등은 각기 일정한 Data값을 저장하고 있다. 이러한 도면 요소 등은 일정한 좌표값과 각도로 입력되어서 구성된다.
그런데, AutoCAD를 처음 사용하는 초보자들은 좌표와 각도에 대한 개념을 정확히 인지하지 못해 도면 작업시에 시행착오를 겪는 경우가 많다. 따라서 AutoCAD 사용자는 이러한 좌표와 각도에 대한 개념을 반드시 알아두어야 한다.
좌표와 각도의 입력방법은 명령행에 직접 좌표값을 입력하거나, 마우스를 이용하여 그래픽 영역안에 직접 입력하는 두 가지 방법이 있다.
AutoCAD 에서는 현재의 마우스 포인터의 위치를 화면하단의 상태막대에 표시해 준다.

1.2 좌표의 구분

절대좌표(Absolute Coordinate)

절대원점(0, 0, 0)을 기준으로 X축, Y축, Z축에 대한 거리와 각도를 계산하는 것을 절대좌표라 한다.
일반적으로 Z축에 대한 거리값은 3차원 도면작성시 이용되며, 토목설계도면에서는 많이 사용되지 않는다. 절대좌표는 표준좌표계(WCS)를 기준으로 X-Y 직교 좌표계로 구성되는 절대 직교좌표와 거리와 절대각으로 표시되는 절대 극 좌표로 나눌 수 있다.

■ 키보드 좌표값을 Point 입력 방법

명령어 입력시 Point란 X, Y, Z값을 입력하는 방법으로 X값, Y값, Z값을 " , "로 구분하여 입력한다. X값과 Y값만을 입력하면 Z값은 현재의 고도값(Elev)이 자동 설정된다.

입력시"@"값을 사용하면 전에 입력했던 마지막 좌표값이 자동으로 설정된다.

좌표계란 Point의 입력 방법으로 X, Y, Z값을 효과적으로 입력하기 위한 수단이며, 이런 입력을 위하여 다음과 같은 좌표계가 존재한다.

① 절대 직교좌표

절대 평면(2D)좌표 라고도 한다.

점의 좌표값은 일반적으로 X, Y, Z의 형식으로 표기되는데, 절대원점을 기준으로 직교좌표계에서 증분값으로 표시된다. 이때 컴마로 구분된 2개의 값만으로 나타내는 경우에는 평면좌표가 된다.

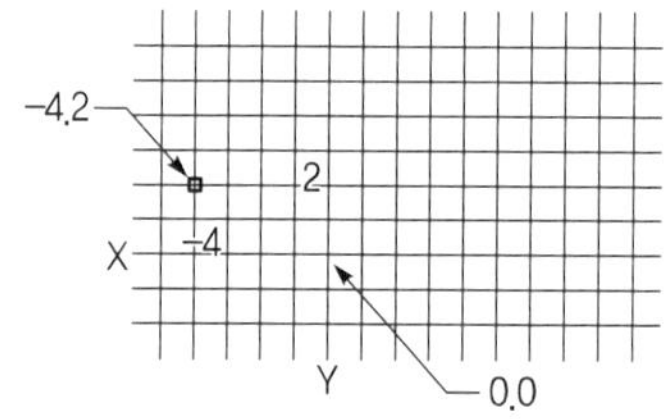

X, Y, Z값을 바로 입력하는 좌표계로 X, Y, Z의 값은 왼손법칙을 따른다.

즉 왼손을 십자로 편 상태에서(+) 방향을 알아볼 수 있다.

- X축 : 화면의 가로 방향으로 왼쪽에서 오른쪽으로 값이 증가한다.
- Y축 : 화면의 세로 방향으로 아래쪽에서 위로 값이 증가한다.
- Z축 : 화면이 보이는 방향으로, 화면의 뒷면에서 앞면으로 값이 증가 한다.

X값, Y값, Z값

- 10,10,10 : 0,0을 기준으로 하여 X값을 10, Y값을 10, Z값을 10으로 설정한 좌표
- 2,10,10 : Z값을 생략하여 X값을 10, Y값을 10으로 설정하고 값은 설정하지 않았다. 따라서, Z값은 현재의 고도값(Elev)이 자동 설정된다.

② 절대 극좌표

극좌표란 거리와 각도를 기준으로 설정하는 좌표 개념으로 동쪽 방향을 기준 0도로 하여 반시계 방향으로 증가하는 각도와 절대값 거리를 기준으로 설정한다.
극좌표는 "<"를 써서 극좌표임을 표시한다.

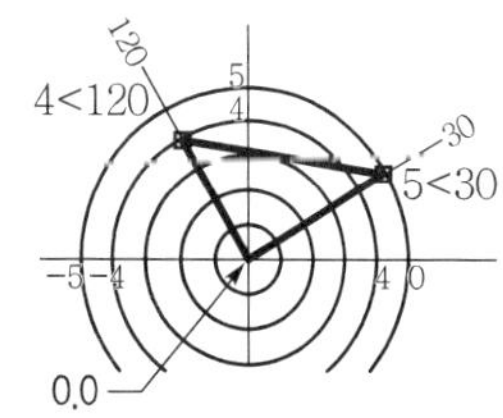

거리<각도<각도

- 10<45<45 : 최종 거리를 10으로 하고 X축으로부터 반시계 방향으로 45도, 그리고 X, Y평면으로부터 Z축으로 45를 경사한 곳의 좌표값을 변환하여 보면, 이 좌표값은 X=5.0, Y=5.0, Z=7.0711 정도에 해당한다.
- 110<45 : 최종 거리를 10으로 하고 X축으로부터 반시계 방향으로 45도 이동한 좌표값으로 변환하여 보면, 이 좌표값은 X=7.0711, Y=7.0711 값이고, Z값은 현재의 고도값(Elev)에 따라 다르다.

절대좌표를 이용하여 좌측과 같은 도형을 그려보면 다음과 같다.

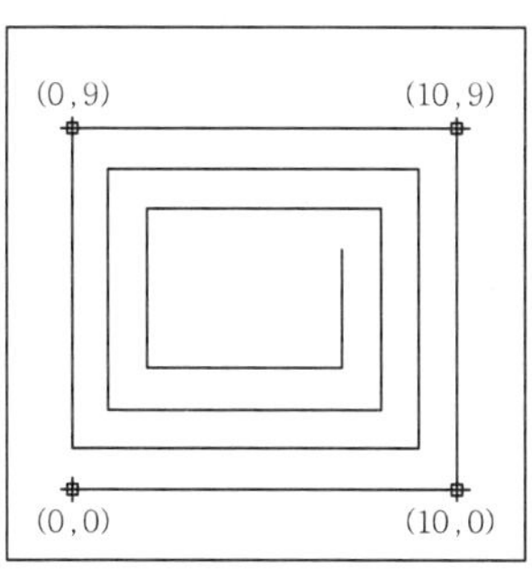

명령 : LINE Enter↵
시작점 지정: 0,0
현재의 선 폭은 0.00000임
다음점 지정 또는 [호(A)/반폭(H)/길이(L)/명령 취소(U)/폭(W)]: 10,0
다음점 지정 또는 [호(A)/닫기(C)/반폭(H)/길이(L)/명령 취소(U)/폭(W)]: 10,9
다음점 지정 또는 [호(A)/닫기(C)/반폭(H)/길이(L)/명령 취소(U)/폭(W)]: 0,9
다음점 지정 또는 [호(A)/닫기(C)/반폭(H)/길이(L)/명령 취소(U)/폭(W)]: 0,1
다음점 지정 또는 [호(A)/닫기(C)/반폭(H)/길이(L)/명령 취소(U)/폭(W)]: 9,1
다음점 지정 또는 [호(A)/닫기(C)/반폭(H)/길이(L)/명령 취소(U)/폭(W)]: 9,8
다음점 지정 또는 [호(A)/닫기(C)/반폭(H)/길이(L)/명령 취소(U)/폭(W)]: 1,8
다음점 지정 또는 [호(A)/닫기(C)/반폭(H)/길이(L)/명령 취소(U)/폭(W)]: 1,2
다음점 지정 또는 [호(A)/닫기(C)/반폭(H)/길이(L)/명령 취소(U)/폭(W)]: 8,2
다음점 지정 또는 [호(A)/닫기(C)/반폭(H)/길이(L)/명령 취소(U)/폭(W)]: 8,7
다음점 지정 또는 [호(A)/닫기(C)/반폭(H)/길이(L)/명령 취소(U)/폭(W)]: 2,7
다음점 지정 또는 [호(A)/닫기(C)/반폭(H)/길이(L)/명령 취소(U)/폭(W)]: 2,3
다음점 지정 또는 [호(A)/닫기(C)/반폭(H)/길이(L)/명령 취소(U)/폭(W)]: 7,3
다음점 지정 또는 [호(A)/닫기(C)/반폭(H)/길이(L)/명령 취소(U)/폭(W)]: 7,6

상대좌표(Relative Coordinate)

상대좌표란 그 전에 입력한 좌표를 기준(0,0,0)으로 가정한 상태에서 입력하는 값으로 "@"를 입력하여 구분한다.

① 상대 직각좌표

@X값,Y값,Z값
@10,10,10 : 마지막 입력점에서 X축으로 10, Y축으로 10, Z축으로 10만큼 떨어진 상대적 좌표이다.

② 상대 극좌표

@거리<각도<각도
@10<45<45 : 마지막 입력점에서 거리를 10으로 하고 X축으로부터 반시계 방향으로 45도, 그리고 X, Y평면으로부터 Z축으로 45를 경사한 곳의 좌표값이다.

■ 마우스를 사용한 좌표값 입력

마우스로 해당 부분의 방향만 입력하고, 거리값만을 입력하면 극좌표 방식의 입력에 해당된다.

절대 직교좌표	**상대 직교좌표**
• 명령: line을 입력 • 시작점: −2,1을 입력 • 다음점: 3,4를 입력	• 명령: line을 입력 • 시작점: −2,1을 입력 • 다음점: @5,3을 입력(상대좌표 입력)

• **각 좌표계의 실습 : 상대 극좌표**

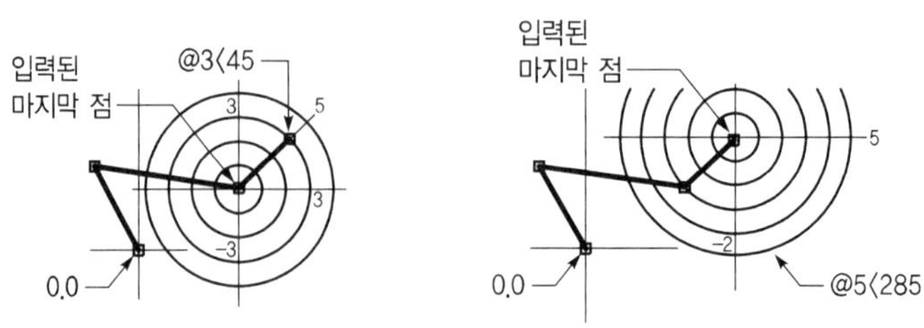

위의 두 가지 작업은 동일하게 AutoCAD에서 다음과 같이 선을 위치시킨다.

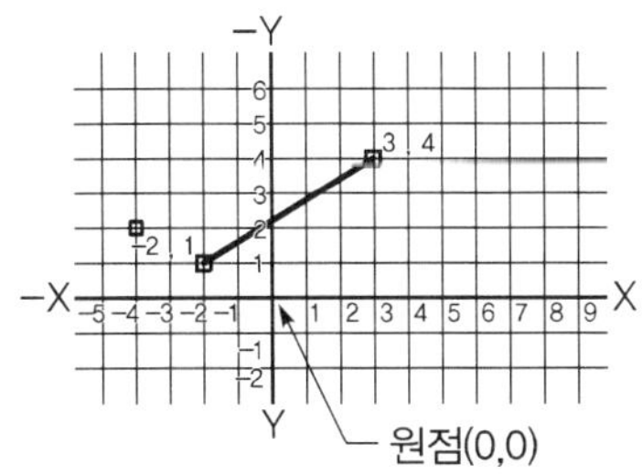

절대 극좌표와 상대 극좌표

- 명령: line을 입력
- 시작점: 0,0을 입력
- 다음점: 4〈120을 입력
- 다음점: 5〈30을 입력
- 다음점: @3〈45를 입력(상대 극좌표)
- 다음점: @5〈285를 입력(상대 극좌표)

AutoCAD는 다음과 같이 선을 위치시킨다.

- **절대극좌표**

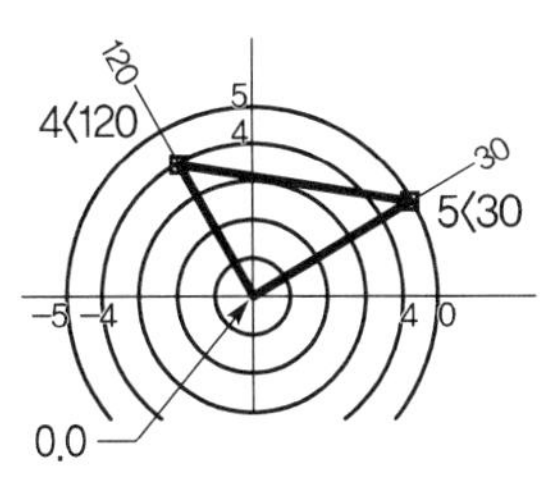

- **상대 극좌표**

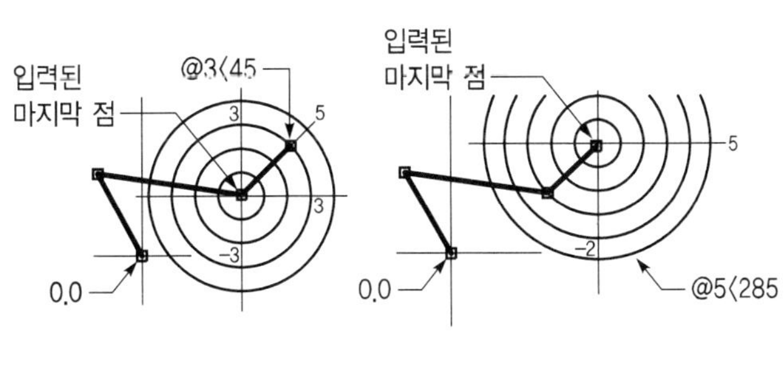

Chapter 02

축 척

2.1 개 요

AutoCAD를 처음으로 사용하는 초보자들은 도면을 작성하는 데 축척이라는 기본개념을 알아야 한다.

축척 이라는 개념을 정확히 알지 못하고 도면을 작성하는 경우에는 도면을 새로 작성하거나, 대대적인 도면 수정 편집을 해야 하는 경우가 발생하고, 경우에 따라서는 중대한 문제를 야기하기도 한다. 따라서 AutoCAD를 시작하는 초기에 기본적인 기초를 다지기 위해서 반드시 축척이라는 개념을 확실히 짚고 넘어가야 한다.

축척은 실물의 크기를 도면에 표기하기 위해 축소한 비율을 의미하며, 도면의 축척과 도면의 크기는 상관 관계에 있다. 주로 도면의 크기 및 방향에 따라 축척을 다르게 사용하며, 도면의 여백을 위해 따로 윤곽선 및 표제란을 두기도 한다.

이번 장에서는 도면의 크기, 도면의 축척 종류 및 기입방법, 축척 규정, 선 및 문자, 단면 및 치수 치수선 등에 관한 것들을 익히도록 한다.

2.2 도면의 크기

도면의 크기는 KS A 5201(종이 재단 치수)로 하고, 다음 표와 같은 크기를 원칙으로 한다. AutoCAD 2006에서는 LIMIT 명령을 사용하여 도면의 크기를 설정한다.

(단위 : mm)

번호		0	1	2	3	4	5	6
치수	A계열	841×1,189	594×841	420×594	297×420	210×297	148×210	105×148
	B계열	1,000×1,414	707×1,000	500×707	353×500	250×353	176×250	125×176

다만, 필요에 따라 도면의 길이를 연장할 수 있다.
도면은 그 길이 방향을 좌우방향으로 놓은 것을 정위치로 한다.
번호 4~6의 도면은 이에 따르지 않아도 좋다.
제도 용지의 폭(가로방향)과 길이(세로방향)의 비는 1 : $\sqrt{2}$ 이며, A0의 넓이는 약 $1m^2$이고 B0의 넓이는 약 $1.5m^2$이다.

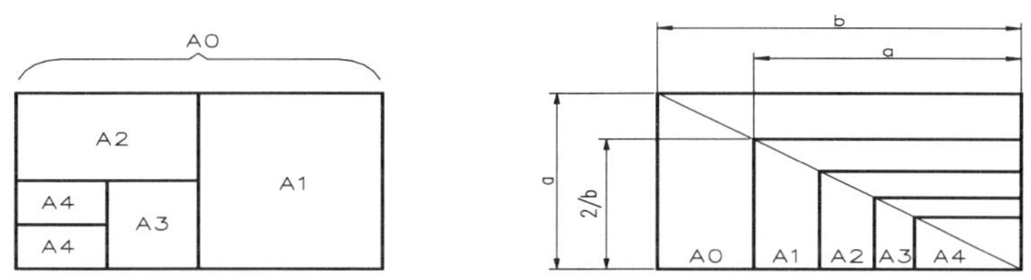

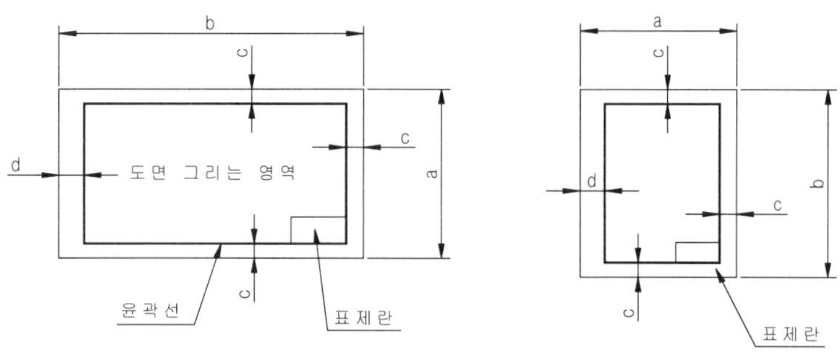

2.3 도면의 축척(Scales)

도면에는 편의상 물체의 크기를 실제와 같거나 다르게 나타낸다.
실제 크기와 도면에서의 크기와의 비율을 척도라고 하는데, 척도를 표현하는 방법은 일반적으로 다음과 같다.

A(도면 크기) : B(실제 크기)

척도는 현척, 축척, 배척으로 구분되고, 축척은 실제 크기보다 작은 크기로서 도형을 그릴 때의 척도를 말한다.

제도의 축척은 다음 22가지를 원칙으로 하고, 목적에 따라 적당한 것을 선택하기로 한다.

$$\frac{1}{1}\quad\frac{1}{2}\quad\frac{1}{5}\quad\frac{1}{10}\quad\frac{1}{15}\quad\frac{1}{20}\quad\frac{1}{25}\quad\frac{1}{30}\quad\frac{1}{40}\quad\frac{1}{50}\quad\frac{1}{100}$$

$$\frac{1}{200}\quad\frac{1}{250}\quad\frac{1}{300}\quad\frac{1}{400}\quad\frac{1}{500}\quad\frac{1}{600}\quad\frac{1}{1000}\quad\frac{1}{1200}\quad\frac{1}{2500}\quad\frac{1}{3000}\quad\frac{1}{5000}$$

축척은 도면마다에 기입한다. 같은 도면 중에 다른 축척을 사용할 때는 그림마다 그 축척을 기입한다.

일부분에만 다른 축척을 사용할 때는 도면 중 대부분에 사용되는 그림의 축척을 표제란에 기입하고 다른 축척만을 그 축척에 따라서 작성된 그림 가까이에 기입하여도 좋다.

> 축척은 도면에 반드시 기입해야 하며, 도면과 치수가 일치하지 않는 경우에는 N.S(not to scale)로 이를 표시한다.

토목분야 축척 사용규정(KS F 1001)

- 세로, 가로가 다른 축척

  세로 단면도 등에서 대상물의 특징이나 변화를 표시하고 하는 경우에는 세로와 가로의 축척을 다르게 표시할 수 있다. 이 경우는 표제란에 표시하거나 그림근처에 별도로 축척을 표기한다.

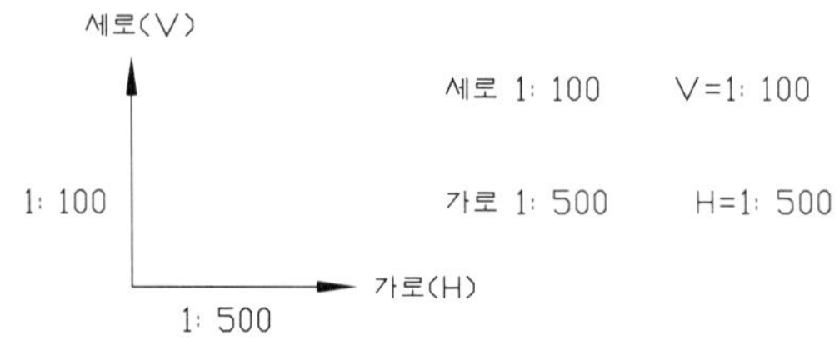

- 축척 표시의 생략

  구조선도, 조립도, 배치도 등의 그림에서 치수를 읽을 필요가 없는 것은 축척의 표시를 생략할 수 있다.

2.4 선 및 문자

선의 종류 및 용도

선은 모양과 굵기 및 위치에 따라 서로 다른 기능을 가지고 있다.

따라서 제도에서는 여러 가지 선으로 도형을 표시하므로 선의 모양, 굵기, 위치에 따라 다르기 때문에 그 특성을 규명하여 사용하여야 한다.

선은 모양과 굵기에 따라 다음과 같이 분류한다.

선의 종류	명칭	선의 용도	보기
굵은 실선	외형선	대상물의 보이는 부분의 겉모양을 표시한 선	———
가는 실선	치수선 치수보조선 지시선 회전 단면선 중심선 수준면선	• 치수를 기입하기 위한 선 • 치수를 기입하기 위하여 도형에서 인출한 선 • 지시, 기호 등을 나타내기 위하여 인출한 선 • 도형 내에 그 부분의 절단면을 90° 회전시켜서 나타내는 선 • 도형의 중심을 나타내는 선 • 수면, 액면 등의 위치를 나타내는 선	———
가는 파선 또는 굵은 파선	숨은선	• 대상물의 보이지 않는 부분의 모양을 표시하는 선	- - - - -
가는 1점 쇄선	중심선 기준선 피치선	• 도형의 중심을 나타내는 선 • 중심이 이동한 중심 궤적을 나타내는 선 • 위치 결정의 근거임을 명시할 때 쓰이는 선 • 반복 도형의 피치를 잡는 기준선	—·—
굵은 1점 쇄선	기준선 특수 지정선	• 기준선 중 특히 강조하는 데 쓰이는 선 • 특수한 가공을 하는 부분 등 특별한 요구사항을 적용할 범위를 나타내는 선	—·—
가는 2점 쇄선	가상선 무게 중심선	• 인접하는 부분 또는 공구, 지그 등을 참고로 표시하는 선 • 가공 부분을 이동중의 특징 위치 또는 이동 한계의 위치를 나타내는 선	—··—
파형의 가는 실선 지그재그의 가는 실선	파단선	• 대상물의 일부를 파단한 경계 또는 일부를 떼어 낸 경계를 표시하는 선	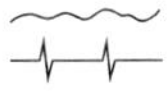
가는 1점 쇄선과 선의 끝 및 방향이 변화되는 부분을 굵게 한 선이 조합된 선	절단선	• 단면도를 그리는 경우 그 절단 위치를 대응하는 그림을 나타내는 선	
가는 실선	해칭선	• 단면도의 절단면을 나타내는 선	///////

- AutoCAD에서는 LINETYPE 명령을 사용하여 선의 형태를 설정한다.

선의 우선순위

도면작업시 선의 중복이 있을 때에는 다음과 같이 선의 우선순위를 적용하여 도면 작업을 해야 한다.

우선 순위	선의 명칭	우선 순위	선의 명칭
1	외형선	4	중심선
2	숨은선	5	무게 중심선
3	절단선	6	치수 보조선

■ 문장의 사용

문장은 가로 방향, 왼쪽에서부터 쓰기를 원칙으로 한다. CAD에서 기본으로 사용되는 글자체는 TXT체를 기본으로 사용한다.

토목에서는 SIMPLEX체 또는 ROMANS체를 사용하는 것이 일반적이다.

1 2 3 4 5 6 7 8 9 0
A B C D E F G H I J
K L M N O P Q R S T
U V W X Y Z
a b c d e f g h i j
k l m n o p q r s t
u v w x y z
토목제도, 토목박사, 입찰박사

- 글자의 크기는 일반적으로 3mm 또는 3.5mm를 사용한다. 다만, 구조물 도면에는 보통 4mm를 사용한다.
- 4자리 이상의 문자는 3자리마다 자리 표시를 하든지 간격을 두는 것을 원칙으로 한다. 다만, 4자리의 수는 이에 따르지 않아도 좋다. 그리고 소수점은 문자 밑에 찍는다.
- 도면을 변경할 때에는 변경한 곳에 적당한 기호로 표시하고, 변경 전의 모양 및 숫자는 적당히 보존한다.
- 단위는 다음 보기에 따라 기호를 사용한다.

mm, cm, mm^2, cm^2, m^2, m^3, kg …

2.5 단면, 치수와 치수선

단면

단면이란 기본 중심선을 절단한 면을 표시하는 것으로, 기본 중심선이 아닌 곳에서 절단한 면을 표시할 때는 그 절단선을 표시한다.

절단선에는 기호를 붙여 단면도와 대조할 수 있도록 한다.

단면을 보는 방향을 표시할 필요가 있을 때에는 절단선의 양쪽 끝에 시선의 방향으로 화살표를 붙인다.

단면에는 해칭을 하지 않는 것을 원칙으로 한다. 다만 필요한 때에는 해칭, 기타 표시방법으로 단면을 표시할 수 있다.

치수

치수는 치수선이 수평인 경우에는 치수선위에, 치수선이 수직인 경우에는 좌측에 표시한다. 치수는 계산하지 않고도 알아볼 수 있도록 표시한다.

치수는 모양 및 위치를 명확하게 표시한다.

낱개의 치수를 안쪽에서부터 차례로 배열하여 전체의 치수를 가장바깥쪽에 기입한다.

치수의 단위는 mm를 원칙으로 하되, mm가 아닐 경우에는 다른 단위나 기호를 명기한다.

치수선

치수선은 그림의 방향에 평행하게 그려야 한다.

치수선은 가능하면 도면의 외부에 그어야 하며, 서로 교차하지 않아야 한다.

치수선의 양끝에는 화살표로 표시한다.

단, 화살표를 넣을 여백이 부족한 경우는 치수선을 치수보조선 밖에 긋고, 내측을 향해 화살표를 붙인다.

Chapter 03

도면환경

3.1 개 요

도면작업에 들어가기 전에 도면의 영역과 단위를 설정하는 것은 매우 중요하다.
우선 작업할 도면의 크기를 결정하고 단위를 미리 설정한 후에 도면작업에 들어가야 한다.
도면작업 영역인 도면의 실제크기를 결정하기 위해서 Limits라는 명령어에 대해 알아보고, Units라는 명령을 사용하여 단위를 사용하는 방법을 익혀보기로 한다.

3.2 도면한계(LIMITS설정)

도면이 그려지는 영역을 결정하고 이들 경계의 체크기능을 조절한다.
예를 들어 A3 용지사이즈(420mm × 297mm)에 맞게 범위를 지정하려면 다음과 같이하면 된다.

① 명령 : LIMITS ↵

② 모형 공간 한계 재설정 :

왼쪽 아래 구석 지정 [켜기/끄기]<0.0000,0.0000> : 0,0 ↵

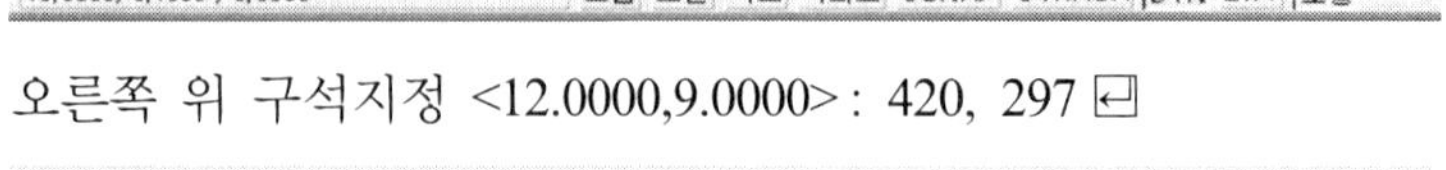

오른쪽 위 구석지정 <12.0000,9.0000> : 420, 297 ↵

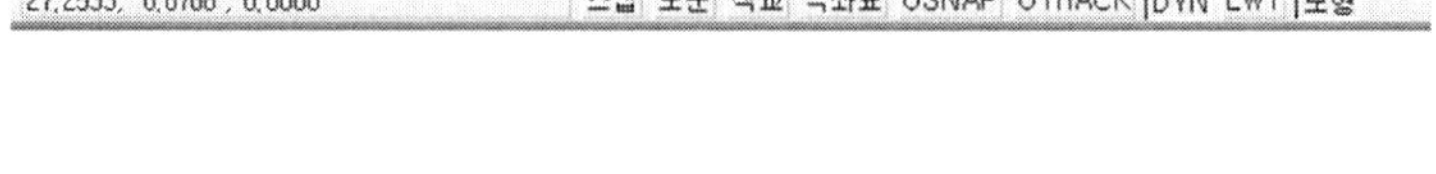

③ 도면 확대명령 : ZOOM ↵, ALL ↵

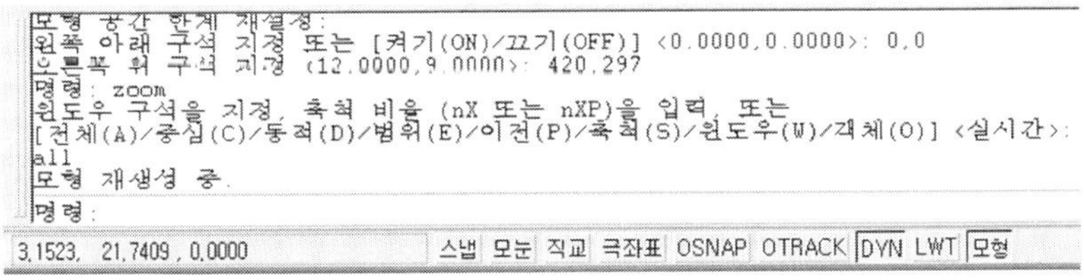

도면범위가 좌측하단이(0,0)이고, 우측상단이(420,297)이 된다.

3.3 도면 보조도구

스냅(Snap)

도면에 LINE 등의 객체를 그릴 때 정확한 좌표에 그리고자 하는 경우에 Snap이라는 명령어를 사용한다.

① 명령 : SNAP ↵

② 스냅 간격두기 지정 또는 [켜기(ON)/끄기(OFF)/종횡비(A)/회전(R)/스타일(S)/유형(T)] 〈10.0000〉: 10 ↵

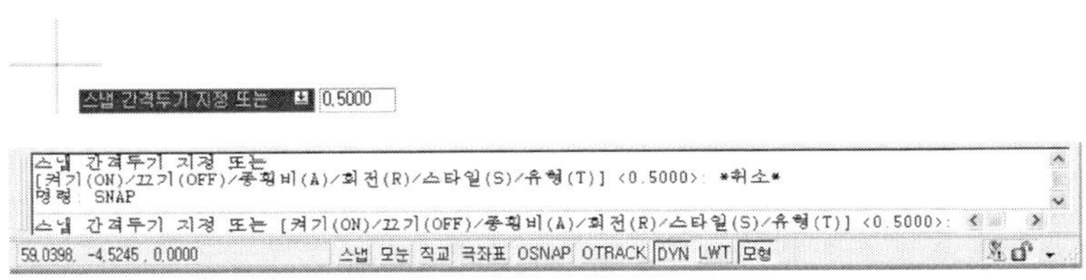

마우스 커서를 움직이면 좌측하단에 표시되는 10단위로 끊어져서 표시가 됨을 알 수 있다.

상태표시줄의 [스냅] 버튼을 눌러주면 ON/OFF가 된다. 또 다른 방법으로 스냅은 기능키 F9로 ON/OFF 해 줄 수 있다.

모눈(Grid)

Snap과 함께 도면을 그리는데 도움을 주는 명령이다. 모눈종이에다 도면제도를 해 본 경험이 있다면 Grid명령이 쉽게 이해가 된다.

① 명령 : GRID ↵

② 모눈 간격두기(X) 지정 또는 [켜기(ON)/끄기(OFF)/종횡비(A)] 〈5.0000〉: 5 ↵

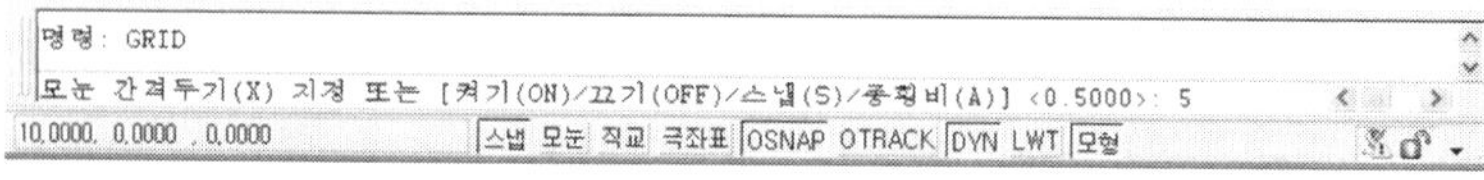

상태표시줄의 [모눈] 버튼을 눌러주면 ON/OFF가 된다. 또 다른 방법으로 스냅은 기능키 F7로 ON/OFF 해 줄 수 있다.
상태표시줄의 [스냅] [모눈] 버튼위에서 우측마우스 클릭 후 나타나는 단축메뉴에서 [설정값]을 선택하면 스냅 및 모눈에 대한 설정을 대화상자를 통해 설정할 수 있다.

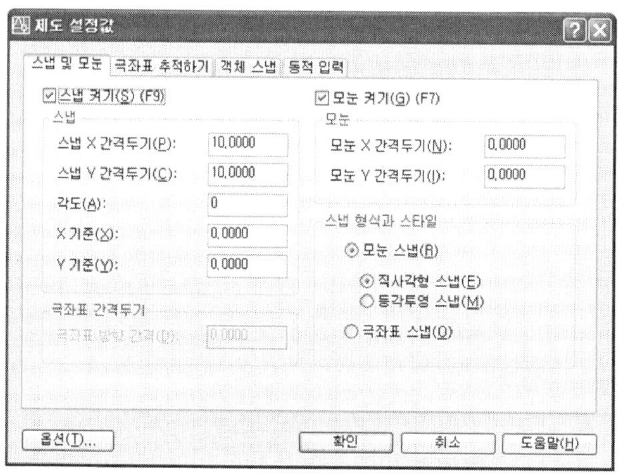

객체스냅(Object Snap)

객체(Object)의 정확한 점을 찾아주는 기능이다.
여기서 객체란 line, pline, circle, text 등 그리기 명령으로 작성된 것을 말한다. 객체스냅을 사용하면 좌표를 모르고 있을 때 도는 구성선을 그리지 않고도 객체상의 정확한 위치를 신속하게 지정할 수 있다.
풀다운메뉴 [도구]-[제도설정값]을 선택하면 다음과 같은 대화상자가 나타난다.
상태표시줄의 [OSNAP] 버튼을 눌러주면 ON/OFF가 된다. 또 다른 방법으로 스냅은 기능키 F3로 ON/OFF 해 줄 수 있다.

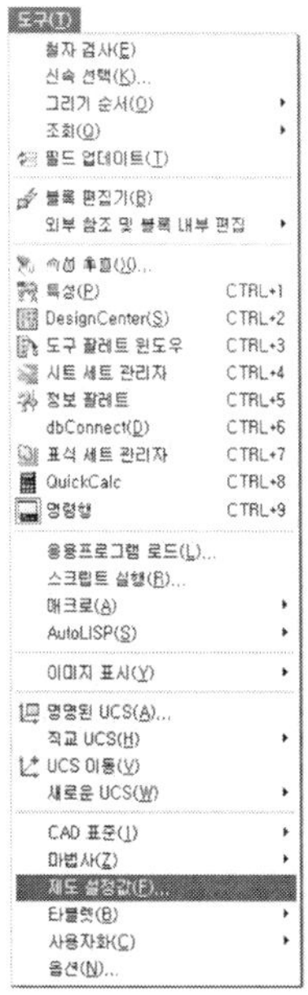

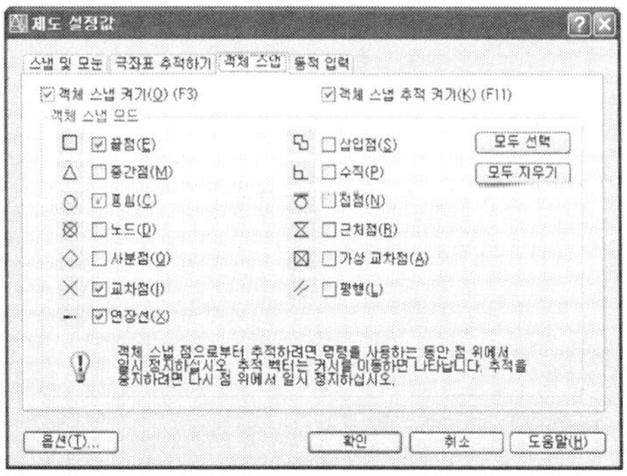

■ 객체스냅 모드(Object Snap Mode) 설정

- 끝점(E) : 직선이나 호에서 타겟박스에 가까운 끝점을 찾아준다.
- 중간점(M) : 직선이나 호의 중간점을 찾아준다.
- 중심(C) : 원이나 호의 중심점을 찾아준다.
- 노드(D) : POINT명령을 사용하여 그려진 포인트를 찾아준다.
- 사분점(Q) : 호나 원의 가장 가까운 상하좌우 0, 90, 180, 270도 중에서 가장 가까운 상한점을 찾아준다.
- 교차점(I) : 직선, 선, 호, 원등이 서로 교차하여 이루는 교차점을 찾아준다.
- 연장선(X) : 직선, 선, 호의 연장선을 그어 연장이 되는 위치를 찾아준다.
- 삽입점(S) : 문자, SHAPE 또는 블록의 삽입점을 찾아준다.
- 수직(P) : 선택된 두 객체의 최종포인트에 대해 법선을 이루는 원, 호, 직선상의 점을 찾아준다.
- 접점(N) : 선택된 두 객체의 최종포인트에 대해 접선을 이루는 원, 호, 직선 상의 점을 찾아준다.
- 근처점(R) : 타켓의 십자선에 가장 가깝게 지나는 도면요소의 한 지점을 찾아준다.
- 가상교차점(A) : 교차되지는 않지만 가상의 연장선에 의해 교차되는 가상교차점을 찾아준다.
- 평행(L) : 기존의 선과 평행하게 선을 그리도록 평행이 되는 직선을 찾아준다.

직교모드(ORTHO MODE)

직교모드에서는 커서의 이동이 수평 또는 수직방향으로 현재 모눈회전각도에 따라 제한된다. 즉 0, 90, 180, 270도 각도로 커서의 이동이 이루어진다.

직교모드를 설정하기위해서는 명령행에서 ORTHO를 입력하거나, 상황표시줄의 [직교] 버튼을 사용한다.

상태표시줄의 [직교] 버튼을 눌러주면 ON/OFF가 된다. 또 다른 방법으로 스냅은 기능키 F8로 ON/OFF 해 줄 수 있다.

직교모드가 켜지면 극좌표추적기능은 OFF된다. 즉 직교모드와 극좌표 추적모드는 동시에 사용할 수 없다.

극좌표

극좌표를 이용하면 객체를 연장하여 어떠한 각도라도 그릴 수 있다.

어떠한 일정한 각도로 선분도형 등을 그리고자 할 때 활용한다.

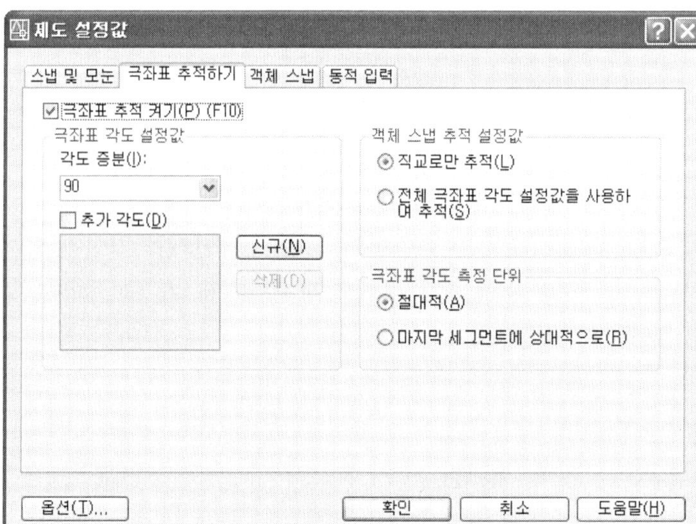

이 경우에 다음과 같이 각도 증분을 90도로 설정한다. 그리고 다음과 같은 방법으로 사각형을 그릴 수 있다.

① 명령 : LINE ↵

② 첫 번째 명령 :(화면 임의의 점) ↵

③ 다음 점 지정 : 200 ↵

④ 다음 점 지정 : 200 ↵

⑤ 다음 점 지정 : 200 ↵

⑥ 마지막 폐합점 지정 : 200 ↵

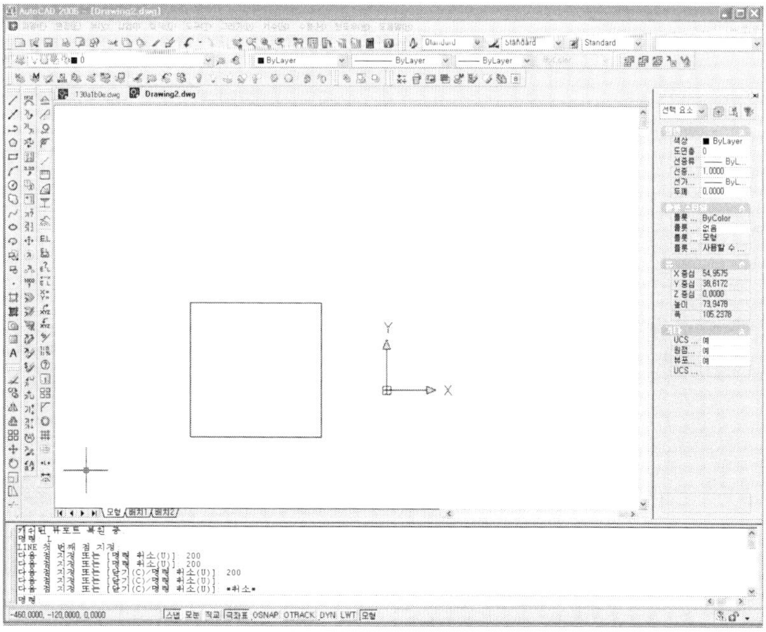

PART 4.

AutoCAD의 연습

Chapter 01

그리기(DRAW)

1.1 정 의

AutoCAD 프로그램에서 도면을 그릴 때 기본이 되는 그리기 기능을 배우도록 한다. 그리기 명령의 종류는 그다지 많지 않으므로 중복 명령을 줄이고 정확한 도면을 그려낼 수 있도록 명령어를 통한 반복 숙련을 통해 응용력을 키워야 한다.

실제 캐드작업에서 주로 활용하는 명령어를 살펴보면 순수한 그리기 명령어보다는 이미 완성된 도면을 재사용 하기위해 수정, 편집하는 명령어 등을 훨씬 더 많이 사용하는 것을 알 수 있다.

그리기 명령은 아래 보여진 것처럼 그리기 도구막대와 풀다운 메뉴를 통해 실행할 수 있다. 또한 명령창에 그리기 명령어를 직접 입력하여 사용할 수도 있다.

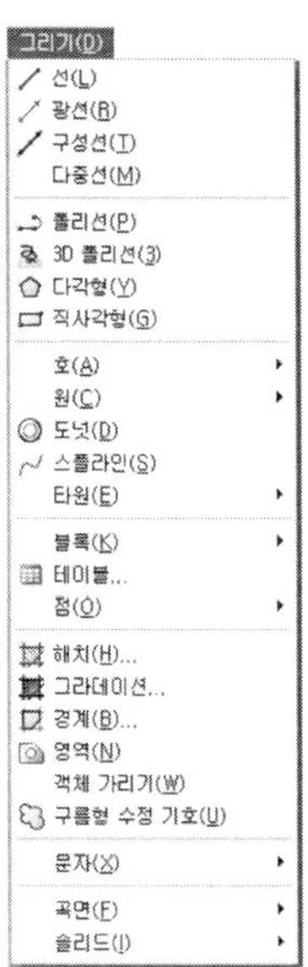

1.2 선(LINE)

도면을 그릴 때 가장 기본이 되는 명령이다. 복잡한 도면도 LINE 요소 하나하나가 모여 있는 집합체라고 할 수 있다.

선을 그리고자 할 때 그리기(선 그리기)로 선택하거나, 명령행에 LINE을 직접 입력한다.

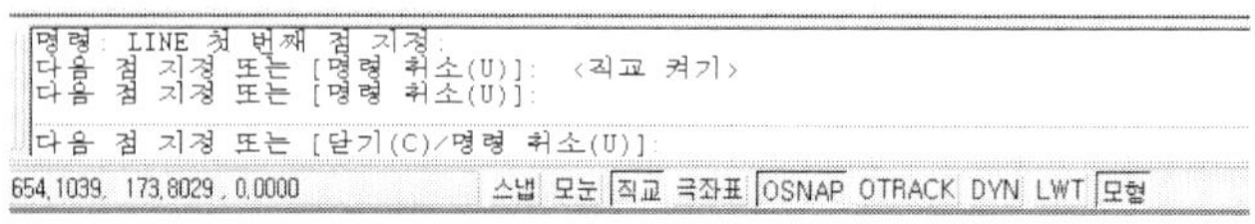

선 그리기 뿐 아니라 각종 그리기명령을 사용하려면 기본적인 그리기 명령보다는 원하는 도면을 그리기 위해서 상대좌표, 극좌표 그리고 객체스냅을 이해하는 것이 중요하다. 이러한 부분에 대해서는 「제3편 Autocad 2006 기본(CHAPTER 1. AutoCAD 좌표)」에서 언급하였으므로 여기에서는 따로 언급하지 않는다.

따라하기 **간단한 직사각형을 선그리기 명령으로 작도하는 연습**

그러면 절대좌표를 이용하여 일반적인 직사각형 도형을 그려보는 연습을 해 보기로 한다. 절대 좌표계에서 시작점(0,0)에서 가로 10mm, 세로 5mm의 직사각형을 그린다.

OPTION **선 그리기의 옵션**

① 취소(U)

취소(u)명령을 실행하면 직전에 그린 선을 취소한다. 취소(u) 명령을 여러 번 실행하면 잘못 작성한 선을 차례대로 취소한다. 즉 U를 두 번 이상 입력하여 명령을 실행하면 최근에 선 그린 순서대로 선 그리기가 취소된다.

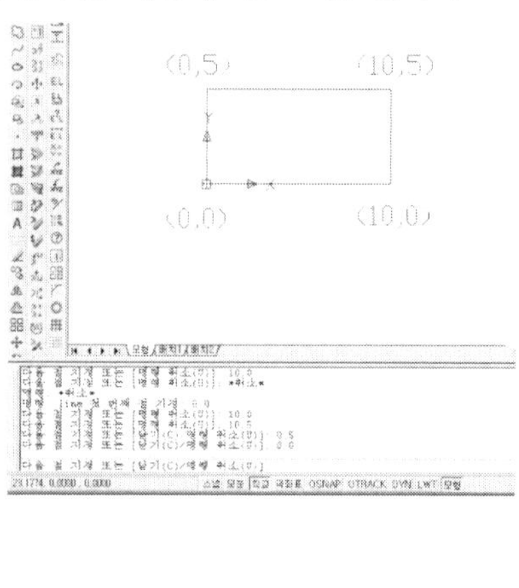

② 닫기(C)

선 그리기를 계속 실행하여 도형을 그리는 경우에 처음 선 그리기한 시작점으로 폐합하여 그리기를 종료하고자 하는 경우에 사용된다.

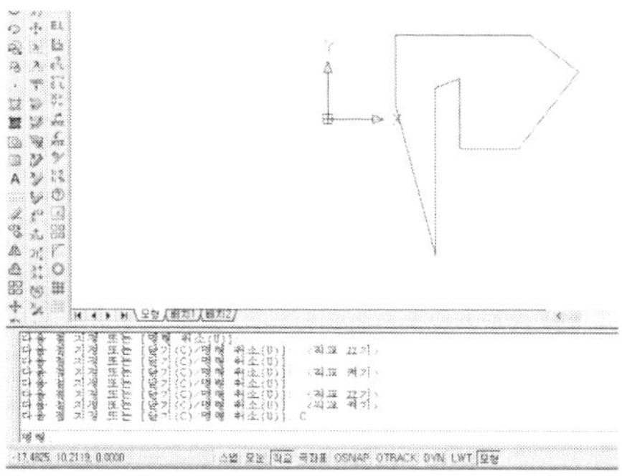

1.3 폴리선(PLINE)

폴리선(PLINE) 명령은 하나의 명령으로 단일 객체인 선과 호를 그릴 때 사용하는 명령이다. 폴리선으로 작성된 객체를 선택하면 하나의 단일객체로 되어있는 연결된 하나의 객체임을 확인할 수 있다.

폴리선 명령을 사용하여 직선 세그먼트, 호 세그먼트 또는 그둘을 조합하여 작성할 수 있다.

LINE이 두 점에 의한 단순한 선이라면, PLIN은 두 점 이외에 폭이란 요소를 하나 더 갖고 있다.

그리고 이 폭은 하나의 폭이 아니라 시작점과 끝점의 폭이 다를 수도 있다.

따라하기 간단한 직사각형을 폴리선(PLINE)그리기 명령으로 작도하는 연습

예를 들면 작성된 사각형을 선택하면 사각형 전체가 선택되게 된다.

선으로 그려진 사각형은 각각의 변이 따로 선택되지만, 폴리선으로 그려진 사각형은 한번에 사각형 전체가 선택된다.

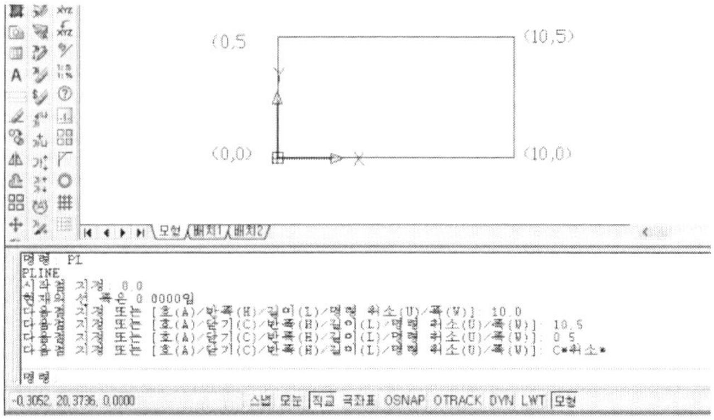

따라하기 다양한 다각형을 폴리선(PLINE)그리기 명령으로 작도하는 연습

PLINE에는 두 가지 모드가 있는데 직선과 호를 전환하여 그릴 수 있다. 처음 PLINE명령의 실행시에는 직선모드이고, 호 모드로 전환하려면 옵션상태에서 호(ARC)를 선택한다.

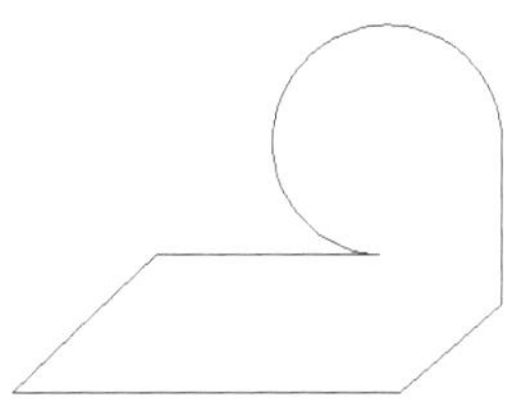

명령 : PLINE

시작점 지정 : 0, 0

다음점 지정 또는 [호(A)/반폭(H)/길이(L)/명령 취소(U)/폭(W)] : 10, 0

다음점 지정 또는 [호(A)/닫기(C)/반폭(H)/길이(L)/명령 취소(U)/폭(W)] : 13, 3

다음점 지정 또는 [호(A)/닫기(C)/반폭(H)/길이(L)/명령 취소(U)/폭(W)] : 13, 9

다음점 지정 또는 [호(A)/닫기(C)/반폭(H)/길이(L)/명령 취소(U)/폭(W)] : A

호의 끝점 지정 또는

[각도(A)/중심(CE)/닫기(CL)/방향(D)/반폭(H)/선(L)/반지름(R)/두 번째 점(S)/명령취소(U)/폭(W)] : 7, 9

호의 끝점 지정 또는

[각도(A)/중심(CE)/닫기(CL)/방향(D)/반폭(H)/선(L)/반지름(R)/두 번째 점(S)/명령취소(U)/폭(W)] : 13, 5

호의 끝점 지정 또는

[각도(A)/중심(CE)/닫기(CL)/방향(D)/반폭(H)/선(L)/반지름(R)/두 번째 점(S)/명령취소(U)/폭(W)] : L

다음점 지정 또는 [호(A)/닫기(C)/반폭(H)/길이(L)/명령 취소(U)/폭(W)] : 3, 5

다음점 지정 또는 [호(A)/닫기(C)/반폭(H)/길이(L)/명령 취소(U)/폭(W)] : C

따라하기 **폴리선(PLINE)그리기 옵션을 활용하여 선두께를 전환하는 연습**

폴리선(PLINE)은 폭을 줄 수 있고, 시작점과 끝점의 폭을 서로 다르게 줄 수 있는데, 옵션을 사용하여 다음과 같이 선의 두께를 다르게 지정할 수 있다.

명령 : PLINE
시작점 지정 :
현재의 선 폭은 4.0000임
다음점 지정 또는 [호(A)/반폭(H)/길이(L)/명령 취소(U)/폭(W)] : H
시작 반-폭 지정 〈2.0000〉 : 10
끝 반-폭 지정 〈10.0000〉 : 10
다음점 지정 또는 [호(A)/반폭(H)/길이(L)/명령 취소(U)/폭(W)] : 5, 0
다음점 지정 또는 [호(A)/닫기(C)/반폭(H)/길이(L)/명령 취소(U)/폭(W)] : H
시작 반-폭 지정 〈10.0000〉 : 5
끝 반-폭 지정 〈5.0000〉 : 5
다음점 지정 또는 [호(A)/닫기(C)/반폭(H)/길이(L)/명령 취소(U)/폭(W)] : 12, 0
다음점 지정 또는 [호(A)/닫기(C)/반폭(H)/길이(L)/명령 취소(U)/폭(W)] : H
시작 반-폭 지정 〈5.0000〉 : 0
끝 반-폭 지정 〈0.0000〉 : 0
다음점 지정 또는 [호(A)/닫기(C)/반폭(H)/길이(L)/명령 취소(U)/폭(W)] : 22, 0
다음점 지정 또는 [호(A)/닫기(C)/반폭(H)/길이(L)/명령 취소(U)/폭(W)] : H
시작 반-폭 지정 〈0.0000〉 : 5
끝 반-폭 지정 〈5.0000〉 : 0
다음점 지정 또는 [호(A)/닫기(C)/반폭(H)/길이(L)/명령 취소(U)/폭(W)] : 28, 0
다음점 지정 또는 [호(A)/닫기(C)/반폭(H)/길이(L)/명령 취소(U)/폭(W)] : *취소

기타 폴리선(PLINE)의 옵션으로 [호(A)/닫기(C)/반폭(H)/길이(L)/명령 취소(U)/폭(W)]중 하나의 옵션을 선택하여 해당 폴리선을 다양하게 표현할 수 있고, 또한 폴리선(PLINE)으로 그린 다각형내부에 해치 명령어를 사용하여 해치를 할 수 있다.

1.4 다각형(Polygon)

다각형(Polygon) 명령은 다각형을 그리는 명령으로 원에 내접 또는 외접하는 다각형을 쉽게 그릴 수 있다.

따라하기 **다각형(Polygon)을 활용하여 일정한 다각형 그리기**

원에 내접하는 다각형을 그릴 경우에는 우선 변의 수를 입력하고(육각형은 변의수 6을 입력), 옵션(내접(I)/ 외접(C))을 선택한 후에 원 중심을 지정하고, 원의 반지름을 지정하면 새로운 다각형이 그려진다.

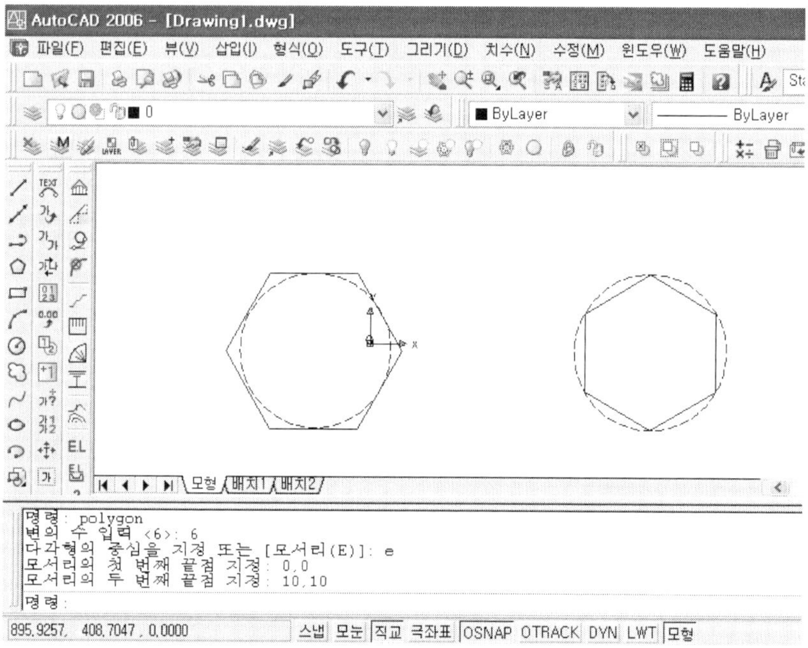

명령 : polygon

변의 수 입력 〈6〉 : 6

다각형의 중심을 지정 또는 [모서리(E)] : e

모서리의 첫 번째 끝점 지정 : 모서리의 두 번째 끝점 지정 :

명령 : POLYGON 변의 수 입력 〈6〉 : 6

다각형의 중심을 지정 또는 [모서리(E)] :

옵션을 입력 [원에 내접(I)/원에 외접(C)] 〈C〉 : c

원의 반지름 지정 : 5

1.5 직사각형(Rectang)

직사각형(Rectang) 명령은 직사각형을 그리는 명령으로 한쪽 구석과 반대쪽 구석을 설정해주면 사각형을 쉽게 그릴 수 있다.

따라하기 **직사각형(Rectang)을 활용하여 사각형 그리기**

사각형그리기에 몇 가지 옵션이 있다. [모따기(C)/고도(E)/모깎기(F)/두께(T)/폭(W)]를 활용하여 다양한 사각형을 그릴 수 있다.

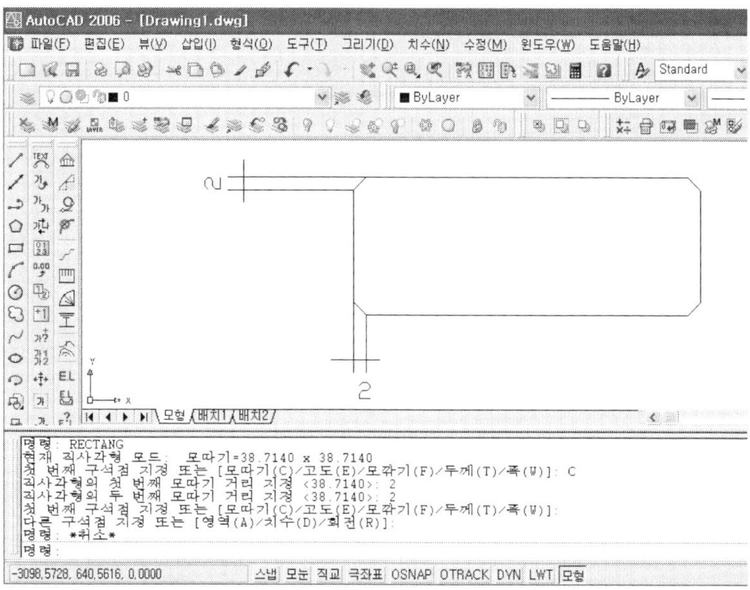

명령 : RECTANG

현재 직사각형 모드 : 모따기=38.7140 × 38.7140

첫 번째 구석점 지정 또는 [모따기(C)/고도(E)/모깎기(F)/두께(T)/폭(W)] : C

직사각형의 첫 번째 모따기 거리 지정 〈38.7140〉 : 2

직사각형이 두 번째 모따기 거리 지정 〈38.7140〉 : 2

첫 번째 구석점 지정 또는 [모따기(C)/고도(E)/모깎기(F)/두께(T)/폭(W)] : 0, 0

다른 구석점 지정 또는 [영역(A)/치수(D)/회전(R)] : 10, 3.5

1.6 원(Circle)

원(Circle)을 그리는 명령으로 도면에 원을 그리는 방법은 매우 다양하다. 따라서 어떤 방법으로 그리는 것이 가장 빠르고 정확하게 그릴 수 있는지 생각하고 원을 그리는 것이 좋다.

원을 그리는 방법은 크게 6가지이다. 그중 가장 일반적인 방법은 중심점과 반지름을 이용하여 원을 그리는 방법이다.

OPTION 중심점과 반지름을 활용하여 원 그리기

원그리기에 몇 가지 옵션이 있다. [3점(3P)/2점(2P)/접선 접선 반지름(Ttr)]를 활용하여 다양한 원을 그릴 수 있다.

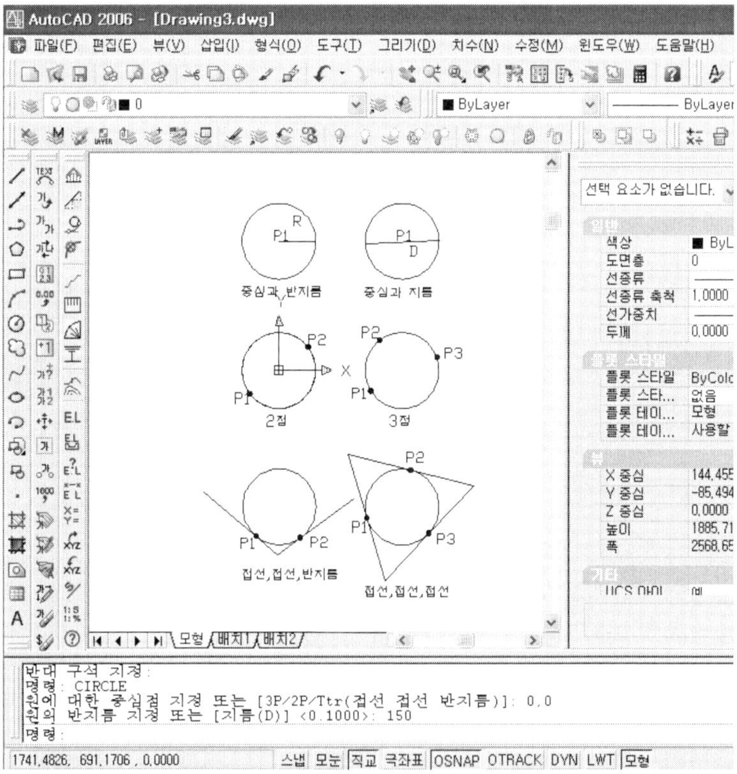

명령 : CIRCLE

원에 대한 중심점 지정 또는 [3P/2P/Ttr(접선 접선 반지름)] : 0,0

원의 반지름 지정 또는 [지름(D)] 〈0.1000〉 : 150

1.7 호(Arc)

호(Arc) 명령은 호를 그리는 명령으로 풀다운메뉴에서 호를 선택하면 다양한 옵션이 나타난다. 호를 그리는 방법은 11가지 방법이 있는데 가장 일반적인 방법은 3점을 이용하여 호를 그리는 방법이다.

따라하기 일반적인 호 그리기

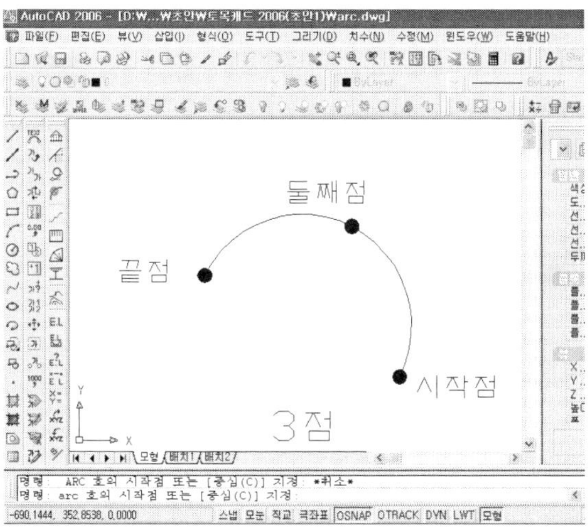

따라하기 다양한 호 그리기 방법

호를 그리는 방법은 다양한 옵션을 활용하여 그리는 것으로 다음과 같다.

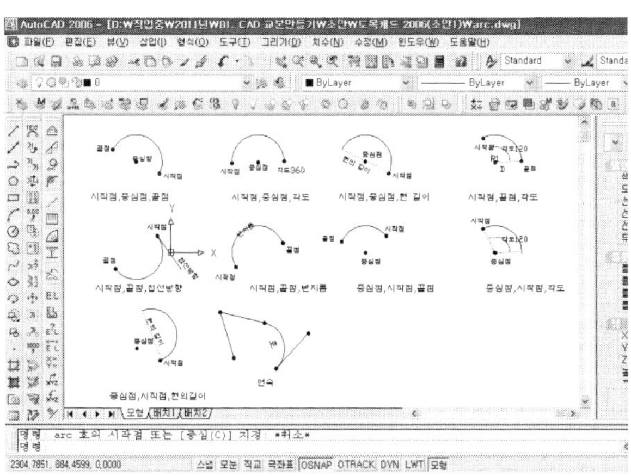

1.8 도우넛(Donut)

도우넛(Donut) 명령은 채워진 원 및 환을 그리는 명령으로 Donut의 내부 및 외부지름은 명령 행에서 키보드로 직접 입력할 수도 있고, 마우스로 두 점간을 지정해 줄 수 도 있다.

따라하기 도우넛(Donut)을 환(채원진 원) 그리기

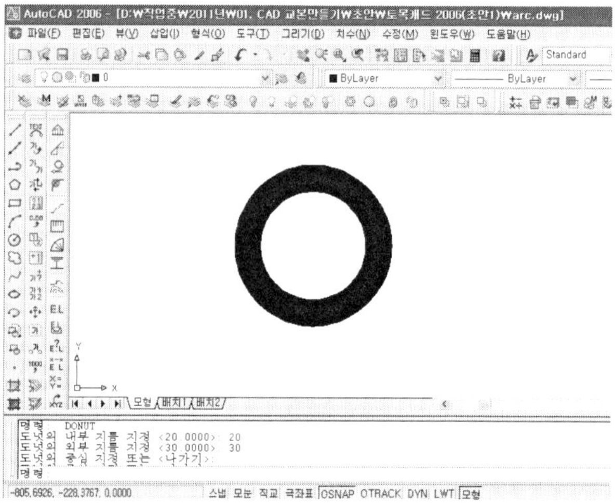

시스템 변수중 FILL값을 OFF시 다음과 같이 나타난다.

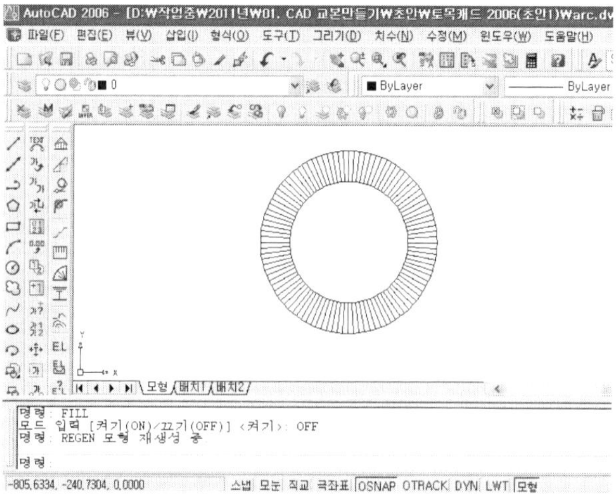

1.9 타원(Ellipse)

타원(Ellipse) 명령은 타원을 그리는 명령으로 메뉴의 3가지 방법으로 타원을 쉽게 그릴 수 있다.

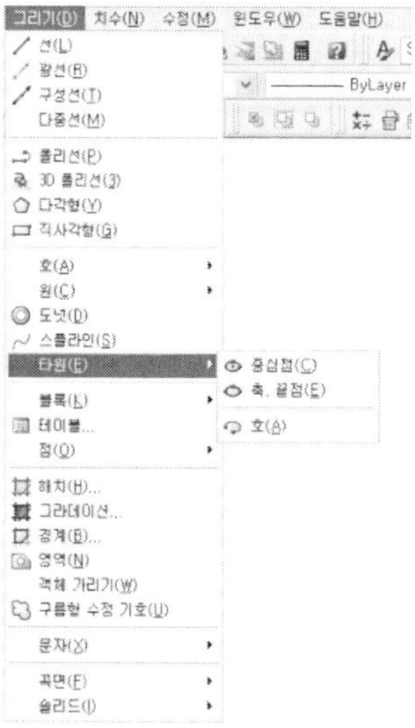

따라하기 타원 그리기

타원 그리기에 몇 가지 옵션이 있다. 옵션을 활용하여 다양한 타원을 그릴 수 있다.

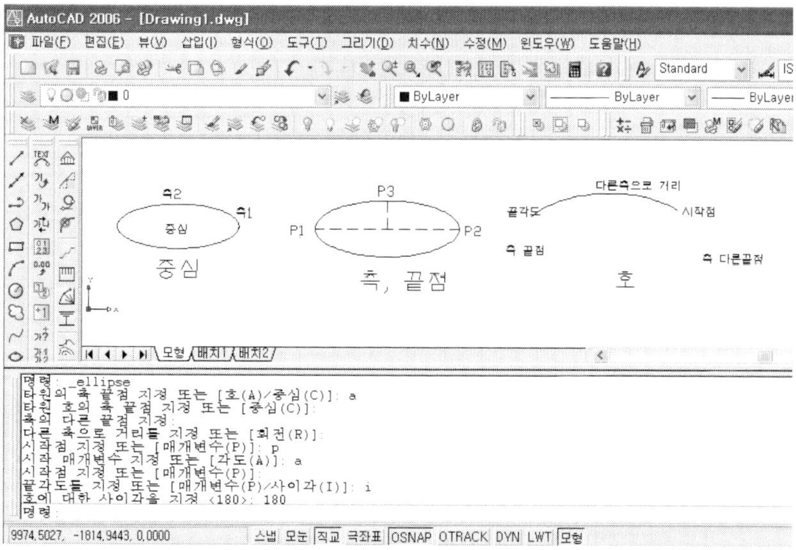

OPTION 타원의 옵션

- Center : 타원의 중심을 지정
- Axis endpoint : 지름이 되는 첫 번째 축의 시작점 지정
- Other endpoint : 다른 축의 끝점 지정
- Distance to dther axis : 다른 축의 반지름 지정
- Rotation : 한 지름을 중심으로 다른 축의 회전각 지정
- Arc : 타원의 한 부분을 호로 생성
- Parameter : AutoCAD가 매개변수식 벡터방정식을 사용하여 호를 생성
- Angle : 타원 호의 각을 지정
- Included : 시작되는 각도에 각도를 추가하여 호를 생성, 즉 시작되는 각도에 각도 값을 더하여 그 각도를 End Angle로 지정

1.10 해치(Bhatch)

해치(Bhatch) 명령은 어떤 영역의 내부를 반복되는 패턴과 모양으로 채우는 명령으로 대화상자, 패턴 팔레트, 영역선택 옵션, 그라데이션 등의 조합을 통해 다양한 해치를 할 수 있다.

따라하기 해치(Bhatch)를 활용하여 다각형 내부 채우기

그리기 도구 아이콘의 해치도구를 클릭하거나 명령행에 BHATCH를 입력한다.

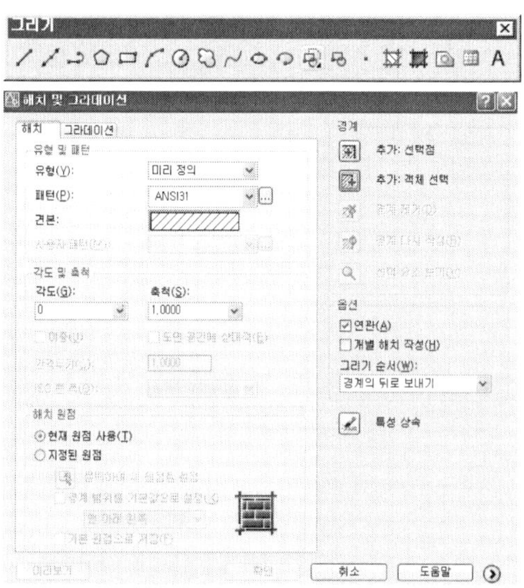

BHATCH를 실행하면 위 그림과 같은 대화상자가 나타나는데 해치패턴을 클릭하면 아래와 같은 패턴을 선택할 수 있는 대화상자가 나온다.

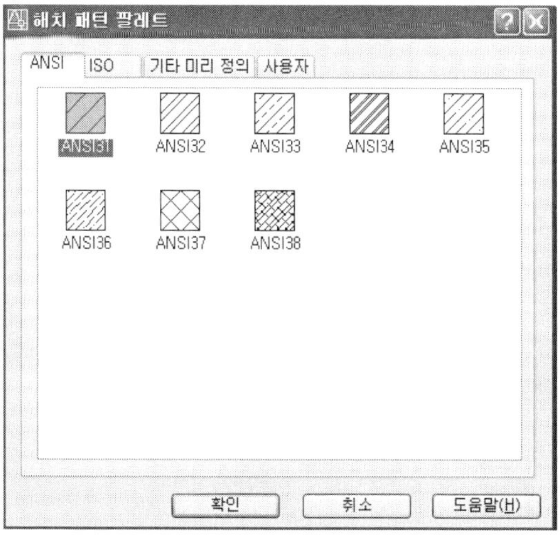

대화상자에서 ANSI31패턴을 선택하고, 해치 각도 및 축척을 입력하면 다음과 같이 도형내부에 해치가 된다.

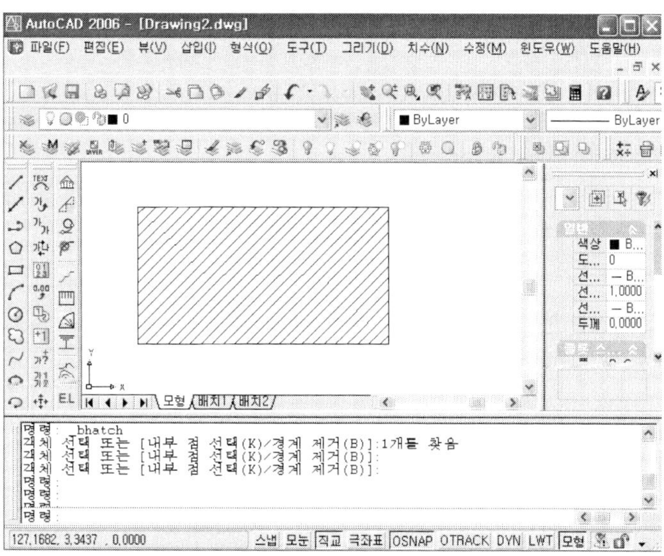

OPTION **연관 및 비연관 해치**

해치된 도형을 Stretch해 보면 연관과 비연관의 차이를 알 수 있다.

연관된 해치 비연관된 해치

OPTION **해치 영역 입력 옵션**

해치영역 내부에 다른 영역(고립영역)이 있는 경우를 옵션을 활용하여 다양하게 표현할 수 있다.

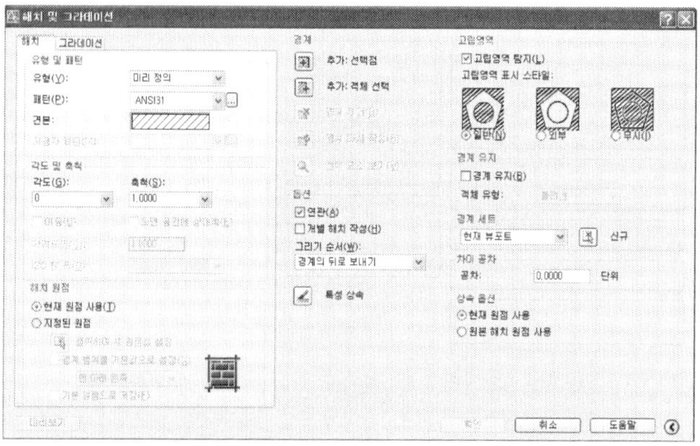

일반은 교차되면서 해치가 되고, 외부는 가장 바깥쪽 영역만 해치가 된다. 무시는 영역 내가 모두 해치된다.

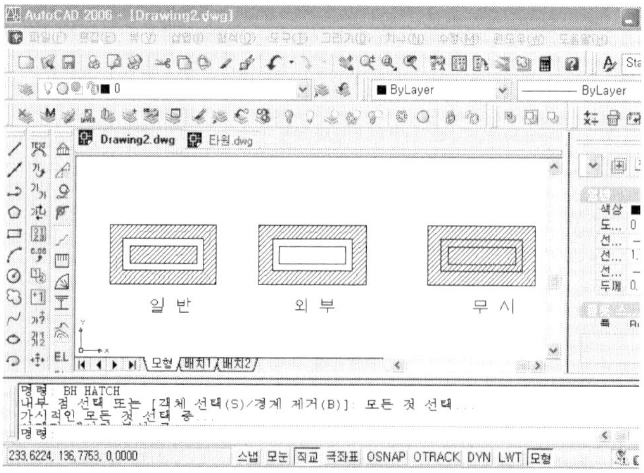

OPTION 그라데이션 채우기

해치영역 내부에 해치된 패턴의 음영을 다양하게 표현하는 기능이다.

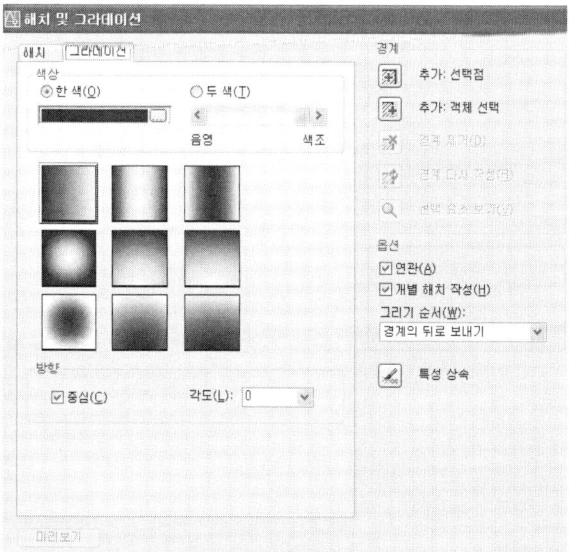

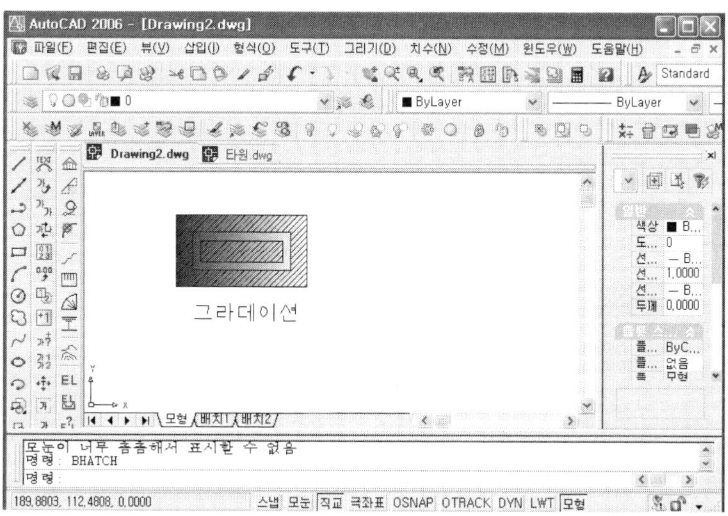

1.11 BOUNDARY(BO)

선의 경계를 PLINE 상으로 경계를 만들어준다.

따라하기 BOUNDARY

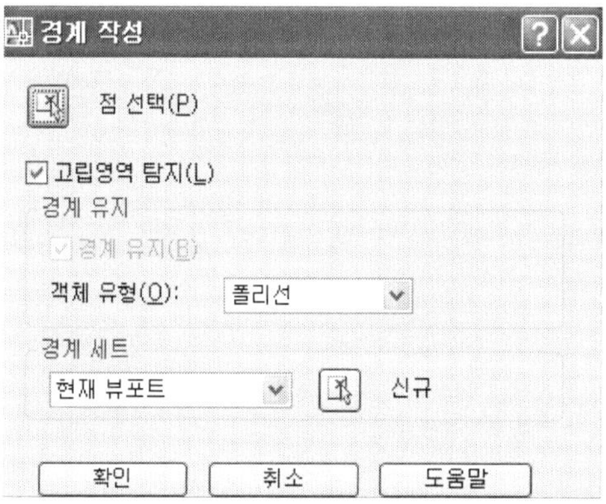

1.12 DDPTYPE

POINT의 모양과 크기를 조절하는 것으로 방법은 다음과 같다.

따라하기 DDPTYPE

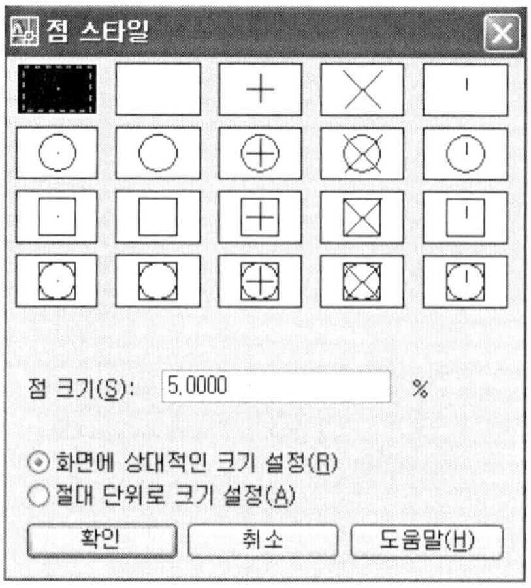

OPTION DIVIDE(DIV)

도면 작업시 일정한 간격으로 나눌때 사용하는 방법은 다음과같다

1) 직선에 대하여 나누어진 경우

명령 : DIVIDE Enter↵

등분할 객체 선택:

세그먼트의 개수 입력 또는 [블록(B)]: 7

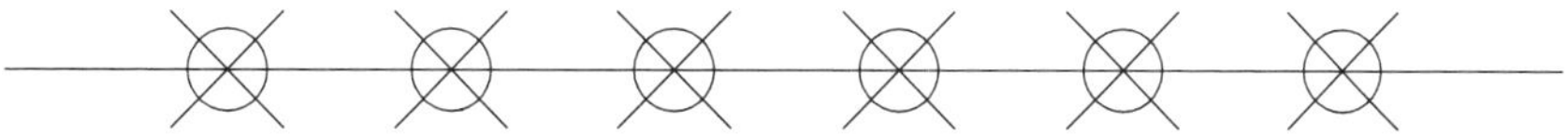

2) 원에대하여

명령 : DIVIDE Enter↵

등분할 객체 선택:

세그먼트의 개수 입력 또는 [블록(B)]: 7

1.13 XLINE(단축키:XL)

양방향 무한 연장선을 긋는다.

따라하기 XL

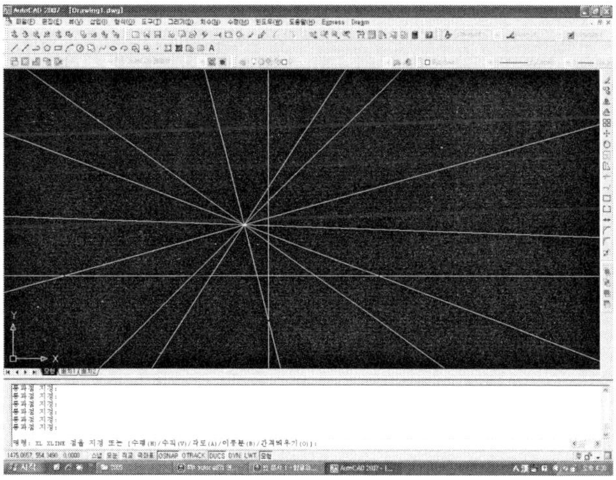

▣ 다양한 XLINE 그리기 명령으로 작도하는 연습

1) 수평선

명령 : XL Enter↵

점을 지정 또는(수평(H)/수직(V)/각도(A)/이등분(B)/간격띄우기(O):H Enter↵

2) 수직선

명령 : XL Enter↵

점을 지정 또는(수평(H)/수직(V)/각도(A)/이등분(B)/간격띄우기(O):V Enter↵

3) 각도 선

명령 : XL Enter↵

점을 지정 또는(수평(H)/수직(V)/각도(A)/이등분(B)/간격띄우기(O):A Enter↵

X선의 각도 입력(0)또는(참조(R):45

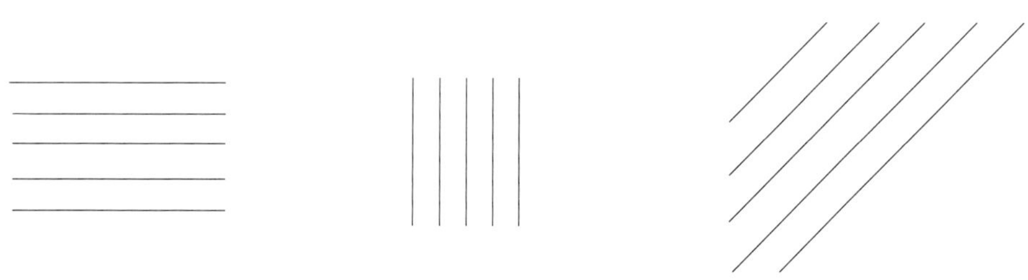

Chapter 02

뷰(VIEW)

2.1 개 요

뷰(VIEW) 기능은 AutoCAD를 사용하여 도면작업을 하면서 도면을 그리는 명령은 아니지만, 실제 그리기명령이나 수정, 편집명령보다 더 많이 사용하는 기능이다.

뷰 관련 명령은 크게 Zoom 명령과 Pan 명령이 있다. Zoom 기능은 풀다운 메뉴, 아이콘, 그리고 휠마우스를 이용하여 사용하는 방법이 있으며 최근에는 주로 명령어나 휠마우스를 이용하여 Zoom 기능을 사용한다.

2.2 줌(ZOOM)

줌(ZOOM)은 화면상에 보이는 도면의 크기를 확대 또는 축소하여 작업영역을 조절하는 명령(기능)이다.

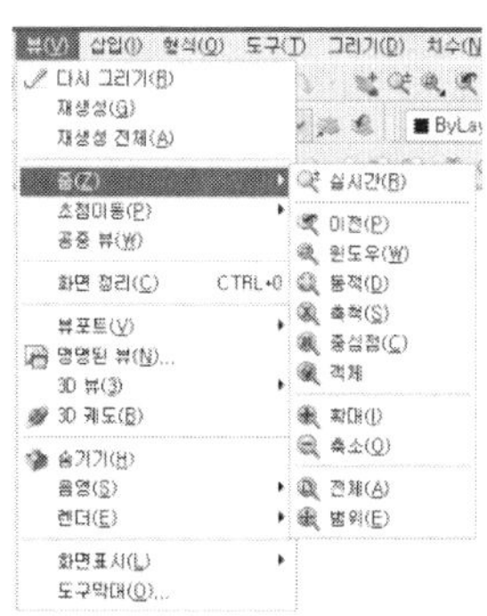

명령 : ZOOM

윈도우 구석을 지정, 축척 비율(nX 또는 nXP)을 입력, 또는 [전체(A)/중심(C)/동적(D)/범위(E)/이전(P)/축척(S)/윈도우(W)/객체(O)]〈실시간〉 : E ZOOM 범위(E)는 도면의 모든 객체를 화면에 가득 가도록 표시한다.

OPTION 줌의 옵션

- E(전체) : 도면의 모든 객체를 화면에 가득차게 표시한다.
- W(윈도우) : 도면의 특정 부위를 확대하여 볼 수 있게 표시한다.
- P(이전) : 현재 화면 바로 이전의 화면을 표시한다.
- D(동적) : 사각영역으로 확대 또는 축소할 영역을 미리 정한후에 뷰를 확정한다.
- S(축척) : 현재 뷰를 기준으로 확대 또는 축소 비율을 직접 입력하여 뷰 조정한다.
- C(중심) : ZOOM의 중심점을 지정하고, 그 위치에서 수직으로 쳐다보는 뷰를 만들어준다.
- 2(확대) : 현재의 뷰를 기준으로 2배 확대해서 표시한다.
- 0.5(축소) : 현재의 뷰를 기준으로 1/2배로 축소하여 표시한다.

기 능 ZOOM / D(동적)의 기능

- 1단계 : ZOOM명령어 실행하고, D옵션을 선택하여 마우스커서의 영역을 표시한다.
- 2단계 : 마우스 왼쪽버튼을 누르고, 마우스를 움직여 사각 영역의 크기를 조정한다.
- 3단계 : 원하는 크기가 되었을 때 다시 마우스 왼쪽버튼을 클릭한다. 그러면 사각영역이 고정된다.
- 4단계 : 마우스를 원하는 부분으로 이동하여 마우스 오른쪽버튼을 눌러 표시되는 화면영역을 결정한다.

2.3 초점이동(PAN)

초점 이동(PAN)은 기존에 작성된 도면을 열어 확인하거나 편집하는 경우에 작업영역을 이동하는 기능이다.

표준도구의 초점이동(PAN) 아이콘을 클릭하거나 또는 풀다운메뉴의 [뷰]-[초점이동]을 클릭하는 방식, 명령행에 [PAN]을 입력하는 방식, 도면의 빈 영역에서 마우스 우측버튼 클릭하는 방법 등으로 도면영역의 초점이동이 가능하다.

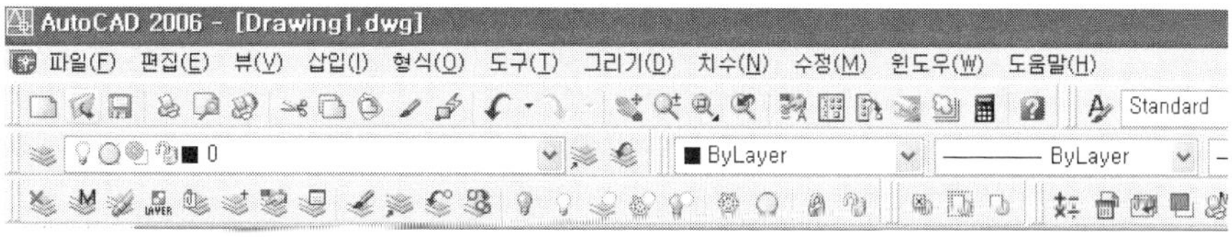

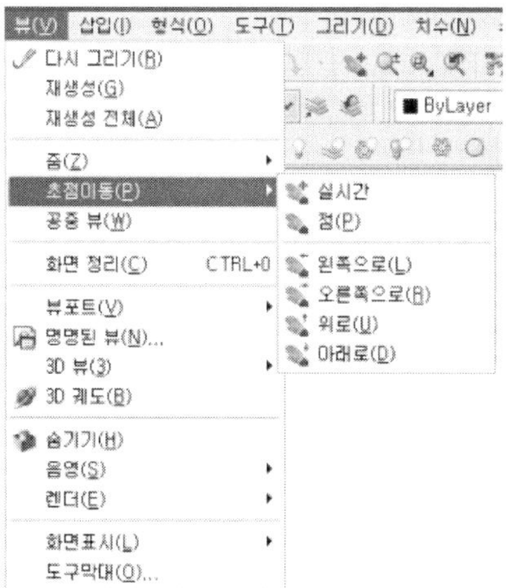

명령행에 PAN 명령을 실행하면 손 모양의 아이콘이 나타나는데, 이때 마우스를 누른 상태에서 보고자하는 쪽으로 드래그하면 도면영역이 이동한다.

즉 마우스를 아래쪽으로 드래그하면 아래부분의 화면이 위로 올라가면서 보이게 된다.

OPTION 마우스휠에 의한 줌의 이동

- ZOOM IN / ZOOM OUT : 휠을 위 아래로 회전하면 도면영역이 확대되거나 또는 축소된다. 이때에 마우스 커서를 중심으로 도면영역이 확대 또는 축소된다.
- PAN(초점이동) : 휠을 누른 채로 마우스를 드래그하면 도면영역이 드래그 하는 방향으로 이동된다.

2.4 다시 그리기(REDRAW)

현재 뷰포트의 화면표시를 갱신해주는 명령이다.

도면을 그리고 편집하게 되면 마우스로 클릭한 지점이나 선택한 영역에 표시가 남아있게 된다. 이때 다시 그리기(REDRAW) 명령을 이용하여 화면을 말끔히 정리한다.

다른 방법으로는 <Blipmodes>라는 시스템변수를 다음과 같이 조정하여 작업한 흔적이 아예 남지 않게 설정하는 방법도 있다.

- 명령 : BLIPMODES
- 모드입력[켜기(ON)/끄기(OFF)] 〈ON〉 : OFF

2.5 재생성(REGEN)

도면을 재생성 해주는 명령이다.
REDRAW는 잔상을 없애는 정도의 기능을 하지만, REGEN은 DWG도면 화일을 새로이 읽어오는 기능을 하므로 REDRAW에 비해 더 시간이 많이 소요된다.
또한 REGEN을 실행하면 화상도의 문제로 도면 내의 곡선이 각져 보이지 않고 제대로 된 곡선으로 보이도록 조정해 준다.

2.6 재생성 전체(REGENALL)

뷰 포트가 여러개로 분할된 화면에서 여러 개의 분할된 도면을 모두 REGEN 해주는 명령이다.

Chapter 03

객체 선택

3.1 개 요

도면작업을 하게 되어 이미 작업되어진 객체를 수정 편집하기위해서는 들어가기 전에 객체를 제대로 선택하는 방법을 숙지하고 있어야 한다.
객체를 선택하는 방법은 다양하여 수정편집하려는 객체를 선택하는 방법에 따라 작업량과 노력이 달라지기 때문에, 빠르고 편하게 작업하기위해서 객체선택을 정확하게 사용하는 방법을 반드시 익혀두어야 한다.
객체를 선택하는 가장 단순한 방법으로, 객체를 하나하나 일일이 마우스로 클릭하여 선택하는 방법이다.
이 방법은 객체를 선택하는데 시간이 많이 소요될 수 있으므로, 선택해야 할 객체수가 소수인 경우에만 부득이 사용한다.
추가적으로 수정편집해야 할 객체가 있을 경우에는 다시 마우스로 하나하나 클릭하여 선택할 수 있다.

3.2 윈도우(Window)

윈도우(Window) 선택

한 번에 많은 수의 객체를 선택하고자 할 때 사용하는 방법으로, 객체가 포함되도록 마우스로 임의의 사각형을 드래그하여 선택한다.
즉 선택하려는 객체의 영역만큼 초기 선택영역의 임의 포인트를 클릭한후 설정하려는 영역까지 마우스를 드래그하여 지정하면, 그려진 사각형내에 포함된 모든 객체가 선택되는 방식이다.

OPTION 윈도우의 설정 방식

- 윈도우(Window) : 사각형안에 완전하게 포함된 객체만이 선택되는 방식이다. 객체가 없는 영역에서 클릭하고 우측으로 드래그하면 윈도우로 객체가 선택된다.
- 걸치기(Crossing) : 사각형에 완전하게 포함된 객체뿐 아니라, 사각형 영역에 조금이라도 걸쳐있는 객체는 모두 선택된다. 객체가 없는 영역에서 클릭하고 좌측으로 드래그하면 걸치기로 객체가 선택된다.
- 윈도우 다각형(WPolygon) : 다각형을 그려서 완전히 객체가 선택되는 방식으로 선택하려는 객체가 포함되게 임의의 다각형을 하나씩 클릭하여 지정한다.
- 전체 선택(ALL) : 도면의 모든 객체를 선택한다. 객체를 선택하라고 명령행에 메시지가 나오면 [ALL]이라고 입력한다.
- 제거(Remove) : 현재 선택된 객체에서 객체선택을 취소한다. 명령행에 「객체선택」이라는 메시지가 있는 상태에서[R]을 입력하면 메시지가 「객체해제」로 바뀌게 된다. 그리고 객체선택을 취소하고자 하는 객체만을 선택하면 된다.
- 추가(Add) : 선택을 계속해서 추가할 수 도 있다. 명령행에 「객체선택」이라는 메시지가 있는 상태에서 [A]을 입력하면 메시지가 「객체선택」으로 바뀌게 된다. 그리고 객체선택을 추가하고자 하는 객체만을 선택하면 된다.
- 그룹(Group) : 지정한 그룹내의 객체를 선택해 줍니다. 그룹에 대한 설정방식은 바로 밑에서 상세하게 설명하도록 한다.
- 최종(Last) : 가장 마지막에 작성된 객체를 선택해 준다. 예를들면 임의의 사각형을 그린 후 다시 임의의 사각형과 동일한 사각형을 복사 하고자 할때 명령행에 [Copy]를 입력하여 복사 명령을 실행하고 「객체선택」이라는 메시지가 있는 상태에서 [L]을 입력하면 방금 그린 사각형이 선택된다.
- 이전(Previous) : 선택했던 도면요소가 다시 선택된다. 한번 선택된 도면요소에 대해 두 번 이상 반복해서 수정 편집을 하는 경우에 유용한 기능이다. 즉 한 객체에 대해 객체를 복사한 후 다시 회전하는 명령을 실행한 경우에 「객체선택」이라는 메시지가 있는 상태에서 [P]를 입력하면 동일한 객체가 선택된다.
- 신속 선택(QSELECT) : 객체의 속성을 이용하여 쉽게 해당하는 객체만을 선별하여 선택한다. 즉 어떤 다각형만 선택한다든가, 어떤 색을 가진 요소만 선택한다든가 특정한 옵션으로 선별하여 객체를 빠르게 선택할 수 있다. 신속선택에 대한 설정방식은 바로 밑에서 상세하게 설명하도록 한다.

그룹(Group)

그룹(Group)은 함께 움직이고자 하는 객체들의 집합체라고 할 수 있다. 그룹기능은 도면요소에 대해 쉽게 그룹별로 결합하도록 하여 한 번에 많은 수의 객체를 선택하고자 할 때 사용하는 방법이다.

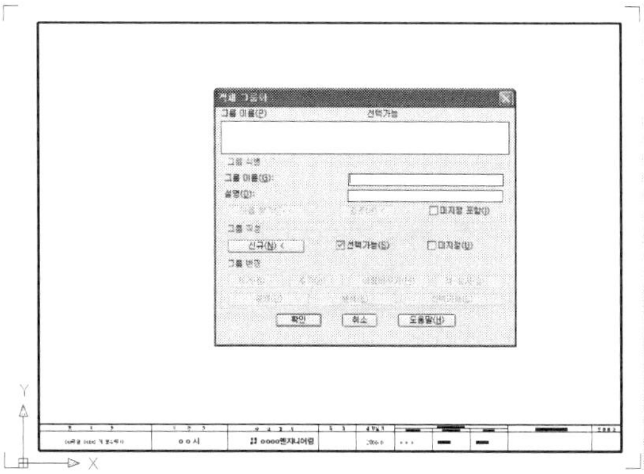

즉 그룹이름 부분에 원하는 그룹명을 입력하고 설명부분에 설명을 입력한 후, 「신규」 버튼을 눌러주고 해당 그룹에 속할 객체들을 선택하면 된다.

신속 선택(QSELECT)

신속 선택(QSELECT)은 선택요소에 대한 동일한 속성이나 특징을 이용하여 선별적으로 선택하는 방식이다.

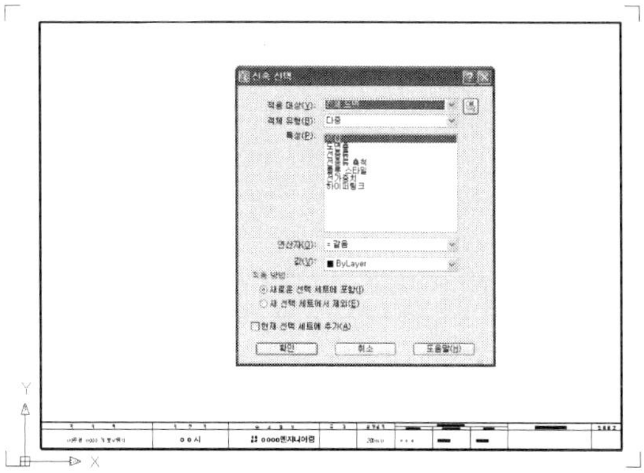

즉 [QSELECT]라고 명령을 입력한 후 위의 그림과 같은 신속선택 대화상자가 나타나면 [특성]항목에 「색상」으로 [값]을 [BLUE]로 선택하면 도면요소중에서 파란색으로 지정된 객체만을 한번에 빨리 선택할 수 있다.

또한 객체선택시 구분할 특성모드로 색상, 도면층, 선종류 축척, 플롯 스타일, 선가중치, 하이퍼링크 등 다양한 모드 중에서 한 모드를 지정할 수 있다.

Chapter 04

수정 및 편집

4.1 개 요

도면 작업중에 이미 작업되어진 객체를 수정 편집하기위해서 여러 가지 명령을 사용하는 방법을 숙지하고 있어야 한다.

수정(편집)을 하기 위해서 「제2부 AutoCAD 입문」 편에서 설명하였던 바와 같이 풀다운 메뉴와 도구 막대에서 클릭하여 사용하는 방법과 직접 명령어를 입력하는 방법이 있다.

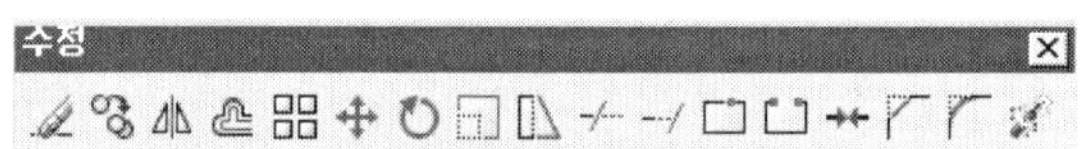

4.2 수정(편집) 명령

이미 작업된 도면을 수정(편집)하기 위한 명령어는 다음과 같다.

OPTION 지우기(ERASE)

필요 없는 객체를 지우는 명령이다.

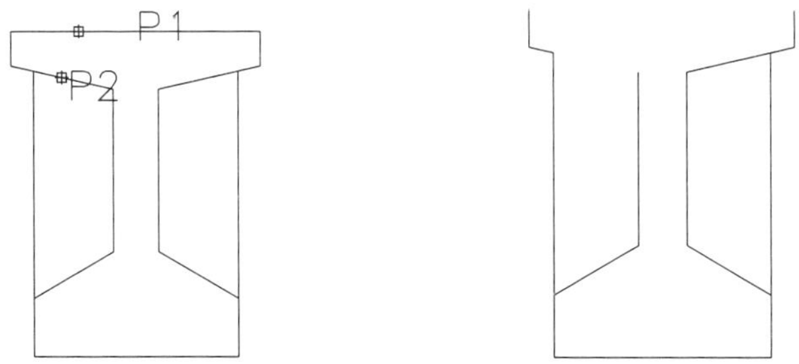

〈편집전〉
- 두 개의 선 요소를 선택한다.
- 선택된 요소는 점선으로 변한다.

〈편집후〉
선택된 2개의 선분이 삭제되었다.

명령 : ERASE Enter↵
객체선택 : 「P1」 선택
객체선택 : 「P2」 선택
삭제하고자 하는 도면요소 선택
객체선택 : Enter↵

OPTION 복사(COPY)

선택한 요소를 복사하는 명령이다. 요소를 선택한 후 기준점을 지정하고, 복사될 위치를 지정한다.

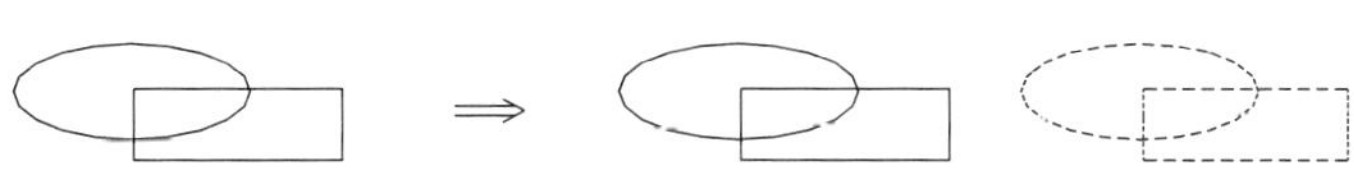

〈편집전〉 **〈편집후〉**
- 〈기준점 또는 변위〉 : 복사할 객체의 기준점을 설정한다.
- 〈다중(M)〉 : 선택된 객체를 다중복사한다.
- 〈변위의 두 번째 점〉 : 복사되어진 객체가 놓여질 기준점을 설정한다.

객체를 선택할 때 Select 명령을 사용하여 객체를 선택할 수 있다.

OPTION 대칭(Mirror)

객체를 거울에 비추인 것과 똑같은 형태로 만드는 명령이다. 예를 들면 나비나 곤충은 날개 좌우가 몸통을 기준으로 대칭되어 있는 것처럼 객체를 좌우 또는 상하를 기준으로 대칭하여 복사하는 기능이다.

즉 마치 「미술의 데칼코마니」처럼 이미 그려진 객체를 대칭으로 복사한다. MIRROR 명령을 실행하면 다음과 같은 문구가 보인다.

"대칭선의 첫 번째 점 지정 : 대칭선의 두 번째 점 지정 :" 대칭선을 만들기 위해 두 점을 각각 클릭하면 "원시객체를 지우시겠습니까? [예(Y)/아니오(N)] <N> :"라는 문구가 다시 나타난다. 이때 예(Y)를 입력하면 원래 그려져 있던 객체가 없어지는 대신에 새로 대칭된 객체가 그려진다. 아니오(N)를 선택하면 기존 객체와 대칭으로 그려진 객체가 동시에 남게 된다.

- 〈객체 선택〉 : 대칭 복사할 객체를 선택한다.
- 〈대칭선의 첫 번째 점〉 : 첫 번째 대칭 기준점을 지정한다.
- 〈두 번째 점〉 : 두 번째 대칭 기준점을 지정한다.
- 〈이전 객체 삭제 〈N〉〉 : 대칭 복사 후 원본 객체의 삭제 여부를 지정한다.

〈MIRROR〉

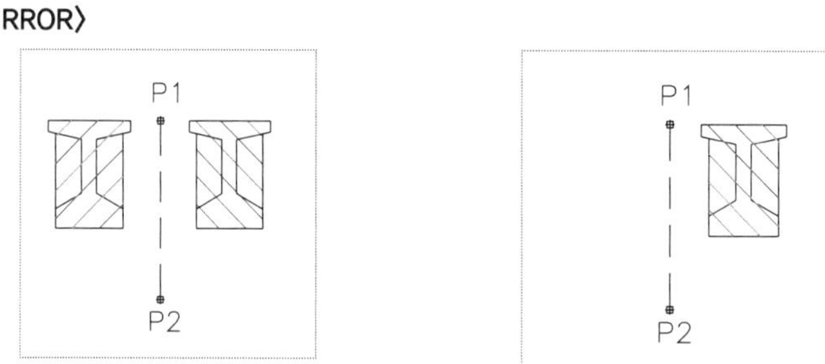

〈MIRRTEXT MODE〉

Text의 경우 MIRRTEXT(Setvar)에 의해서 글자의 형태가 바뀐다.

MIRRTEXT의 새 값 〈0〉 : 0 : 문자를 뒤집지 않는다.

1 : 문자를 뒤집어 역상으로 만든다.

OPTION 배열(Array)

배열은 직사각형 또는 원형패턴으로 객체의 사본을 작성할 수 있다.
직사각형 배열의 경우에는 행과 열의 수와 행과 열 사이의 거리를 조정한다. 원형 배열의 경우에는 객체의 사본 수와 사본의 회전여부를 조정한다.

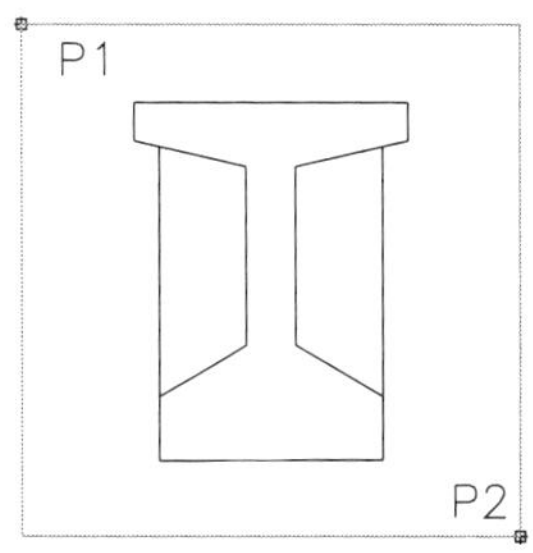

〈편집전〉
I형 거더 단면을 선택한 후 상하 좌우 배열수와 객체간의 거리를 입력한다.

〈편집후〉
선택된 2개의 선분이 삭제되었다.

명령 : ARRAY Enter↵

객체선택 : 「P1」 선택(드래그한 채로)
객체선택 : 「P2」 선택
삭제하고자 하는 도면요소 선택
객체선택 : Enter↵

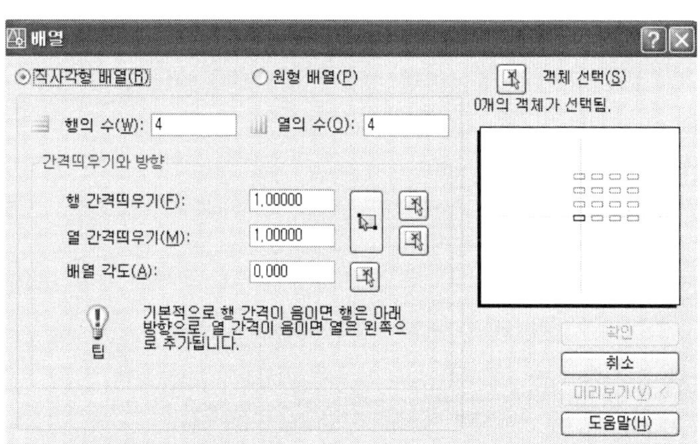

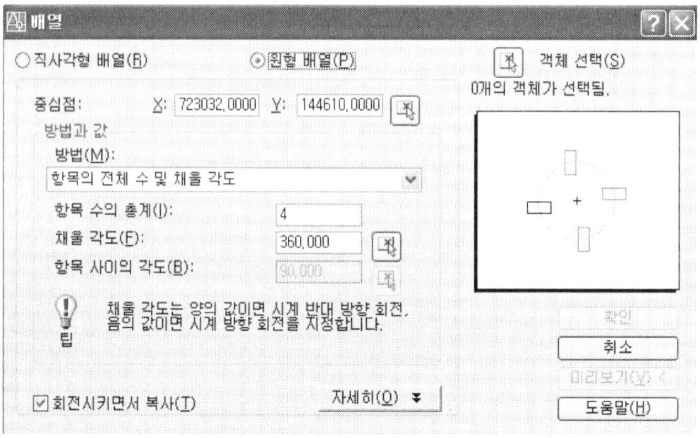

OPTION 이동(Move)

객체를 지정된 방향으로 지정된 거리만큼 옮긴다. 객체의 방향 또는 크기를 변경하지 않고 해당 객체를 이동할 수 있다.

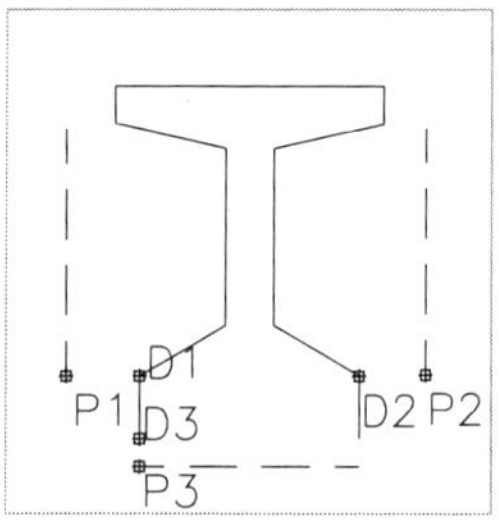

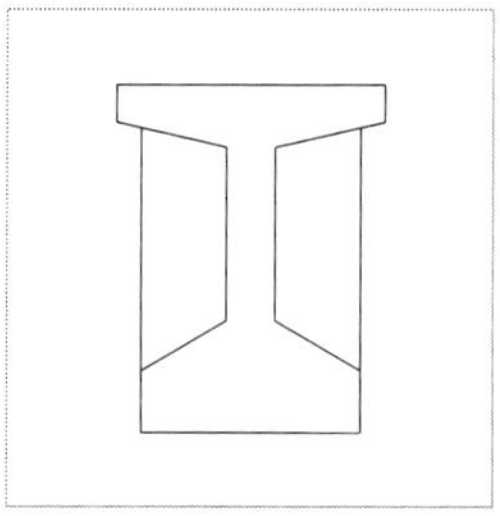

〈편집전〉

- I형 거더 단면에 3개의 선 요소를 선택한 후 지정한 위치로 이동한다.
- 선택된 요소는 점선으로 변한다.

〈편집후〉

선택된 3개의 선분이 이동되었다.

명령 : MOVE Enter↵

객체선택 : 「P1」 선택

기준점 지정 또는 [변위(D)] 〈변위〉 : 「P1」 선택

두 번째 점 지정 또는 〈첫번째 점을 변위로 사용〉 : 「D1」 선택

객체「P2」와 「P3」도 선택하여 똑같은 방법으로 이동한다.

OPTION 회전(Rotate)

기준점을 중심으로 객체를 회전한다.

기준점에 따라서 결과가 달라지므로 기준점을 잘 선택해야 한다.
또 회전각도를 결정하려면 각도 값을 명령행에 입력하거나 마우스로 두 번째 점을 지정한다.
회전각도 지정 또는 [참조(R)] 이라는 메시시가 나올 때에 원하는 각도(시계방향으로 각도를 계산)를 입력하거나 마우스로 화면을 클릭한다.

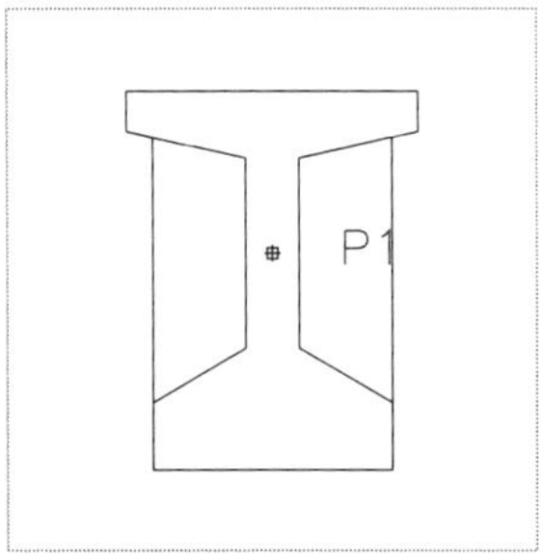

〈편집전〉
I형 거더 단면의 중앙부의 한점 P1을 선택한 후 지정한 각도로 객체를 회전한다.

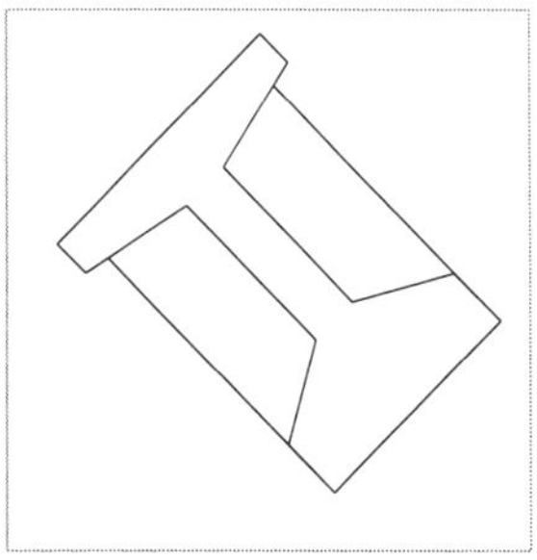

〈편집후〉
객체 I형단면이 기준점을 중심으로 반시계 방향으로 45° 만큼 회전하였다.

명령 : ROTATE Enter↵

객체선택 : I형단면을 선택
기준점 지정 : 「 P1」 선택
회전 각도 지정 또는 [복사(C)/참조(R)] :「45」 입력

OPTION 축척(Scale)

선택된 객체의 크기를 확대 및 축소할 수 있는 명령이다.

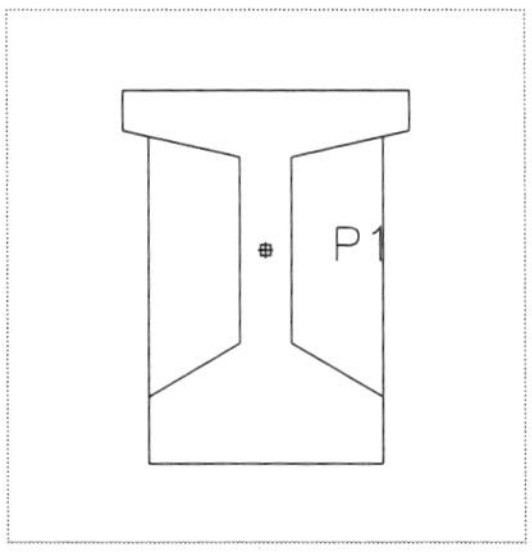

〈편집전〉
I형 거더 단면의 중앙부의 한점 P1을 선택한 후 지정한 축척으로 객체를 축소한다.

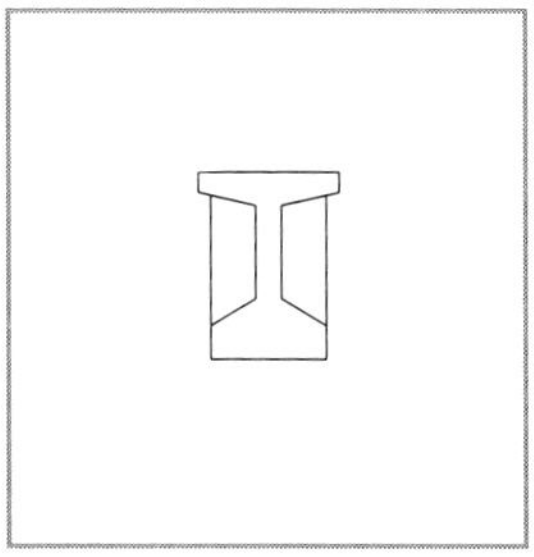

〈편집후〉
객체 I형단면이 기준점을 중심으로 0.5배 축소되었다.

명령 : SCALE Enter↵

객체선택 : I형단면을 선택

기준점 지정 : 「P1」 선택

축척 비율 지정 또는 [복사(C)/참조(R)] :「0.5」입력

OPTION 신축(Stretch)

객체를 이동 또는 신축한다.

신축(Stretch) 명령으로 객체를 선택할 때는 반드시 교차, 교차 윈도우 또는 교차 다각형으로 객체를 선택하여야 한다.

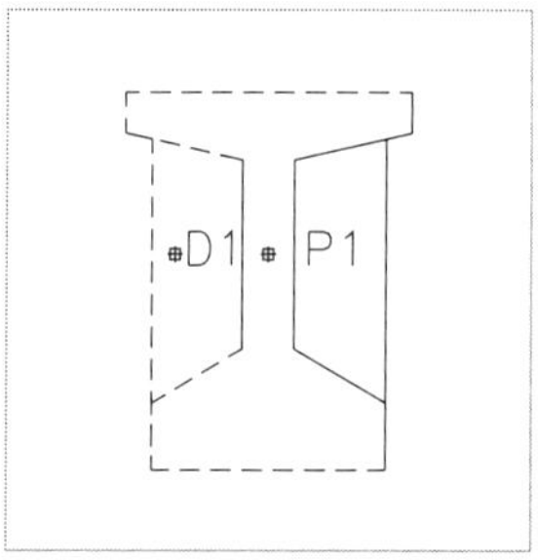

〈편집전〉

I형 거더 단면의 중앙부의 한점 P1을 선택한 후 지정한 위치 D1까지 객체를 신축한다.

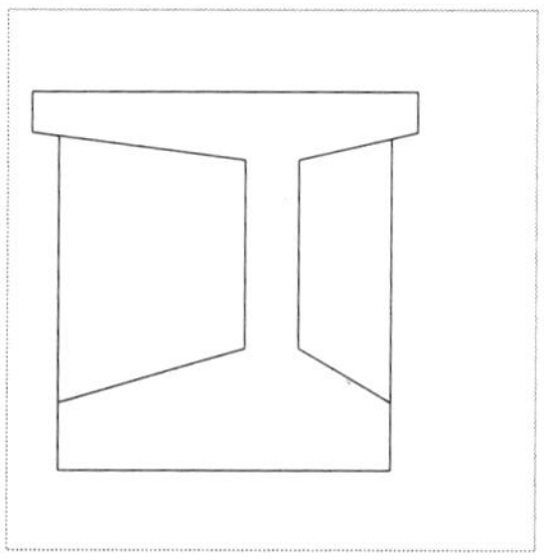

〈편집후〉

객체 I형단면이 기준점을 중심으로 좌측으로 D1만큼 신축되었다.

명령 : STRETCH Enter↵

객체선택 : I형단면의 일부를 선택

기준점 지정 또는 [변위(D)] : 「P1」 선택

두 번째 점 지정 또는 〈첫번째 점을 변위로 사용〉 : 「D1」을 선택

OPTION 자르기(Trim)

객체가 서로 교차되어 있을 경우 기준선을 경계로 잘라 주는 명령이다. 자를 수 있는 객체에는 호, 원, 타원, 호 ,선, 폴리선, 광선, 스플라인, 해치, X선 등이 있다.

기준선을 중심으로 잘려질 쪽의 공간에 있는 객체를 선택해야 제대로 잘려진다.

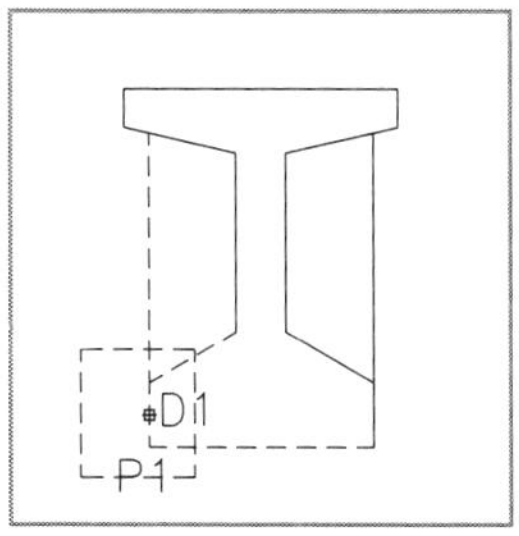

〈편집전〉
I형 거더 단면의 객체 일부를 다각형 P1만큼 드래그하여 선택한 후 임의의 선분 D1을 자른다.

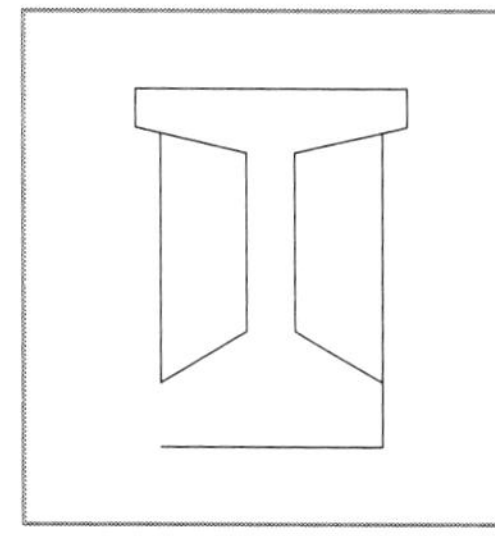

〈편집후〉
객체 I형단면에서 수직선분이 D1 만큼 잘라졌다.

명령 : TRIM [Enter↵]

객체선택 : I형단면의 일부를 선택

자를 객체 선택 또는 shift를 누른 채 선택하여 연장 또는 [울타리(F)/걸치기(C)/프로젝트(P)/모서리(E)/지우기(R)/명령취소(U)] : 「D1」 선택

OPTION 연장(Extend)

연장(Extend)은 기준선까지 선을 연장해 주는 명령이다.
즉 다른 객체와 만나도록 객체(선)를 연장한다.
그리고 자르기 / 연장은 각각의 명령중에 상호 전환이 가능하다.
즉 자르기 / 연장 명령에서 기준 객체를 선택한 후에 대상을 선택시 [Shift] 키를 누르고 객체를 선택하면 반대의 명령이 실행된다.

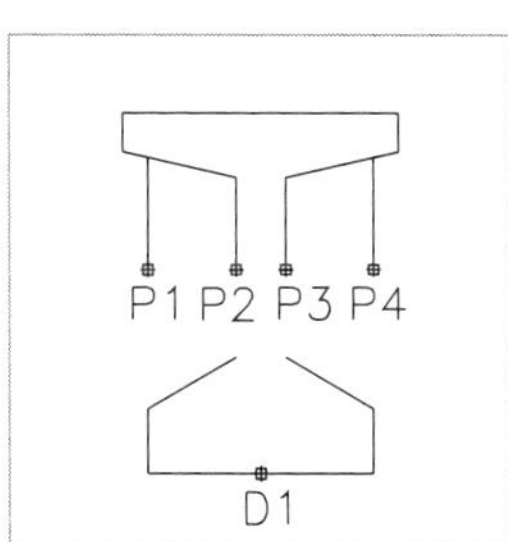

〈편집전〉
I형 거더 단면의 선분 P1,P2,P3,P4를 선택한 후 임의의 선분 D1 까지 연장한다.

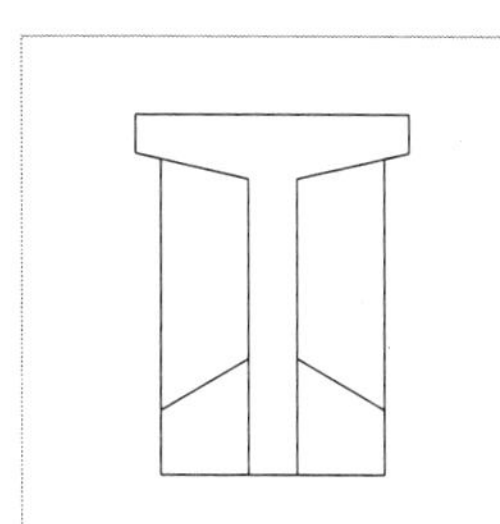

〈편집후〉
객체 I형단면에서 수직선분이 D1 까지 연장되었다.

명령 : EXTEND Enter↵

객체선택 : I형단면의 선분 P1,P2,P3,P4를 선택

연장할 객체 선택 또는 Shift 키를 누른 채 선택하여 또는 [울타리(F)/걸치기(C)/프로젝트(P)/모서리(E)/ 지우기(R)/명령취소(U)] : 「 D1」 선택

OPTION 끊기(Break)

선, 원, 호의 객체를 일정한 길이로 잘라준다.

객체를 선택하라는 메시지에서 객체를 선택하는데 이때 객체를 선택할 때 찍어주는 위치가 첫 번째 점이 된다.

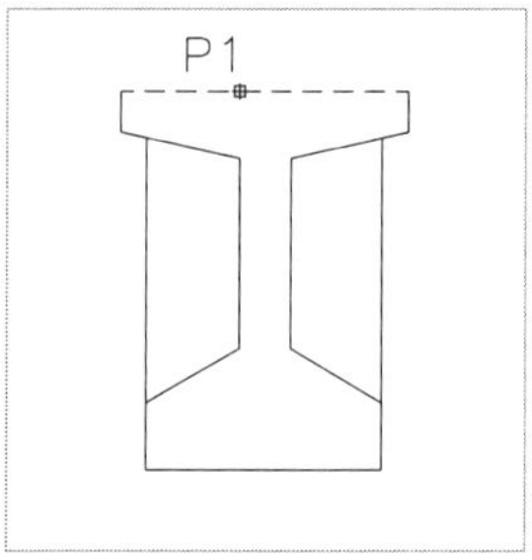

〈편집전〉

I형 거더 단면의 맨 상단의 선분을 선택한 후 P1에서 자른다.

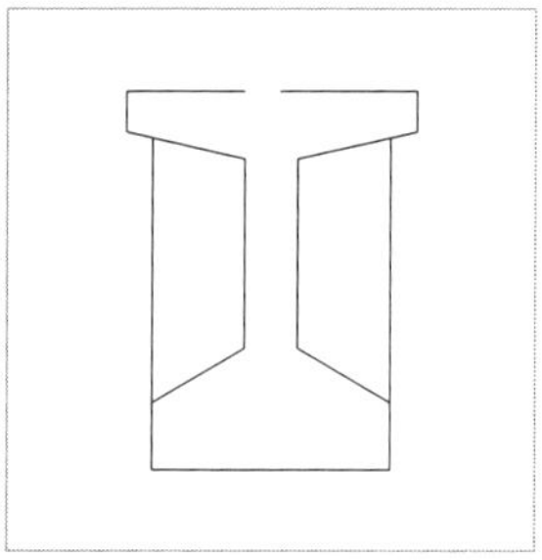

〈편집후〉

객체 I형단면에서 맨 상단 선분이 P1에서 끊어졌다.

명령 : BREAK Enter↵

객체선택 : I형단면의 맨 상단쪽 선분을 선택 두 번째 끊기점을 지정 또는 [첫 번째 점(F)] : 「P1」 선택

OPTION 모따기(Chamfer)

평행하지 않은 두 선 사이에 선을 신속히 만들 수 있다.

일반적으로 이 명령은 다각형의 모서리를 비스듬히 다듬는데 사용된다. 즉 평행하지 않은 두 선을 비스듬하게 깎는다.

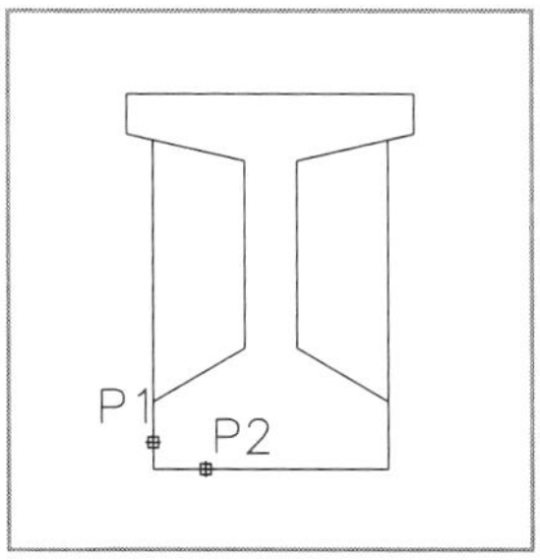

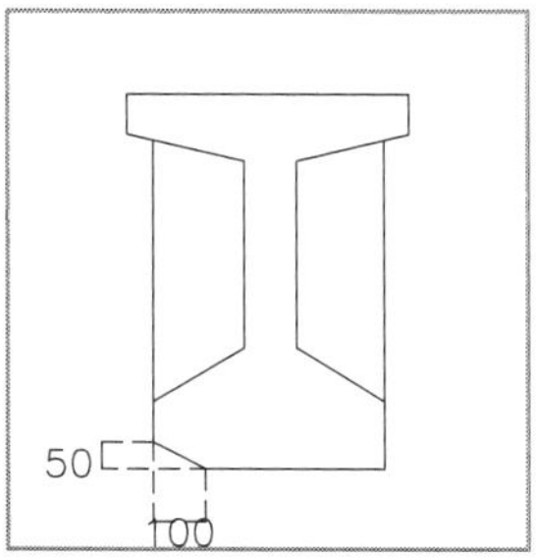

〈편집전〉

I형 거더 단면의 좌측 하단의 두 선분을 선택한 후 P1, P2에서 모따기 한다.

〈편집후〉

객체 I형단면에서 좌측 하단이 P1과 P2 사이에서 모깎기 되었다.

명령 : CHAMFER Enter↵

(TRIM 모드) 현재 모따기 거리1 = 0.00000, 거리2 = 0.00000
첫 번째 선 선택 또는
[명령취소(U)/폴리선(P)/거리(D)/각도(A)/자르기(T)/메서드(E)/다중(M)] : D
첫 번째 모따기 거리 지정 〈0.00000〉 : 50
두 번째 모따기 거리 지정 〈50.00000〉 : 100
첫 번째 선 선택 또는
[명령취소(U)/폴리선(P)/거리(D)/각도(A)/자르기(T)/메서드(E)/다중(M)] :
두 번째 선 선택 또는 Shift 키를 누른 채 선택하여 구석 적용 :

OPTION 모깎기(Fillet)

두 개의 객체를 지정된 반지름의 호로 연결한다.

일반적으로 이 명령은 반지름을 주어 호(ARC)로 연결하는 본래의 기능보다 반지름을 "0"으로 하여 두 선을 만나게 하는 용도로 더 많이 사용한다.

반지름이 FILLET하는 객체의 길이보다 크다면 "반지름이 너무 큼"이라는 메시지가 나타나는데 이때는 FILLET 시키는 두 객체의 길이를 길게 하든지 반지름의 크기를 줄여야 한다.

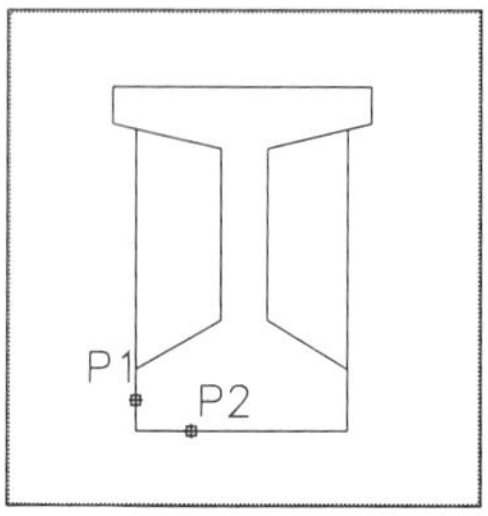

〈편집전〉

I형 거더 단면의 좌측 하단의 두 선분을 선택한 후 P1, P2에서 모깎기 한다.

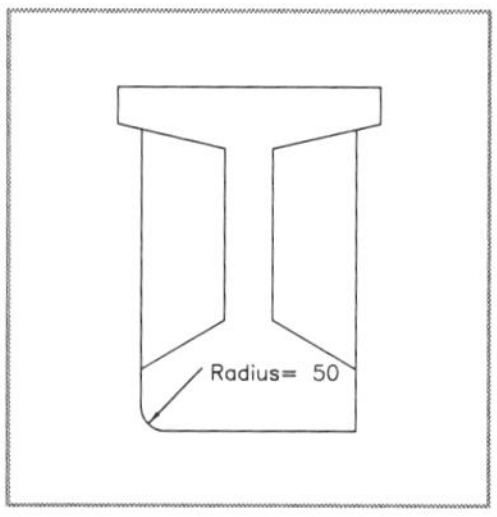

〈편집후〉

객체 I형단면에서 좌측 하단이 P1과 P2 사이에서 모깎기 되었다.

명령 : FILLET Enter↵

첫 번째 객체 선택 또는 [명령취소(U)/폴리선(P)/반지름(R)/자르기(T)/다중(M)] : R
모깎기 반지름 지정 〈50.00000〉 : 50
첫 번째 객체 선택 또는 [명령취소(U)/폴리선(P)/반지름(R)/자르기(T)/다중(M)] : T
자르기 모드 옵션 입력 [자르기(T)/자르지 않기(N)] 〈자르기〉 : T
첫 번째 객체 선택 또는 [명령취소(U)/폴리선(P)/반지름(R)/자르기(T)/다중(M)] :
두 번째 객체 선택 또는 Shift 키를 누른 채 선택하여 구석 적용 :

OPTION 분해(Explode)

폴리선을 각각의 선으로 분해한다.

블록을 분해해서 각의 객체로 만든다. 그리고 해치를 분해하면 각각의 선으로 나뉘어 진다. 치수의 경우에는 치수 문자, 치수선, 치수 화살표 등과 같이 하나의 치수 요소로 함께 묶여 있던 것이 각각의 선, 다중행 문자 등으로 각기 분해된다.

〈편집전〉

I형 거더 단면의 해치를 분해한다. 편집 후의 도면에서와 같이 해치가 각각의 선분으로 분해되었다. 따라서 해치(선)를 지울 수 있다.

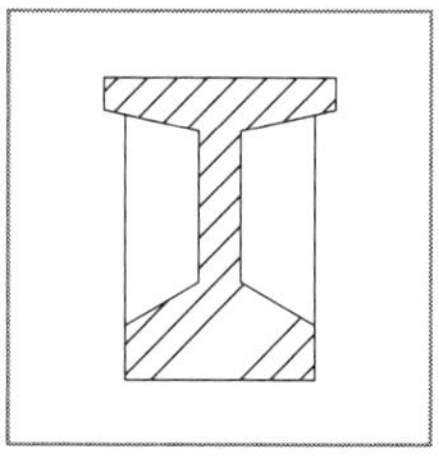

〈편집후〉

객체 I형단면에서 해치가 각각의 선분 요소로 분해되었다.

명령 : EXPLODE Enter↵

객체 선택 : 1개를 찾음

객체 선택 :

해치 경계 연관이 제거됨.

명령 : *취소*

명령 : E ERASE

객체 선택 : 2개를 찾음

OPTION 정렬(ALIGN) : AL

선택객체를 다른 객체와 나란히 정렬,이동,회전 시킨다.

ALIGN으로 정렬하면 SCALE을 조정할 수 있다.

명령 : ALIGN Enter↵

첫 번째 근원점 지정 :

첫 번째 대상점 지정:

두 번째 근원점 지정 :

두 번째 대상점 지정:

정렬점을 기준으로 객체에 축척을 적용합니까 ? [예(Y)/아니오(N)] 〈N〉: Y

OPTION DIST (DI)

지정된 두 지점 사이의 거리와 각도를 표시한다.

명령 : dist Enter↵

명령: d DIST 첫 번째 점 지정: 두 번째 점을 지정:

거리 = 168.9297, XY 평면에서의 각도 = 0, XY 평면으로부터의 각도 = 0

X증분 = 168.9297, Y증분 = 0.0000, Z증분 = 0.0000

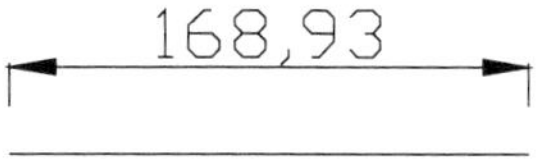

OPTION LIST

지정된 도면 객체의 데이터 베이스 정보를 제공한다

명령 : List Enter↵

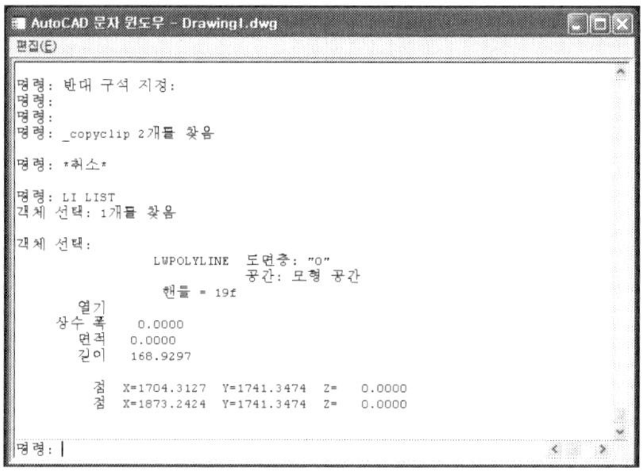

OPTION 결합(JOIN) : J

객체를 결합하여 끊김이 없는 객체로 만들어준다.

명령 : JOIN Enter↵

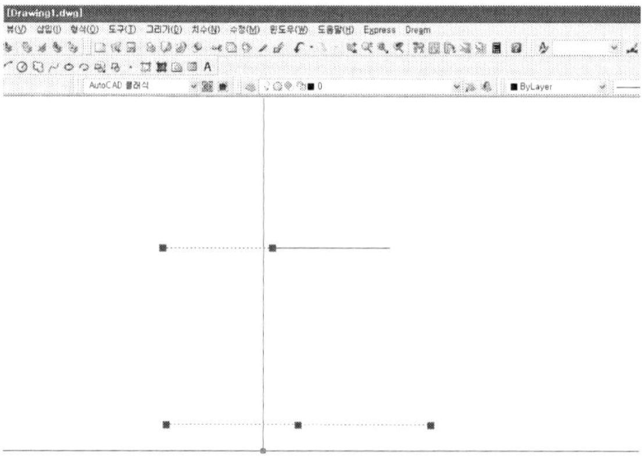

OPTION OFFSET(O)

선,호,원호,XLINE,등 선택된 객체에 대하여 지정한 간격이나 선택한 점을 통과하는 다른객체를 만드는 방법이다.

명령 : OFFSET [Enter↵]
현재 설정 : 원본 지우기=아니오 도면층=원본 OFFSETGAPTYPE=0
간격띄우기 거리 지정 또는 [통과점(T)/지우기(E)/도면층(L)] ⟨82.8998⟩: 50

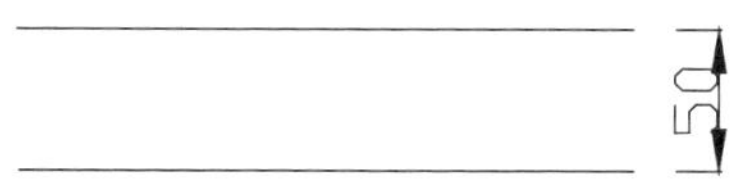

OPTION PEDIT(PE)

선,호,원호,XLINE,등 선택된 객체에 대하여 지정한 간격이나 선택한 점을 통과하는 다른객체를 만드는 방법이다.

명령 : PE PEDIT 폴리선 선택 또는 [다중(M)]:
옵션 입력 [닫기(C)/결합(J)/폭(W)/정점 편집(E)/맞춤(F)/스플라인(S)/비곡선화(D)/선종류생성(L)/명령 취소(U)] : W
전체 세그먼트에 대한 새로운폭지정 : 3↵

Chapter 05

문자(TEXT)

5.1 개 요

AutoCAD에서 문자를 쓰려면 문자유형을 정의하고, 그 문자 유형을 선택하여 문자를 입력한다.

그리고 문자유형에는 단일행 문자와 다중행 문자가 있다.

단일행 문자는 한 줄 단위로 글자가 나누어지고, 다중행 문자는 문장 단위(여러줄)로 나누어진다.

그리기 도구막대의 문자 명령(A)은 다중행 문자이다.

5.2 단일행 문자

문자 유형에 대하여 정확히 알고 있어야 도면 작성시 원하는 텍스트를 정확히 작성할 수 있게 된다.

풀 다운메뉴의 [그리기]-[문자]-[단일행문자]를 선택한다.

또는 명령행에서 「DTEXT」 또는 「TEXT」명령을 입력한다.

```
명령: TEXT
현재 문자 스타일:  "Standard"  문자 높이:  2.5000
문자의 시작점 지정 또는 [자리맞추기(J)/스타일(S)]: *취소*
```

```
문자의 시작점 지정 또는 [자리맞추기(J)/스타일(S)]: *취소*
명령: DTEXT
현재 문자 스타일:  "Standard"  문자 높이:  2.5000
문자의 시작점 지정 또는 [자리맞추기(J)/스타일(S)]:
```

DTEXT 또는 TEXT 모두 단일행 문자를 작성할 때 쓰인다.

명령 : TEXT Enter↵

현재 문자 스타일 : "Standard" 문자 높이 : 2.5000 Enter↵

문자의 시작점 지정 또는 [자리맞추기(J)/스타일(S)] : Enter↵

높이지정〈2.5000〉 : 10(문자의 크기를 입력합니다.) Enter↵

회전각도지정〈0〉 : 0(문자가 써지는 각도를 입력합니다.) Enter↵

문자입력 : 캐드연습(임의의 문자를 입력합니다.) Enter↵

5.3 문자유형(STYLE)

원하는 문자를 작성하기 위해서 먼저 문자유형을 만들어주어야 한다. 문자유형이 올바르게 정의되지 않은 경우에는 원하는 글꼴이 아니거나 문자가 깨져서 알아볼 수가 없게 된다.

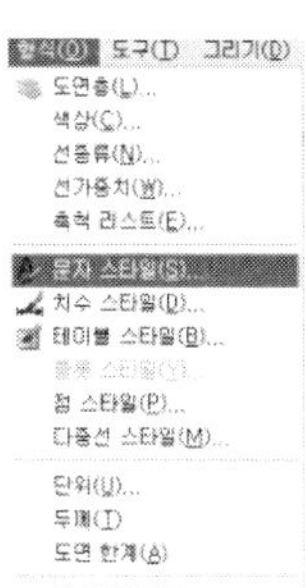

문자스타일 대화상자

문자스타일 대화상자를 통해 문자유형을 설정할 수 있다.

OPTION 문자스타일 모드

- 스타일이름 : 원하는 스타일을 설정해 주거나, 없으면 [신규]로 새로 만들 수 있다. 또한 [이름바꾸기 버튼]으로 기존 스타일이름을 변경할 수 있다.
- 글꼴 : 글꼴(폰트)이 제대로 지정되지 않으면 작성된 문자열이 깨지게 된다.
- 효과 : 문자스타일을 거꾸로, 반대로 등 문자열에 각종 효과를 줄 수 있다.
- 미리보기 : 미리보기 옆의 입력창에 임의의 문자를 입력해서 [미리보기]를 클릭하면 문자스타일을 확인할 수도 있다.

Autocad 전용폰트와 Window 폰트

AutoCAD에서 사용되는 글꼴은 「Autocad 전용폰트」와 「Window 폰트」 두 가지 모드가 있다.

OPTION Autocad 전용폰트(*. shx)

확장자가 shx인 AutoCAD 전용폰트는 영문 전용체와 한글 전용체(큰 글꼴)로 나누어져 있다. 글꼴 앞에 아이콘이 함께 표시되어 있는 글꼴이 AutoCAD 전용글꼴이다. AutoCAD 전용글꼴을 사용하고자 하면 "큰 글꼴 사용"을 체크한 후, shx 글꼴에는 영문 폰트를 지정하고 큰 글꼴에는 한글폰트를 지정해야 한다. AutoCAD를 설치하게 되면 다음의 4가지 한글 글꼴이 설치된다.

폰트명	글꼴	비고
whgtxt. shx	단선고딕체	
whgdtxt. shx	복선고딕체	
whtgtxt. shx	명조	
whgtmtxt. shx	태명조	

OPTION 윈도우용 폰트(*. ttf)

확장자가 ttf인 윈도우용 폰트는 궁서체, 돋움체, 바탕체, 굴림체, 견고딕체, 견명조체 등 다양하게 있으며, 글꼴이름 목록에서 원하는 글꼴을 선택하게 된다.
이때에는 한글과 영문이 똑같은 글자체를 사용하게 된다.

윈도우용 폰트를 사용하려면 [큰글꼴 사용] 옵션의 체크를 해제해야 한다.

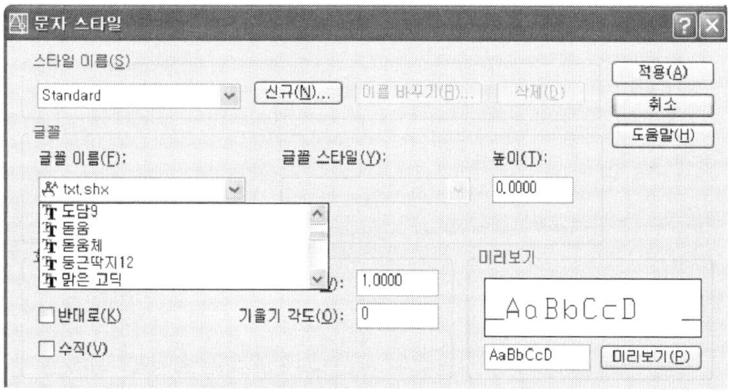

[큰글꼴 사용] 옵션의 체크를 해제해야만 글자가 「???」 형태로 깨져 보이지 않게 된다.

OPTION 자리맞추기 모드

문자를 입력하고자 할 때 문자의 시작점 지정 또는 [자리맞추기(J)/ 스타일(S)] : 등에서 문자의 시작점을 지정하거나 자리맞추기 또는 스타일을 지정해야 한다.

자리맞추기(J)와 관련하여 다음과 같이 다양한 옵션이 있다.

[정렬(A)/ 맞춤(F)/ 중심(C)/ 중간(M) / 오른쪽(R) / 좌상단(TL)/ 상단중앙(TC)/ 우상단(TR)/ 좌측중간(ML)/ 중앙중간(MC)/ 우측중간(RM)/ 좌하단(BL)/ 하단중앙(BC)/ 우하단(BR)] :

5.4 다중행 문자

다중행 문자는 문자의 줄수가 줄어 들더라도 하나의 객체로 인식된다. ASCⅡ 또는 RTF 형식으로 저장된 파일을 AutoCAD로 불러와서 삽입할 수도 있다.

다중행 문자를 실행하여 문자열 내부에 마치 워드프로세서와 같이 사용할 수도 있다.

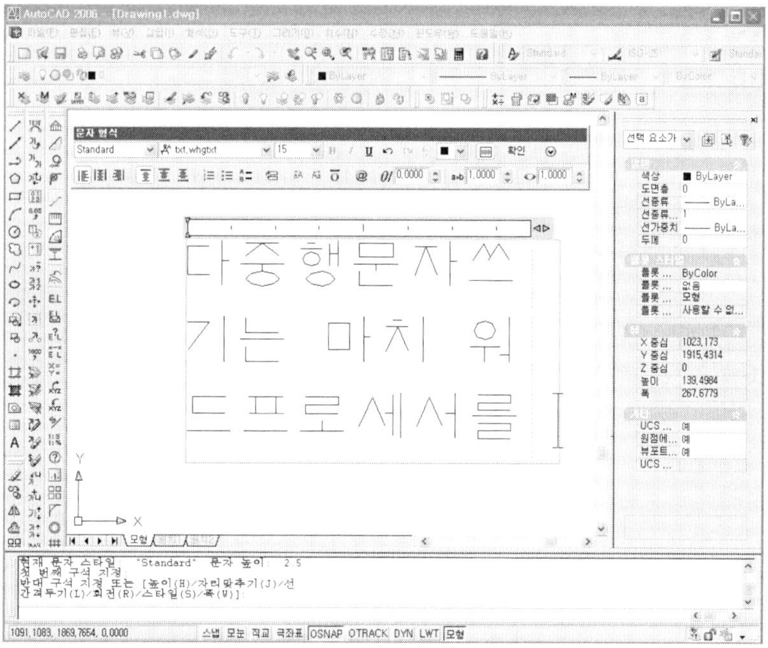

문자열 내부에 필요한 내용을 입력하고 [확인]을 클릭한다. 다중행 문자열은 해당 문자열을 더블클릭하면 [다중행 문자열 편집기]가 나타나는데, 원하는 부분만큼 블록으로 선택하여 문자유형, 크기, 색상 등을 변경할 수 있다.

5.5 문자 편집

문자(DTEXT, TEXT, MTEXT)를 편집하는 방법은 아래와 같다.
즉 단일행 문자는 명령행에 DDEDIT를 실행하고, 다중행 문자는 해당 문자를 더블클릭하거나, MTEDIT를 실행하여 편집하게 된다.
또한 특성 대화상자를 통한 단일행 문자를 편집하는 방식도 있다.

OPTION 특성으로 단일행문자 편집

[특성] 대화상자에서 문자를 포함한 해당 객체를 별다른 명령어 입력없이도 수정하는 방법이 있다. [도구] - [특성]을 선택하거나, 단축키 Delete와 1를 눌러서 특성의 대화상자를 보이게 하여 문자 항목을 개별적으로 편집한다.

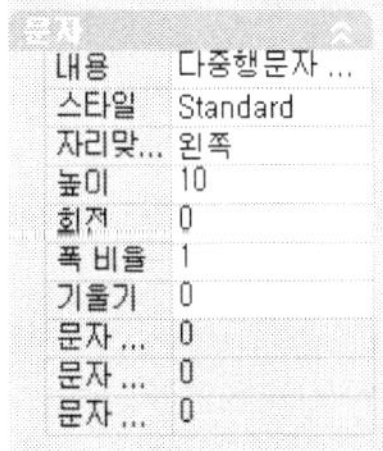

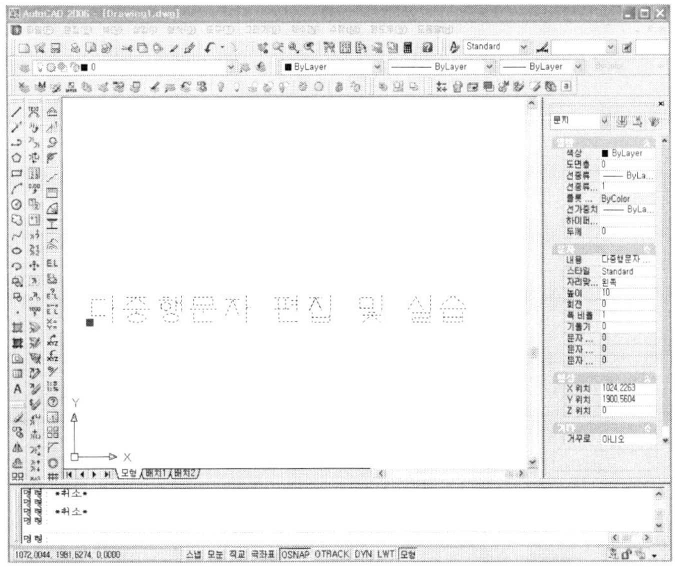

선택된 문자열은 점선으로 표시된다.

[특성] 대화상자의 문자내용을 클릭하여 원하는 내용을 직접 입력하여 편집할 수 있다.

Chapter 06

치수(DIM)

6.1 개 요

AutoCAD에서 어떤 물체의 크기 등을 나타내기 위해서 길이, 넓이, 폭, 깊이, 높이 등 다양한 방면의 측정된 결과를 문자와 선 등의 형태로 기입하게 되는데, 이를 치수라고 한다. 그리고 이러한 치수를 기입하기 위해서 치수명령의 풀다운 메뉴 또는 치수 도구막대 중에서 하나의 방법을 사용하게 된다.

OPTION 치수의 명칭

치수 각 부분의 명칭은 다음과 같다.

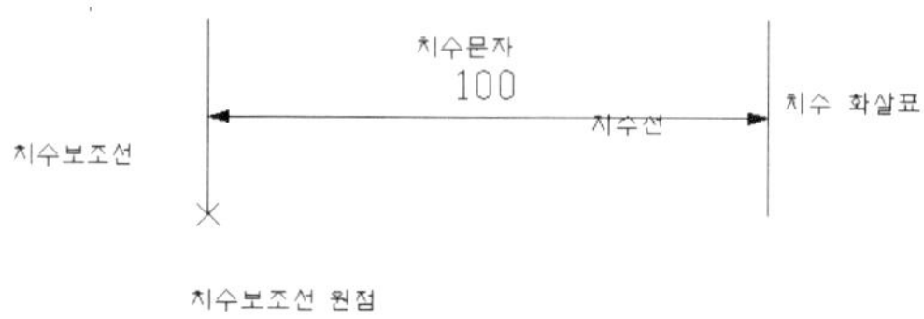

그리고 이러한 치수를 기입하는 방법은 선형 치수, 기준선 치수, 정렬 치수, 각도 치수, 지름 치수, 반지름 치수 등 대상에 따라 기입하는 방식이 다양하다.

6.2 치수 기입

OPTION 치수 기입방식

치수를 기입하는 방법은 다음과 같다.

① 선형치수

[치수]-[선형] 명령을 실행한다. 치수기입을 위해 두 개의 치수보조선 원점을 찍은 후에 마우스를 이동하여 보면 치수보조선, 치수선, 문자가 같이 따라 움직이는 것을 알 수 있다.

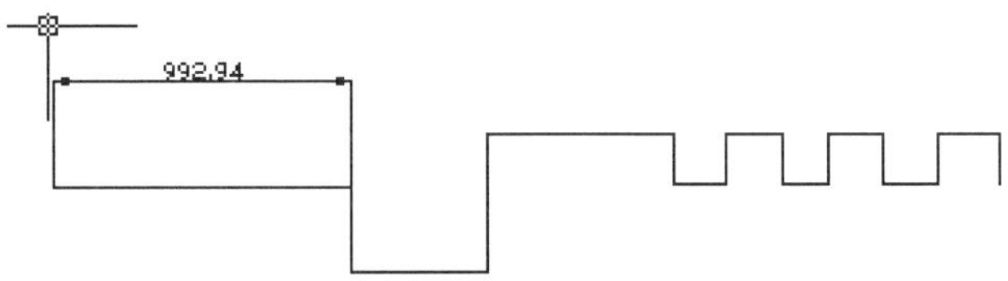

명령 : DIMLINEAR

첫 번째 치수보조선 원점 지정 또는 〈객체 선택〉 : Enter↵

두 번째 치수보조선 원점 지정 : Enter↵

치수선의 위치 지정 또는 [다중행 문자(M)/문자(T)/각도(A)/수평(H)/수직(V)/회전(R)] : Enter↵

치수 문자 = 992.94

② 기준선 치수

기존에 작성된 치수에 추가로 기준선 치수를 작성한다.

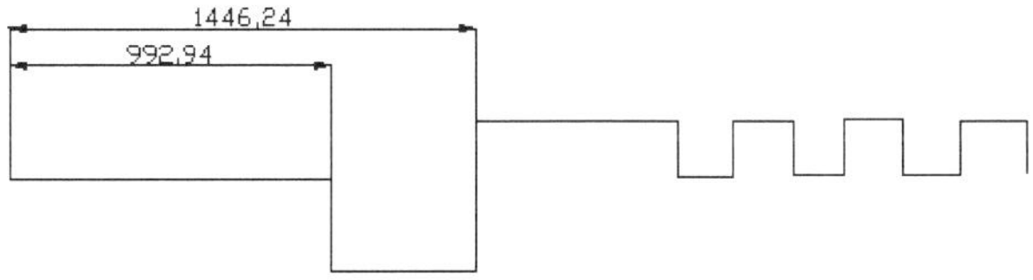

명령 : _DIMBASELINE

첫 번째 치수보조선 원점 지정 또는 〈객체 선택〉 : Enter↵

두 번째 치수보조선 원점 지정 또는 [명령취소(U)/ 선택(S)〉 : Enter↵

치수 문자 = 1446.24

③ 정렬 치수

대각선의 길이를 치수기입 할 때 사용한다.

[치수]–[정렬]명령을 실행한다. 첫 번째 치수보조선의 원점과 두 번째 치수보조선의 원점을 지정하고, 치수선의 위치를 지정하면 된다.

④ 각도 기입

각도 치수를 작성한다. [치수]–[각도] 명령을 실행한다.

명령 : _DIMANGULAR

호, 원, 선을 선택하거나 〈정점 지정〉 : Enter↵

두 번째 선 선택 : Enter↵

치수 호 선의 위치 지정 또는 [다중행 문자(M)/ 문자(T)/ 각도(A)] : Enter↵

치수 문자 = 000

각도를 이루는 두 객체를 선택하여 각도를 기입한다.

각도치수를 작성하기위해 각도를 이루는 두선을 차례대로 클릭한다.

⑤ 지름 치수기입

지름 치수를 작성한다. [치수]–[지름] 명령을 실행한다.

명령 : _DIMDIAMETER

호 또는 원 선택 : Enter↵

치수문자 : 000

치수선의 위치 지정 또는 [다중행 문자(M)/ 문자(T)/ 각도(A)] : Enter↵

⑥ 반지름 치수기입

원, 호의 반지름 치수를 작성한다. [치수]–[반지름] 명령을 실행한다.

명령 : _DIMRADIUS

호 또는 원 선택 : Enter↵

치수문자 : 000

치수선의 위치 지정 또는 [다중행 문자(M)/ 문자(T)/ 각도(A)] : Enter↵

OPTION 지시선

도면의 특정부분을 가리키는 치수나 문자를 기입하는 방법이다.

명령 : GLEADER Enter↵

첫 번째 지시선 지정 또는 [설정값(S)] : 〈설정값〉 Enter↵

다음점 지정 : Enter↵

다음점 지정 : Enter↵

문자 폭 지정 〈0〉 : 000 Enter↵

주석문자의 첫 번째 행입력 또는 〈다중행 문자〉 : 지시선 Enter↵

주석문자의 다음행 입력 : Enter↵

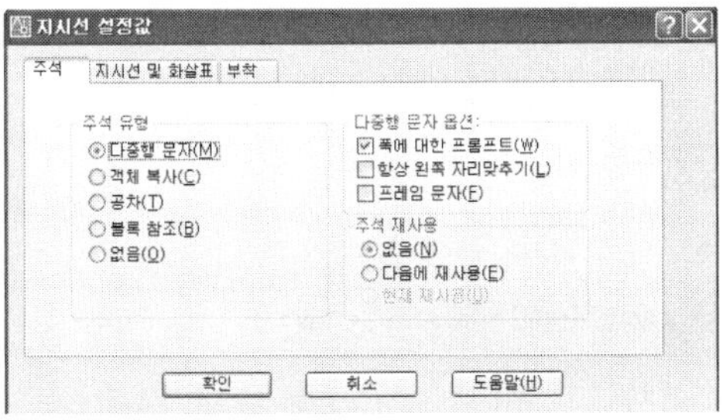

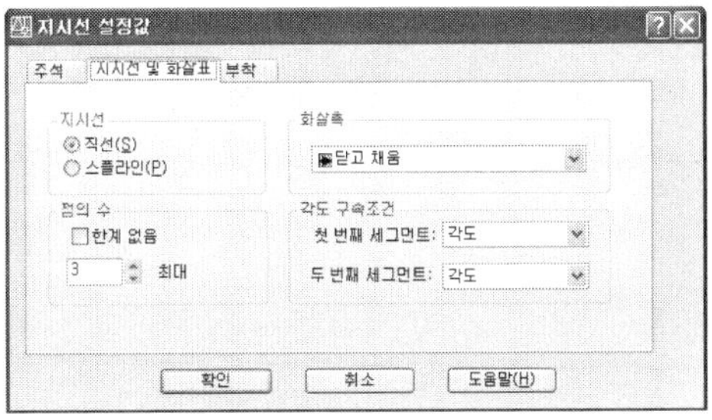

OPTION 치수 수정

이미 기입된 치수를 편집하는 명령으로 하나 이상의 개체의 치수문자 및 치수보조선에 영향을 준다.

명령 : DIMEDIT Enter↵

치수편집의 유형입력 [처음(H)/ 신규(N)/ 회전(R)/ 기울기(O)] : 〈처음(H)〉 Enter↵

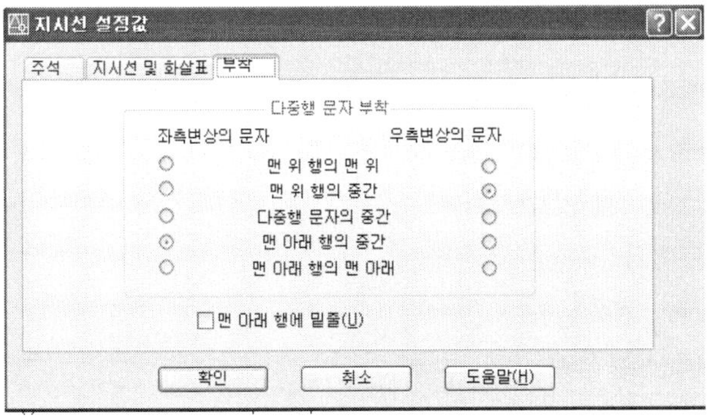

OPTION **치수 수정모드**

- 처음(H) : 변경된 치수문자를 변경하기전의 상태로 환원시킨다.
- 신규(N) : 다중행 문자편집기를 사용하여 선택된 치수문자의 내용을 변경한다.
- 회전(R) : 선택된 치수문자를 회전한다.
- 기울기(O) : 선형치수 치수보조선의 기울기 각도를 조정한다.

6.3 치수 유형

치수도 다양한 유형이 있기 때문에 치수유형을 정의하고 편집, 수정할 수 있다.
[치수]-[치수유형] 명령을 실행하면 다음과 같은 대화상자가 나타난다.

명령 : DDIM Enter↵ **또는 명령 : DIMSTYLE** Enter↵

치수스타일 관리자 대화상자의 우측버튼을 살펴보면 다음과 같다.

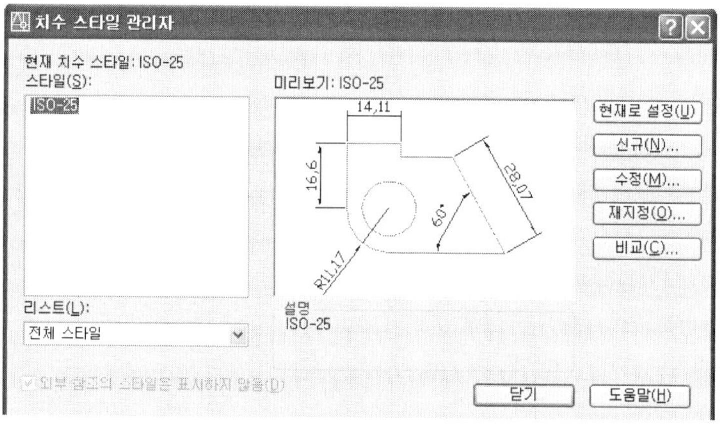

OPTION **치수 스타일 관리자**

- 현재로 설정(U) : 좌측의 스타일목록에서 선택된 치수유형을 현재로 만든다.
- 신규(N) : 새로운 치수스타일을 만든다.
- 수정(R) : 선택된 치수유형을 수정한다.
- 재지정(O) : 치수스타일을 재지정한다.
- 비교(C) : 둘 이상의 치수스타일간 차이를 비교한다.

OPTION 치수 스타일 수정

치수스타일에 대해 치수선, 기호 및 화살표, 문자, 맞춤, 1차단위, 공차 등 다양한 유형으로 편집, 수정할 수 있다.

① 선

치수선과 치수보조선에 대해 색상, 선의 종류, 연장, 간격 등 다양하게 편집할 수 있다.

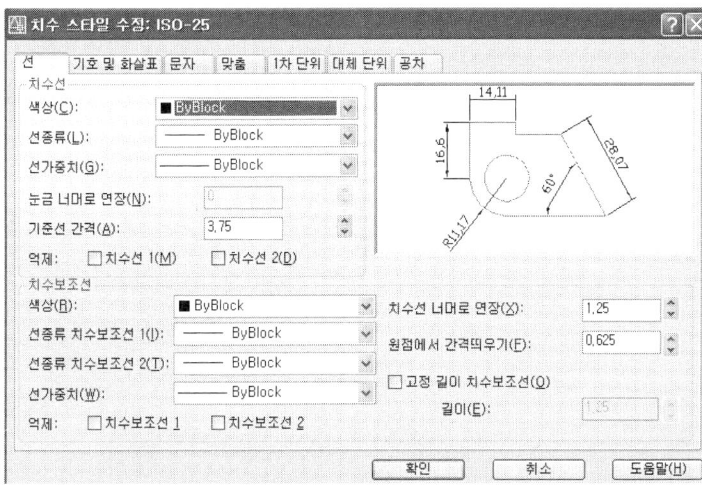

② 기호 및 화살표

치수선의 화살촉 유형 및 크기, 중심표식, 호길이 기호, 반지름치수 꺾기 등에 관한 정의를 편집한다.

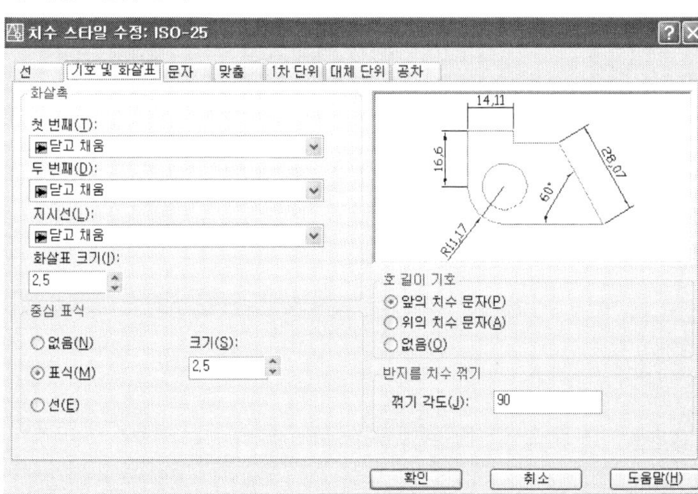

③ 문자

치수의 문자스타일, 색상, 채우기 색상, 높이, 문자배치, 문자정렬 등에 관한 정의를 편집한다.

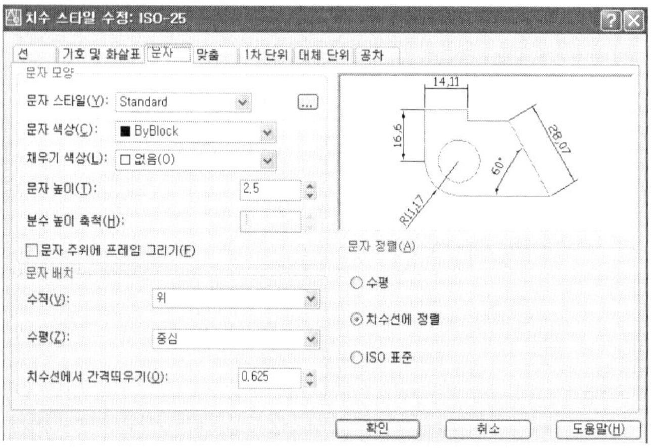

④ 맞춤

치수 스타일의 맞춤 옵션, 문자 배치 등에 관한 유형을 편집한다.

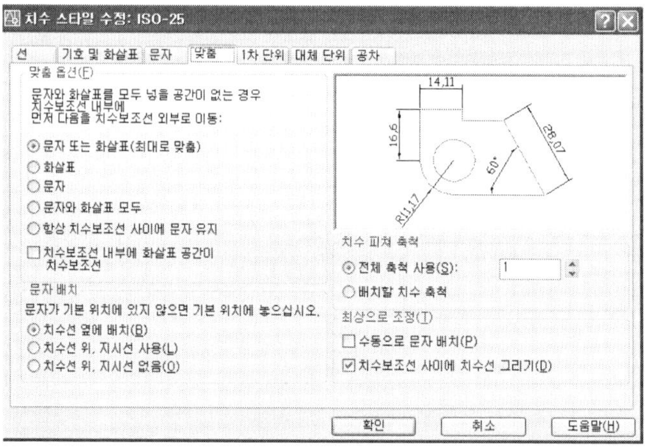

⑤ 1차단위

치수 스타일의 신형치수, 축척, 각도치수 등에 관한 유형을 편집한다.

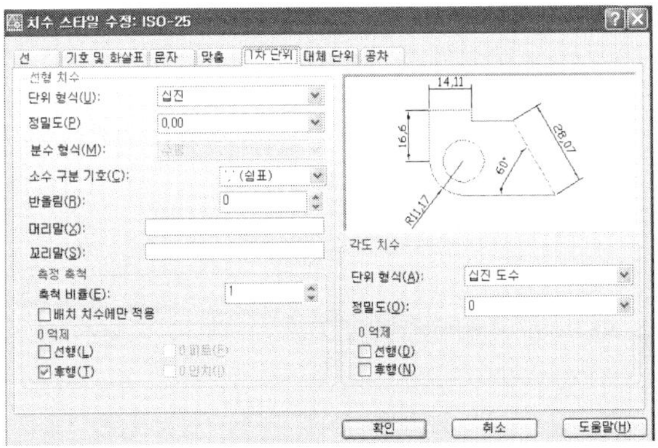

⑥ 대체단위

치수 스타일의 대체단위, 0억제, 배치 등에 관한 유형을 편집한다.

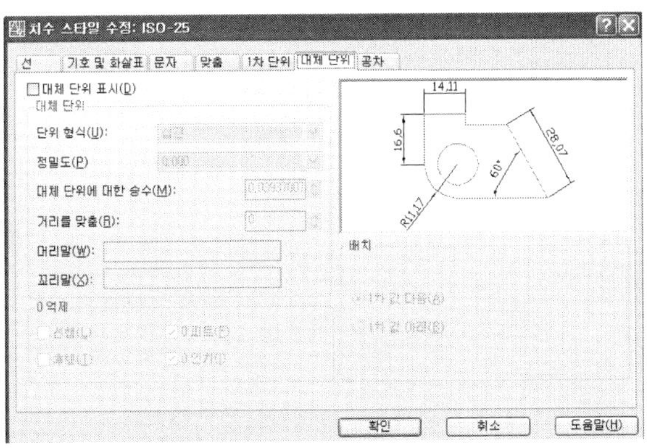

⑦ 공차

치수 스타일의 공차형식, 0억제, 대체단위, 공차 등에 관한 유형을 편집한다.

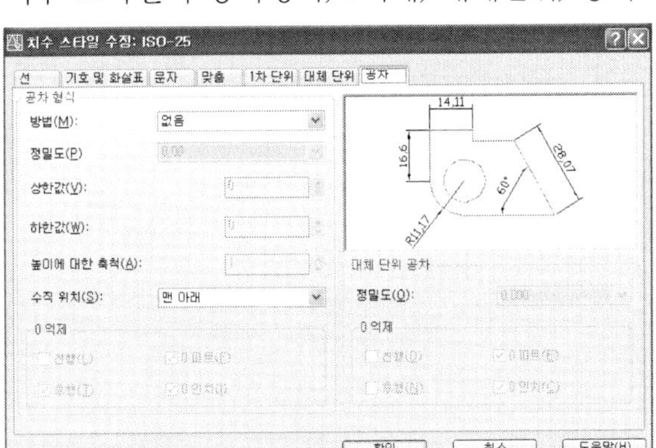

Chapter 07

도면층(LAYER)

7.1 개 요

일반적으로 도면상에 정보를 담고 또 표현하기위해서는 객체마다 일정한 펜 굵기와 종류를 달리하여 지정한다.

즉 CAD작업에서 임의의 선을 예로 들면 해당 선은 그 칼라에 의해 선의 굵기를 나타내는데, 각각의 선마다 일일이 칼라를 지정하게 되면 수정할 때 상당히 번거롭게 되므로 사전에 작업자간 일정한 약속에 의해 통일되게 도면층을 지정하여 작업을 하면 도면관리가 보다 수월하게 될 수 있다.

따라서 도면층(LAYER)에 의해 선의 색과 종류를 일정하게 관리하면, 추후에 작업자가 바뀌거나 작업을 나누더라도 보다 쉽게 편집할 수 있어 작업의 능률이 향상되고 작업 표준화도 가능하다.

7.2 도면층의 사용

작업속도의 향상

도면층(LAYER)의 기능을 사용하는 이유는 크게 다음과 같은 장점이 있기 때문이다. 모든 도면의 내용이 화면에 보이는 경우에는 단순히 보기에도 복잡할 뿐 아니라 화면상 처리속도도 많이 느려진다.

이때 필요 없는 부분이 한 개 또는 소수의 도면층으로 일관되게 정리되어 있다면 해당 도면층을 안 보이게 지정함으로써 처리속도를 향상시킬 수 있다.

추후작업에 대한 고려

현 도면에 당장 필요하지 않은 부분이 많다면 직접 필요 없는 부분을 선별하여 지울 수도 있지만, 지금은 굳이 필요치 않더라도 추후에 필요하다거나 편집에 활용될 수 있다면 도면층(LAYER)의 기능을 적극 활용하는 것이 좋다.

도면층의 활용

도면층 관리가 잘 되고 있다면 필요한 도면층만 놔두고 필요 없는 도면층은 끄거나 동결시킨 상태에서 출력하거나 편집할 수 있어 보다 편리하게 도면 작업을 할 수 있다.

7.3 도면층의 적용

도면층(LAYER)을 적용할 때는 일정한 규칙에 의해 도면층의 속성을 통일되게 지정하여야 한다.
또한 한 도면에 적정한 도면층 개수를 사용해야 하는데, 너무 많은 도면층을 사용하게 되면 특정 도면층을 찾는데 시간이 많이 걸리고 또 도면관리가 어려우며 도면층(LAYER)의 기능을 쓰는 장점을 상쇄시켜버리기 때문에 사용된 도면층의 수가 약 15~30개 정도가 되도록 중복된 도면층은 수시로 삭제하여 도면층의 개수를 최대한 줄여야 한다.

7.4 도면층 대화상자

도면층(LAYER)의 대화상자는 다음과 같다.

명령 : LAYER Enter↵

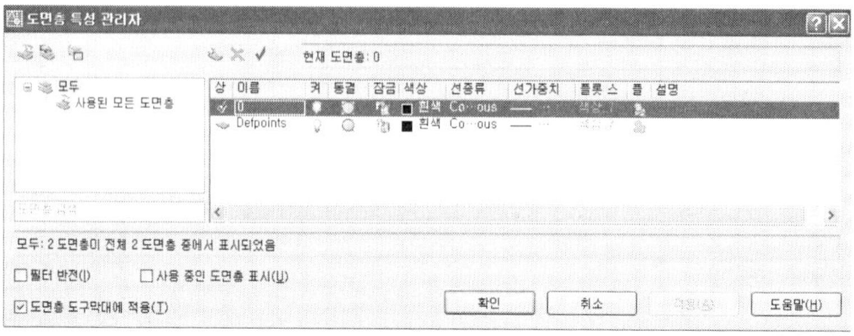

LAYER는 "층"으로 정의되며, 각 도면층에는 특성을 설명할 수 있는 고유한 이름을 설정할 수 있다.

아래 보이는 것과 같이 어떤 도면에 사용되는 도면층(LAYER)을 예로 들어보자.

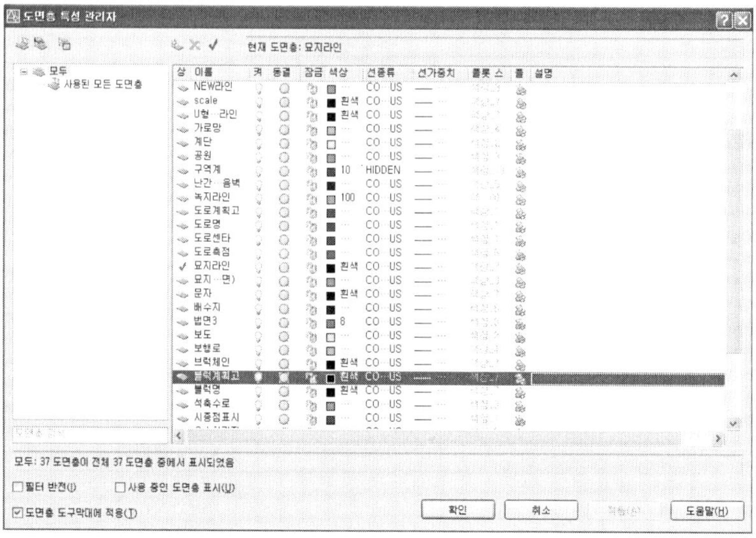

각 도면층 마다 고유한 이름과 색상, 선종류, 선가중치, 플롯 스타일이 지정되어 있고, 현 도면에서 켜고, 끄고, 동결시키고, 도면층을 편집 못하도록 잠그는 등 다양한 모드로 도면층을 관리할 수 있다.

OPTION 도면층 생성

새로운 도면층을 만들어 준다.

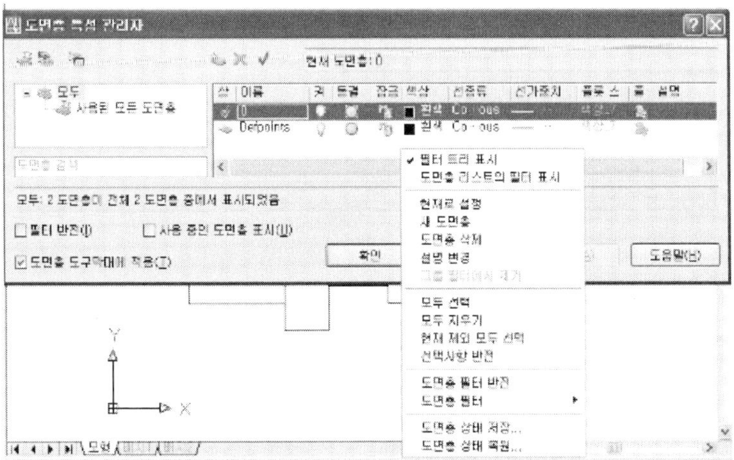

- 새 도면층( ) : 새 도면층을 생성한다.
- 레이어 삭제( ) : 특정 레이어를 지운다.
- 현재로 설정( ) : 특정 레이어를 현재의 레이어로 설정한다.
- 켜기 / 끄기( ) : 지정한 레이어를 켠다 / 끈다.
- 동결 / 해제( ) : 지정한 레이어를 동결 / 해제한다.
- 잠금 / 해제( ) : 지정한 레이어를 잠근다 / 연다.
- 색상 : 지정한 레이어의 색상을 지정한다.

Chapter 08

플롯(PLOT)

8.1 개 요

AutoCAD로 작성된 도면파일은 플롯(PLOT)명령을 사용하여 용지에 출력하거나 전자플롯으로 저장하게 된다. 따라서 도면을 작성할 때는 용지에 도면을 출력하기 전에 몇 가지 사항을 고려하게 된다.

출력을 고려한 도면작업시 고려사항

① 출력용지의 크기

② 도면의 축척

③ 펜의 두께와 색상, 속도

④ 도면이 출력되는 공간

⑤ 화면에 보이는 선의 제거

또한 출력하기 전에 출력도구인 프린터나 플로터를 설정해 두어야 한다. 따라서 이번 챕터에서는 플롯(PLOT)명령과 플롯설정에 대해 알아보기로 한다.

그리고 또 하나 유의할 것은 AutoCAD에는 도면 작업공간이 두 개의 영역으로 구분되어 있다는 점이다.

즉 모델(MODEL)공간과 배치(LAYOUT)공간으로 나누어져 있으며, 일반적으로 모델(MODEL)공간에서 도면을 그리게 된다.

8.2 출력장치 설정

출력장치를 설정하는 방법은 [도구] 도구막대의 옵션에서 [플롯 및 게시]를 클릭하여 설정하거나, 플롯 명령을 실행하여 해당 출력장치를 설정하는 방법이 있다.

① 도구에서 옵션을 선택하여 설정하는 방법

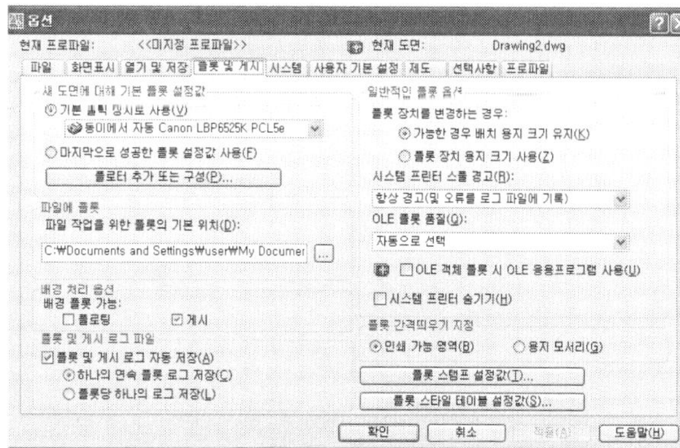

② 명령행에 PLOT를 입력하여 설정하는 방법

명령 : PLOT Enter↵

8.3 페이지 설정

플롯(PLOT)을 실행하게 되면 페이지 설정, 프린터 설정, 용지크기 설정, 플롯 영역설정, 플롯 간격설정, 플롯 스타일테이블 설정, 플롯 옵션설정, 도면 방향설정 등 다양한 설정을 하게 된다.

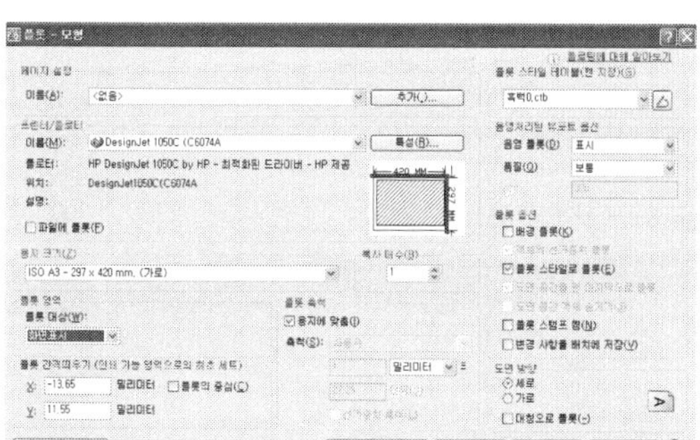

그중에서 가장 먼저 페이지 설정을 하게 되는데, 페이지 설정을 하게 되면 플롯 설정값이 각 도면에 저장된다.

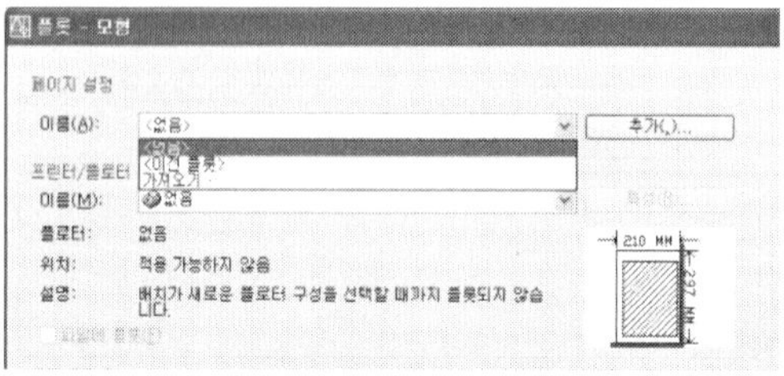

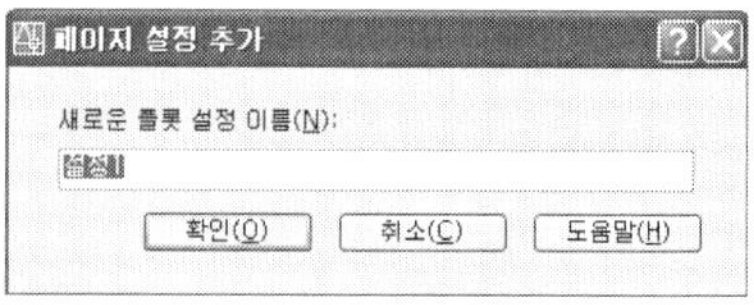

또한 명령행에 [PAGESETUP]을 직접 입력하여 페이지설정을 관리할 수 도 있다.
예를 들면 페이지설정관리자의 대화상자에서 [신규] 버튼을 클릭하여[A3 도면출력]으로 플롯유형을 설정하여 매번 일정하게 출력하는 기능도 가지고 있다.

8.4 플롯 세부설정

플롯(PLOT) 세부설정에 따라서 출력되는 결과물이 달라지게 되므로 플롯에 대한 세부설정에 대해서 반복적으로 연습하여 숙련되도록 하여야 한다.

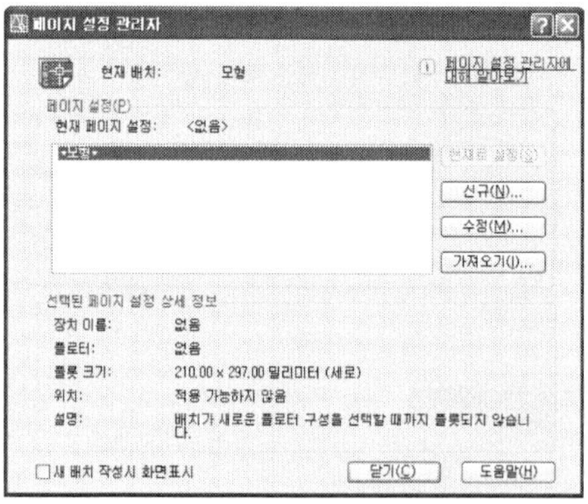

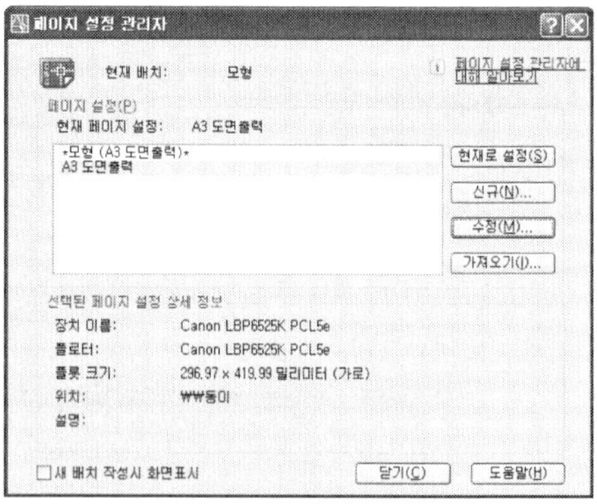

플롯-모형 대화상자에서 프린터/플로터 설정에서 [특성]을 클릭하게 되면 다음과 같은 대화상자가 나타나게 된다.

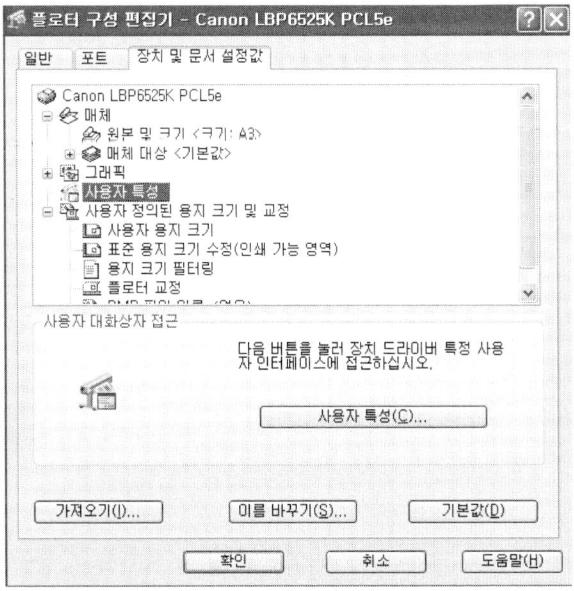

플롯-모형 대화상자에서 용지크기를 클릭하게 되면 다음과 같은 대화상자가 나타나게 된다.

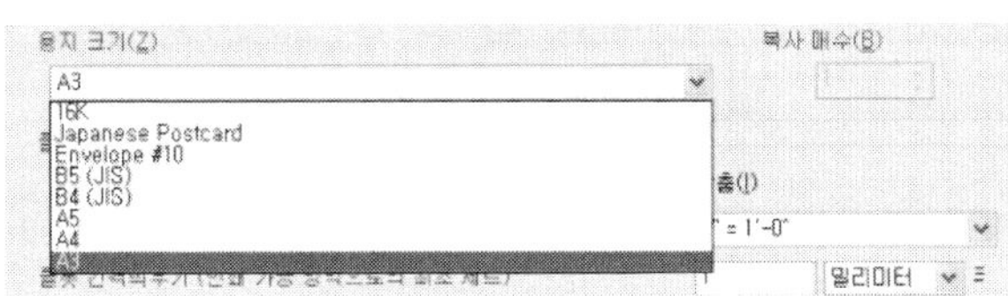

다음의 대화상자는 플롯결과를 파일로 만든다. ☑파일에 플롯(F)
그리고 플롯할 범위도 윈도우 / 한계 / 화면표시 등 3가지 모드중에 선택하여 지정할 수 있으며, 일반적으로 마우스로 드래그하여 설정하는 윈도우 설정의 방법을 가장 많이 사용한다. 특히 플롯(PLOT)에 있어서 가장 기본적이면서도 중요한 사항으로 실물과 도면의 상대적인 크기를 고려하여 출력되는 도면크기에 맞게 플롯 축척을 설정하는 방법은 반드시 숙지하여야 한다.

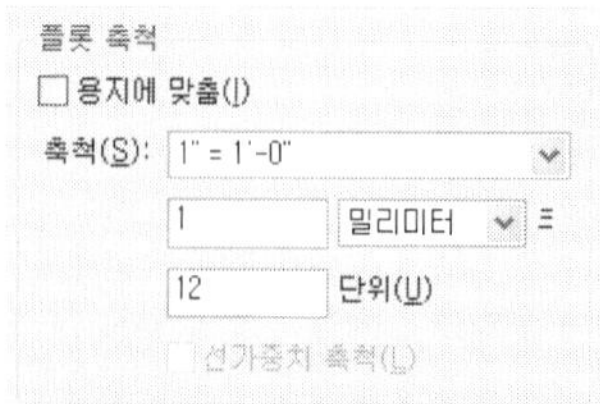

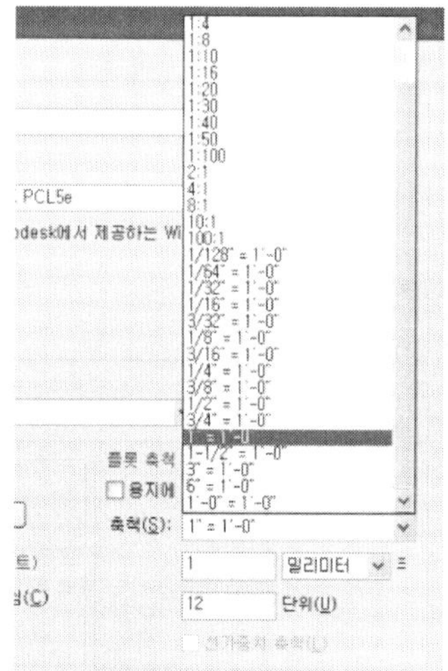

플롯 축척을 설정하는 방법은 크게 다음의 2가지 방식중에 선택하게 되는데, 첫 번째 방식은 도면을 1 : 1로 작업하여 플롯 축척을 용지크기에 맞게 조절하는 방법과 두 번째 방식으로 미리 도면을 용지크기에 맞게 축소하여 놓고 플롯영역을 1 : 1.0 등의 실수의 플롯 축척으로 설정하는 방식이 있다.

위의 플롯 축척 설정을 살펴보면 다음과 같다. 예를 들어 1 : 100플롯을 하는 경우 10m길이의 가로 등은 용지로 출력하면 1 : 100 축척인 10cm로 표시된다.

8.5 플롯 스타일 테이블

플롯 스타일 테이블은 도면의 선가중치에 대해 일률적으로 설정함으로써 하나의 파일로 쉽게 만들고 저장하여 필요에 따라 편집할 수 있도록 하는 기능을 갖고 있다.

플롯 스타일 테이블은 설정하는 방식에 따라 색상별로 선두께 및 속성을 지정하는 「색상 종속적 플롯유형테이블」과 각 객체나 도면층별로 선두께 및 속성을 지정하는 「명명 종속적 플롯 유형테이블」로 구분할 수 있다.

색상 종속적 플롯 스타일 테이블은 확장자CTB의 파일이고, 명명 종속적 플롯 스타일 테이블은 확장자 STB의 파일이다.

AutoCAD에서는 플롯 스타일로 다음과 같이 색상에 따라 펜 굵기를 달리 정하는 방식(「색상 종속적 플롯유형테이블」)인 CTB 방식을 적용한다.

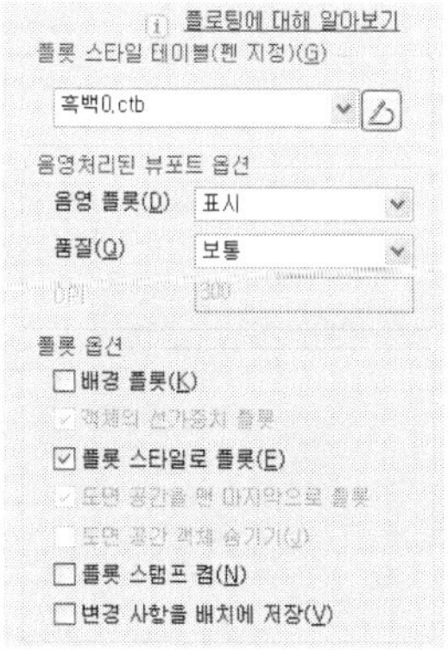
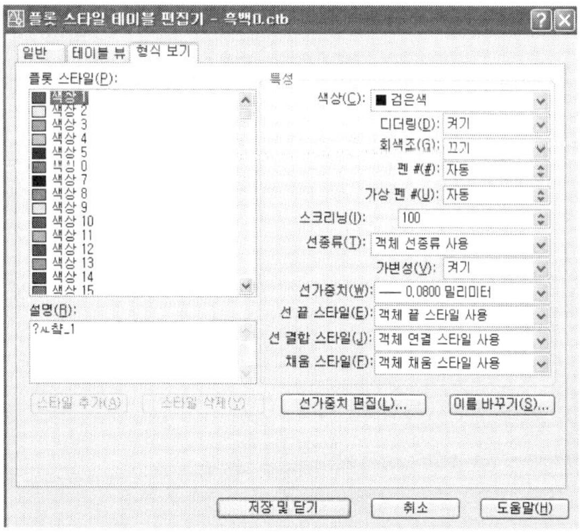

플롯 스타일 테이블 편집기를 통해 색상, 스크리닝, 선종류, 선가중치 등 여러 옵션설정에 따라 출력물의 출력모드를 설정할 수 있다.

[도구]－[옵션]의 「플롯 및 게시」탭의 「플롯스타일테이블 설정값」으로 새 도면 시작시 플롯스타일테이블의 값을 설정할 수 있다.

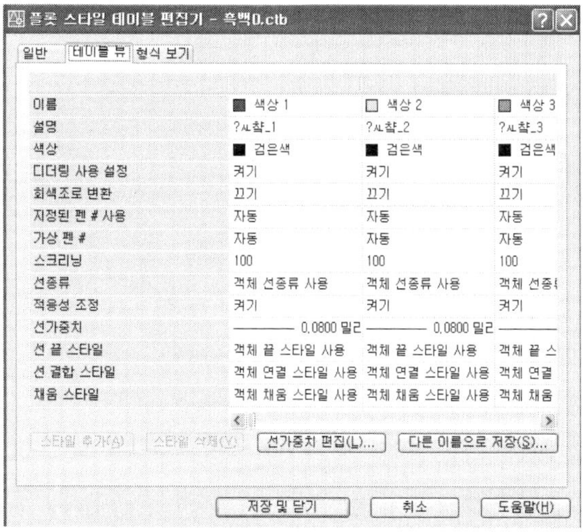
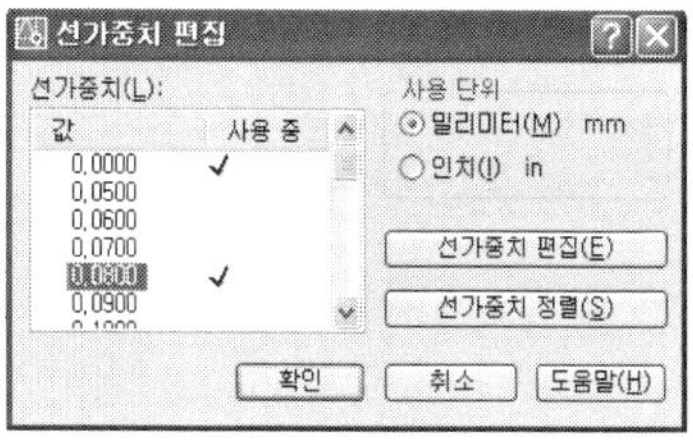

또한 [파일]－[플롯스타일관리자]로 AutoCAD 2006시스템에 설정되어 있는 플롯 스타일테이블을 확인하고, 복사 및 편집할 수 있다.

「플롯스타일 관리자」가 들어 있는 폴더는 다음과 같다.

C :\Documents and Settings\user\Application Data\Autodesk\

\R16.2\kor\Plot Styles

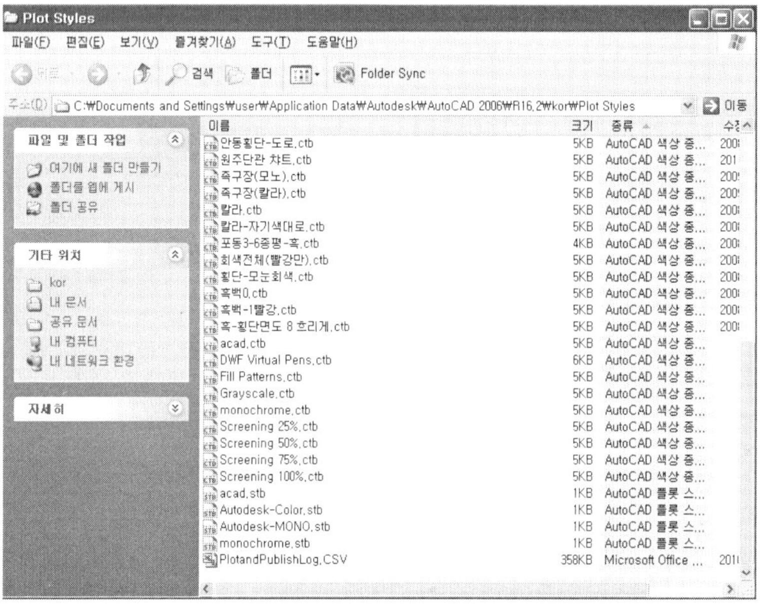

각 스타일별 플롯 스타일 테이블의 용도는 다음과 같다.

- Acad. ctb : 일반적인 칼라플롯에 사용된다.
- Fill Patterns. ctb : 객체의 영역 채우기 기능
- Grayscale. ctb : 256단계의 음영단계를 조절할 수 있다.
- Monochrome. ctb : 흑백 플롯에 사용된다.
- Screening 100%. ctb : 플롯유형스타일의 스크리닝 100%로 플롯한다.
- Screening 75%. ctb : 플롯유형스타일의 스크리닝 75%로 플롯한다.
- Screening 50%. ctb : 플롯유형스타일의 스크리닝 50%로 플롯한다.
- Screening 25%. ctb : 플롯유형스타일의 스크리닝 25%로 플롯한다.
- Acad. stb : 객체, 도면층에 적용하여 일반적 칼라플롯에 사용한다.
- Monochrome. stb : 객체, 도면층에 적용하여 흑백플롯에 사용한다.

Chapter 09

유틸리티(UTILITY)

9.1 개 요

AutoCAD는 여러가지 유용하고 다양한 기능 등을 활용할 수 있는데, 특히 기본적인 사용법을 숙지하여 점차 도면작성 등에 응용하는 방법 등을 익혀나가야 한다.
또한 다음의 유틸리티에서 소개되는 다양한 기능 등도 숙지하여 점차 활용한다면 AutoCAD로 도면을 작성하는데 보다 편리하고 파워풀하게 사용할 수 있을 것이다.
따라서 도면을 작성할 때는 기본적인 유틸리티 명령을 자주 사용하는 습관을 만들어 가는 것이 좋겠다.

도면작업에 필요한 각종 유틸리티

조회 명령과 보조 명령을 활용하여 도면과 도면요소를 신속히 화면에 표시하고, 작성한 도면에 오류가 있을 때에는 오류 수정 명령 등을 이용하여 도면의 오류를 수정한다. 또 도면특성 편집 명령을 이용하여 도면의 특성을 변경한다.

9.2 조회 명령

조회 명령은 AutoCAD에서 생성된 도면요소의 성분을 검토할 수 있도록 하는 명령어로 도면내 원하는 점의 좌표, 원이나 도형의 면적, 두 점간의 거리 등을 알고자 하는 경우에 사용한다.

① ID(좌표값 계산하기) 명령

도면상의 지정된 점의 위치를 좌표로 표시한다.

명령 : ID Enter↵

풀다운 메뉴의 [도구] – [조회] – [ID점]에서 ID 명령을 실행할 수 있다.

또한 도구막대 에서 ID명령 아이콘 을 클릭하여 실행시켜도 된다.

② AREA(면적 계산하기) 명령

선택한 도면요소 또는 영역의 면적과 둘레의 길이를 계산한다.

명령 : AREA Enter↵

풀다운 메뉴의 [도구]-[조회]-[영역]에서 AREA명령을 실행할 수 있다.

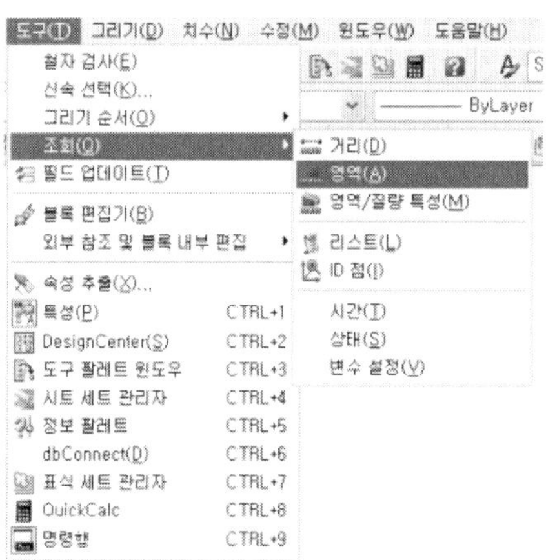

또한 도구막대 에서 AREA명령 아이콘 을 클릭하여 실행시켜도 된다.

③ LIST(도면요소 정보 확인하기) 명령

지정된 도면요소에 관한 데이터베이스 정보를 보여준다.

명령 : LIST Enter↵

풀다운 메뉴의 [도구]−[조회]−[리스트]에서 LIST 명령을 실행할 수 있다.

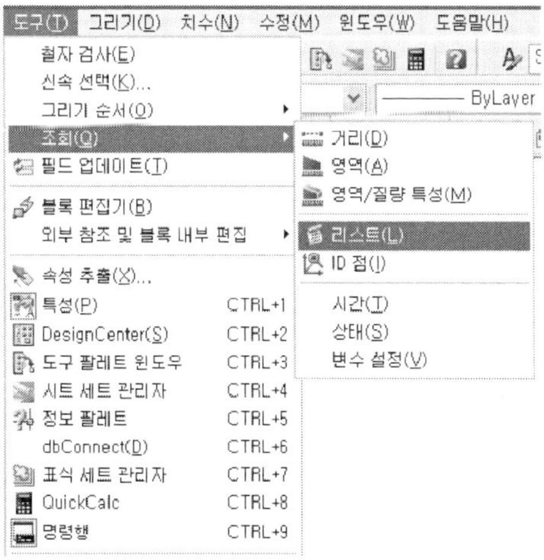

또한 도구막대 에서 LIST명령 아이콘 을 클릭하여 실행시켜도 된다.

④ DBLIST(데이터베이스 정보 확인하기) 명령

도면에 그려진 모든 데이터베이스의 정보 목록을 보여준다.

이 정보는 모든 도면요소의 성격, 좌표, 레이어, 선형태 등 모든 정보를 나열하여 나타낸다.

Enter↵키를 누르면 다음의 정보로 넘어가서 나열하고, 정보 디스플레이를 종료시키려면 Esc 키를 누른다.

명령 : DBLIST Enter↵

명령행에 DBLIST를 입력하여 실행시키면 「AutoCAD Text Window」박스가 나타나면서 현재 도면의 모든 데이터베이스 정보가 나열되어 표시된다.

임의의 작업도면에서 DBLIST를 실행한 예를 들면 아래와 같다.

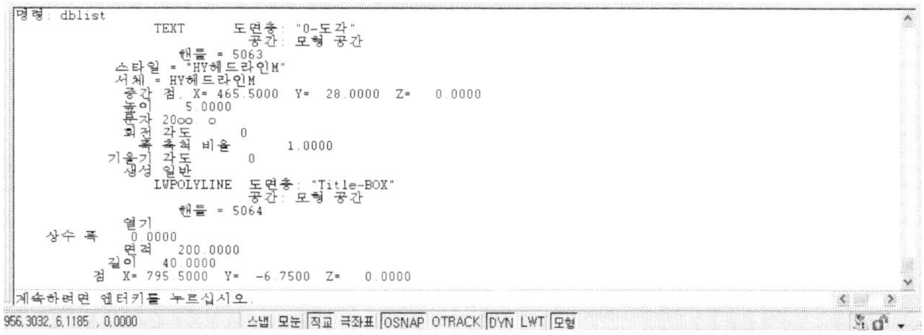

⑤ TREESTAT(도면공간 색인정보 확인하기) 명령

도면의 공간 색인에 대한 정보를 보여준다.

AutoCAD는 대상 객체에 대한 공간에서의 위치를 기록함으로써 영역에서 대상물의 색인을 만든다.

TREESTAT 명령을 실행하면 REDRAW 명령의 실행속도와 대상객체의 선택이 느릴 경우에 빠르게 선택될 수 있게 성능을 향상시키는 역할을 한다.

명령 : TREESTAT Enter↵

⑥ STATUS(도면의 구성상태 확인하기) 명령

도면을 검사한 후 현재 도면파일의 정보를 보여준다.

명령 : STATUS Enter↵

⑦ MASSPROP(질량 특성 나타내기) 명령

영역이나 3D 솔리드 객체의 물리적, 기계적 특성을 계산하고 표시한다.

명령 : MASSPROP Enter↵

⑧ ABOUT(AutoCAD정보 확인하기) 명령

현재 사용하고 있는 AutoCAD의 정보를 나타낸다. 즉 AutoCAD의 버전, 일련번호, 판매자의 이름, 저작권 등에 관한 정보 등을 나타낸다.

명령 : ABOUT Enter↵

⑨ TIME(도면의 작성(변경) 날짜정보 확인하기) 명령

현재 도면의 작성일자와 최근 수정일자, 총 편집시간 등 도면작성 및편집에 관한 시간 등을 나타낸다.

명령 : TIME Enter↵

9.3 도면 보조명령

도면 보조명령으로 도움말이나 웹 검색기 실행, 수식계산, 명령어 자동반복 기능, 시스템 변수 설정방법 등이 있다.

① HELP(도움말 보기) 명령

각 명령에 대한 도움말을 표시한다.

명령 : HELP Enter↵

풀다운 메뉴의 [도움말]-[도움말]에서 HELP명령을 실행할 수 있다.

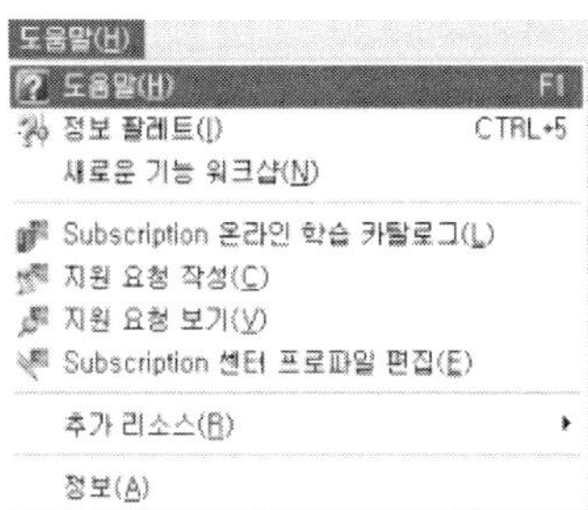

또한 도구막대 에서 HELP 명령 아이콘 을 클릭하여 실행시켜도 된다.

② CAL(간단한 수식 계산하기) 명령

계산기 기능을 수행하여 수학 및 기하학적 표현식을 계산한다.

AutoCAD 작업중에 간단한 수식계산(+, -, ×, /)을 할 수 있게 해주어 거리, 각도, 반지름, 실수, 회전 등을 계산하고, 특정한 위치와 두 점 사이의 거리를 구할 수 있다.

명령 : CAL Enter↵

■ 수치 연산자

연산자	설명
( )	괄호
^	지수승
*, /	곱하기, 나누기
+, -	더하기, 빼기

좌표계	설명
극좌표	거리〈각도
상대좌표	@거리〈X, Y, Z 좌표
구좌표	거리〈각도 1, 각도 2
원기둥좌표	거리〈각도, Z좌표

함수	설명	함수	설명	함수	설명
SIN (각도)	SIN(30)= 0.5	COS (각도)	COS(45)=0.707107	TANG (각도)	TANG(30)=0.57735
ASIN (실수)	ASIN(0.5)=30.0	ACOS (실수)	ACOS(0.7)=45.573	ATAN (실수)	ATAN(450)=89.8727
In (실수)	In(2.5)=0.916291	log (실수)	log(100)= 2.0	exp (실수)	exp10(2)=100.0
sqr (실수)	sqr(8)=64.0	sqrt (실수)	sqrt(64)= 8.0	abs (실수)	abs(−15)= 15.0

9.4 외부 명령

AutoCAD 작업중에 다른 프로그램을 호출할 수 있는 외부 OS 명령들로 AutoCAD 작업중에 DOS의 내부영역을 호출하여 사용한다.

AutoCAD에서 비교적 자주 사용되지 않는다.

① DIR(파일 목록 보기) 명령

DOS에서의 DIR 명령과 같은 기능으로 DOS상태에서 파일목록을 확인할 수 있다.

명령 : DIR Enter↵

② CATALOG(파일 목록 간략히 보기) 명령

DOS에서의 DIR/W 명령과 같은 기능으로 DOS상태에서 파일목록을 간략하게 살펴볼 수 있다.

명령 : CATALOG Enter↵

③ DEL(파일 삭제하기) 명령

DOS에서의 DEL 명령과 같은 기능으로 DOS상태에서 불필요한 파일을 삭제할 수 있다.

명령 : DEL Enter↵

④ TYPE(파일 내용보기) 명령

DOS에서의 TYPE 명령과 같은 기능으로 ASCⅡ형태의 파일의 파일내용을 표시한다.

명령 : TYPE Enter↵

⑤ EDIT(파일 내용 편집하기) 명령

DOS에서의 편집기 명령과 같은 기능으로 TEXT 파일의 내용을 편집한다.

명령 : EDIT Enter↵

⑥ RENAME(파일이름 변경하기) 명령

AutoCAD 작업중에 명칭의 오류가 있거나 오타가 있을 때 RENAME 명령을 사용한다.

즉 블록, 레이어, 선의 종류, 스타일, UCS, 뷰 및 뷰 포트의 이름을 변경한다.

명령 : RENAME Enter↵

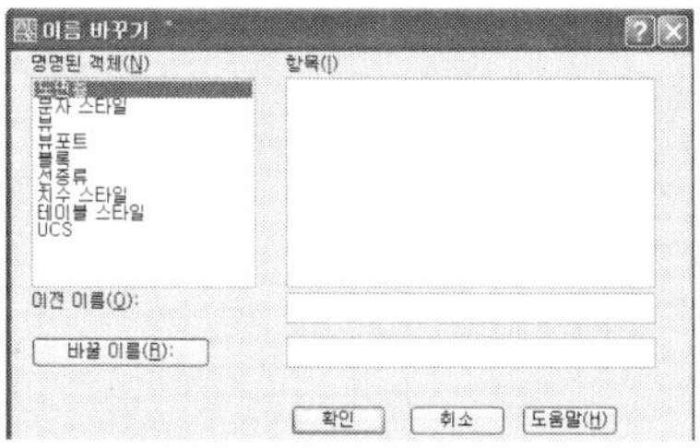

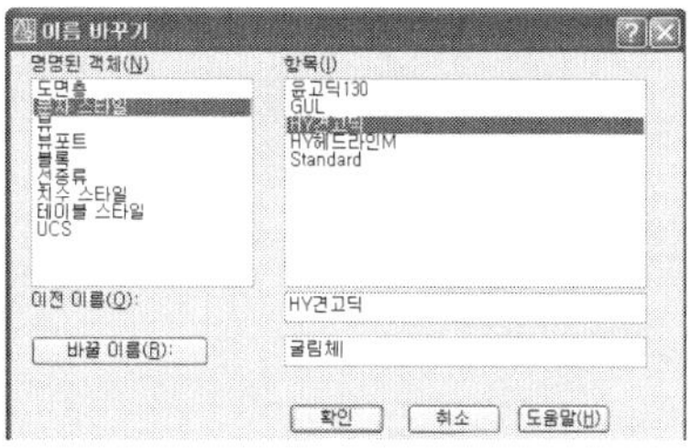

⑦ APPLOAD(응용프로그램 불러오기) 명령

AutoCAD의 응용프로그램을 현재 도면작업에 불러온다.

즉 AutoCAD를 실행시킬 때 자동으로 실행되지 않는 응용프로그램(*. ARX, VBA, Visual Lisp) 등을 사용할 경우, 필요한 응용프로그램을 올리거나 내릴 수 있다.

명령 : APPLOAD Enter↵

다음과 같은 「Load/ Unload Applications」대화상자가 디스플레이되면 「Loaded Applications」항목을 클릭한다.
드롭다운 메뉴의 항목중 활성화 되어 있는 파일 등은 이미 로드되어 있는 응용 프로그램 파일이고, 비활성화 되어있는 항목 등은 로드되어 있지 않은 파일이다.

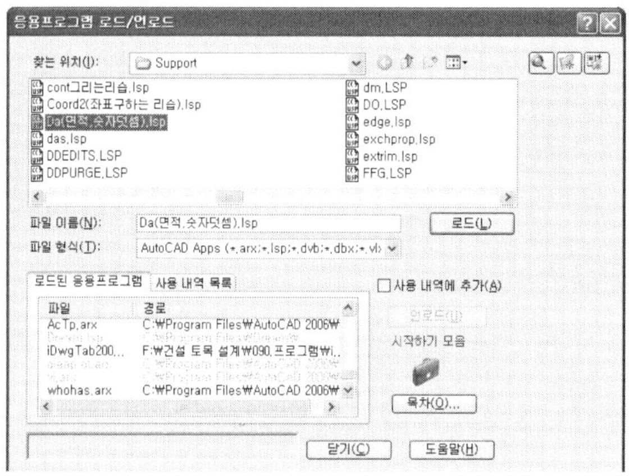

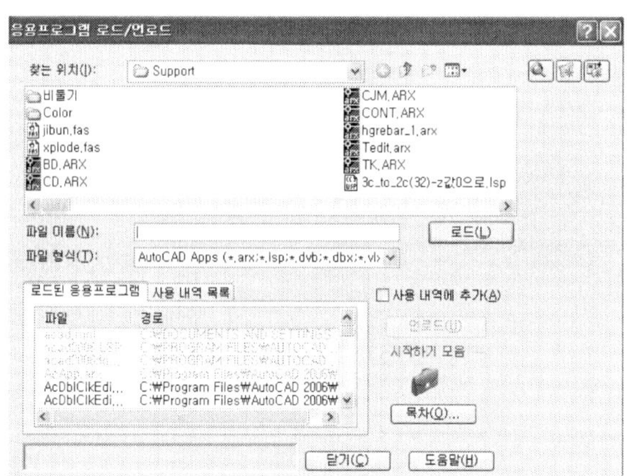

현재 도면상에 올리고 싶은 응용프로그램을 선택하고 [로드(L)]버튼을 클릭한다.
만일 선택한 파일이 활성화되어 있는 상태라면 「가 이미 로드되었습니다」라고 표시되면서 다시 로드되지 않는다.
로드하고자 하는 모든 응용프로그램을 선택하고서 [닫기(C)]버튼을 선택한다.
예를 들어 Da(면적, 숫자덧셈).lsp 이라는 리습 응용프로그램을 불러온다면 「Da(면적, 숫자덧셈).lsp이(가) 성공적으로 로드되었습니다.」라는 메시지가 표시되면서 열려 있는 작업 도면에서 응용프로그램을 계속 사용할 수 있게 된다.

9.5 오류 수정 명령

AutoCAD 작업중에 오류가 발생하여 오랜시간 작업한 도면이 저장되지 않고 망가질 때가 있다. 이때 이러한 도면파일의 오류를 분석하고 치료해 수는 명령들이 있으므로 사용법을 숙지하면 오류가 발생한 도면파일을 복구하는데 유용하게 사용할 수 있다.
이러한 기능을 가진 명령으로는 AUDIT와 RECOVER 등의 명령이 있다.

① AUDIT(도면의 오류진단과 치료하기)

도면의 오류를 진단하고 치료한다. 그리고 진단한 내용은 ASCⅡ파일(*.adt)로 자동저장된다.

만약 AUDIT 명령으로도 에러를 교정할 수 없을 때에는 RECOVER란 명령으로 복구하는 방법도 있다.

명령 : AUDIT Enter↵

풀다운 메뉴의 [파일] – [도면 유틸리티] – [감사(A)]에서 AUDIT명령을 실행할 수 있다.

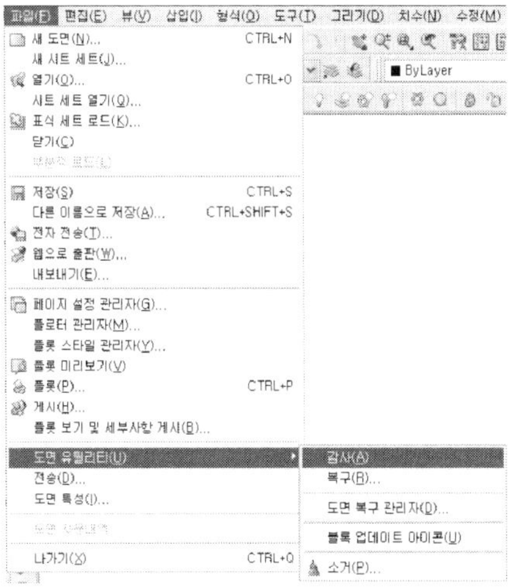

AUDIT 명령을 실행했을 때 「탐지된 오류를 수정하시겠습니까? [예(YES)/ 아니오(NO)] 〈N〉 :」란 메시지가 나타나면 「Y」라고 입력하면 발견된 오류를 자동 수정한다.

즉 명령이 실행되어 도면내의 오류가 없는 경우에는 「전체 0건의 오류를 찾아서 0건이 수정됨」이라는 메시지가 표시된다.

AUDIT명령을 실행했을 때 진단내용을 저장하기 위해서 [AUDITCTL]를 실행하여 「1」을 입력하면 *.adt로 진단내용이 저장된다.

② RECOVER(손상된 도면 복구하기)

손상된 도면을 복구하여 준다. 이 명령을 실행하면 [파일선택]대화상자가 나타나는데 복구할 도면을 선택하면 된다.

즉 복구할 도면파일을 선택한 후 [열기(O)]를 클릭하면 손상된 도면의 오류를 검사하고 복구가 진행된다.

만약 도면이 손상되지 않았다면 다음과 같은 메시지가 나타난다.

「감사결과 복구된 데이터베이스에는 탐지된 오류가 없음.」

명령 : RECOVER Enter↵

9.6 도면요소 특성 편집 명령

AutoCAD 작업이 끝난 도면요소의 특성을 편집하는 명령으로 많이 사용된다.

일반적으로 도면요소는 보통 레이어를 설정하여 사용되는데, 따로 레이어를 구분하여 설정하지 않고서 작업하는 경우에는 먼저 도면요소별로 레이어를 설정하여 작업하는 방법에 비해 수정 편집하는 데 시간과 노력이 훨씬 많이 소요되게 된다.

하지만 실제로 AutoCAD 작업이 능숙해지고 많은 도면작업 경험이 생기기 전에는 오히려 도면요소별로 레이어를 설정하지 못한 상태에서 작업을 하게 되는 경우가 많고, 또 이때에는 나중에 필요에 따라 그때, 그때마다 특성을 바꾸어 주어야만 하는 경우도 많다.

① CHANGE(도면요소 특성 변경하기)

선택된 도면요소의 위치, 크기, 방향, 색상, 높이, 레이어, 선 형태, 선 형태의 크기, 두께, 문자, 문자스타일 등을 변경할 때 사용한다.

명령행에 [PROPERTIES] 명령을 실행하면 AutoCAD 화면에 「PRO- PERTIES(특성)」 대화상자가 표시되고 다시 명령행에 [CHANGE]명령을 실행하여 도면요소의 특성을 변경할 수 있다.

어떤 작업도면에서 도면요소의 특성을 변경하는 사례를 들면 다음과 같다.

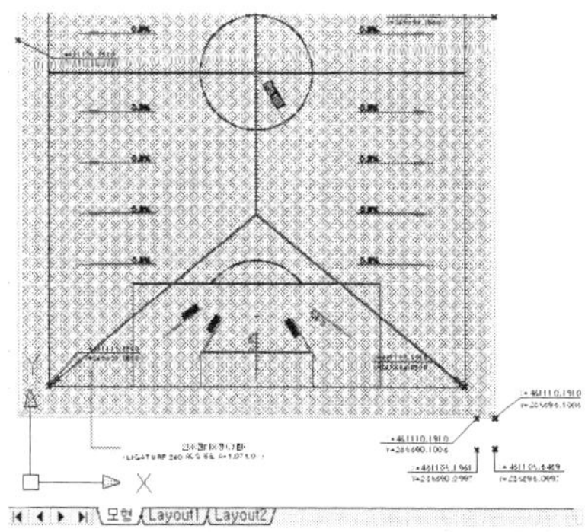

명령 : PROPERTIES

명령 : CHANGE

객체 선택 : 1개를 찾음

객체 선택 :

변경점 지정 또는 [특성(P)] : Enter↵

새로운 문자 스타일 입력 〈윤고딕130〉 : Enter↵

새로운 높이 지정 〈900.0000〉 : 900 Enter↵

새로운 회전 각도 지정 〈0〉 : 0 Enter↵

새로운 문자를 입력 : 〈인조잔디포장(그린)〉 : Enter↵

위의 도면 사례에서 「인조잔디포장(그린)」이란 문자의 속성을 「CH- ANGE」란 명령을 실행하여 편집할 수 있다.

OPTION CHANGE POINT(**변경점**)

이 옵션은 선택한 대상의 시작점내지는 통과점으로 수정된다.
선택된 도면요소의 종류에 따라 각각 다르게 편집된다.

- LINES(선) : 새로운 정점으로 선의 끝점이 이동된다.
- CIRCLE(원) : 중심에서 새로운 정점까지의 거리를 반지름으로 하는 원으로 그려진다.
- TEXT(문자) : 문자의 크기, 각도, 문자열을 변경한다.
- ATTRIBUTE DEFINITIONS(속성정의) : 문자의 속성과 특성을 변경한다.
- BLOCKS(블록) : 변경점으로 삽입점이 이동된다.

OPTION PROPERTIES(**특성**)

도면요소의 기본특성인 색상, 높이, 레이어, 선 형태, 선 형태의 크기, 두께를 변경하는 옵션이다.

- COLOR(색상) : 도면요소의 색상을 변경한다.
- ELEV(고도) : 도면요소의 높이를 변경한다.
- LAYER(도면층) : 도면요소의 레이어를 변경한다.
- LTYPE(선종류) : 도면요소의 선 종류를 변경한다.

- LTSCALE(선종류 척도) : 도면요소의 선 종류 축척을 변경한다.
- LWEIGHT(선가중치) : 도면요소의 선 가중치를 변경한다.
- THICKNESS(두께) : 도면요소의 두께값을 변경한다.

② CHPROP(도면요소 속성 변환하기)

CHANGE 명령의 PROPERTIES(특성)에 의한 변경과 유사한 방법으로 도면요소의 색상, 레이어, 선 형태, 선 형태의 크기, 두께를 변경한다.

명령 : CHPROP Enter↵

OPTION 옵션

- COLOR(색상) : 도면요소의 색상을 변경한다.
- LAYER(레이어) : 도면요소가 속해있는 레이어를 변경한다.
- LTYPE(선종류) : 도면요소의 선의 형태를 지정한다.
- LTSCALE(선종류 척도) : 도면요소의 선 형태크기를 변경한다.
- LWEIGHT(선가중치) : 도면요소의 선 가중치를 지정한다.
- THICKNESS(두께) : 도면요소의 두께값을 변경한다.

③ PROPERTIES(도면요소 특성 대화상자로 수정하기)

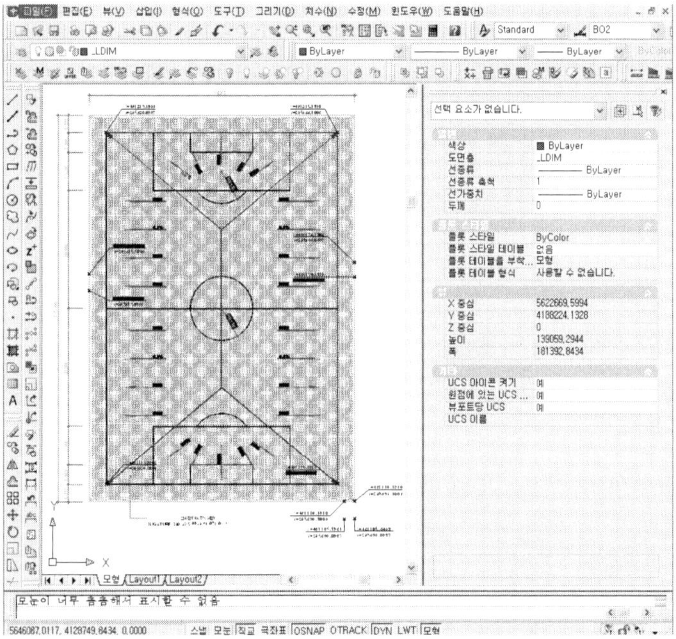

하나의 도면요소나 여러 개의 도면요소가 선택될 때 선택된 대상물 특성에 대한 설정값을 나타내며, 변경 가능한 모든 특성을 수정할 수 있다.

PROPERTIES 명령을 실행시켰을 때 생성되는 [PROPERTIES] 대화상자는 크기 조절이 가능하고, 원하는 위치에 고정할 수 있는 형태나 위치가 정해지지 않는 대화상자이다. 즉 작업중에도 화면에 계속 표시되도록 원하는 위치에 드래그하여 놓으면 된다.

④ MATCHPROP(도면요소 특성 통일하기)

여러 개의 도면요소나 객체를 하나의 도면요소로 통일하여 변경하는 명령이다. 또 서로 성질이 비슷한 도면요소의 특성을 바꾸기 위하여 CHANGE나 PROPERTIES 명령을 사용하는 것보다 MATCHPROP명령을 사용하는 것이 편하다.

명령 : MATCHPROP Enter↵

Chapter 10

블록 및 외부참조

10.1 개 요

AutoCAD는 도면 안에서 객체관리에 도움이 되는 블록이라는 속성을 제공하고 있다. 특히 블록을 사용하면 여러 객체를 하나의 구성요소로 형성하여 다룰 수 있어 도면작업을 하는데 매우 편리하다.

AutoCAD는 자주 사용되는 구성요소 등이나 부분도면 같은 경우 도면마다 매번 새로 그리는 대신에 공통되는 요소를 블록으로 지정하여 도면 안에 다시 불러들임으로써 작업을 효율적으로 할 수 있도록 구성되어 있다.

또한 삽입한 블록을 외부참조로 지정하면 현재 도면에 전체 도면을 부착 또는 중첩할 수 있고, 도면요소를 매번 수정할 필요 없이 정의된 블록만 수정하면 자동으로 해당부분의 도면이 변경되게 된다.

이처럼 도면작업시 블록과 외부참조를 활용하면 매우 편리하고 효율적이므로, 실무에서 빈번히 도면작업에 활용하고 있는 실정이다.

따라서 이번 챕터에서는 여러 도면 요소들을 하나로 집합시켜 여러번 사용할 수 있게 하는 명령들에 대해 익히고, 블록 및 외부참조에 대해 숙지하도록 한다.

10.2 블 록

블록(BLOCK)은 혼합객체라는 의미로 함께 모여 있는 도면 요소들의 집합이다. 블록은 단일개체 또는 블록 정의를 형성하기위해 함께 연관시킬 수 있는 객체들의 집합으로 독립된 이름을 가지며, AutoCAD에서 도면 내에 블록의 삽입, 축척 및 회전 등을 할 수 있다. 또한 블록을 각각의 구성요소별 객체로 분해하고, 수정한 이후 블록 정의를 재정의 할 수도 있으며 이때에 저장한 이후에 동일한 도면을 다시 열게 되면 이미 수정된 블록으로 변경되어 도면 요소들이 갱신된 것을 확인할 수 있다.

블록(BLOCK) 활용의 이점

① 라이브러리 구축하여 효율적인 편집

자주 사용되는 기호, 구성요소 또는 부속품의 표준 라이브러리를 구축하고, 블록을 여러 번 삽입함으로서 도면작업을 효율적이고 편리하게 할 수 있다. 즉 블록을 개별적인 기하학적인 객체가 아닌 구성요소로 삽입, 재배치 및 복사하여 도면을 편집한다.

② 디스크 공간의 절약

도면내 데이터베이스에 하나의 블록 정의와 동일한 블록에 대한 모든 참조를 저장하여 디스크 공간을 절약한다.

③ 블록 복제 축척화

도면에 블록을 삽입하면 블록 복제라는 것이 만들어지는데, 블록복제를 삽입할 때마다 축척 요인과 회전 각도를 삽입한 블록에 지정하게 된다. 또한 임의의 좌표(X, Y, Z)방향으로 임의의 값만큼 블록을 축척화 할 수 있다.

④ 블록에 속성 추가

여러 블록을 다시 블록화 할 수 있고, 블록에 속성을 추가할 수도 있다.

블록(BLOCK) 활용시 유의할 점

① 블록의 적용범위

블록(BLOCK)명령으로 작성된 블록은 현재의 도면에서만 유효하며 다른 도면에서는 불러올 수 없다.

그래서 AutoCAD에서는 다른 도면에서 블록을 불러들여 활용할 수 있게끔 [WBLOCK]이라는 명령을 제공하고 있다.

WBLOCK 명령은 현재의 도면에서 사용한 블록을 재정의하여 현재의 도면에서 뿐만 아니라 다른 도면에서도 불러와 쓸 수 있도록 공용된 도면파일(*.DWG)을 만든다.

② 블록의 구성요소

블록은 여러 종류의 레이어, 색상, 선 종류를 사용하여 만들어진 도면을 블록화 할 수 있다.

예를 들어 색상이 「BYLAYER(=55)」이고, 레이어 이름은 「인조잔디」, 선 형태는 「—(BYLAYER)」인 도면요소를 포함한 블록을 만든 경우에는 이 블록이 다른 도면에 삽입되더라도 그 도면의 상황과는 무관하게 해당 도면요소는 색상이 「BYLAYER(=55)」이고, 레이어 이름은 「인조잔디」, 선 형태는 「—(BYLAYER)」로 일관된 특성을 지니고 있다. 그러나 레이어 「0」에서 만들어진 블록이 삽입될 경우에는 현재의 색상을 따른다.

BLOCK(BMAKE : 대화상자를 이용한 블록 만들기) 명령

대화상자를 이용하여 도면의 일부 또는 전부를 새로운 블록으로 만든다.
BLOCK 명령으로 생성된 블록은 블록화 당시의 도면에서만 삽입이 가능하다.
단 블록의 개별적인 레이어, 색상, 선 형태는 BYLAYER나 BYBLOCK으로 하고, 레이어를 「0」으로 한다.

명령 : BLOCK(BMAKE) Enter↵

풀다운 메뉴의 [그리기]-[블록]-[만들기]에서 BLOCK명령을 실행할 수 있다.
또한 도구막대 에서 BLOCK 명령 아이콘 을 클릭하여 실행시켜도 된다.

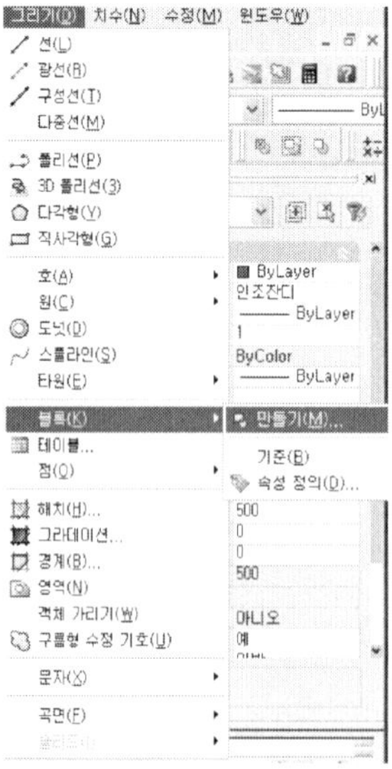

BLOCK 명령을 이용하여 다음과 같이 「축구장. dwg」란 이름의 블록 파일을 만든다.

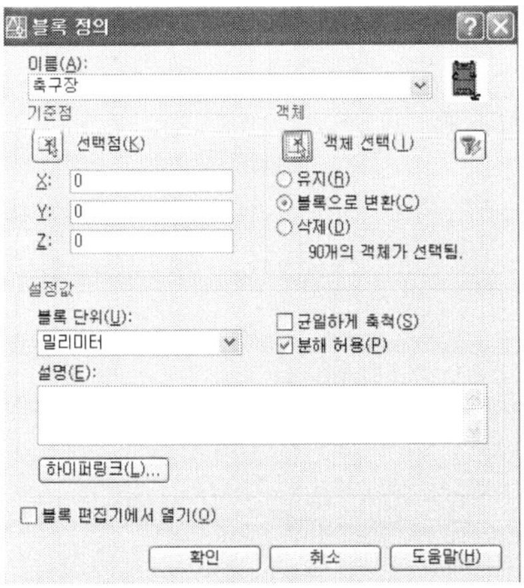

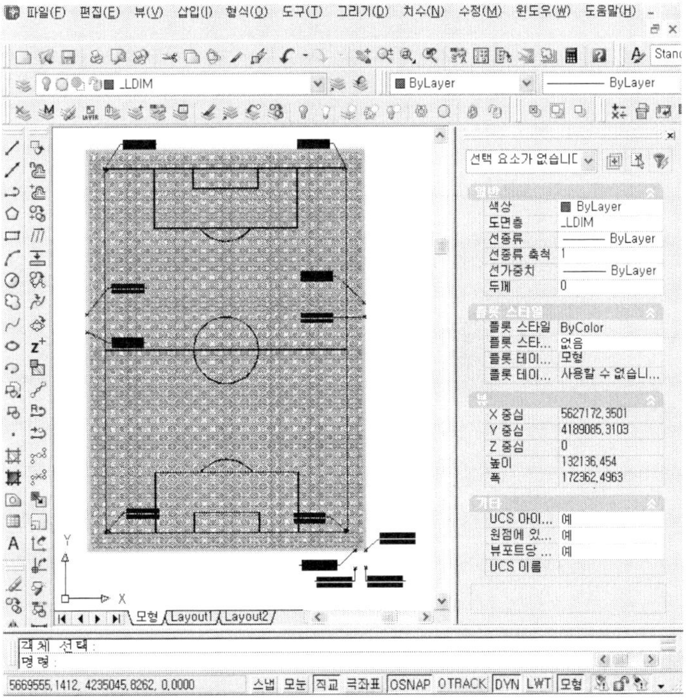

① BLOCK 편집(블록 도면 편집하기) 명령

BLOCK 도면을 편집하는 방법은 우선 해당 BLOCK 파일을 연 후에 BLOCK 파일을 더블클릭하는 방법과

도구막대  에서 아이콘  을 클릭하여 실행하는 방법이 있다.

해당도면을 더블클릭하면 다음과 같은 「블록 정의 편집」 대화상자가 화면에 표시된다.

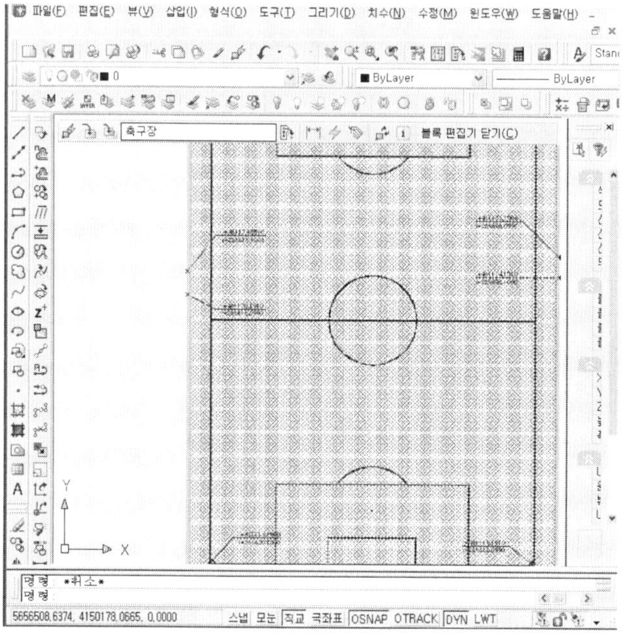

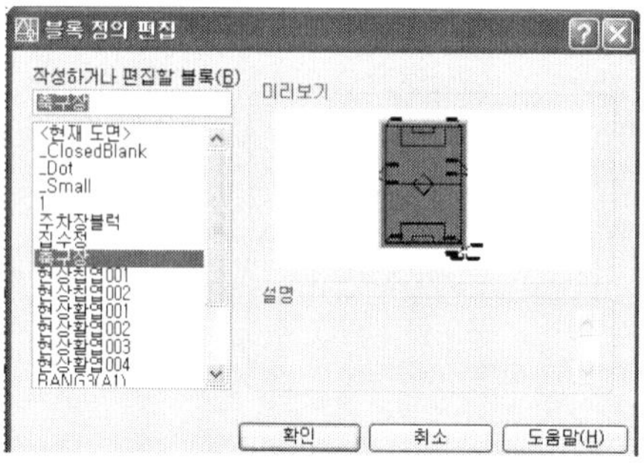

「확인」을 클릭하면 다음과 같은 대화상자가 나타난다.

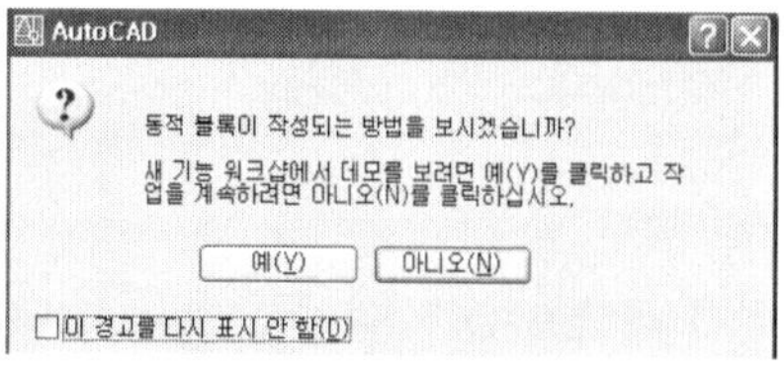

「예」를 클릭하면 동적 블록 상태가 되어 블록화된 파일인 「축구장. dwg」 파일의 내부로 들어가서 마음대로 편집 수정할 수 있게 된다.

OPTION 블록편집 도구막대 아이콘

블록을 편집할 수 있는 도구막대의 아이콘은 다음과 같다.

- _BEDIT( ) : 블록 정의 편집 또는 작성.
- _BSAVE( ) : 블록 정의 저장.
- _BSAVEAS( ) : 다른이름으로 블록 저장.
- (축구장) : 블록 정의 이름.
- 제작 팔레트( ) : 각종 매개변수.
- ( ) : 매개변수 유형입력.
- _BACTION( ) : 매개변수 또는 맞물림 선택.
- _ATTDEF( ) : 속성 정의(모드, 속성, 삽입점, 문자옵션 등을 설정).
- _REGEN( ) : 매개변수 및 동작 문자 크기 업데이트.
- ( ) : 동적블록에 대해 알아보기.
- _BCLOSE(블록 편집기 닫기(C)) : 블록편집기를 종료하고 도면으로 복귀하기.

② WBLOCK(블록파일로 저장하기) 명령

상기의 「블록의 적용범위」에서 언급한 바와 같이 현재의 도면에서 사용한 블록을 재 정의하여 다른 도면에서도 불러와 쓸 수 있도록 공용된 도면파일(*.DWG)을 만드는 명령이다.

WBLOCK 명령을 실행하면 다음과 같은 대화상자가 표시된다.

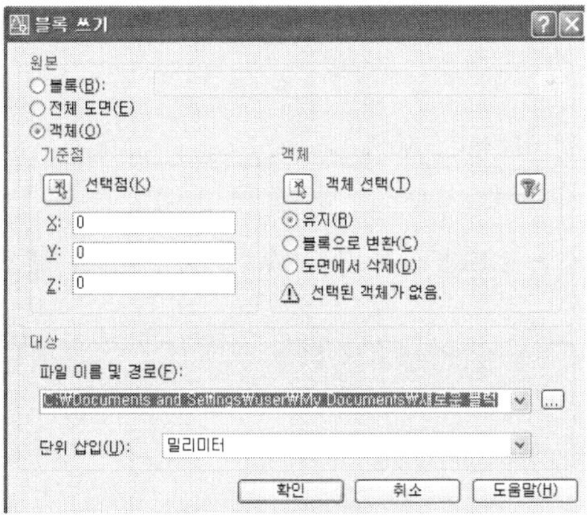

OPTION 옵션

- 원본 : 파일 블록으로 작성하고자 하는 요소를 선택한다.
- 블록(B) : 기존의 블록을 파일 블록으로 작성한다.
- 전체도면(E) : 전체도면을 파일블록으로 작성한다.
- 객체(O) : 도면요소의 일부를 파일블록으로 작성한다.
- 기준점 : 생성할 블록의 삽입점의 좌표를 지정한다.
- 객체선택(T) : 블록을 만들 대상을 마우스를 이용하여 선택한다.
- 유지(R) : 선택된 도면요소들을 원래 상태대로 유지한다.
- 블록으로 변환(C) : 선택된 도면요소들을 블록으로 변환한다.
- 도면에서 삭제(D) : 선택된 도면요소들을 삭제한다.
- 대상 : 파일 블록의 이름과 저장될 경로를 입력한다.

③ BASE(삽입점 설정하기) 명령

도면전체를 다른 도면의 블록으로 삽입할 때 기준점을 지정한다.
이 명령을 이용하여 삽입기준점의 좌표(X, Y ,Z)를 임의의 좌표로 변경할 수가 있다. 따라서 다음에 블록 삽입시 부터는 지정한 좌표로 블록 도면이 삽입된다.

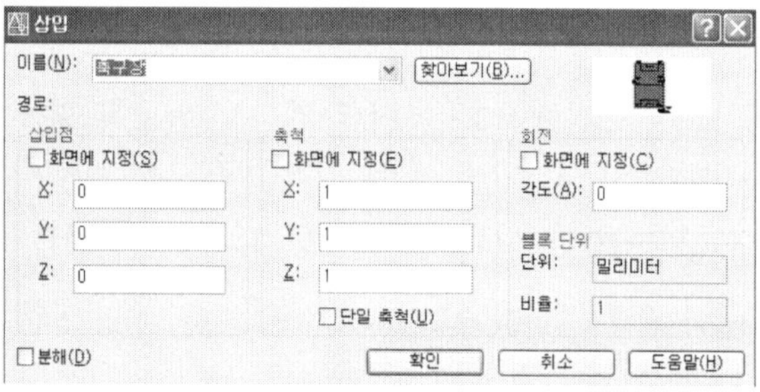

④ MINSERT(블록 다중 삽입하기) 명령

블록을 원하는 수만큼 사각형의 배열로 다중 삽입한다.
이 명령은 INSERT 명령과 ARRAY 명령을 섞어 놓은 것과 흡사하다.

명령 : MINSERT Enter↵

명령 : MINSERT 블록 이름 입력 또는 [?] 〈축구장〉 :

단위 : 밀리미터 변환 : 1.0000

삽입점 지정 또는 [기준점(B)/축척(S)/X/Y/Z/회전(R)/플롯축척(PS)/PX/PY/PZ/플롯회전(PR)] :

X축척 비율 입력, 반대구석 지정, 또는 [구석(C)/XYZ] 〈1〉 : 1

Y 축척 비율 입력 〈X 축척 비율 사용〉 : 1

회전 각도 지정 〈0〉 : 0

행 수 입력(---) 〈1〉 : 3

열 수 입력(|||) 〈1〉 : 5

행 사이의 단위 셀 또는 거리(---) : 200000

열 사이의 거리를 지정(|||) : 200000

MINSERT(블록 다중 삽입) 명령을 실행한 결과는 다음과 같다.

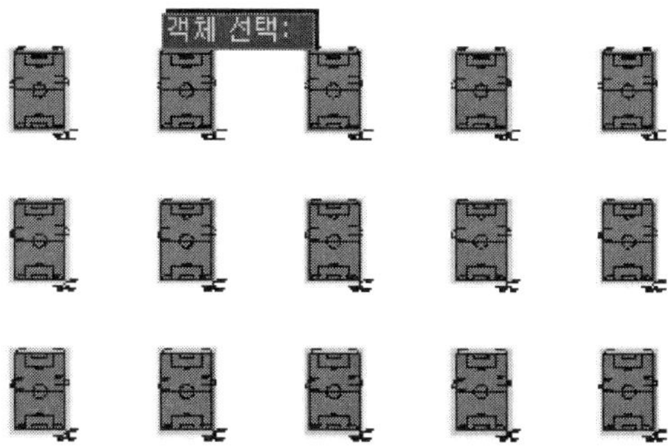

10.3 속 성

속성(ATTRIBUTE)은 블록보다 상위의 개념으로 블록에 고유의 속성을 부여한다.
속성은 여러 문장을 포함하는 도면 요소를 의미하며 해당 블록을 도면에 삽입할 때마다 그 속성의 값을 입력하는 방식으로 사용된다.
다른 응용프로그램에서 참조할 수 있도록 파일로 저장할 수도 있다.

① ATTDEF(블록 속성 정의하기) 명령

블록의 정의와 관련 문자정보에 대한 속성을 정의한다.

명령 : ATTDEF Enter↵

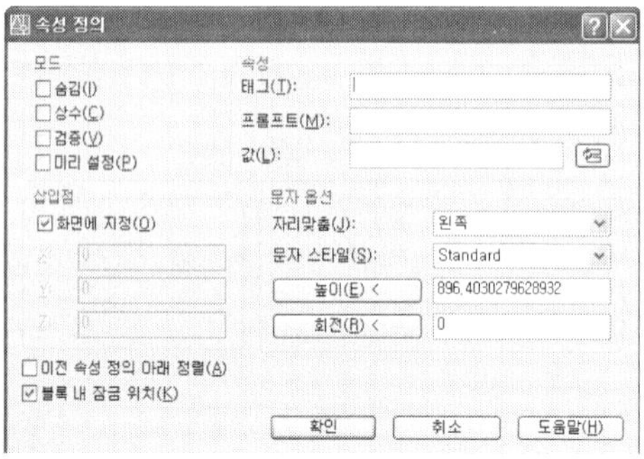

OPTION 옵션

- 모드 : 블록을 삽입할 경우 속성의 상태를 결정한다.
- 숨김(I) : 속성이 지정된 블록에 삽입되었을 때 디스플레이를 조절한다.
- 상수(C) : 블록의 모든 삽입과정에서 속성값을 고정시킨다.
- 검증(V) : 블록을 삽입할 때 속성값을 다시 확인한다.
- 미리 설정(P) : 이미 설정된 속성값을 가진 블록을 삽입할 때, 그 값을 그대로 적용할 것인지 확인한다.
- 속성 : 속성 데이터를 설정하는 부분으로 최대 256까지의 속성을 입력할 수 있다.
- 태그(T) : 속성 구분표를 편집박스에 입력한다.
- 프롬프트(P) : 속성을 포함하는 블록을 삽입할 때 원하는 프롬프트 라인을 입력한다.
- 값(V) : 기본 속성 값을 지정한다.
- 삽입점 : 속성이 지정될 삽입 기준점을 선택한다.
- 문자옵션 : 속성 문자의 정렬과 스타일, 높이, 회전 각도를 지정한다.

② ATTDISP(도면의 속성 제어하기) 명령

도면에 속성을 나타내는 것을 제어한다.

속성의 초기값인 Visible 모드나 Invisible 상태를 가시적인 상태로 만든다.

명령 : ATTDISP Enter↵

③ ATTEDIT(도면의 속성 편집하기) 명령

속성을 정의한 블록을 삽입한 경우 다시 그리지 않고 손쉽게 수정한다. 속성을 포함한 블록을 선택하면 블록의 가변속성을 편집할 수 있다.

명령 : ATTEDIT Enter↵

④ ATTEXT(블록 속성 데이터 만들기) 명령

도면전체의 속성 정보를 추출하여 외부 프로그램과 교환이 가능한 파일로 저장한다.

명령 : ATTEXT Enter↵

⑤ ATTREDEF(블록 속성 재정의하기) 명령

도면의 블록 속성을 재정의 한다. 새 블록에 포함되지 않은 기존의 속성들은 블록참조에서 지워진다.

명령 : ATTREDEF Enter↵

10.4 외부 참조

도면작업을 하게 되면 지금 작업중인 도면 내에 다른 곳에서 작업한 외부도면을 불러들여 작업해야 하는 경우가 흔하다.

그런데 삽입(INSERT)해야 하는 외부도면의 용량크기가 큰 경우에는 시스템 속도 저하가 발생하는 등 작업이 늦어지게 된다.

이때 가장 많이 활용하는 기능으로서 외부 도면파일을 현재 도면 내에 삽입시키지 않고서 외부 참조 기능을 이용해 필요한 외부 도면파일의 해당 도면요소를 외부 참조 시키는 것이다.

외부 참조(External Reference)란 현재의 도면에 다른 도면을 부착하는 개념으로, 「이 도면을 사용하려면 어느 곳에 있는 도면을 같이 참조하라」는 의미이다. 따라서 외부참조가 있는 임의의 도면을 여는 경우에는 현재 도면 내에 외부참조 도면도 같이 따라 달려온다.

외부 참조의 특징

■ 외부 참조 도면수정

외부 참조 도면을 수정하면 이 도면을 외부참조로 불러들이는 도면도 같이 수정된 상태로 변경된다.

■ 도면경로 관리

외부 참조도면이 위치한 도면경로나 파일이름이 다른 경우는 외부참조 파일을 불러들이지 못한다. 특히 외부 참조가 포함된 도면을 다른 작업자에게 받아서 사용하는 경우에는 작업도면 파일과 외부 참조된 파일이 같은 경로(directory)내에 있어야 외부 참조가 가능하다.

■ 외부 참조 도면의 결합

경우에 따라서는 참조만 하지 않고, 현재의 도면에 포함시키는 결합작업도 할 수 있다. 결합을 해도 외부 참조 도면은 그대로 남아있다.

■ 외부 참조 도면의 분해

블록과 마찬가지로 단일 개체로 취급되어분해할 수 없다.

외부 참조의 주요 활용사례

■ 도면 타이틀의 표제란

토목도면의 경우 어떤 공사(공종)에 소요되는 설계도면은 적게는 수 십장에서 많게는 몇 백장에 이르는 경우가 많다.

그러나 이렇게 많은 도면도 어차피 같은 공사내에서 세부적으로 나누어진 설계도면이므로 해당 도면의 도면명이나 도면내용을 제외하고, 도면 박스(BOX)내의 공사명, 발주처, 설계자, 설계일 등 특정 부분은 공통적으로 동일하다. 따라서 도면 외곽을 형성하고 있는 표제란(Title)은 매 도면마다 일일이 작성하거나 블록으로 삽입시키지 않고 외부 참조 기능을 이용하면 매우 편리하며, 실무에서도 외부 참조 기능을 실제 활용하여 도면 표제란을 작업하고 있다.

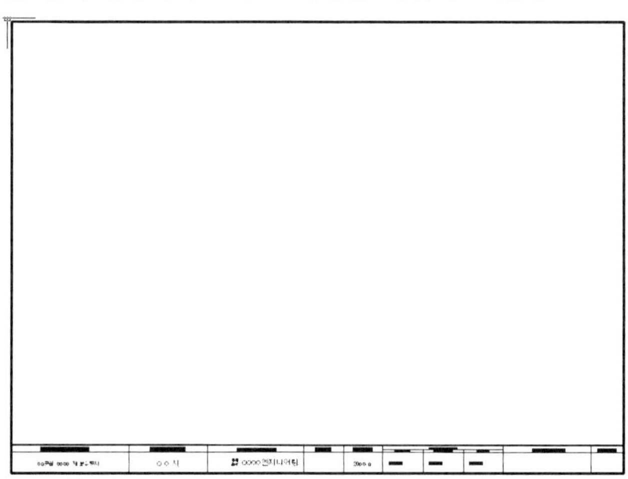

① XREF(도면 외부 참조하기) 명령

현 도면에 외부 참조 도면을 부착하거나 결합한다.

즉 해당 도면의 위치와 파일명만을 저장하게 되어 도면을 불러오거나 출력할 때 외부 참조된 도면의 경로와 파일명만을 추적해서 도면 파일용량을 크게 감소시킨다.

명령 : XREF Enter↵

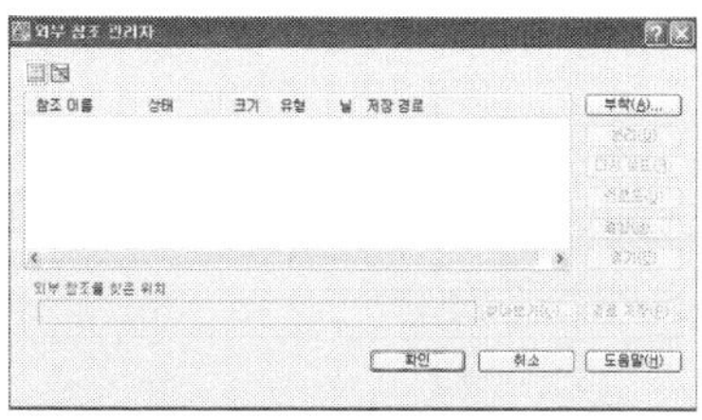

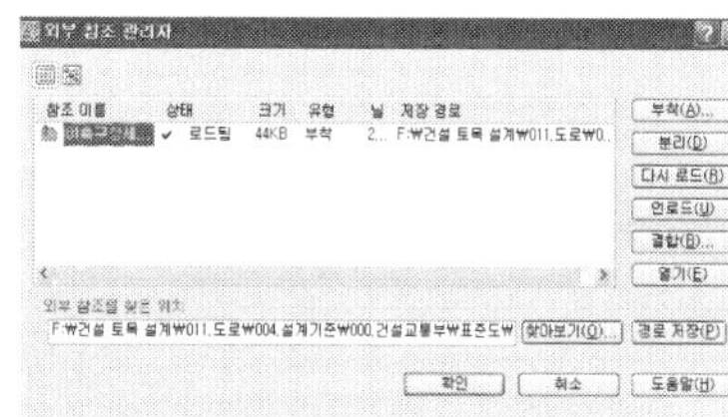

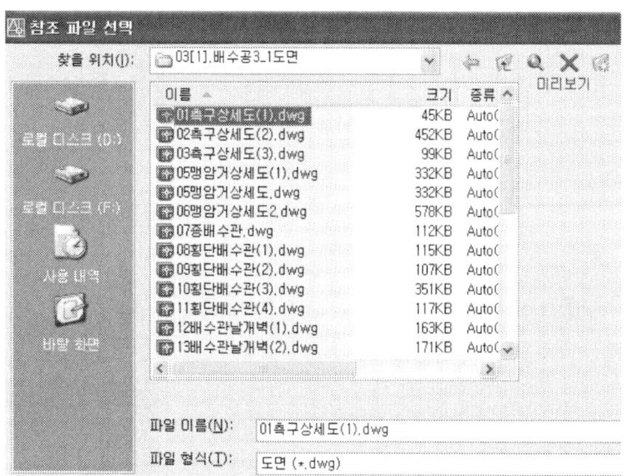

OPTION 옵션

- 리스트 뷰(F3)

  현재 도면에 저장되어 있는 외부 참조 도면 리스트를 보여준다.

  외부 참조 도면의 내용은 참조이름(Refernce), 상태(Status), 파일크기(Size), 외부 참조 형태(Type), 파일 작업일자(Date), 저장경로(Saved Path) 등이 표시된다.

- 트리 뷰(F4)

  외부 참조를 계층으로 나타낸다.

- 부착(A)

  새로운 도면에 첨가시키거나 이미 삽입된 외부참조의 복사본을 추가 시킬 때 사용한다.

- 분리(D)

  현 도면에 부착되어진 외부 참조 도면을 떼어낸다.

- 다시 로드(R)

  외부 참조도면을 다시 올린다. 갱신되었다면 다시 올린다.

- 언 로드(U)

  현재 부착된 외부 참조 도면을 내린다.

- 결합(B)

  외부 참조 도면을 현재의 도면에 종속시킨다. 종속시키면 외부 참조 도면은 블록으로 바뀐다.

- 열기(E)

  외부 참조할 도면의 경로를 찾아 파일을 연다.

- 찾아보기(O)

  외부 참조할 도면의 경로를 찾는다.

- 경로저장(P)

  찾아진 외부 참조 파일의 경로를 저장한다.

② XATTACH(외부 참조 도면 부착하기) 명령

현 도면에 외부 참조 도면을 부착한다.

즉 XREF 명령의 부착(A) 옵션을 직접 실행한 것과 같은 기능이다. 명령을 실행하면 바로 「참조 파일 선택」대화상자가 표시된다.

명령 : XATTACH [Enter↵]

③ XBIND(외부 참조 도면 종속하기) 명령

외부 참조 도면을 현재 도면에 결합시켜 각각의 독립된 요소로 만든다.

즉 외부 참조된 도면의 레이어, 블록, 선 형태, 치수스타일, 문자 스타일을 현재 도면에서 사용할 수 있도록 결합한다.

XREF 명령의 결합(B) 옵션을 직접 실행한 것과 같은 기능이다.

명령 : XBIND [Enter↵]

XBIND 명령을 실행하여 아래와 같이 좌하단 도면박스(BOX)에 「01.측구상세도(1)」란 도면 블록을 삽입해보자.

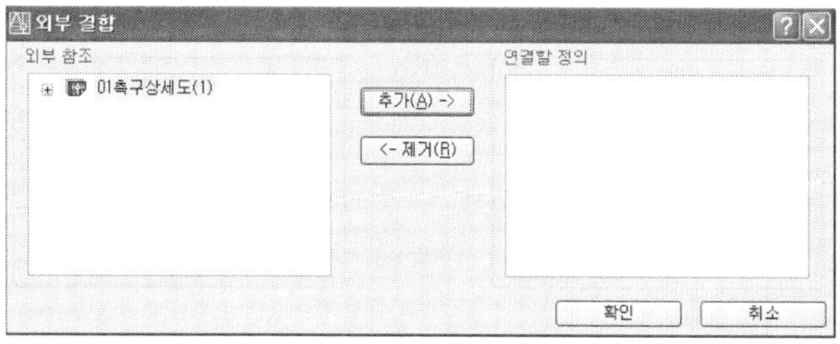

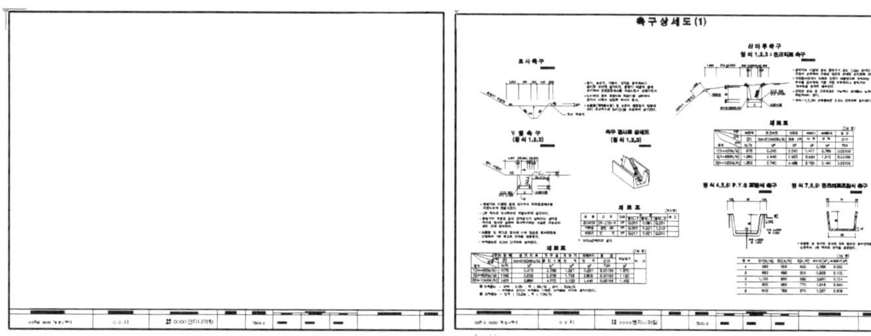

위의 그림과 같이 외부 참조 도면이 삽입되고, 아울러 외부 참조된 도면 「01.측구상세도(1)」에 포함되어 있던 도면 요소들도 함께 종속된 것을 볼 수 있다.

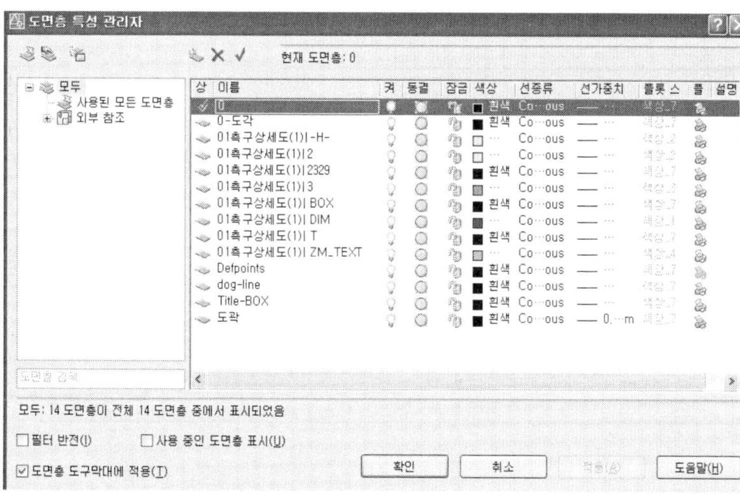

OPTION 내부 참조 편집 및 편집 도구막대 아이콘

내부 참조된 도면을 현 도면 내에서 편집하기 위해서 내부 참조된 블록 도면을 더블 클릭하면 다음의 대화상자가 나타난다.

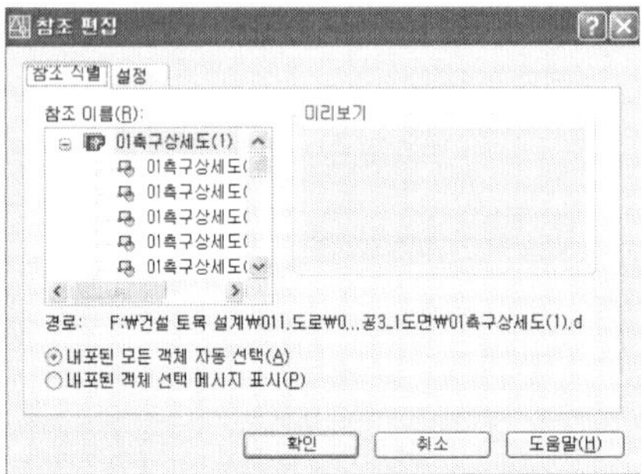

「확인」을 클릭하여 내부 참조 도면 내부에 들어가 수정할 수 있고, 다음과 같은 도구막대 아이콘이 표시된다.

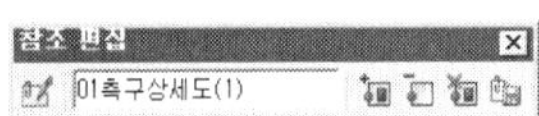

- _Refedit( ) : 내부 참조 편집.
- 01측구상세도(1) : 내부 참조 도면 파일명.
- _Refset(_Add)( ) : 작업 세트에 추가.
- _Refset(_Rem)( ) : 작업 세트로부터 제거.
- _Refclose( ) : 참조 닫기.
- _Refclose(_Save)( ) : 참조 편집저장

Chapter 11

이미지(IMAGE)와 공간(SPACE)관리

11.1 개 요

AutoCAD는 도면 안에서 래스터 이미지(I)의 파일을 부착시켜 도면과 함께 보여주고 종이 등에 플로팅 할 수 있게 한다.
스캔된 도면이나 사진, 마이크로 필름 등을 도면화 할 수 있어 편리한 프리젠테이션을 가능하게 한다.

■ 지원되는 이미지 포맷형식

파일 포맷	내용	파일의 확장자
BMF	WINDOW 또는 OS 2 Bitmap	.BMF .DLB .RLE .RAT
CAL-1	Mil R-Raster 1	.CAL .CG4 .GP4 .MIL
FLIC	Anomator FLIC	.FLC .FLI
GIF	CompuServe Graphic Interchange Format	.GIF
JPEG	JPEG	.JPG
PLCT	Macintosh PICT, PICT 2	.PCT
PCX	PC Paintbrush Exchange	.PCX
PNG	Portable Network Graphics	.PNG
TARGA	Truevision	.TAG
TIFF	Tagged image File	.TIF

11.2 이미지(IMAGE) 관리

이미지 파일을 관리하여 패널 작업을 하도록 하자.

명령 : IMAGE Enter↵

다음과 같은 「이미지관리자」 대화상자가 표시된다.

불러들일 이미지 파일이 이미 지정되어 로드되어 있는 경우에는 다음과 같다.

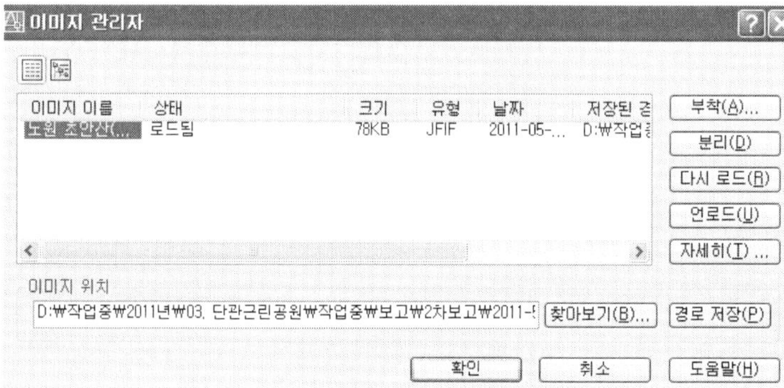

이미지 파일이 로드되어 있지 않는 경우에는 아래와 같이 이미지파일을 따로 불러 들여야 한다.

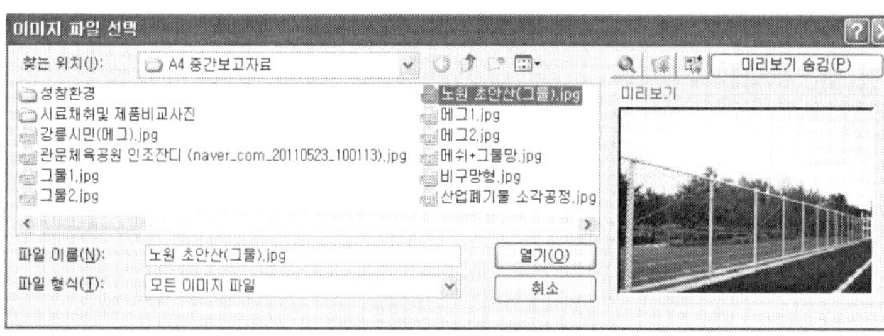

「이미지 관리자」의 대화상자의 「부착」을 클릭하여 경로파일을 확인하고, 삽입점, 축척, 회전을 지정하여 이미지를 현 도면에 부착한다.
이 부분은 삽입(INSERT) 명령의 방법과 동일하다.

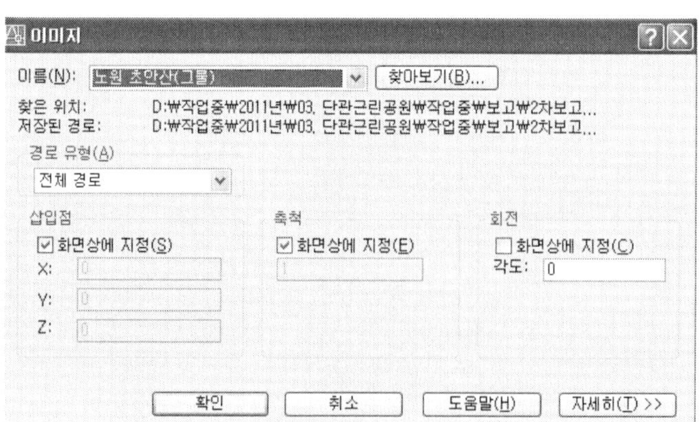

이미지 파일을 불러들인 화면형태는 다음과 같다.

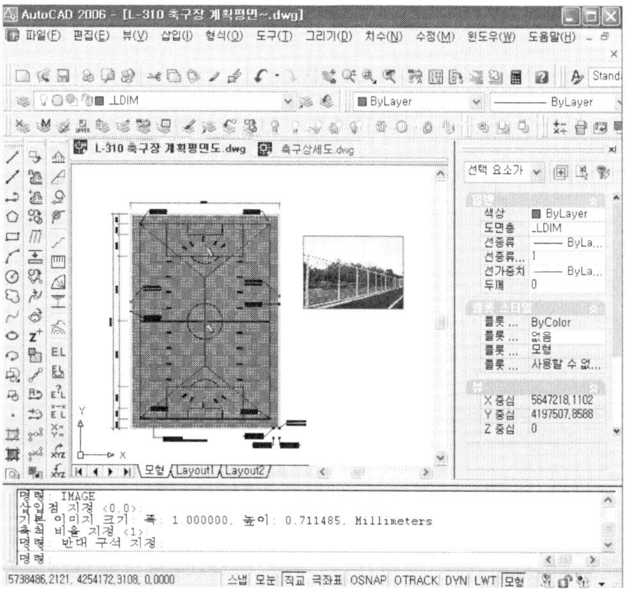

OPTION 이미지 편집 및 편집 도구막대 아이콘

도면내에서 불러들인 이미지를 편집하기 위해서 도구막대를 살펴보면 다음과 같다.

- ( ) : 외부 참조 관리자.
- ( ) : 참조 파일 선택.
- _XCLIP( ) : 외부 참조.
- _XBLIND( ) : 외부 결합.
- _XCLIPFRAME( ) : 프레임.
- _IMAGE( ) : 이미지관리자.
- _IMAGEATTACH( ) : 래스터 이미지 파일 선택.
- _IMAGECLIP( ) : 이미지 자르기.
- _IMAGEADJUST( ) : 이미지 조정.
- _IMAGEQUALITY( ) : 이미지 품질값 조정.
- _TRANSPARENCY( ) : 이미지 투명도.
- _IMAGEFRAME( ) : 이미지 프레임 설정.

① _IMAGEATTACH(이미지 부착) 명령

현 도면에 이미지 파일을 불러온다.

즉 불러올 파일을 찾거나 위치, 축척 및 회전각 등 이미지 매개 변수들을 설정한다.

명령 : _IMAGEATTACH Enter↵

② _IMAGECLIP(이미지 자르기) 명령

이미지의 크기를 조절하기 위하여 자를 경계를 설정하여, 화면상의 이미지를 자른다.

명령 : _IMAGECLIP Enter↵
자를 이미지를 선택하십시오.
이미지 자르기 옵션 입력 [켜기(ON)/끄기(OFF)/삭제(D)/새로운 경계(N)]
〈새로운 경계〉 : N
자르기 유형 입력 [다각형(P)/직사각형(R)] 〈직사각형(R)〉 : R
첫 번째 구석 점을 지정하십시오. 반대 구석 점을 지정하십시오.

OPTION 옵션

- 켜기(ON)

  새로운 경계를 지정하여 이미지의 경계를 변경한(자른) 후 「끄기(OFF)」나 「삭제(D)」 옵션 지정으로 원래 이미지의 경계로 복원된 경우 다시 이미지의 자를 경계를 설정한다.

- 끄기(OFF)

  새로운 이미지 경계를 지정한 경우에 지정한 경계를 꺼서 원래의 이미지를 그대로 나타낸다.

- 삭제(D)

  새로운 경계를 완전히 제거하고, 원래의 이미지의 경계대로 복귀 한다.

③ _IMAGEADJUST(이미지 조정) 명령

현 도면에 불러 들여진 이미지의 밝기나 색의 대비와 흐려짐 등의 이미지 자체의 색을 보정한다.

명령 : _IMAGEADJUST Enter↵

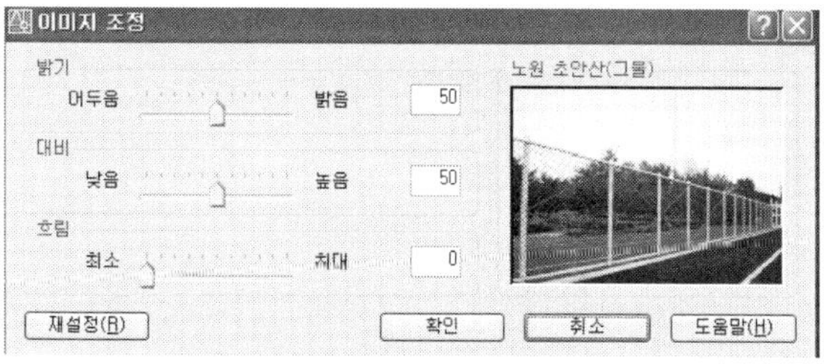

④ _IMAGEQUALITY(이미지 품질) 명령

이미지 Pixel의 높고 낮음을 지정한다. 픽셀이 높을수록 이미지가 선명하고 선이 가늘고 부드럽다.

명령 : _IMAGEQUALITY Enter↵

⑤ _TRANSPARENCE(이미지 투명도) 명령

이미지의 투명도를 조절한다. 즉 이미지 위에서 다른 이미지나 그림을 볼 수 있게 한다.

명령 : _TRANSPARENCE Enter↵

⑥ _IMAGEFRAME(이미지 프레임) 명령

이미지 객체의 화면 디스플레이를 설정한다.

즉「1」또는「2」일 때 이미지 객체는 화면에 지정된 선과 색상을 보여주지만,「0」일 때는 보여지지 않는다.

현 도면에서 불러들여진 임의의 이미지를 지우거나 편집하기 위해서는 이미지 프레임 모드를「1」또는「2」로 설정해야 한다.

명령 : _IMAGEFRAME Enter↵

⑦ _SAVEIMG(이미지 저장) 명령

현 도면에 불러온 이미지를 편집상태 그대로 저장한다.

명령 : _SAVEIMG Enter↵

11.3 공간(SPACE) 관리

AutoCAD 프로그램으로 도면을 그릴 때 모형공간과 도면공간의 개념의 차이를 정확히 알고 있어야 한다.

모형 공간(Model Space)에서는 모델을 3차원 좌표에서 표현하고, 도형 공간(Paper Space)에서는 3차원 모형을 2차원 도면처럼 모델의 다양한 뷰를 만들고 각종 주석을 달아 그 전체를 플로팅 할 수 있게 하는 영역이다.

또한 각 뷰 포트는 다른 관측점의 모델의 다른 부분을 표시하거나 어느 특정 레이어를 동결할 수 있으며 다른 요소처럼 편집할 수도 있다.

① TILEMODE(공간 영역 이동) 명령

작업중인 도면에서 작업 영역을 이동한다.

명령 : TILEMODE Enter↵

TILEMODE에 대한 새 값 입력 〈1〉 : 0

배치 재생성 중.

도면 재생성 중 - 뷰포트 캐싱.

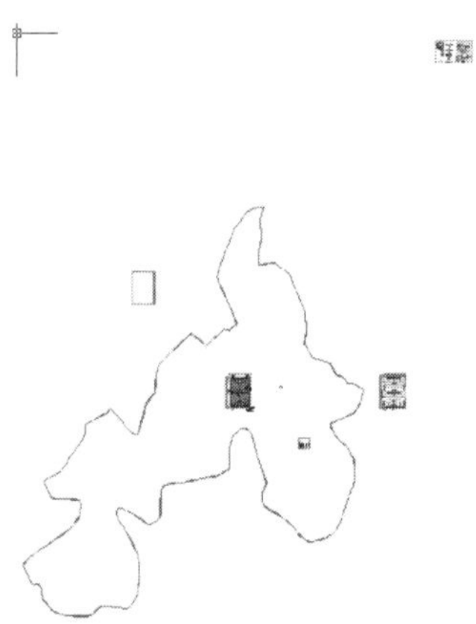

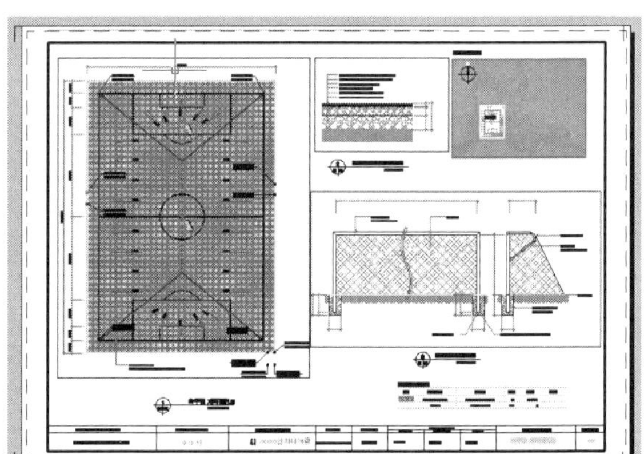

TILEMODE 명령을 실행하여 공간 이동 모드를 「0」으로 설정하면 위의 우측도면과 같이 「Layout1」의 도면공간으로 이동된다. 다시 공간 이동 모드를 「1」으로 설정하면 위의 좌측도면에서 보듯이 「모형」의 모형공간으로 이동된다.

도면 공간과 모형 공간, 그리고 Mview, Vplayer를 사용하려면 도형 공간(Paper Space)에서 Mview(뷰포트 작성)을 실행하여 임의의 뷰포트를 필요한 수만큼 작성하여 배열, 위치할 수 있다.

공간 표시줄의 공간영역에 마우스 오른쪽 버튼을 클릭하여 새 배치를 작성하여 보자.

아래 그림과 같이 「Layout(사본)1」 도면공간이 새로 만들어 졌다.

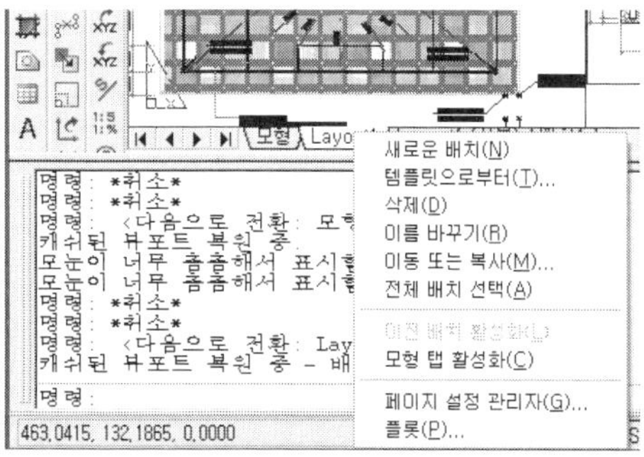

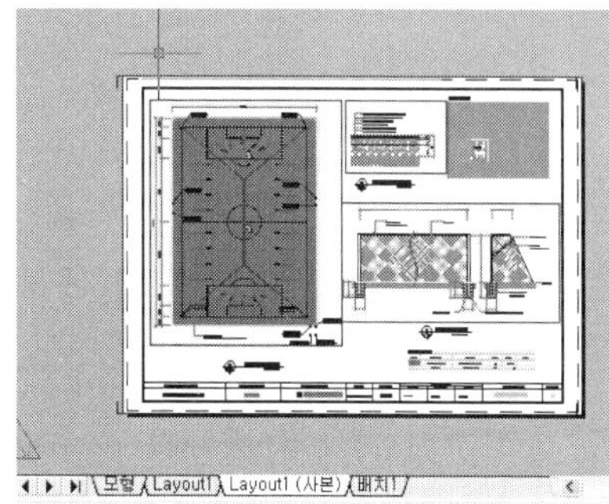

② MVIEW(뷰 포트 작성) 명령

도형 공간상에서 여러 개의 뷰 포트를 만들 수 있다(최대 48개).

명령 : MVIEW Enter↵

뷰포트 구석 지정 또는

[켜기(ON)/끄기(OFF)/맞춤(F)/음영플롯(S)/잠금(L)/객체(O)/다각형(P)/복원(R)/2/3/4] 〈맞춤(F)〉 : 2

뷰포트 정렬을 입력 [수평(H)/수직(V)] 〈수직〉 : Enter↵

첫 번째 구석 점 지정 또는 [맞춤(F)] 〈맞춤〉 : Enter↵

반대 구석 지정 : 모형 재생성 중.

도면공간에서 Mview 명령으로 만들어진 뷰 포트는 도면 공간에서의 선과 같이 하나의 객체처럼 인식되어 뷰 포트의 이동 또는 크기 변경이 불가하다.

또한 Mview로 만든 뷰 포트내에서는 도면 수정이 불가하므로 모형 공간으로 작업영역을 이동하여 모형 공간내에서 수정해야 한다.

③ MSPACE와 PSPACE(공간 이동) 명령

도면 공간상의 임의의 뷰 포트에서 뷰 포트 내부로 들어가고 나오는 동작을 통해 화면상에 보이는 도면 요소의 크기나 위치, 배치를 편집할 수 있다.

명령 : MSPACE Enter↵

임의의 뷰 포트에서 MSPACE를 실행하면 다음과 같다.

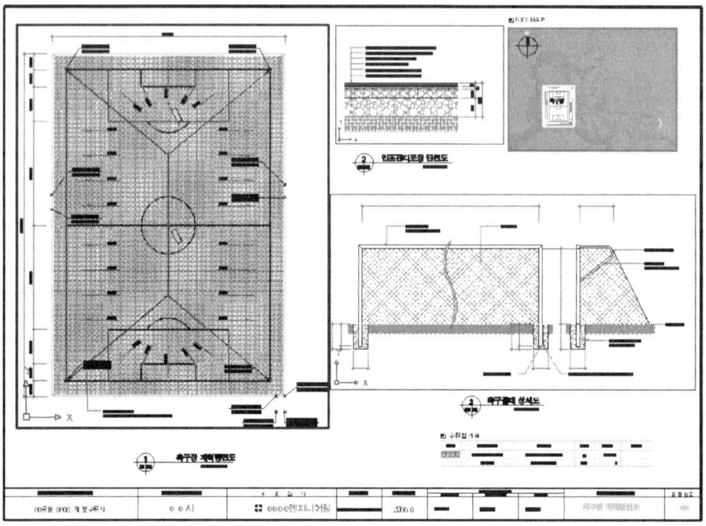

해당 뷰 포트의 경계선이 굵게 표시되면서 뷰 포트 내부로 들어갈 수 있는데, 즉 모형 공간내에 필요한 부분만을 보이도록 조정하거나, 보이는 도면 요소의 축척 등을 조정할 수도 있다.

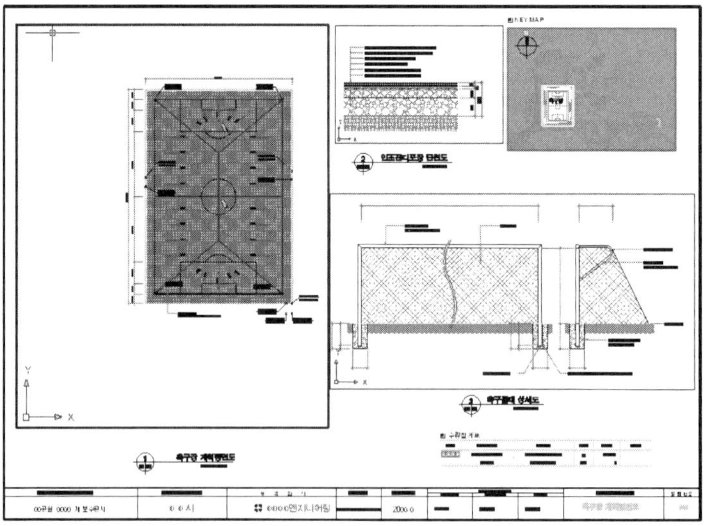

해당 뷰 포트의 경계선 바깥에 임의의 점을 클릭하거나, 「PSPACE」명령을 실행하면 해당 뷰 포트의 경계선이 얇아지면서 뷰 포트 바깥으로 작업영역이 이동된다.

명령 : PSPACE [Enter↵]

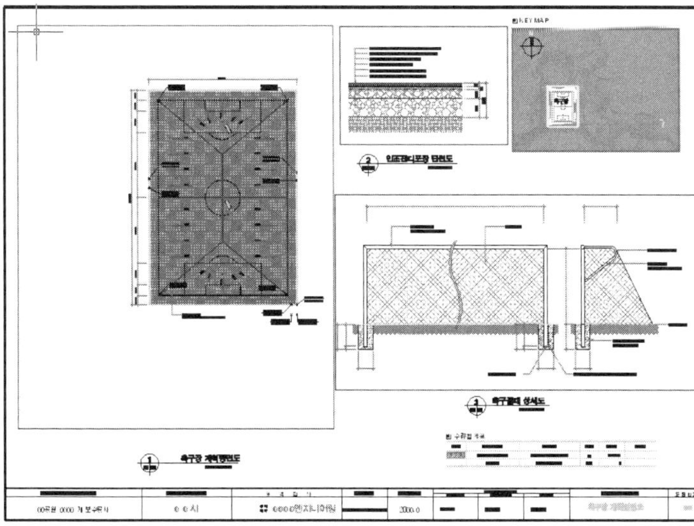

④ VPLAYER(가시성 조정) 명령

뷰 포트내의 각가의 뷰 포트마다 레이어의 가시성을 조정한다.

명령 : VPLAYER [Enter↵]

옵션 입력 [?/동결(F)/동결해제(T)/재설정(R)/새동결(N)/뷰포트가시성기본값(V)]
:

OPTION 옵션

- 동결(F) : 선택된 뷰 포트의 지정된 레이어를 동결한다.
- 동결해제(T) : 동결된 레이어를 해제한다.
- 재설정(R) : 이미 설정한 뷰 포트내 레이어 가시성을 재설정한다.
- 새동결(N) : 새로운 동결 레이어를 설정한다.
- 뷰 포트 가시성 기본값(F) : Mview 명령으로 새로운 뷰 포트를 만들기 전에 레이어의 동결(F)과 동결 해제(T)의 초기값을 설정한다.

Chapter 12

3차원 도면작성

12.1 개 요

AutoCAD는 도면안에서 X, Y, Z로 표현되는 3차원의 도면을 작성 및 표현할 수 있도록 고안되었다.

1차원이란 점을 의미하며, 2차원이란 점과 선이고, 3차원이란 점과 선과 면이라고 할 수 있다. 따라서 2차원 도면에서는 따로 고려하지 않아도 되었으나 3차원 도면방식은 Z축에 대한 높이를 고려하여 도면을 작성하여야 하고, 2차원 도면보다는 한차원 높은 고차원적인 도면설계방식이라고 생각하면 된다.

Autocad에서 3차원 도면을 작성하기 위해서는 WCS(World Coordinate System : 실세계 좌표계) 또는 UCS(User Coordinate System : 사용자 좌표계)를 사용하게 된다.

WCS 좌표계는 주로 2D 도면과 3차원의 기본적인 도면작성에만 사용하고, UCS 좌표계는 사용자가 만들어서 사용하는 사용자화 좌표계라고 할 수 있다.

3차원 도면을 작성할 때 유의하여야 할 사항

① Osnap 명령을 활용하여 도면공간에서 객체를 연결하는 것이 편리하다.

② 도면작성이 사용되는 명령이나 옵션을 최대한 활용하는 것이 편리하다.

③ 2차원 도면과 동일하게 도면층(LAYER)을 활용하는 것이 편리하다.

④ 작업을 하기 전에 전체적인 도면배치를 염두에 두고 대략적인 3차원 도면 작성 방법을 결정하는 것이 편리하다.

12.2 UCS(사용자 좌표계)

AutoCAD는 개요부분에서 언급한 바와 같이 WCS(실세계 좌표계)와 UCS(사용자 좌표계)에서 3차원 도면을 작성할 수 있다.

실제 도면작성에서는 UCS(사용자 좌표계)안에서 도면을 작성하는 방식이 훨씬 더 많이 사용된다. 따라서 UCS좌표계에 대해 상세하게 살펴보도록 한다.
이제 UCS좌표에서 도면을 작성하기 위해 UCS 아이콘 및 사용방법, 작업공간 전환, 명령어의 기능을 익히도록 한다.

UCS 아이콘

UCS 아이콘이란 작업도면 하단 왼쪽에 나타나는 좌표계로 현재의 좌표계가 어느 곳에 위치하고 있는가를 나타내는 아이콘으로 도면작성을 보다 편리하게 설정하는 아이콘이다.

사용방법은 풀다운메뉴에서 [도구 – 새로운 UCS(W)]를 선택하면 UCS 방향과 현재 공간을 알 수 있다.

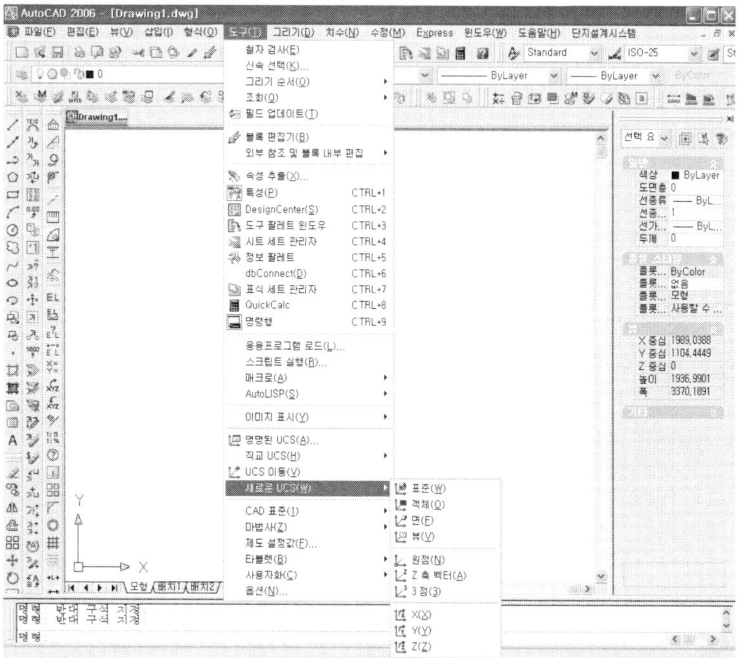

새로운 UCS 아이콘은 다음과 같다.

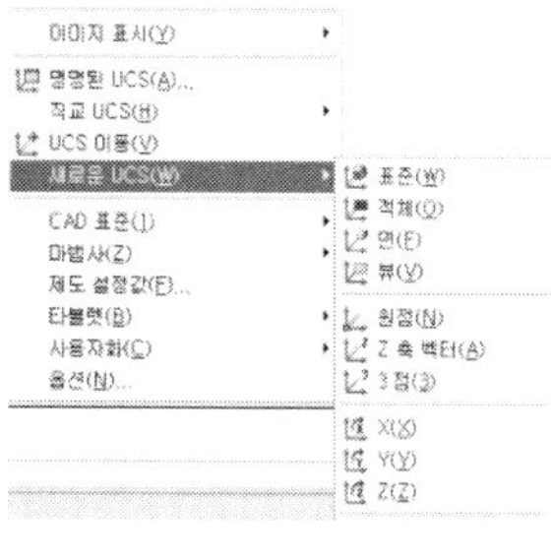

다른 기능으로 직교 UCS를 사용하는 경우는 [도구 – 직교 UCS(H)]를 선택하면 작성된 도면을 3차원으로 변환하여 확인할 수 있다.

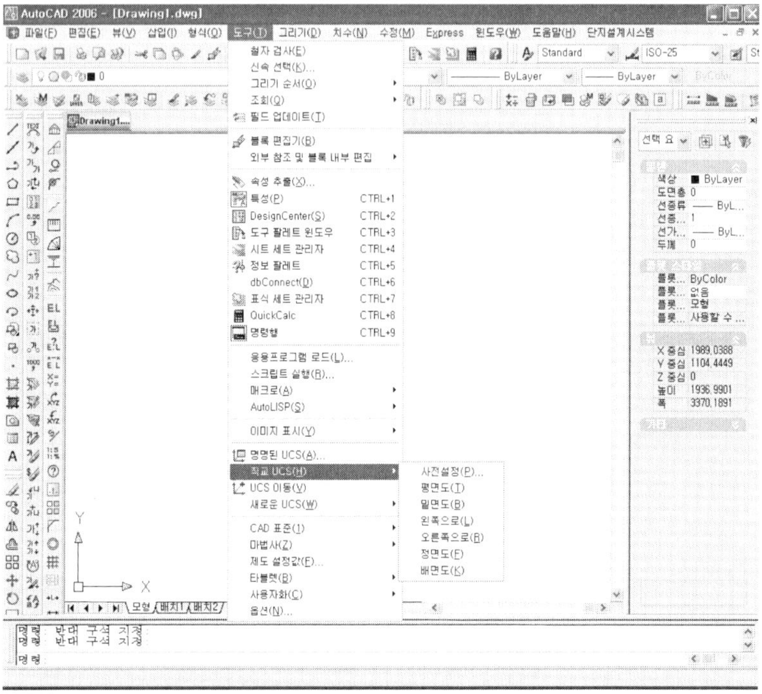

UCS 아이콘 및 3차원 표시

UCS 아이콘은 3차원 도면을 작성할 때 좌표내에서 X,Y,Z축을 기준으로 방향을 결정하기 위하여 + 방향으로 회전 방향을 오른손으로 표시한다.

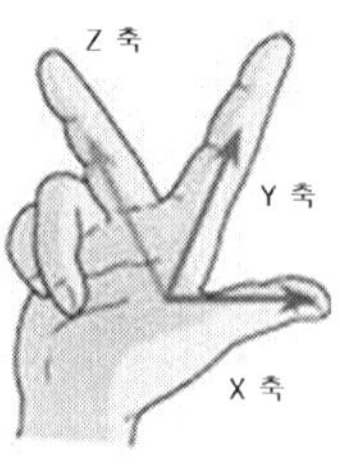

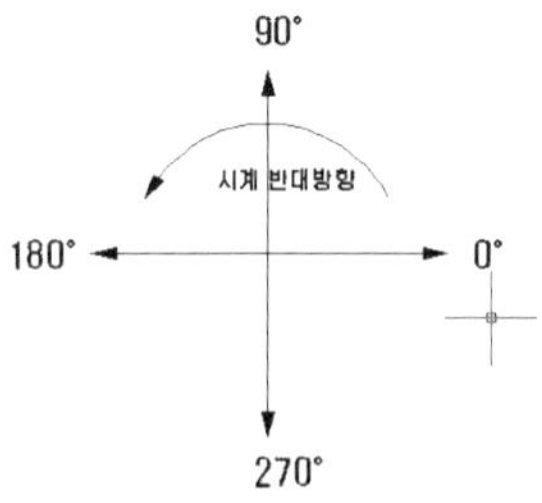

Autocad는 시계 반대방향(화살표 방향)으로 인식한다.

Ucs 아이콘은 다음과 같이 설정할 수 있다.

명령 : UCSICON Enter↵

옵션입력[켜기(ON)/끄기(OFF)/전체(A)/원점없음(N)/원점(OR)/특성(P)]〈켜기〉 :

OPTION 옵션

- 켜기(ON) : UCS 아이콘을 화면에 나타낸다.
- 끄기(OFF) : UCS 아이콘을 화면에서 나타나지 않도록 지운다.
- 전체(ALL) : 현재 작업중인 위치에서 UCS 아이콘에 대한 변화를 준다.
- 원점없음(Noorigin) : UCS에 대한 옵션기능으로 원점을 사용하는 경우 사용여부를 결정한다.
- 원점(Origin) : UCS에 대한 원점의 사용을 결정한다.

UCS 아이콘 도구막대

UCS 아이콘 도구막대는 풀다운메뉴에서 [뷰 – 도구 – UCS]를 더블클릭하여 선택한다.

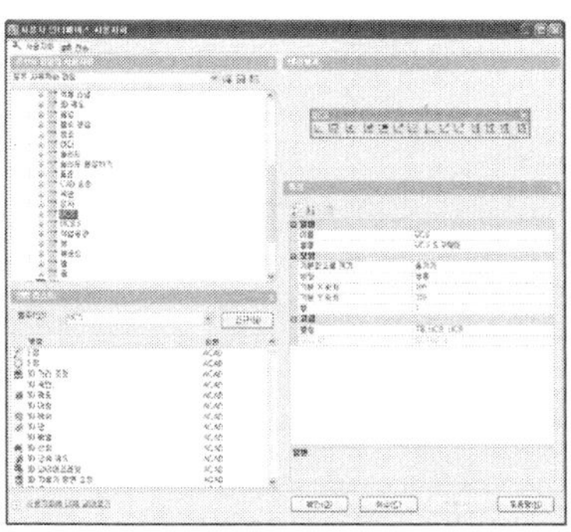

UCS 아이콘을 선택하여 사용자가 임의의 좌표축을 설정하여 사용한다.

① UCS( ) : UCS 좌표계를 설정한다.

② 명명된 UCS( ) : 자주 사용되는 UCS 방향을 이름별로 저장하고 복원한다.

③ UCS 이전( ) : 이전 사용자좌표계를 복원한다.

④ 표준( ) : 현재 사용자좌표계를 표준 좌표계로 설정한다.

⑤ 객체( ) : 사용자 좌표계를 선택한 객체에 맞춰 정렬한다. UCS에서 양의 Z축은 해당 객체를 처음 작성한 평면에 대해 수직으로 정렬된다.

객체	UCS를 결정하는 방법
호	• 호의 중심이 새 UCS 원점이 됩니다. X축은 선택점에서 가장 가까운 호 끝점을 통과합니다.
원	• 원의 중심이 새 UCS 원점이 됩니다. X축은 선택점을 통과합니다.
치수	• 치수 문자의 중간점이 새 UCS 원점이 됩니다. 새 X축의 방향은 해당 치수가 그려질 때 사용 중인 UCS의 X축에 평행합니다.
선	• 선택점에 가장 가까운 끝점이 새 UCS 원점이 됩니다. • 새 X축은 선이 새 UCS의 XZ 평면에 놓이도록 설정됩니다. 선의 두 번째 끝점은 새 UCS에서 Y좌표로 0(영)을 가집니다.
점	• 점이 새 UCS 원점이 됩니다. X축은 시작점부터 다음 정점까지 선 세그먼트를 따라 연장됩니다.
2D 폴리선	• 폴리선의 시작점이 새 UCS 원점이 됩니다. X축은 시작점부터 다음 정점까지 선 세그먼트를 따라 연장됩니다.
솔리드	• 솔리드의 첫 번째 점이 새 UCS 원점을 결정합니다. 새 X축은 첫 두 점 사이의 선을 따라 놓입니다.
추적	• 추적의 "시작" 점은 UCS 원점이 되며, X축은 해당 중심선을 따라 놓입니다.
3D면	• 새 UCS 원점은 첫 번째 점, 첫 두 점으로부터의 X축 및 첫 번째와 네 번째 점으로부터 Y의 양의 면으로부터 취합니다. Z축은 오른손 법칙을 적용해서 결정합니다.
쉐이프 문자, 블록 참조, 속성 정의	• 객체의 삽입점이 새 UCS 원점이 되며 새 X축은 객체의 돌출 방향 둘레로 객체를 회전하여 정의됩니다. 새 UCS를 설정하기 위해 선택한 객체는 새 UCS에서 회전 각도가 0(영)입니다.

⑥ 면 UCS( ) : 사용자 좌표계를 3D 솔리드의 면에 맞춰 정렬한다. 면의 모서리 위 또는 경계 안쪽을 클릭하여 면을 선택한다. UCS X축은 선택한 원본 면의 가장 가까운 모서리에 맞춰 정렬된다.

⑦ 뷰( ) : 사용자좌표계의 XY평면을 화면에 맞춰 정렬한다.

⑧ 원점( ) : UCS 원점을 지정한다.

⑨ Z축 벡터( ) : 사용자 좌표계를 지정한 양의 Z축에 맞춰 정렬한다. UCS 원점은 지정한 첫 번째 점으로 옮겨지고, 양의 Z축은 지정한 두 번째 점을 통과하게 된다.

⑩ 3점( ) : 점 세 개를 사용하여 새로운 사용자좌표계를 정의한다.

⑪ X( ) : X축을 기준으로 사용자좌표계를 회전한다.

⑫ Y( ) : Y축을 기준으로 사용자좌표계를 회전한다.

⑬ Z( ) : Z축을 기준으로 사용자좌표계를 회전한다.

⑭ 적용( ) : 다른 뷰포트가 저장된 다른 UCS를 가지고 있는 경우, 지정한 뷰포트 또는 모든 활성 뷰포트에 현재 UCS 설정을 적용한다.

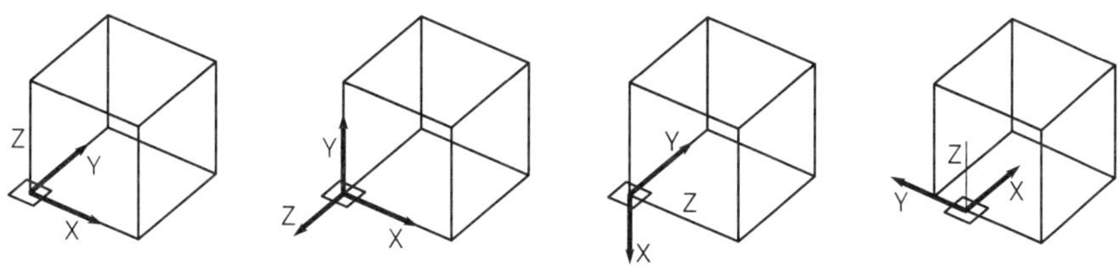

표준 좌표계 | X축을 중심으로 하여 회전=90 | Y축을 중심으로 하여 회전=90 | Z축을 중심으로 하여 회전=90

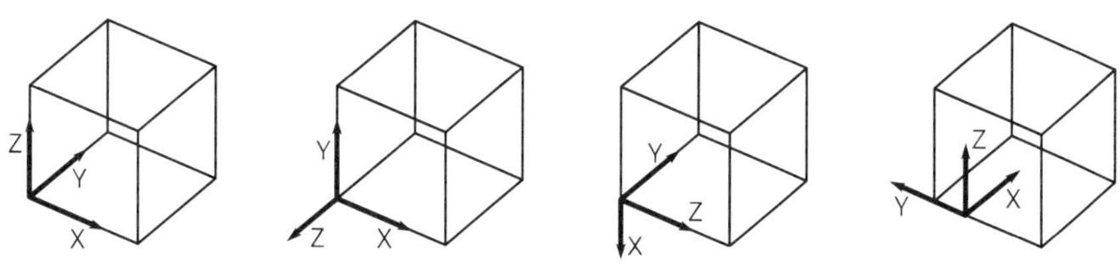

표준 좌표계 | X축을 중심으로 하여 회전=90 | Y축을 중심으로 하여 회전=90 | Z축을 중심으로 하여 회전=90

⑮ 명명된 UCS( ) : 자주 사용되는 UCS 방향을 이름별로 저장하고 복원한다.

⑯ UCS 이동( ) : UCS축을 이동한다.

12.3 3D 뷰

현재 뷰포트에서 도면의 대화식 뷰를 작성할 수 있다.
3D 뷰 및 탐색 도구를 사용하여 도면을 탐색하고 특정 뷰에 대한 카메라를 설정하고 설계를 다른 사용자와 공유하는 애니메이션을 작성할 수 있다.
3D 모형을 궤도 이동, 회전, 보행시선 및 빠르게 이동하고 카메라를 설정 및 이전 애니메이션을 작성할 수 있으며, 다른 사용자에게 배포하여 설계 목적을 시각적으로 전달할 수 있는 동작 경로 애니메이션을 기록할 수 있다.

3D 참조명령

① 3DCLIP : 대화식 3D뷰를 시작하고 자르기 평면 조정윈도우를 연다.

② 3DCORBIT : 연속 동작을 통해 3D 공간에서 뷰를 회전한다.

③ 3DDISTANCE : 대화식 3D 뷰를 시작하고 객체를 더 가까이 또는 더 멀리 나타나게 한다.

④ 3DFLY : 도면의 3D 뷰를 대화식으로 변경하여 모형을 통과하여 날아가는 모양을 작성한다.

⑤ 3DFORBIT : 롤을 구속하지 않고 3D 공간에서 뷰를 회전한다.

⑥ 3DORBIT : 3D 공간에서 뷰를 회전하지만 수평 및 수직 궤도에 대해서만 구속한다.

⑦ 3DORBITCTR : 3D 궤도 뷰에서 회전 중심을 설정한다.

⑧ 3DPAN : 도면이 투시도로 되어 있으면 대화식 3D 뷰가 시작되고 수평 또는 수직으로 뷰를 끌 수 있다.

⑨ 3DSWIVEL : 끄는 방향으로 뷰 대상을 변경한다.

⑩ 3DWALK : 도면의 3D 뷰를 대화식으로 변경하여 모형을 통과하여 걷는 모양을 작성한다.

⑪ 3DZOOM : 투시도를 줌 확대하고 줌 축소합니다.

⑫ ANIPATH : 3D 모형에서 카메라의 이동 또는 초점이동을 애니메이션 파일로 저장한다.

⑬ CAMERA : 카메라 및 대상 위치를 설정하여 객체의 3D 투시도를 작성하고 저장한다.

⑭ VIEW WALKFLYSETTINGS : 보행시선 및 조감뷰 탐색 설정을 조정한다.

시스템변수

① CAMERADISPLAY : 카메라 객체의 표시를 켜거나 끈다.

② CAMERAHEIGHT : 새 카메라 객체의 기본 높이를 지정한다.

VPOINT

도면의 3D 시각화를 위한 뷰 방향을 설정한다.

액세스 방법은 다음과 같다. 3D 뷰 관측점명령 프롬프트에서 vpoint를 입력한다.

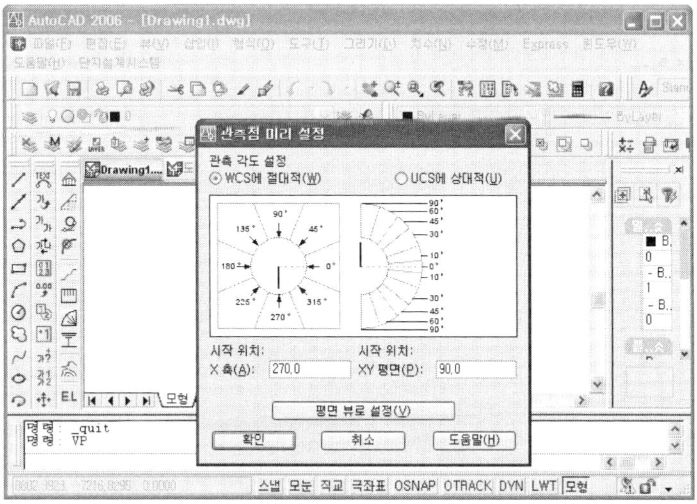

다음과 같은 프롬프트가 표시된다.

명령 : VPOINT Enter↵

현재 뷰 방향 : VIEWDIR=0.0000,0.0000,1.0000

관측점 지정 또는 [회전(R)] 〈나침판과 삼각대 표시〉 :

관측점 지정 또는 [회전] 〈나침반 및 삼각대 〉 :

한 점을 지정하거나, r을 입력하거나, Enter 키를 눌러 나침반 및 축 삼각대를 표시한다.

OPTION 관측점

도면을 볼 수 있는 방향을 정의하는 벡터를 작성한다. 정의된 뷰는 마치 관측자가 점으로부터 원점(0,0,0)을 뒤돌아보는 것 같다.

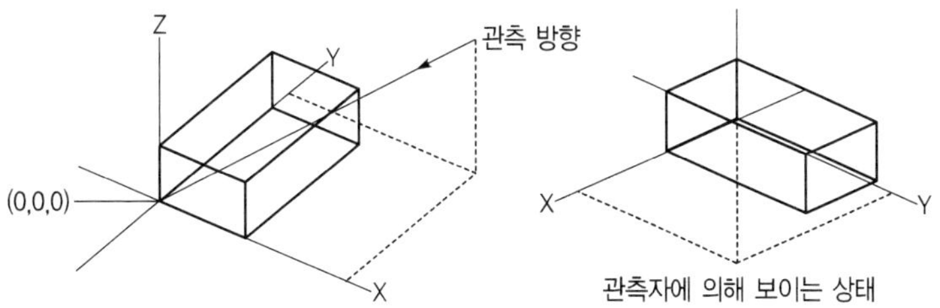

OPTION 회전

두 개의 각도를 사용하여 새 관측 방향을 지정한다.

- X축으로부터 XY 평면에 각도를 입력한다.
  첫 번째 각도는 XY 평면에서 X축을 기준으로 지정된다.
- XY 평면으로부터 각도를 입력한다.
  두 번째 각도는 XY 평면으로부터 위쪽으로 또는 아래쪽으로 지정된다.

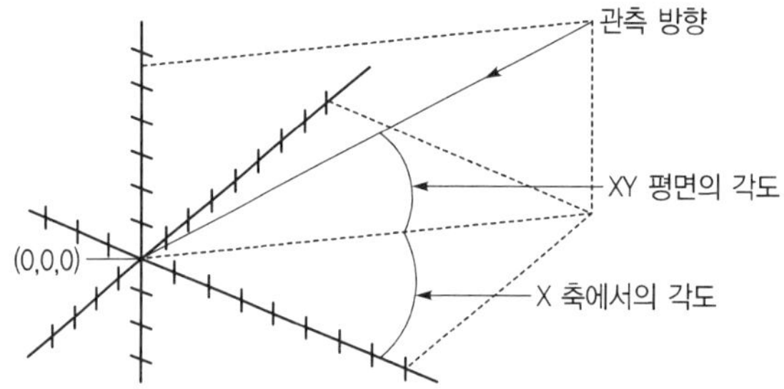

OPTION 나침반과 축 삼각대

뷰포트에서 관측 방향을 정의하는 데 사용하는 나침반과 축 삼각대를 표시한다.
나침반은 구체를 2차원으로 표현한 것이다. 중심점은 북극(0,0,n)이고, 내부 원은 적도(n,n,0)이고, 전체 외부 원은 남극(0,0,-n)이다.
십자선을 이동함에 따라 축 삼각대가 나침반에서 지시되는 관측 방향에 따라 회전한다.
관측 방향을 선택하려면 좌표 입력 장치를 구체 위의 위치로 이동한 다음 클릭한다.

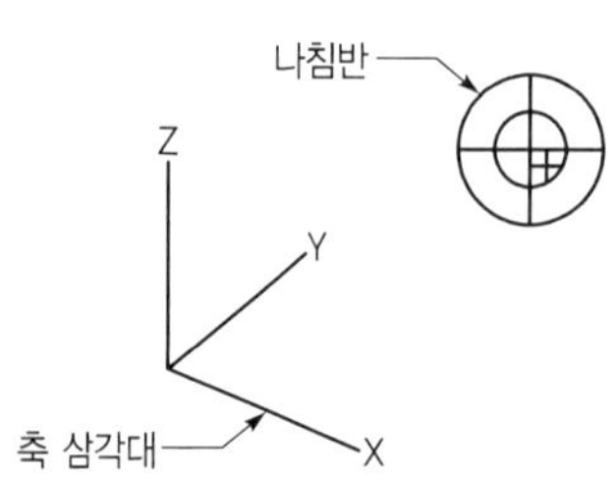

사용방법은 풀다운 메뉴에서 [뷰－3D 뷰(3)]를 선택하면 다양한 뷰 방향을 지정할 수 있다.

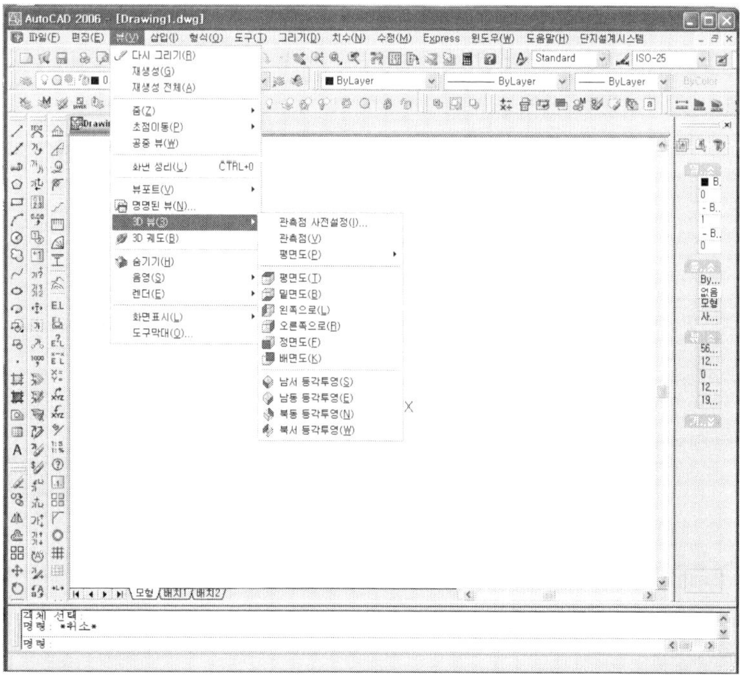

OPTION 뷰

뷰의 도구막대는 다음과 같다.

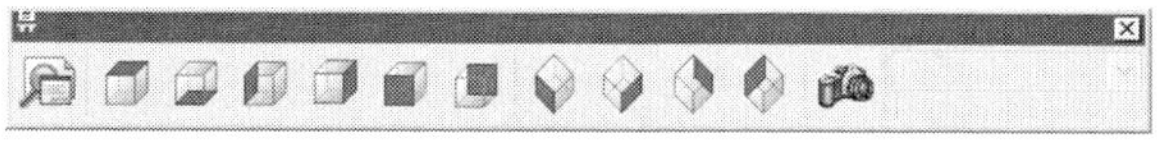

View point UCS에 의한 방향으로 X,Y,Z에 대한 좌표값을 입력하여 기준값 1을 기준으로 방향을 설정한다.

X에서 +1이면 우, -이면 좌, Y에서 +1이면 뒷방향, -1이면 정방향, Z에서 +1이면 윗방향, -1이면 아랫방향으로 나타낸다.

① 명명된 뷰()

② 평면도(T)() : 0, 0, 1

③ 밑면도(B)() : 0, 0, −1

④ 왼쪽으로(L)() : −1, 0, 0

⑤ 오른쪽으로(R)() : 1, 0, 0

⑥ 정면도(F)( ) : 0, −1, 0

⑦ 배면도(K)( ) : 0, 1, 0

⑧ 남서등각투영(S)( ) : −1, −1, 1

⑨ 남동등각투영(E)( ) : 1, −1, 1

⑩ 북동등각투영(N)( ) : : 1, 1, 1

⑪ 북서등각투영(W)( ) : −1, 1, 1

다음은 아래와 같이 View point UCS에 의한 방향으로 x,y,z에 대한 값을 갖도록 작성된 현황도를 예제로 삼아 확인해보기로 한다.

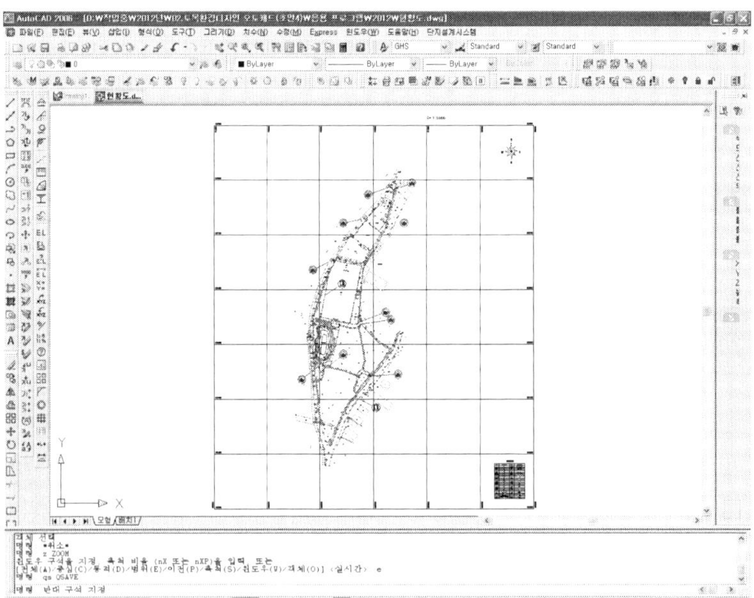

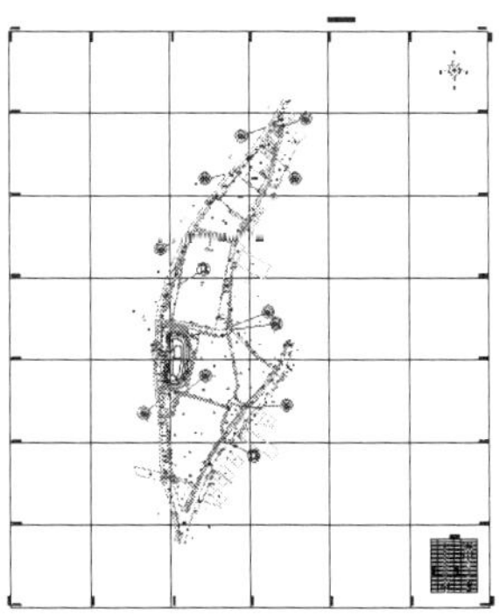

〈평면도〉

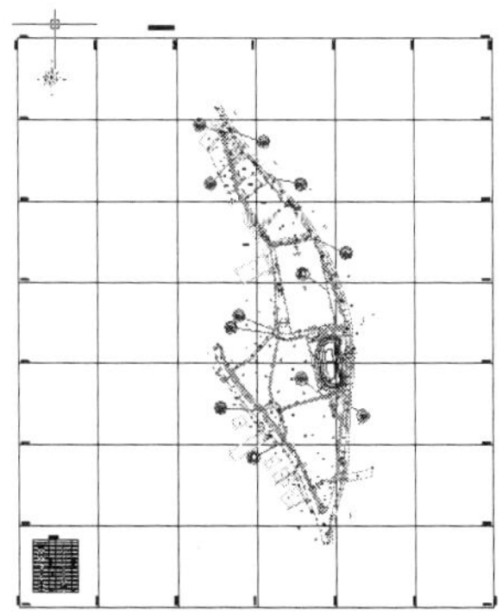

〈밑면도〉

〈왼쪽으로〉

〈오른쪽으로〉

〈정면도〉

〈배면도〉

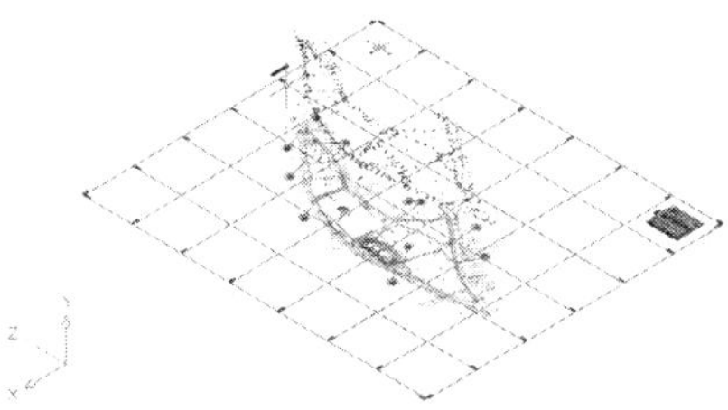

〈남서등각투영〉

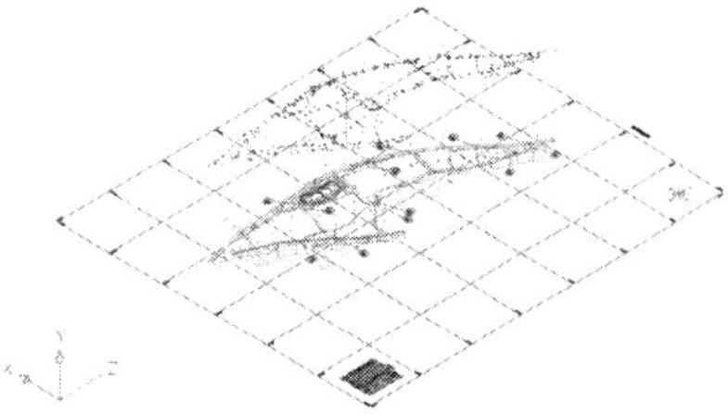

〈남동등각투영〉

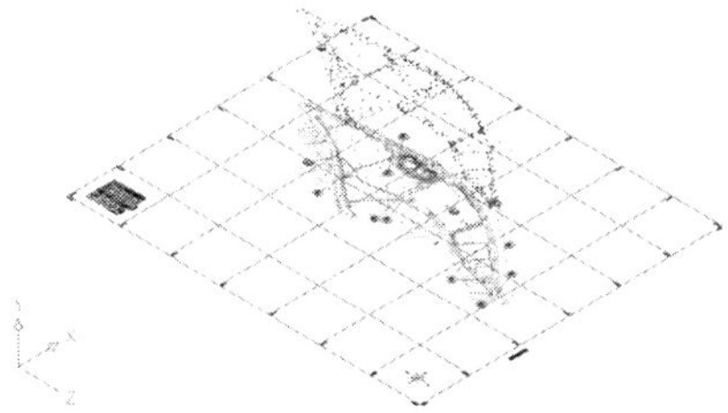

〈북동등각투영〉

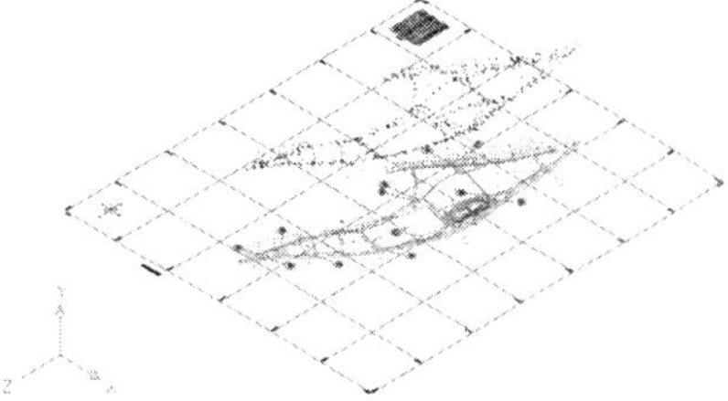

〈북서등각투영〉

위에서 확인한 바와같이 다양한 뷰방향을 옵션으로 선택하여 같은 도면을 다양하게 표시할 수 있다.
또한 이러한 특성을 활용하여 각 분야의 실무에서 다양하게 3D 도면작성 및 편집작업과 시뮬레이션 등을 할 수 있게 된다.

PLAN

UCS(사용자 좌표계)에서 작성된 3차원 도면을 2차원 도면에서 볼 수 있도록 바꾸어 표시한다.

Vpoint를 0, 0, 1로 바꿔준다. UCS에서도 XY 평면으로 볼 수 있게 한다.

명령 : PLAN Enter↵
옵션입력 [현재 UCS(C)/ UCS(U)/ 표준(W)] 〈현재〉 :
모형 재 생성중

- 현재 UCS(C) : 현재 사용자 좌표계의 평면으로 바꾼다.
- UCS(U) : 저장된 UCS를 기준으로 바꾼다.
- 표준(W) : WCS를 기준으로 바꾼다.

따라하기 다음은 상기의 현황도를 갖고 UCS와 PLAN 명령을 연속으로 사용하여 도면을 배치하는 예제를 연습해 보기로 하자.

명령 : RECTANG

현재 직사각형 모드 : 모따기=38.7140 × 38.7140
첫 번째 구석점 지정 또는 [모따기(C)/고도(E)/모깎기(F)/두께(T)/폭(W)] : C
직사각형의 첫 번째 모따기 거리 지정 〈38.7140〉 : 2
직사각형의 두 번째 모따기 거리 지정 〈38.7140〉 : 2
첫 번째 구석점 지정 또는 [모따기(C)/고도(E)/모깎기(F)/두께(T)/폭(W)] : 0, 0
다른 구석점 지정 또는 [영역(A)/치수(D)/회전(R)] : 10, 3.5

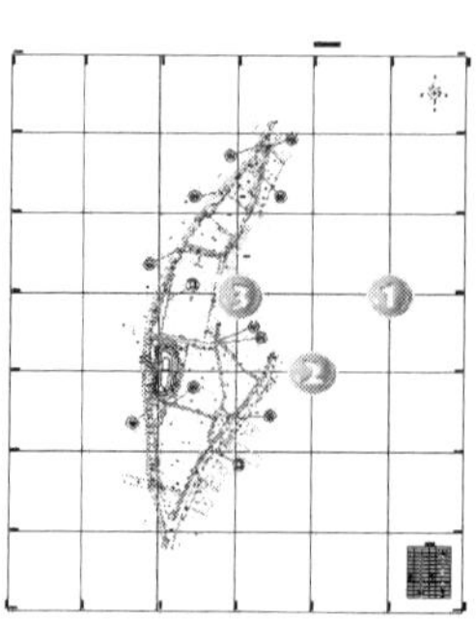

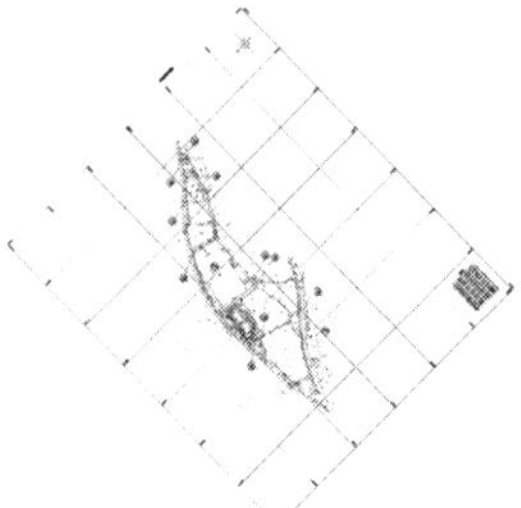

12.4 음 영

3차원 모델에 음영이 처리된 이미지를 나타낸다. 작업자는 3차원 모델 작업여부를 음영을 통해 확인하며 작업한다.

명령 : shademode Enter↵

현재 모드 : 2D 와이어프레임

옵션 입력 [2D 와이어프레임(2)/3D와이어프레임(3)/숨김(H)/단순(F)/구로(G)/단순+모서리(L)/구로+모서리(O)] 〈2D와이어프레임〉 :

여기서 Hide나 Shade한 화면을 다시 수정하거나 편집하기위해서는 Regen을 실행시켜야 한다.

① 2D 와이어프레임( ) : 2D wireframe

② 3D 와이어프레임( ) : 3D wireframe 경계를 표시하는 선과 곡선을 사용하여 3D 궤도 뷰의 객체를 표시한다.

③ 숨기기(HIDDEN)( ) : 은선을 제거하여 화면에 나타남. 3D 궤도 뷰의 객체를 가려진 뒷면을 나타내는 선과 함께 와이어프레임으로 표시한다.

④ 단순 음영처리( ) : Flat. 다각형 면 사이에서 3D 뷰의 객체를 음영처리한다. 이것은 객체에 면깎이 된 덜 부드러운 모양을 준다.

⑤ 구로 음영처리( ) : Ground. 다각형 면 사이에서 3D 뷰의 객체를 음영처리하고 모서리를 부드럽게 한다. 이것은 객체에 좀 더 부드럽고 실제적인 모양을 준다.

⑥ 단순 음영처리, 모서리 표시켜기( ) : Flat + edges. 단순 음영처리와 와이어프레임 옵션을 결합한다. 와이어프레임이 보이는 상태로 객체가 단순하게 음영처리된다.

⑦ 구로 음영처리, 모서리 표시 켜기( ) : Gouraud + edges. 단순 음영처리와 와이어프레임 옵션을 결합한다. 와이어프레임이 보이는 상태로 객체가 구로 음영처리된다.

OPTION SHADEDGE : 셰이딩 처리방법을 바꾸기

명령 : shadedge Enter↵

shadedge에 대한 새 값 입력 〈3〉 :
0 : 모서리와 페이스가 나타나지 않는다(음영처리).
1 : 음영처리되며 모서리가 나타나지 않는다.
2 : 모서리와 페이스만이 나타난다.
3 : 음영처리가 되지않은 모델의 색상으로 셰이드 처리된다.

OPTION SHADEDIF : 반사광(Feflection)제어

명령 : shadeif Enter↵

shadeif에 대한 새 값 입력 〈70〉 :
0~100까지 %로 반사광을 제어하여 표시한다.

12.5 3D 궤도

3D궤도(ORBIT)는 현재 뷰포트에서 3D 궤도 뷰를 활성화한다.
사용자 좌표계(UCS) 아이콘이 켜져 있으면 현재 UCS를 나타내는 음영처리된 3D UCS 아이콘이 3D 궤도 뷰에 표시된다.
전체 도면을 보거나 아니면 명령을 시작하기 전에 하나 이상의 객체를 선택할 수 있다.
3D 궤도 뷰는 원호구를 표시하며 원호구는 작은 원들에 의해 4등분된 원으로, 3DORBIT 명령이 활성화되면 뷰의 대상은 고정된 상태에 놓이며 카메라 위치 또는 뷰 점이 대상 주위를 돈다.
현재 표시된 객체의 중심이 아닌 원호구의 중심이 대상점이다.
주의할 점은 3DORBIT 명령이 활성화된 동안에는 객체를 편집할 수 없다는 것이다.
원호구의 다른 부분 위로 커서를 옮기면 커서 아이콘이 변경되어 뷰 회전 방향을 나타낸다.
명령이 활성화되어 있는 동안 도면 영역에서 마우스 오른쪽 버튼으로 클릭하거나 3D 궤도 도구막대의 버튼을 선택하여 바로 가기 메뉴에서 3DORBIT 옵션을 추가로 사용할 수 있다.

① 3D초점이동(3DPAN)( ) : 3D궤도뷰에서 초점을 이동한다.

② 3D줌(3DZOOM)( ) : 카메라의 줌 렌즈 효과로 이미지를 확대축소한다.

③ 3D궤도(3DORBIT)( ) : 카메라의 위치를 자유자재로 이동시켜 표적을 관찰할 수 있다.

④ 3D연속궤도(3DCORBIT)( ) : 카메라의 위치가 물체를 중심으로 궤도 이동하여 관찰한다.

⑤ 3D선회(3DSWIVEL)( ) : 카메라를 회전시켜 물체를 관찰할 수 있도록 한다.

⑥ 3D거리조정(3DDISTANCE)( ) : 화살표를 움직여 물체의 이미지를 확대 또는 축소할 수 있게 한다.

⑦ 3D자르기평면조정(3DCLIP)( ) : 물체의 이미지를 정면과 뒷면을 자르기하여 이미지 확인을 쉽게 할 수 있도록 한다.

OPTION 3D초점이동(3DPAN)

3DPAN은 커서를 손모양 커서로 변경한다. 커서를 클릭하고 끌 때 뷰는 커서를 끌어 오는 방향으로 이동한다. 뷰를 수직, 수평 또는 대각선 방향으로 끌 수 있다.
전체 도면을 보거나 아니면 3DPAN을 입력하기 전에 하나 이상의 객체를 선택할 수 있다. 전체 도면을 보게 되면 비디오 성능이 저하될 수 있다.

OPTION 3D줌(3DZOOM)

작성된 3차원 도면에 대하여 확대하거나 축소를 할 수 있다.
3DZOOM은 카메라의 줌 렌즈 효과를 시뮬레이트하는 것으로, 이 명령은 객체를 더 가깝게 또는 멀리 표시하지만 카메라의 위치는 변경하지 않는다.
줌 확대는 이미지를 확대한다. 일부 객체의 쉐이프가 약간 왜곡되기도 한다.

OPTION 3D궤도(3DORBIT)

카메라의 위치를 자유자재로 이동시켜 표적을 관찰할 수 있으며 다양하게 궤도를 수정할 수 있다.

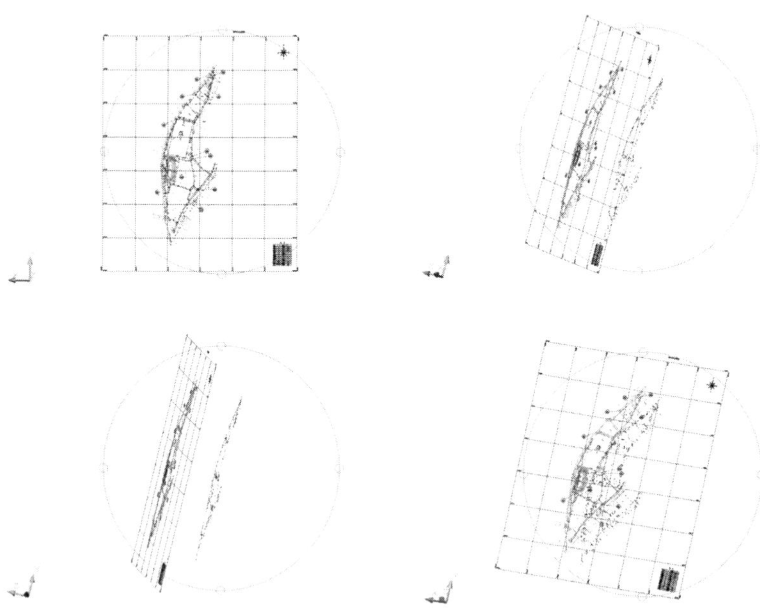

OPTION 3D연속궤도(3DCORBIT)

연속회전, 3dorbit명령의 변환으로 마우스를 이용하여 회전하고자 하는 방향과 각도를 드래그하면 객체가 자동으로 회전되어 확인할 수 있다.

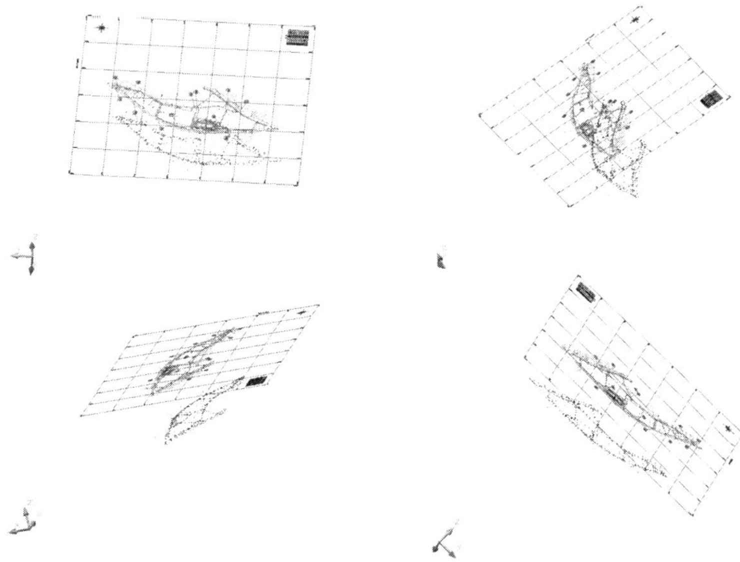

OPTION 3D선회(3DSWIVEL)

작성된 3차원 도면을 마우스의 움직임에 따라 화면을 조절할 수 있다.

OPTION 3D거리조정(3DDISTANCE)

3차원 면에 대하여 현재 화면을 기준으로 확대하거나 축소시킬 수 있다.

OPTION 3D자르기평면조정(3DCLIP)

3차원 객체를 자르지 않고 내부를 볼 수 있다.

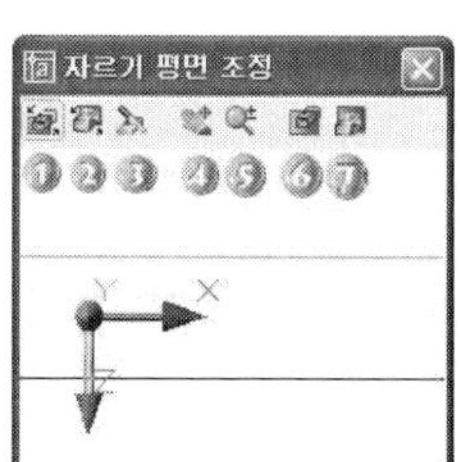

현재 보여지고 있는 화면의 TOP을 기준으로 조정되며, 두 개의 CLIP면이 있다.

검은선의 경우 앞쪽을 자르는 클립면이고, 녹색선은 뒤쪽을 자르는 클립면이다.

- 앞면 자르기조정 : 검은선으로 표현되는 앞쪽을 자르는 면으로 이동한다.
- 뒷면 자르기 조정 : 녹색선으로 표현되는 뒤쪽을 자르는 면으로 이동한다.
- 슬라이스 작성 : 자르고자 하는 면이 같이 이동한다.
- 초점이동 : 화면의 초점을 이동시킨다.
- 줌 : 화면의 확대 복사를 한다.
- 전면 자르기 켜기 : 앞쪽에 적용된 자르기 면을 적용할 수 있다.
- 뒷면 자르기 켜기 : 뒤쪽에 적용된 자르기 면을 적용할 수 있다.

12.6 곡 면

3차원 도형의 객체를 만드는 방법은 Solid에 의해 객체의 속을 채우는 방법과 Surface에 의한 표면만 덮어서 만드는 방법이 있다.
도구막대를 살펴보면 다음과 같다.

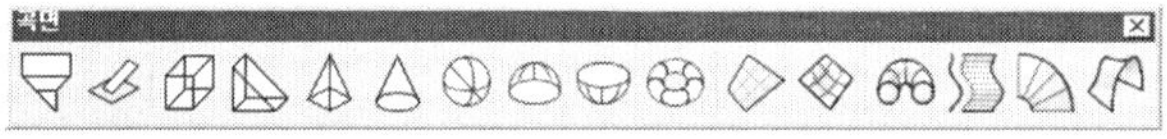

① 2D솔리드( ) : 특정 객체의 화면표시를 단순화하여 성능을 향상시킬 수 있다.

② 3D면(3DFACE)( ) : 3개 또는 4개의 면이 있는 평면형 곡면을 작성한다.

③ 상자(BOX)( ) : 가로, 세로, 높이를 가지는 3차원 형태의 상자를 만든다.

④ 쐐기(Wedge)( ) : box를 X축 양의방향으로 기울어져 경사진 채 그려지는 쐐기모양의 삼각기둥을 그린다.

⑤ 피라미드(Pyramid)( ) : 피라미드형태의 삼각, 사각뿔을 만든다.

⑥ 원추(Cone)( ) : 원뿔모양의 객체를 그린다.

⑦ 구(Sphere)( ) : Mesh로 구성된 구를 그린다.

⑧ 돔(Dome)( ) : 구형으로 된 반구를 그린다.

⑨ 접시(Dish)( ) : 구형으로 된 접시형태의 반구를 그린다.

⑩ 토러스(Torus)( ) : 도넛 형태의 튜브 모양을 그린다.

⑪ 모서리( ) : 선택된 3D 솔리드의 모서리에 둥글게 깎기와 모깎기를 할 수 있다.

⑫ 3D메쉬( ) : 면을 만든다.

명령 : 3dmesh Enter↵

- M 방향의 메쉬 크기 입력 : 2와 256 사이의 값을 입력한다.
- N 방향의 메쉬 크기 입력 : 2와 256 사이의 값을 입력한다.

주의사항으로는 3DMESH는 주로 프로그래머를 위해 고안된 명령으로 일반사용자는 3D 명령을 사용해야 한다.
다각형 메쉬는 M 및 N 크기 값으로 정의된 크기의 행렬로 정의된다. M × N은 지정해야 할 정점의 수와 같다.

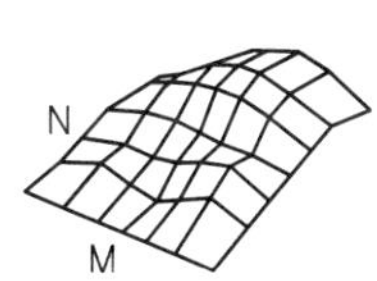

정점(0, 0)의 위치 지정 : 2D 또는 3D 좌표를 입력한다.

메쉬의 각 정점 위치는 정점의 행 및 열 지수인 m과 n으로 정의된다. 정점 정의는 정점(0,0)으로 시작하고, 행 m+1에 있는 정점을 지정하기 전에, 행 m에 있는 각 정점의 좌표 위치를 제공해야 한다.

정점은 서로에 대해 어떤 거리도 가능하다. 메쉬의 M 및 N 방향은 정점 위치에 따라 결정된다.

3DMESH 다각형 메쉬는 M 및 N 방향 모두에 항상 열려 있다. PEDIT을 사용하여 메쉬를 닫을 수 있다.

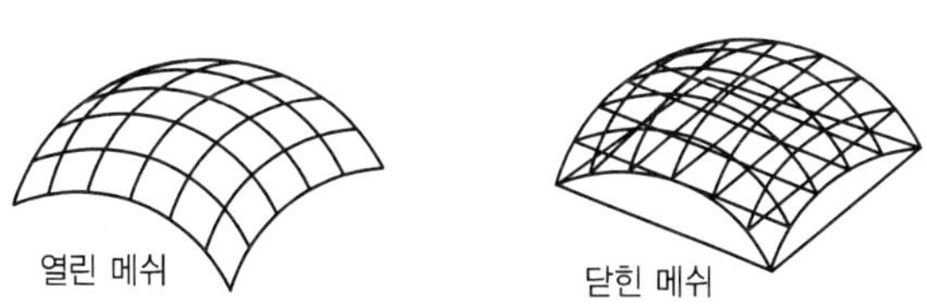

⑬ 회전곡면( ) : 선택된 축을 중심으로 회전된 곡면을 작성한다.

명령 : revsurf Enter↵

현재 와이어프레임 밀도 : SURFTAB1=현재 : SURFTAB2=현재
회전할 객체 선택 : 선, 호, 원 또는 2D/3D 폴리선을 선택한다.
회전축을 정의하는 객체 선택 : 선 또는 열린 2D/3D 폴리선을 선택한다.

경로곡선은 선택된 축 둘레로 스윕되어 곡면을 정의한다.
경로 곡선은 곡면 메쉬의 N방향을 정의한다. 원 또는 닫힌 폴리선을 경로 곡선으로 선택하면 메쉬가 N방향으로 닫힌다.

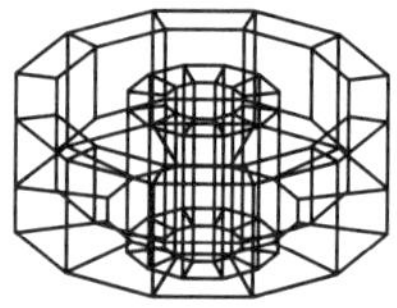

폴리선의 첫 번째 정점에서 최종 정점까지의 벡터가 회전축을 결정한다. 중간 정점은 무시된다. 회전축은 메쉬의 M방향을 결정한다.

시작 각도 지정 <0> : 값을 입력하거나 ENTER 키를 누른다.
사이각 지정(+=ccw, -=cw) <360> : 값을 입력하거나 ENTER 키를 누른다.

OPTION 시작 각도

시작 각도를 0(영)이 아닌 값으로 지정하면 생성 경로 곡선으로부터 해당 각도만큼 간격띄우기한 위치에서 회전 곡면이 시작된다.

OPTION 사이각

곡면이 회전축을 중심으로 얼마나 멀리 연장될지를 지정한다.
시작 각도를 지정하면 생성 경로 곡선으로부터 해당 각도만큼 간격띄우기한 위치에서 회전 곡면이 시작된다. 사이각은 경로 곡선이 스윕되는 거리이다.
완전 원보다 작은 사이각을 입력하면 원이 닫히지 않는다.

회전축을 선택하기 위해 사용하는 점은 회전 방향에 영향을 준다.
아래 예제의 각 곡면은 시작 각도 0도와 사이각 90도를 지정하여 작성되었다.

동일한 크기의 간격으로 등분할 된 원의 경로 곡선

생성되는 메쉬의 밀도는 SURFTAB1과 SURFTAB2 시스템 변수에 의해 조정된다.

SURFTAB1은 회전 방향으로 그려지는 방향 벡터 선의 수를 지정한다.
경로 곡선이 선, 호, 원 또는 스플라인 맞춤 폴리선인 경우에는 SURFTAB2가 동일한 크기의 간격으로 등분할되어 그려지는 방향 벡터 선의 수를 지정한다.

경로 곡선이 스플라인 맞춤되지 않은 폴리선인 경우에는 방향 벡터 선이 직선 세그먼트의 양 끝점에 그려지며 각 호 세그먼트는 SURFTAB2에 의해 지정된 간격 수로 등분할 된다.

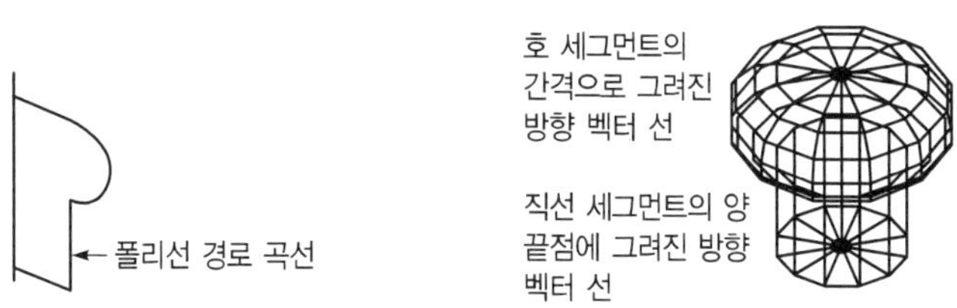

⑭ 방향벡터곡면( ) : 경로 곡선 및 방향 벡터로부터 방향 벡터 곡면을 작성한다.

명령 : tabsurf Enter↵

- 경로 곡선에 대한 객체 선택 : 경로 곡선은 다각형 메쉬의 곡면을 정의한다.
  경로 곡선은 선, 호, 원, 타원 또는 2D/3D 폴리선일 수 있다.
  선택점에 가장 가까운 경로 곡선 위의 점에서 시작되는 곡면이 그려진다.

• 방향 벡터에 대한 객체 선택 : 선 또는 열린 폴리선을 선택한다.

폴리선의 첫 번째 점과 마지막 점만 적용되며 중간 정점은 무시된다. 방향 벡터는 돌출될 쉐이프의 방향 및 길이를 나타내고, 폴리선 또는 선에서 선택된 끝점이 돌출 방향을 결정한다.

원래 경로 곡선은 방향 벡터가 방향 벡터 곡면의 구성을 지시하는 방법을 쉽게 시각화하기 위해 폭을 가진 선으로 그려진다.

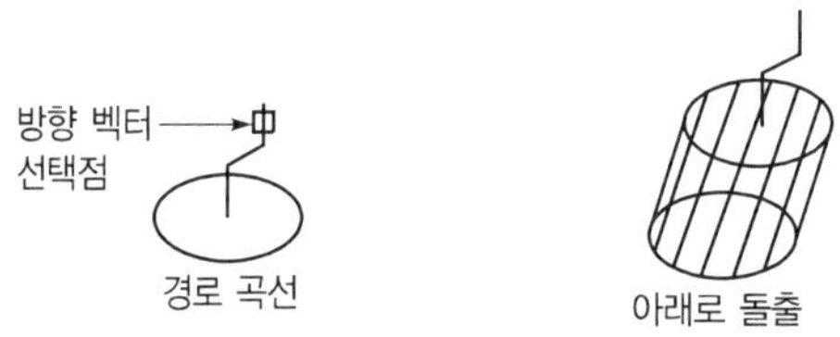

TABSURF는 2xn 다각형 메쉬를 구성한다. 여기서 n은 SURFTAB1 시스템 변수에 의해 결정된다.

메쉬의 M방향은 항상 2이며 방향 벡터의 방향이고, N방향은 경로 곡선의 방향이다.

경로 곡선이 선, 호, 원, 타원 또는 스플라인 맞춤 폴리선인 경우 SURFTAB1에 의해 설정된 동일한 크기의 간격으로 경로 곡선을 등분할하는 방향 벡터 선이 그려진다.

경로 곡선이 스플라인 맞춤되지 않은 폴리선인 경우 직선 세그먼트의 끝점에 방향 벡터 선이 그려지며 각 호 세그먼트는 SURFTAB1에 의해 설정된 간격으로 등분할된다.

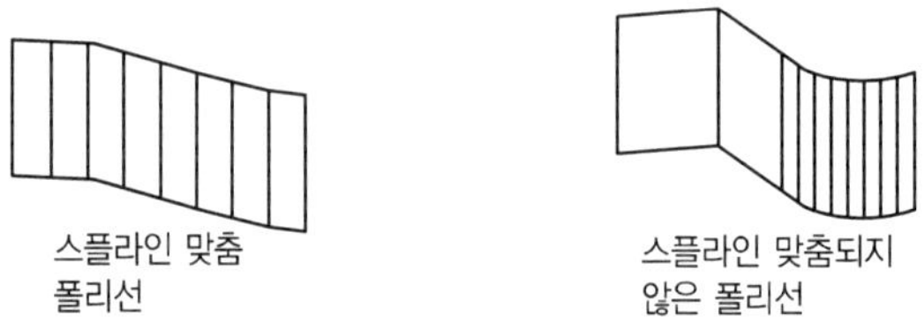

⑮ 직선보간곡면( ) : 두 곡선 사이에 직선보간 곡면을 작성한다.

```
명령 : rulesurf [Enter↵]
헌제 와이어프레임 밀노 : SURFTAB1=현재
첫 번째 정의 곡선 선택 :
두 번째 정의 곡선 선택 :
```

선택한 객체가 직선보간 곡면의 모서리를 정의한다.

객체는 점, 선, 스플라인, 원, 호 또는 폴리선일 수 있다. 경계 중 하나가 닫히면 다른 쪽 경계도 닫혀야 한다.

점을 열린 곡선 또는 닫힌 곡선의 다른 경계로 사용할 수 있지만 경계 곡선 중 한 쪽만이 점일 수 있고, 0,0 정점은 각 곡선에서 해당 곡선을 선택하기 위해 사용한 점에 가장 가까운 끝점이다.

닫힌 곡선의 경우에는 선택은 중요하지 않다. 곡선이 원인 경우 직선보간 곡면은 현재 X축과 SNAPANG 시스템 변수의 현재 값에 의해 결정된 0도 사분점에서 시작한다.

닫힌 폴리선의 경우 직선보간 곡면은 마지막 정점에서 시작되어 폴리선의 세그먼트를 따라 거꾸로 진행된다. 원과 닫힌 폴리선 사이에 직선보간 곡면을 작성하는 것은 혼란스러울 수 있고, 오히려 원을 닫힌 반원형 폴리선으로 대치하는 것이 바람직할 수도 있다.

직선 보간 곡면의 예

직선보간 곡면은 2 × N 다각형 메쉬로 구성된다.

RULESURF를 사용하면 메쉬 정점 중 절반은 하나의 정의 곡선을 따라 동일한 간격으로 배치되고 나머지 절반은 다른 곡선을 따라 동일한 간격으로 배치된다. 이때 간격의 수는 SURFTAB1 시스템 변수에 의해 지정되게 된다. 간격의 수는 각 곡선에 동일하므로 두 곡선의 길이가 다르면 해당 두 곡선을 따라 배치되는 정점들 사이의 거리가 다르게 된다.

메쉬의 N방향은 경계 곡선의 방향이다. 두 경계가 모두 닫힌 경우 또는 한 경계는 닫히고 다른 경계는 점인 경우 결과로 생성된 다각형 메쉬는 N방향으로 닫히고 N은 SURFTAB1과 동일하다. 곡선을 n부분으로 분할하려면 n + 1 방향 벡터가 필요하기 때문에 두 경계가 모두 열린 경우에는 N은 SURFTAB1 + 1과 동일하다. 객체를 같은 쪽 끝에서 선택하면 다각형 메쉬가 작성된다.

객체를 서로의 반대쪽 끝에서 선택하면 자체 교차하는 다각형 메쉬가 작성됩니다.

⑯ 모서리곡면( ) : 3차원 다각형 메쉬를 작성한다.

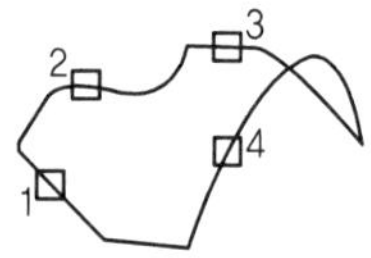

명령 : edgesurf [Enter↵]
현재 와이어프레임 밀도 : SURFTAB1=현재 SURFTAB2=현재
곡면 모서리의 객체 1 선택 :
곡면 모서리의 객체 2 선택 :
곡면 모서리의 객체 3 선택 :
곡면 모서리의 객체 4 선택 :

곡면 패치를 정의하는 4개의 인접 모서리를 선택해야 한다. 선, 호, 스플라인 또는 열린 2D 또는 3D 폴리선을 모서리로 사용할 수 있다. 모서리는 닫힌 위상 직각의 경로를 형성하도록 끝점에서 서로 만나야 한다.

임의의 순서로 네 개의 모서리를 선택할 수 있다. 첫 번째 모서리(SURFTAB1)는 생성된 메쉬의 M 방향을 결정하는데, 이는 선택점에서 가장 가까운 끝점으로부터 다른 끝점까지 연장되는 방향으로,

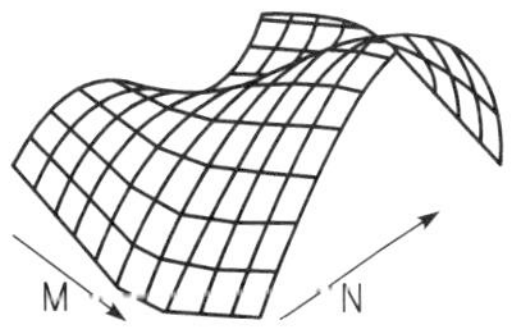

첫 번째 모서리와 만나는 두 개의 모서리는 메쉬의 N 모서리(SURFTAB2)를 형성한다.

솔리드

솔리드 객체는 객체의 전체 체적을 나타낸다.
복잡한 솔리드 쉐이프는 와이어프레임과 메쉬보다 구성 및 편집 과정이 더 쉽다.
솔리드 객체는 객체의 전체 체적을 나타내고, 솔리드는 정보면에서 완성된 유형이며 3D 모델링 유형 중 가장 명료하다. 게다가 복잡한 솔리드 쉐이프도 와이어프레임과 메쉬보다 구성 및 편집 과정이 더 쉽다.

사용자는 상자, 원추, 원통, 구, 원환 및 쐐기의 기본 솔리드 쉐이프 중 하나로부터 솔리드를 작성하거나, 경로를 따라 2D 객체를 돌출시키거나, 축을 중심으로 2D 객체를 회전시켜 솔리드를 작성할 수 있다.

이런 방법으로 솔리드를 작성한 다음 해당 솔리드들을 조합하여 더 복잡한 솔리드 쉐이프를 작성할 수도 있다. 솔리드는 결합하거나 뺄 수 있으며, 솔리드의 공통 체적(겹치는 부분)을 찾을 수도 있다.

또한 솔리드는 모깎기, 모따기 및 모서리 색상 변경 등을 통해 세부적으로 수정할 수 있다. 솔리드의 면에서는 새로운 형상을 그리거나 해당 솔리드에 대해 부울 연산을 수행할 필요가 없기 때문에 조작하기가 쉽다. 또한 이 프로그램에는 솔리드를 두 조각으로 나누거나 솔리드의 2D 횡단면을 얻을 수 있는 명령도 있다(3D 솔리드 수정 참조).

메쉬처럼 솔리드도 사용자가 숨기기, 음영처리 또는 렌더링할 때까지는 와이어프레임으로 표시된다. 또한 솔리드를 질량 특성(체적, 관성 모멘트, 무게 중심 등)에 따라 분석할 수도 있다. 솔리드 객체에 관한 데이터를 NC(수치 조정) 밀링 또는 FEM

(유한 요소법) 분석과 같은 응용프로그램으로 내보낼 수 있다. 솔리드를 분해하면 해당 솔리드를 메쉬와 와이어프레임 객체로 끊을 수 있다.

ISOLINES 시스템 변수는 와이어프레임의 곡선 부분을 가시화하기 위해 사용되는 다듬기 선의 수를 조정한다. FACETRES 시스템 변수는 음영처리된 객체와 은선 객체의 부드러운 정도를 조정한다.

다음은 솔리드에 대한 세부항목을 알아보기로 한다.

풀다운메뉴의 [그리기 – 솔리드(I)]를 클릭하면 다음의 화면이 표시된다.

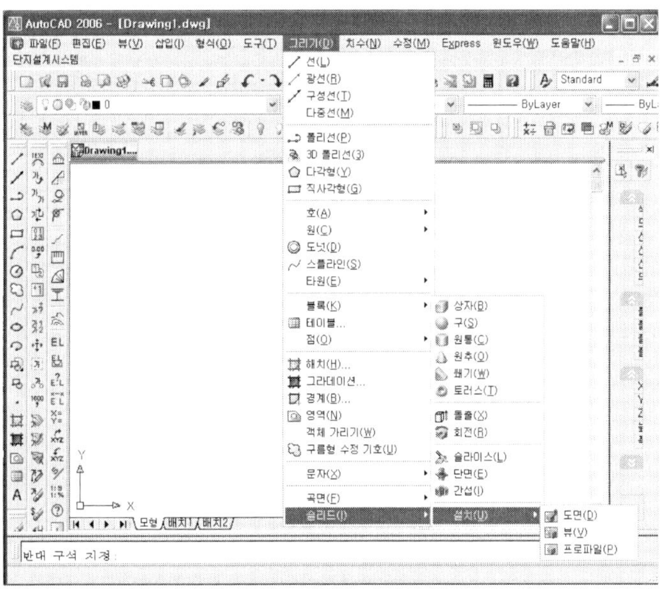

솔리드 도구막대를 살펴보면 다음과 같다.

① 상자(BOX)() : 3차원 솔리드 상자를 만든다.

② 구(SPHERE)() : 솔리드 구를 만든다.

③ 원통(CYLINDER)() : 타원이나 원을 기준으로 하는 원통을 만든다.

④ 원추(CONE)() : 타원이나 원 모양의 밑면을 가진 원뿔을 만든다.

⑤ 쐐기(WEDGE)( ) : 3차원 쐐기모양의 솔리드를 만든다.

⑥ 원환(TORUS)( ) : 튜브모양의 솔리드를 생성한다.

⑦ 돌출(EXTRUDE)( ) : 작성된 폴리라인 또는 원 등의 2차원 도면에 높이를 입력하여 돌출 솔리드를 만든다.

⑧ 회전(REVOLVE)( ) : 임의의 축을 중심으로 회전시켜 원하는 솔리드를 생성한다.

⑨ 슬라이스(SLICE)( ) : 지정된 면을 기준으로 솔리드 모델을 자른다.

⑩ 단면(SECTION)( ) : 솔리드의 횡단면을 작성한다.

⑪ 간섭(INTERFERE)( ) : 2개 솔리드의 간섭을 작성한다.

⑫ 도면(SOLDRAW)( ) : SOLVIEW명령으로 작성된 뷰포트에서 윤곽 및 단면을 생성한다.

⑬ 뷰(SOLVIEW)( ) : 3D솔리드/본체 객체의 다중단면 뷰도면을 배치하기 위해 직교투영을 사용해 부동뷰포트를 작성한다.

⑭ 프로파일(SOLPROF)( ) : 3차원솔리드의 윤곽이미지를 작성한다.

OPTION 솔리드 상자

BOX를 사용하여 솔리드 상자를 작성할 수 있다. 상자의 밑면은 항상 현재 UCS의 XY 평면에 평행하다.

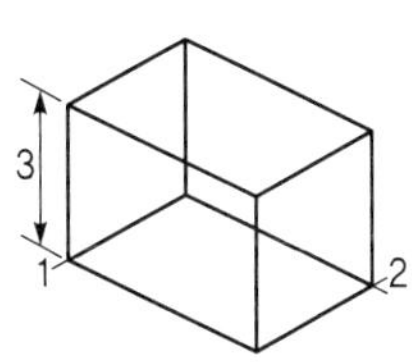

명령 : BOX Enter↵

상자의 구석 지정 또는 [중심(CE)] ⟨0,0,0⟩ :

구석 지정 또는 [정육면체(C)/길이(L)] :

높이 지정 : 2000

RECTANG또는 PLINE명령은 직사각형 또는 닫힌 폴리선을 작성하며 이 사각형 또는 닫힌 폴리선에서 EXTRUDE를 사용하여 상자를 작성할 수 있다.
3D 명령은 곡면에 의해서만 정의되는 상자 쉐이프를 작성한다.

OPTION 솔리드 원추

CONE 명령을 사용하여 밑면에 수직인 점으로 테이퍼하며 원형 또는 타원형 밑면으로 정의되는 솔리드 원추를 작성할 수 있다. 기본적으로 원추의 밑면은 현재 UCS의 XY 평면상에 놓인다. 높이는 양수 또는 음수가 될 수 있으며 Z축에 평행하다. 정점은 원추의 높이와 방향을 결정한다.

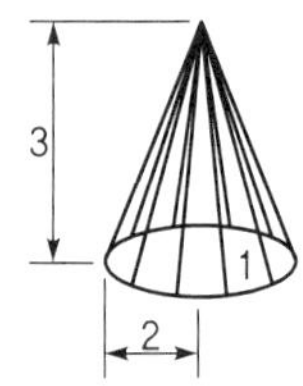

끝이 잘린 원추를 작성하거나 면을 정의하기 위해 특정 각도가 필요한 원추를 작성하려면 2D 원을 그린 다음 EXTRUDE를 사용하여 Z축을 따라 임의의 각도로 원을 테이퍼한다. 또한 잘리는 부분을 완성하려면 SUBTRACT 명령을 사용하여 원추의 끝으로부터 상자를 빼면 된다. CIRCLE은 원을 작성하며 이 원에서 테이퍼 옵션과 함께 EXTRUDE를 사용하여 원추를 작성할 수 있다.
3D 명령은 곡면에 의해서만 정의되는 원추형 쉐이프를 작성한다.

OPTION 솔리드 원통

CYLINDER 명령을 사용하여 원형 또는 타원형 밑면이 있는 솔리드 원통을 작성할 수 있다. 원통의 밑면은 현재 UCS의 XY 평면상에 놓인다.
면을 따라 생긴 홈과 같이 특히 미세하게 원통을 구성하려는 경우에는 닫힌 PLINE이 있는 밑면의 2D 윤곽을 작성하고 EXTRUDE를 사용하여 Z축을 따라 높이를 정의한다. CIRCLE은 원을 작성하며, 이 원에서 EXTRUDE를 사용하여 원통을 작성할 수 있다.

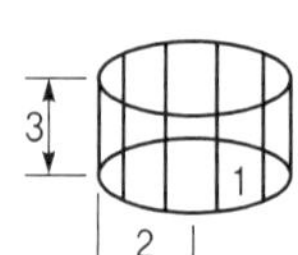

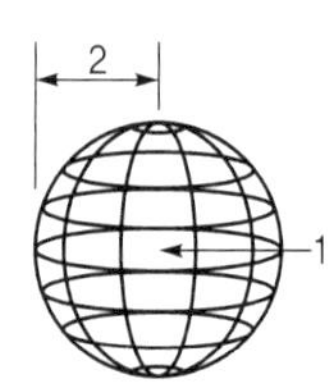

돔 또는 접시를 작성하려면 구를 상자와 결합하고 SUBTRACT를 사용한다. 추가적인 세부사항이 있는 구형 객체를 작성하려면 2D 윤곽을 작성한 다음 REVOLVE를 사용하여 Z축에

대한 회전 각도를 정의한다. 3D 명령은 곡면에 의해서만 정의되는 원추형 쉐이프를 작성한다.

OPTION 솔리드 원환

TORUS 명령을 사용하여 타이어의 내부 튜브와 유사한 고리 모양의 솔리드를 작성할 수 있다. 원환은 현재 UCS의 XY 평면에 평행하며 해당 평면에 의해 이등분된다. 원환은 두 개의 반지름 값, 즉 튜브의 반지름 값과 원환의 중심에서 튜브의 중심까지의 거리에 대한 반지름 값으로 정의된다.

레몬 모양의 솔리드를 작성하려면 음의 원환 반지름을 사용하고 튜브 반지름에 더 큰 양수를 사용한다. 예를 들어, 원환 반지름이 -2.0인 경우 튜브의 반지름은 2.0보다 커야 한다.

원환은 자체 교차될 수 있다. 자체 교차되는 원환은 튜브의 반지름이 원환의 반지름보다 더 크기 때문에 중심에 구멍이 없다.

3D 명령은 곡면에 의해서만 정의되는 원환형 쉐이프를 작성한다.

OPTION 솔리드 쐐기

WEDGE 명령을 사용하여 솔리드 쐐기를 작성할 수 있다. 쐐기의 밑면은 첫 번째 구석의 반대편에 경사면을 가지며 현재 UCS의 XY 평면에 평행하다. 쐐기의 높이는 양수 또는 음수가 될 수 있으며 Z축에 평행하다.

3D 명령은 곡면에 의해서만 정의되는 쐐기 쉐이프를 작성한다.

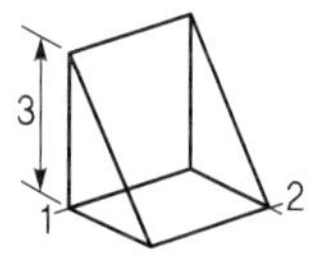

OPTION 돌출 솔리드

EXTRUDE 명령을 사용하면 선택된 객체를 돌출시켜 솔리드를 작성할 수 있다. 폴리선, 다각형, 직사각형, 원, 타원, 닫힌 스플라인, 도넛 및 영역과 같은 닫힌 객체를 돌출시킬 수 있다. 3D 객체, 블록 내에 포함되어 있는 객체, 걸쳐 있거나 교차하는 세그먼트를 가진 폴리선 또는 닫혀 있지 않은 폴리선은 돌출시킬 수 없다. 경로를 따라 객체를 돌출시키거나 높이값과 테이퍼 각도를 지정할 수 있다.

EXTRUDE 명령을 사용하여 기어나 톱니바퀴와 같은 객체의 일반적인 윤곽에서 솔리드를 작성할 수 있다. EXTRUDE는 특히 모깎기, 모따기, 그리고 윤곽에서가 아니면 재생성하기 힘든 다른 세부사항을 포함하고 있는 객체의 경우에 유용하다. 선 또는 호를 사용하여 윤곽을 작성하는 경우 PEDIT의 결합 옵션을 사용하면 EXTRUDE를 사용하기 전에 단일 폴리선 객체로 변환하거나 영역으로 만들 수 있다.
돌출부를 테이퍼하는 것은 주물 공장에서 금속 제품을 생산하기 위해 사용되는 모형과 같이 각도를 따라 정의된 면이 필요한 부품 제작에 특히 유용하다. 테이퍼 각도로 너무 큰 값을 사용하지 않아야 한다.

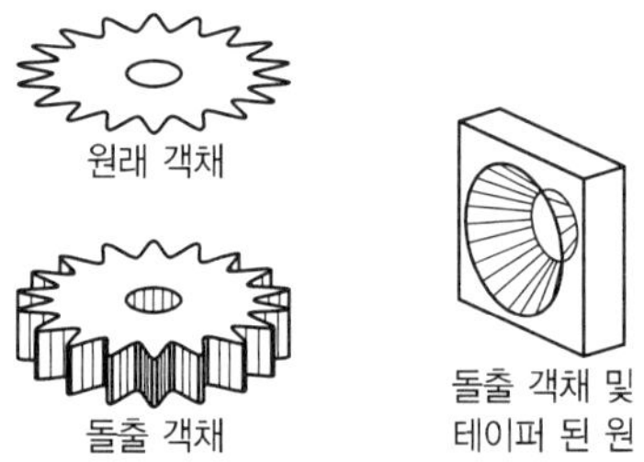

OPTION 회전 솔리드

REVOLVE 명령을 사용하면 지정된 각도를 사용하여 현재 UCS의 X 또는 Y축 주위로 닫힌 객체를 회전시켜 솔리드를 작성할 수 있다.
또한 선, 폴리선 또는 두 개의 지정된 점 주위로 객체를 회전시킬 수도 있다.
EXTRUDE와 유사하게 REVOLVE도 모깎기를 포함하거나 일반적인 윤곽에서가 아니면 재생성하기 힘든 다른 세부사항을 포함하고 있는 객체에 유용하다. 폴리선과 만나는 선 또는 호를 사용하여 윤곽을 작성하는 경우 REVOLVE를 사용하기 전에 PEDIT 결합 옵션을 사용하여 해당 선 또는 호를 단일 폴리선 객체로 변환한다.
폴리선, 다각형, 직사각형, 원, 타원 및 영역 등과 같은 닫힌 객체에 REVOLVE를 사용할 수 있다. 3D 객체, 블록 내에 포함되어 있는 객체, 걸쳐 있거나 교차하는 세그먼트를 가진 폴리선 또는 닫혀 있지 않은 폴리선에 대해서는 REVOLVE를 사용할 수 없다.

원래 폴리선

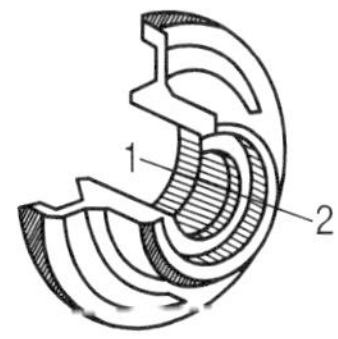

X 축에 대해 회전

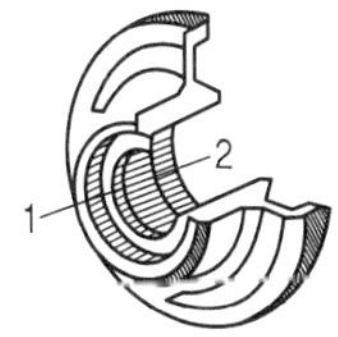

Y 축에 대해 회전

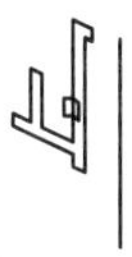
회전할 객체 선택

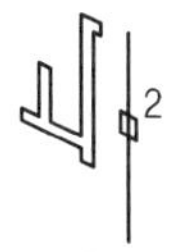

선택한 축

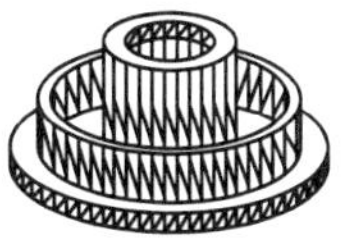
결과

OPTION **복합 솔리드**

기존 솔리드를 결합하거나, 빼거나 교차점을 찾아 복합 솔리드를 작성할 수 있다. UNION 명령을 사용하여 두 개 이상의 솔리드 또는 영역의 총 체적을 복합 객체에 결합할 수 있다.

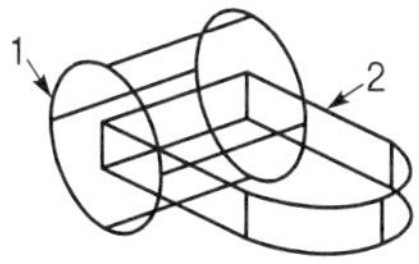

결합할 객체

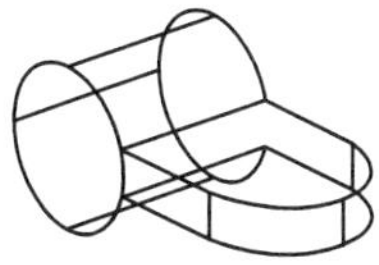
결과

SUBTRACT 명령을 사용하여 다른 솔리드 세트에서 특정 솔리드 세트의 공통 영역을 제거할 수 있다. 예를 들어, 기계 부품에 구멍을 추가하려면 SUBTRACT 명령을 사용하여 객체에서 원통을 빼면 된다.

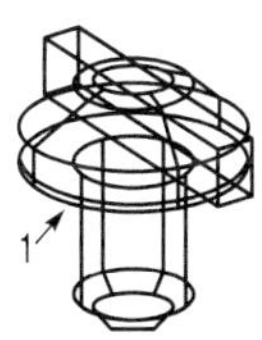

뺄 객체가 있는 대상

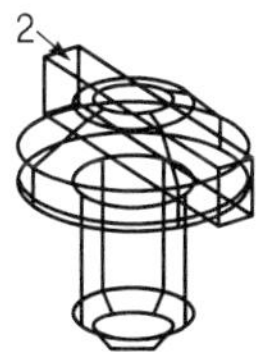

뺄 객체 선택

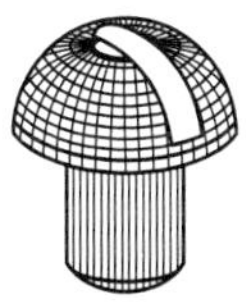
결과 (명확성을 위해 선 가려짐)

INTERSECT 명령을 사용하여 두 개 이상의 겹쳐진 솔리드의 공통 체적에서 복합 솔리드를 작성할 수 있다. INTERSECT는 겹치지 않은 부분을 제거하며 공통 체적에서 복합 솔리드를 작성한다.

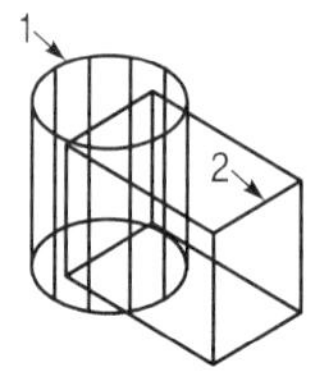

교차할 객체 선택

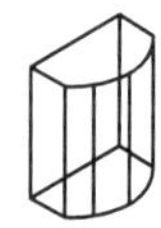

결과

INTERFERE는 INTERSECT와 동일한 작업을 수행하지만 INTERFERE는 원래의 두 객체를 유지한다.

OPTION 솔리드 편집하기

다음은 솔리드의 편집에 대한 세부항목을 알아보기로 한다.
솔리드 편집하기 도구막대를 클릭하면 다음과 같은 도구막대가 화면에 표시된다.

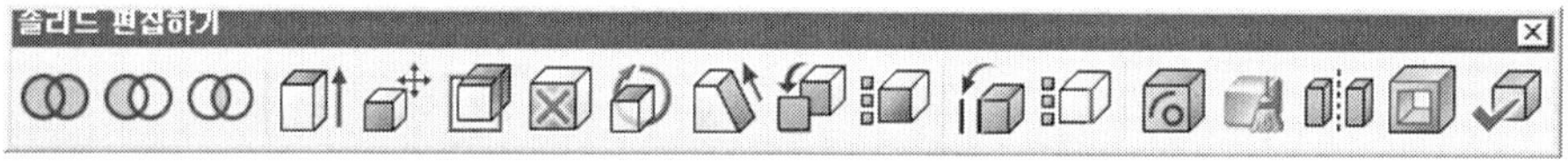

객체의 선택된 면에서 작업을 수행하여 3D 솔리드 객체를 편집할 수 있다.

① 합집합(UNION)() : 복합영역 또는 솔리드를 작성

② 차집합(SUBTRACT)() : 차집합에 의해 복합영역 및 솔리드를 작성

③ 교집합(INTERSECT)() : 둘 이상의 솔리드 또는 영역의 교차로부터 복합솔리드 또는 영역을 작성

④ 면돌출(SOLIDEDIT)() : 객체의 면을 돌출하여 솔리드를 수정

⑤ 면이동(SOLIDEDIT)() : 객체의 면을 이동하여 솔리드를 수정

⑥ 면간격띄우기(SOLIDEDIT)() : 객체의 면을 간격띄우기하여 솔리드를 수정

⑦ 면삭제(SOLIDEDIT)() : 객체의 면을 삭제하여 솔리드를 수정

⑧ 면회전(SOLIDEDIT)( ) : 객체의 면을 회전하여 솔리드를 수정

⑨ 면테이퍼(SOLIDEDIT)( ) : 객체의 면을 테이퍼하여 솔리드를 수정

⑩ 면복사(SOLIDEDIT)( ) : 영역 또는본체 객체로 솔리드의 면을 복사

⑪ 면색상입히기(SOLIDEDIT)( ) : 솔리드객체의 면의 색상을 변경

⑫ 모서리복사(SOLIDEDIT)( ) : 호, 원, 타원, 선도는 스플라인객체로 솔리드의 모서리를 복사

⑬ 모서리색상입히기(SOLIDEDIT)( ) : 솔리드객체의 모서리의 색상을 변경

⑭ 각인(SOLIDEDIT)( ) : 면위에 형상을 IMPRINTING 하여 솔리드를 수정

⑮ 지우기(SOLIDEDIT)( ) : 중복된 면과 모서리를 제거하여 솔리드 본체를 정리함

⑯ 분리(SOLIDEDIT)( ) : 새로운 솔리드로 해체된 조각을 분리하여 솔리드를 수정

⑰ 쉘(SOLIDEDIT)( ) : 솔리드를 쉘링하여 수정

⑱ 점검(SOLIDEDIT)( ) : 유효성에 대해 솔리드 본체를 점검

Chapter 13

3차원 도면연습

13.1 개 요

다음은 앞에서 익힌 명령어 등을 이용하여 기본구조물의 형태인 L형옹벽 구조물 및 철근배근도등을 그려보는 연습을 하기로 한다.

「5부 실습 3편 L형옹벽 3차원(입체) 따라하기」에서 다시 익혀보겠지만, 기존 표준도에서 추출한 옹벽단면 및 철근배근을 조합하여 3D 도면으로 꾸며보도록 하자.

다음은 국토해양부에서 제시한 L형옹벽 구조물표준도에서 캡쳐한 이미지이다.

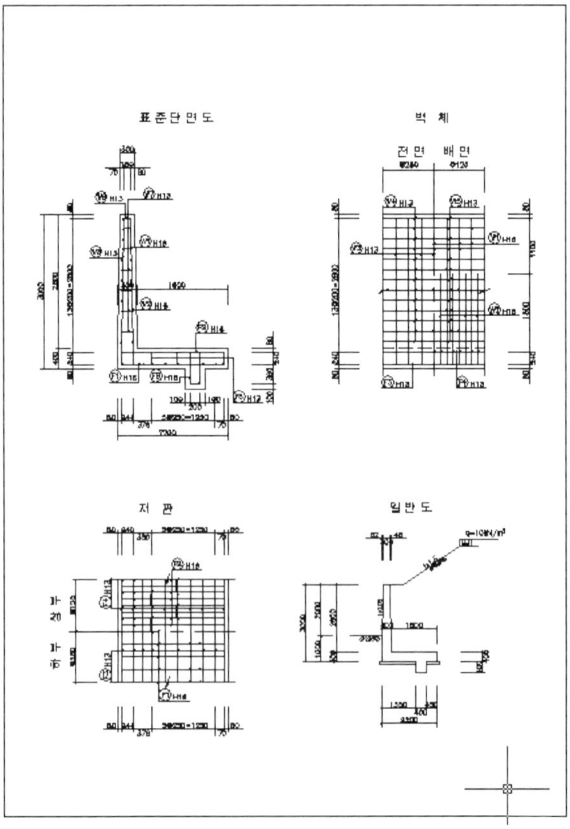

2D도면에서 3D도면으로 바꾸기

① 일반도와 철근조립도 분리

완성된 23D도면을 활용하기 위하여 단면도로부터 옹벽의 일반도와 철근 조립도를 다음 그림과 같이 추출한다.

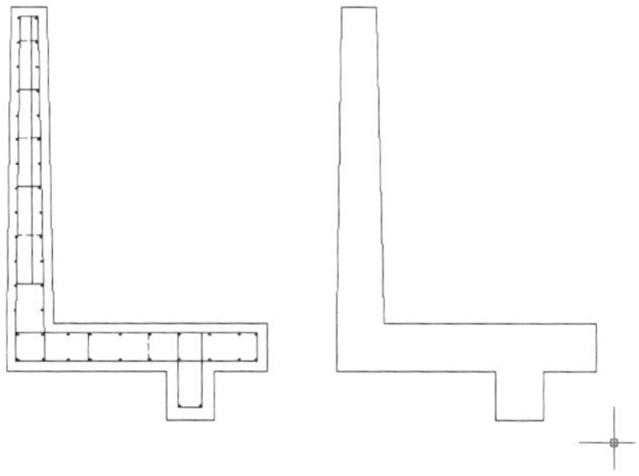

명령 : VPOINT Enter↵

현재 뷰 방향 : VIEWDIR = 0.0000,0.0000,1.0000

관측점 지정 또는 [회전(R)] 〈나침판과 삼각대 표시〉 : 1,1,1 Enter↵

모형 재생성중

다음과 같이 도면이 뷰 방향이 회전하여 화면에 표시된다.

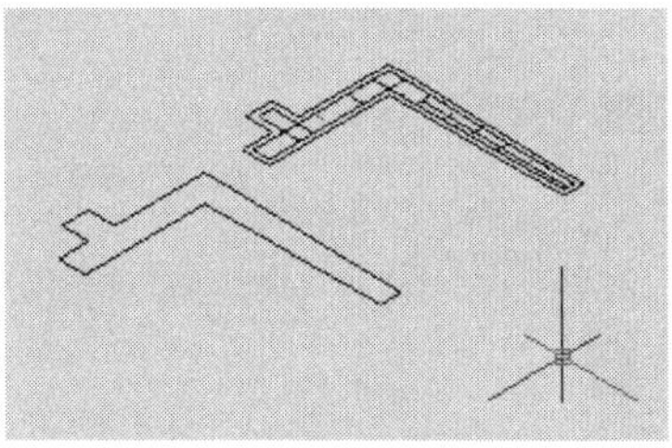

② 일반도에서 3개의 면 생성

일반도로부터 3D SOLID옹벽을 생성한다. 먼저, 일반도에서 3개의 면을 생성시킨다.

아래와 같이 구분하되 실제 추가 선(예 : P2 - P3)을 그릴 필요는 없다.

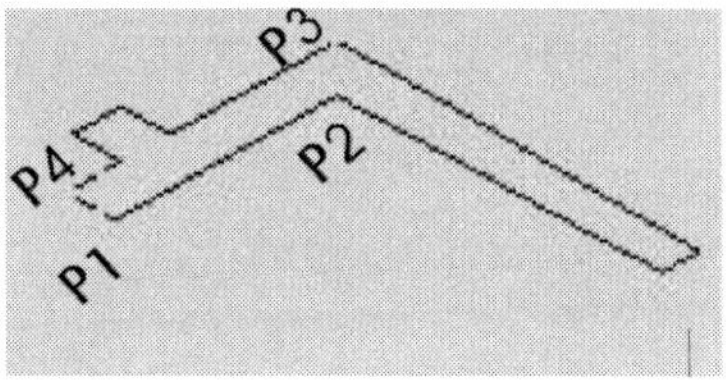

명령 : SHADE Enter↵
명령 : 3DFACE Enter↵
첫번째 점 지정 또는 [숨김(I)] :(P1클릭)
두번째 점 지정 또는 [숨김(I)] :(P2클릭)
세번째 점 지정 또는 [숨김(I)] 〈나가기〉 :(P3클릭)
네번째 점 지정 또는 [숨김(I)] 〈3면작성〉 :(P4클릭)
세번째 점 지정 또는 [숨김(I)] 〈나가기〉 : Enter↵

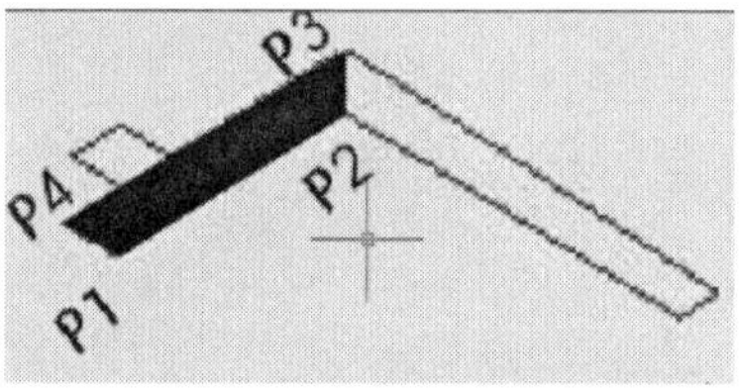

③ 일반도에서 3D 솔리드 생성

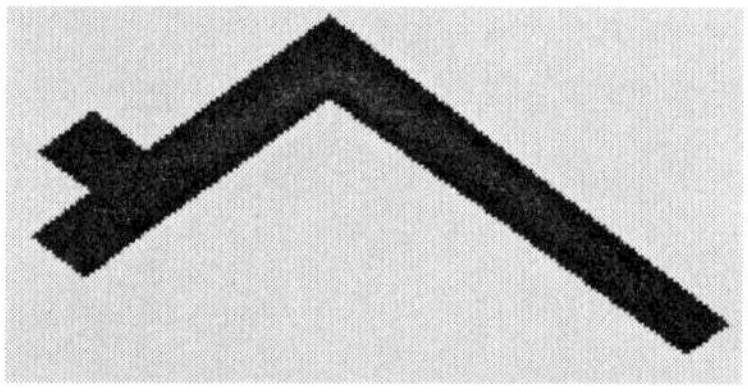

명령 : EXTRUDE Enter↵
현재 와이어 프레임 밀도 : ISOLINES = 4
객체선택 : 반대구석지정 :(윈도우로 모두 선택)
객체선택 : Enter↵
돌출높이 지정 또는 [경로(P)] : –1000 Enter↵
돌출에 대한 테이퍼 각도 지정 〈0〉 : Enter↵
10개의 선택된 객체를 돌출시킬 수 없다.

- 10개의 선택된 객체를 돌출시킬 수 없다. : 이것은 3개의 면만 EXTRUDE의 대상이 되고 나머지 선들은 제외된다는 뜻이다.
- 현재는 3개의 SOLID이고, UNION명령을 통해 한 개의 SOLID로 합칠 수 있다.

명령 : UNION Enter↵

④ 각 폴리선의 두께 0으로 만들기

철근 조립도로부터 SOLID 철근을 생성시킨다. 원으로 표시되어 있는 철근은 배력철근 및 온도철근이며, 선으로 표시되어 있는 철근이 주철근에 해당한다. 먼저, 각 폴리선의 두께를 0으로 하여 작업이 수월하게 한다.

명령 : VPOINT [Enter↵]

현재 뷰 방향 : VIEWDIR = 1.0000, 1.0000,10000
관측점지정 또는 [회전(R)] 〈나침판과 삼각대표시〉 :0,0,1
현재 모드 : 단순+ 모서리
옵션 입력 : [2D 와이어프레임(2)/3D 와이어프레임(3)/숨김(H)/단순(F)/구로(G)/단순+모서리(L)/구로+모서리(O)]〈단순+모서리〉 :2 [Enter↵]

⑤ 배력철근의 배치

배력철근은 조립도에서 원(혹은 PLINE)으로 표시되어 있는 부분으로 모든 객체를 삭제하고 대신 해당크기의 원을 중심에 맞춰 그려 넣는다. 혹은 한 개의 철근을 작성 후 복사한다.

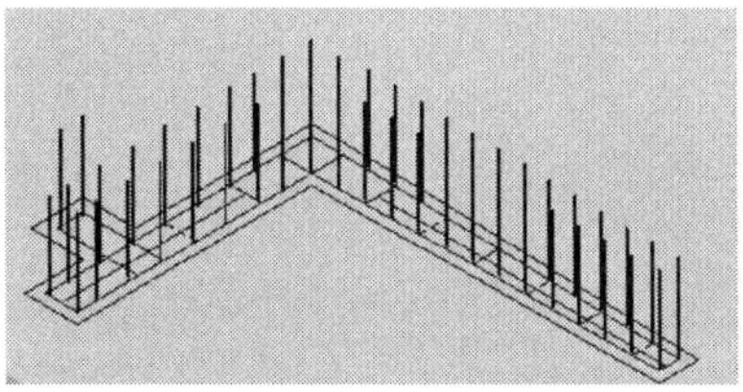

명령 : EXTRUDE [Enter↵]

현재 와이어 프레임 밀도 : ISOLINES = 4
객체선택 : :(원을 선택)
객체선택 : [Enter↵]
돌출높이 지정 또는 [경로(P)] : 1000 [Enter↵]
돌출에 대한 테이퍼 각도 지정 〈0〉 : [Enter↵]

⑥ 주철근의 작성

주철근은 굵기가 없는 PLINE으로 변환시킨후 주철근 끝에 철근의 직각방향에 해당 철근의 두께만한 원을 작도한다. 이때, 좌표변환이 필요하다.
작은 SOLID BOX를 작성한 후 좌표변환을 한다.

명령 : BOX [Enter↵]

상자의 구석지정 또는 [중심(CE)]〈0,0,0〉 :(빈공간의 임의의 점을 클릭)

구석지정 또는 [정육면체(C)/길이(L)] : C [Enter↵]

길이지정 : 1000 [Enter↵]

명령 : UCS [Enter↵]

현재 UCS 이름 : 표준

옵션입력 [신규/이동/직교/이전/복원/저장/삭제/적용/?/표준] 〈표준〉 :3P

새로운 원점지정 〈0,0,0〉 :(P0를 클릭)

X-축 양의 구간에 있는 점 지정 :(Px를 클릭)

UCS XY평면의 양의 Y부분에 있는 점 지정 :(Py를 클릭)

명령 : C [Enter↵]

CIRCLE 원에 대한 중심점 지정 또는 [3P/2P/Ttr(점선,점선반지름)] : 주철근부분의 끝을 클릭

원의 반지름 지정 또는 [지름(D)] 〈400.3623〉 : 7.5 [Enter↵]

명령 : EXTRUDE [Enter↵]

현재 와이어 프레임 밀도 : ISOLINES = 4

객체선택 : :(원을 선택)

객체선택 : [Enter↵]

돌출높이 지정 또는 [경로(P)] : P [Enter↵]

돌출 경로선택 또는 [테이퍼 각도(T)] :(PLINE을 선택)

⑦ 3D철근의 배열

명령 : ARRAY [Enter↵]

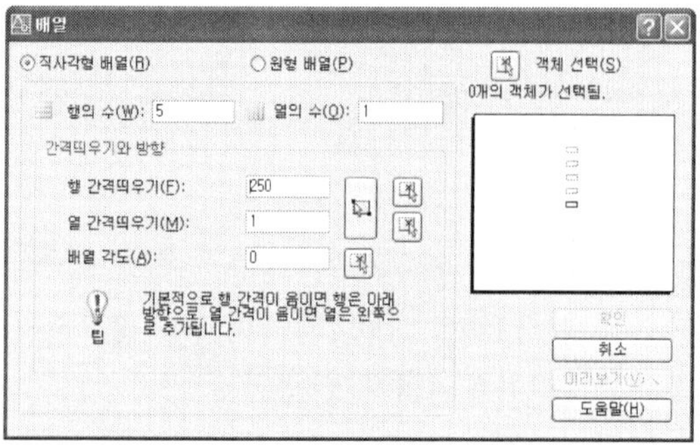

⑧ 표준 좌표계로 전환

명령 : UCS Enter↵**(표준좌표계로 전환)**
현재 UCS 이름 : 이름없음
옵션입력 [신규/이동/직교/이전/복원/저장/삭제/적용/?/표준] 〈표준〉 : W

다음과 같이 3D 옹벽에 3D 철근도면을 결합한다.

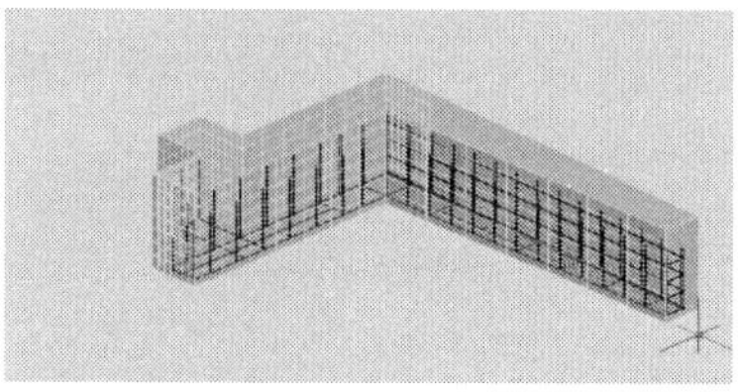

⑨ 기타 3D 철근의 작성

같은 방법으로 나머지 철근을 표현할 수 있으며, 나머지 부분도 같은 방법의 반복으로 완성 할 수 있다.

또한 완성된 후에는 3DORBIT 등으로 관찰할 수 있으며 다음과 같이 뷰를 회전하여 확인할 수 있다.

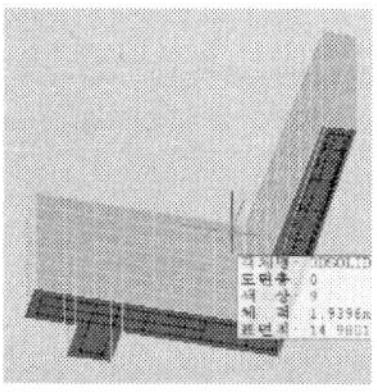

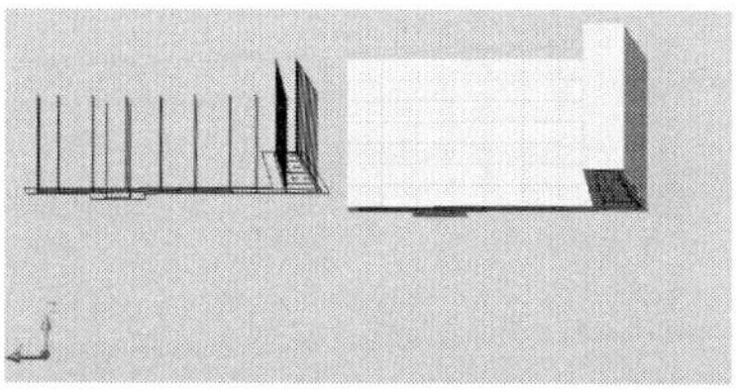

PART 5.

AutoCAD의 실습 (도면 따라하기)

Chapter 01

환경 설정

1.1 정 의

이 책에서 다루는 예제 도면은 주로 토목구조물 도면을 다루었다. 또한 토목구조물의 3차원(입체) 도면을 따라하기에 적용시켜 토목 구조물 도면을 3차원으로 표현하고 싶은 사용자에게 많은 도움이 될 것이다.

이 책의 따라하기를 익히면서 사용자는 실제 도면 작성에서 AutoCAD를 응용하는 방법을 터득하게 될 것이다.

이 책의 따라하기에 명시되는 용어 및 정의되는 도식은 필자가 사용자들에게 이해가 쉽도록 임의로 설정한 것이다. 사용자가 기준 환경의 변경을 원한다면 환경을 수정하여 예제 도면을 작도하여도 무관하다.

1.2 준비하기

도면의 크기

따라하기의 예제 도면은 KS규격에 설정된 A0~A1 용지의 크기를 기준으로 작업을 하였다. 사용자의 임의의 설정에 따라서 용지의 크기와 축척을 변경하여 작업을 할 수 있다.

LAYER, COLOR 설정

따라하기에서는 LAYER를 사용하지 않는다. 도면상의 선의 구별을 색상에 따라서 도면의 형태를 구별한다.

형태	색상(COLOR)
외형선	노란색(YELLOW)
은선, 문자, 치수	녹색(GREEN)
철근	하늘색(CYAN)
치수선, 치수보조선, 기타 자료	빨간색(RED)

치수기입 설정

치수기입(DIM) 변수는 다음과 같이 설정되어 사용되었다. 사용자의 환경에 맞게 변경하여 작업을 하면 된다.

- DIMALTD : 4
- DIMALTTD : 4
- DIMALTU : 8
- DIMASO : 켜기
- DIMASZ : 2.5000
- DIMCEN : 2.5000
- DIMDLI : 3.7500
- DIMEXE : 1.2500
- DIMEXO : 0.6250
- DIMGAP : 0.6250
- DIMTAD : 1
- DIMTIH : 끄기
- DIMTOFL : 켜기
- DIMTOH : 끄기
- DIMTXT : 2.5000
- DIMUNIT : 8
- DIMZIN : 8

Chapter 02

구조물(L형옹벽) 그리기

2.1 외형 단면도 작도

유의사항

도면의 기준점을 중심으로 좌표계를 사용하여 도면을 작도한다(도면의 작도 방법 중에서 가장 기본 방법인 좌표계를 사용하였다).

명 령 어

LINE, 좌표계(극좌표, 상대좌표)

① 마우스를 이용하여 화면에 외형 단면도의 기준점을 지정한다(필자는 외형선에 노란색(YELLOW)을 사용하였다).

Command	: LINE Enter↵
시작점	: 마우스를 이용하여 기준점을 지정한다.

② 상대좌표를 이용하여 pt1점을 지정한다(일반도에서 벽체의 경사값은 1 : 0.02이므로 0.02×4500=90 만큼 좌표점을 지정한다).

다음점 : @90,4500 Enter↵

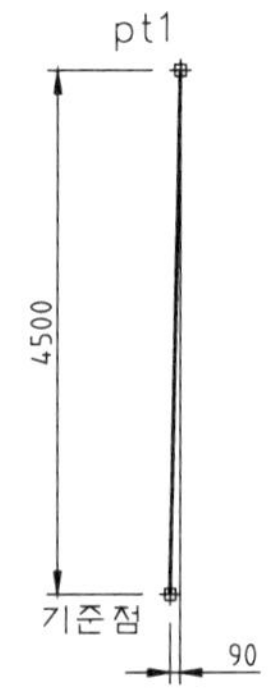

③ 상대좌표를 이용하여 pt2점을 지정한다.

다음점 : @350,0 Enter↵

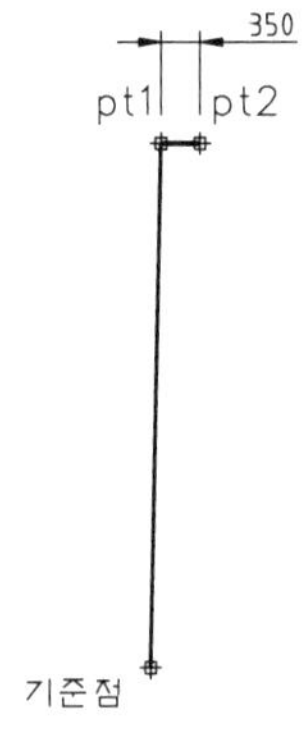

④ 상대좌표를 이용하여 pt3점을 지정한다.

다음점 : @76,-3300 Enter↵

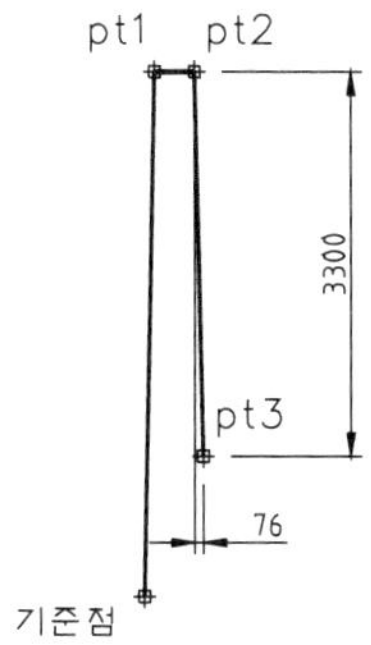

⑤ 상대좌표를 이용하여 pt4점을 지정한다.

다음점 : @500,-500 Enter↵

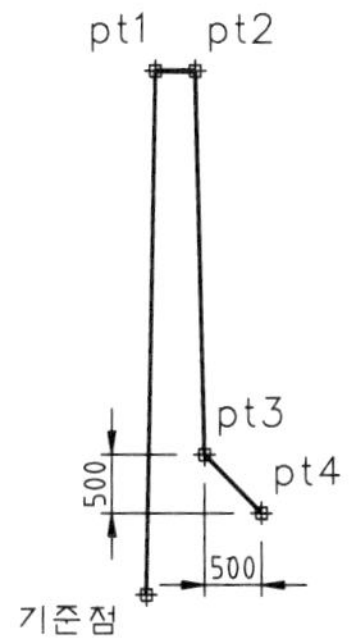

⑥ 상대좌표를 이용하여 pt5점을 지정한다.

다음점 : @3184,-350 Enter↵

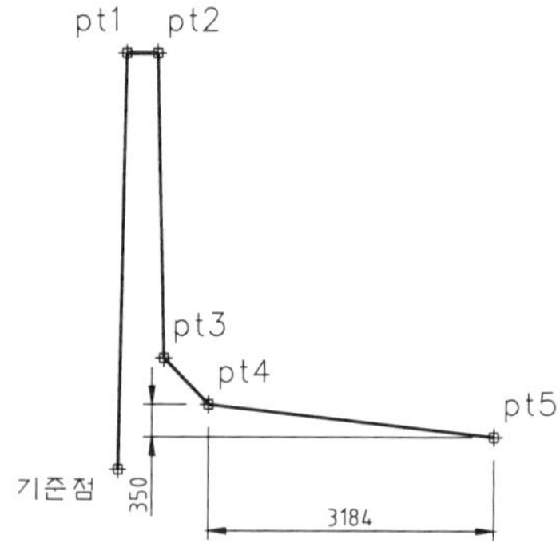

⑦ 상대좌표를 이용하여 pt6점을 지정한다.

다음점 : @0,-350 Enter↵

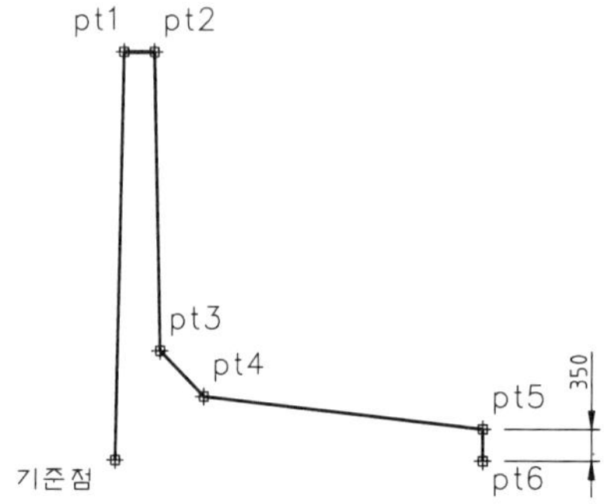

⑧ 상대좌표를 이용하여 pt7점을 지정한다.

다음점 : @-1850,0 Enter↵

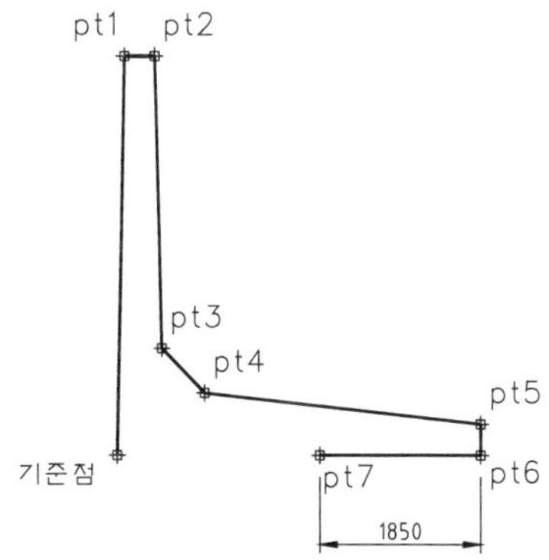

⑨ 상대좌표를 이용하여 pt8점을 지정한다.

다음점 : @0,-650 Enter↵

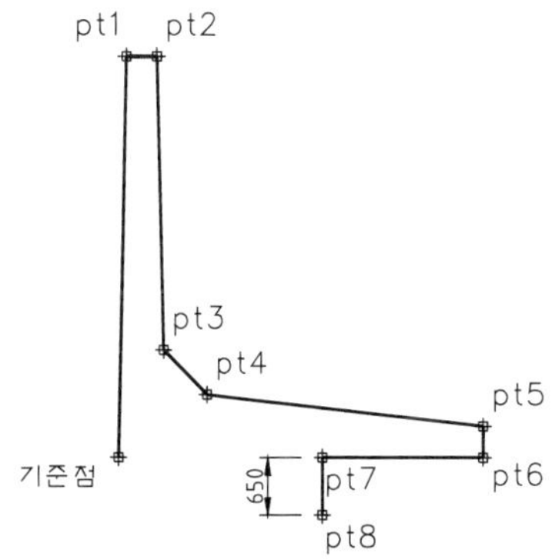

⑩ 상대좌표를 이용하여 pt9점을 지정한다.

다음점 : @-500,0 Enter↵

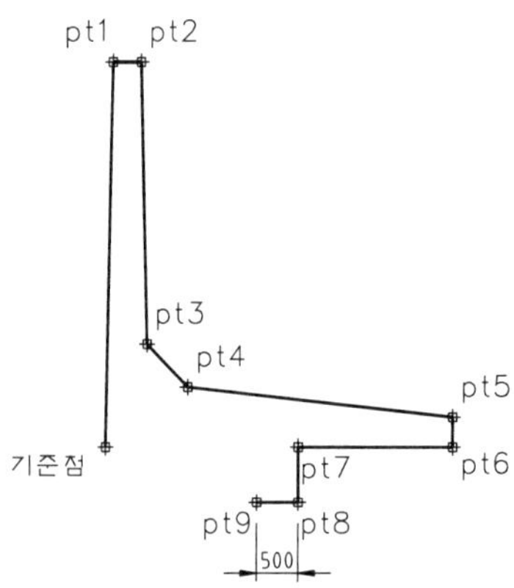

⑪ 상대좌표를 이용하여 pt10점을 지정한다.

다음점 : @0,650 Enter↵

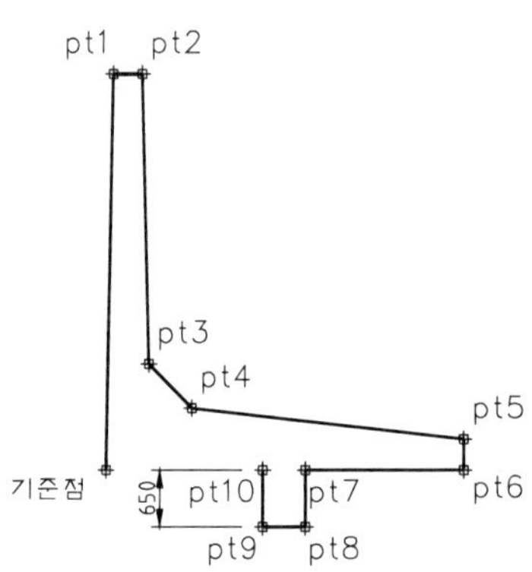

⑫ 상대좌표를 이용하여 pt11점을 지정하여 외형 단면도를 완성한다. 또는 C를 입력하여 선의 처음 시작점으로 연결시킨다.

다음점 : @-1850,0 Enter↵ 또는 다음점 : C Enter↵

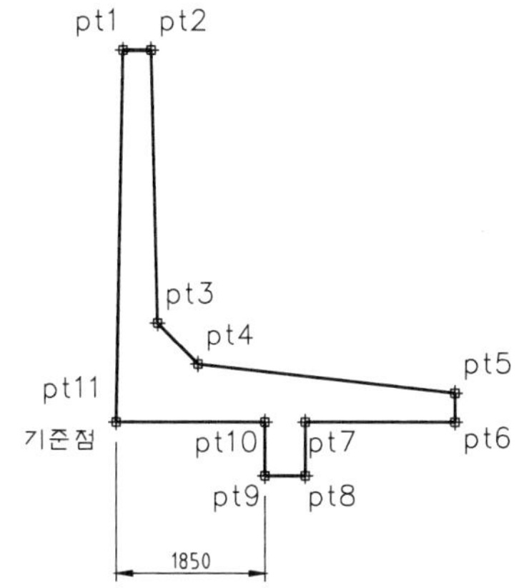

2.2 벽체 배근 단면도 작도

유의사항

외형 단면도를 기준으로 배근 단면도를 작도한다(선택된 객체를 OFFSET을 사용하여 복사한 후 끝단을 FILLET 또는 CHAMFER를 사용하여 처리한다).

명 령 어

OFFSET, FILLET, CHAMFER, LINE, OSNAP

① 외형 단면도를 이용하여 철근을 작도한다(필자는 철근에 하늘색(CYAN)을 사용하였다). ZOOM 기능을 사용하여 외형 단면도를 확대 또는 축소 후 철근을 작도한다.

Command : OFFSET [Enter↵]

간격띄우기 거리 또는 통과(T) : 100 [Enter↵]

간격을 띄울 객체 선택 : 마우스를 이용하여 pt1의 객체를 선택한다.

간격을 띄울 변? : 마우스를 이용하여 pt2의 기준점을 지정한다.

간격을 띄울 객체 선택 : [Enter↵] (명령을 종료한다).

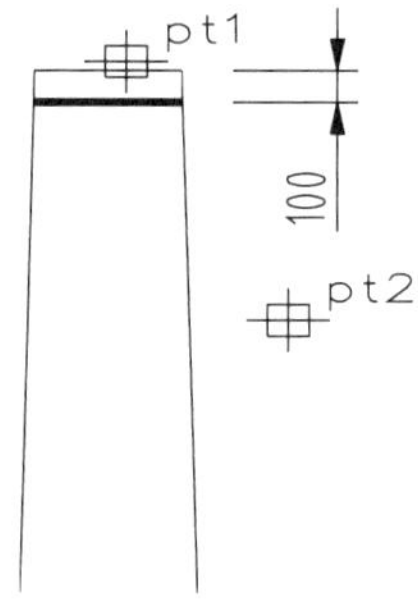

② 철근의 기준점을 설정하기 위해 pt1, pt2의 기준점을 중심으로 가상선을 작도한다.

Command : LINE [Enter↵]

다음점 : END [Enter↵] 마우스를 pt1점을 지정한다(직교 모드 : on)

다음점 : 마우스를 이용하여 pt2점을 지정한다.

다음점 : [Enter↵]

③ 위와 같은 방법을 사용하여 pt3, pt4의 연결되는 선을 작도한다.

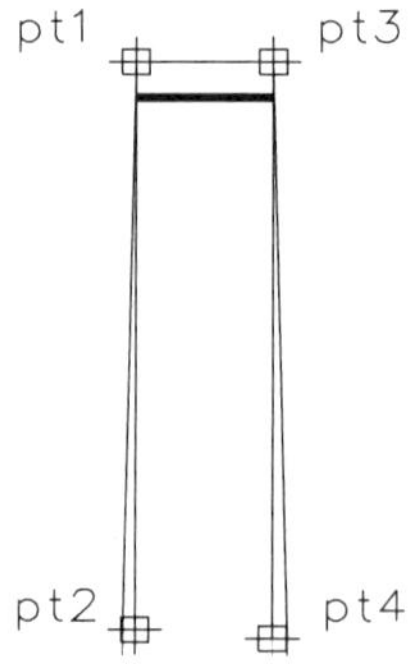

④ OFFSET 명령을 이용하여 철근의 기준점을 설정한다.

Command : OFFSET Enter↵
간격띄우기 거리 또는 통과(T) : 70 Enter↵
간격을 띄울 객체 선택 : 마우스를 이용하여 pt1의 객체를 선택한다.
간격을 띄울 변? : 마우스를 이용하여 pt2의 기준점을 지정한다.
간격을 띄울 객체 선택 : Enter↵ (명령을 종료한다).

⑤ 위와 같은 방법을 사용하여 pt3, pt4의 연결되는 선을 OFFSET한다.

⑥ ERASE 명령을 이용하여 철근의 가상선을 지운다.

Command : ERASE Enter↵
객체 선택 : pt1, pt3 가상선을 지정한다.
객체 선택 : Enter↵

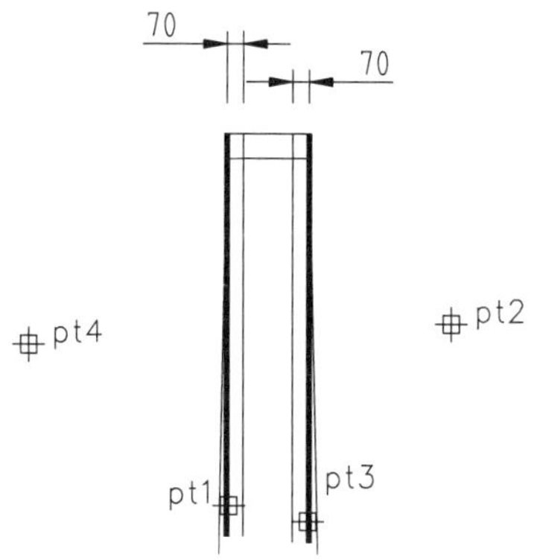

⑦ OFFSET 명령을 이용하여 철근의 기준점을 설정한다.

Command : OFFSET Enter↵
간격띄우기 거리 또는 통과(T) : 4301 Enter↵
간격을 띄울 객체 선택 : 마우스를 이용하여 pt1의 객체를 선택한다.
간격을 띄울 변 : 마우스를 이용하여 pt2의 기준점을 지정한다.
간격을 띄울 객체 선택 : Enter↵ (명령을 종료한다).

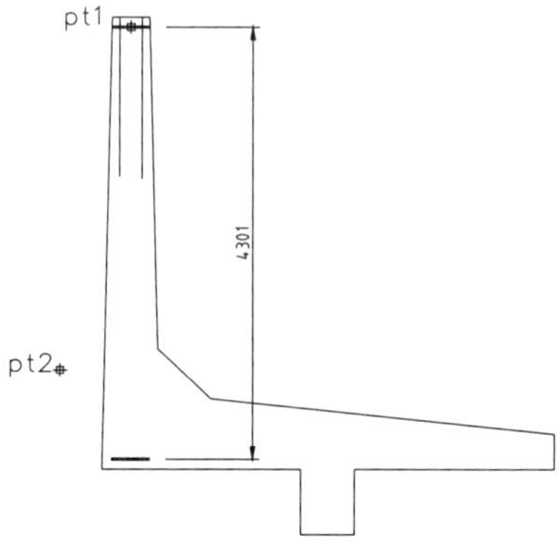

⑧ 철근의 기준점을 설정하기 위해 pt1, pt2의 기준점을 중심으로 가상선을 작도한다.

Command : LINE Enter↵
다음점 : END Enter↵ 마우스를 pt1점을 지정한다.
다음점 : 마우스를 이용하여 pt2점을 지정한다.
다음점 : Enter↵

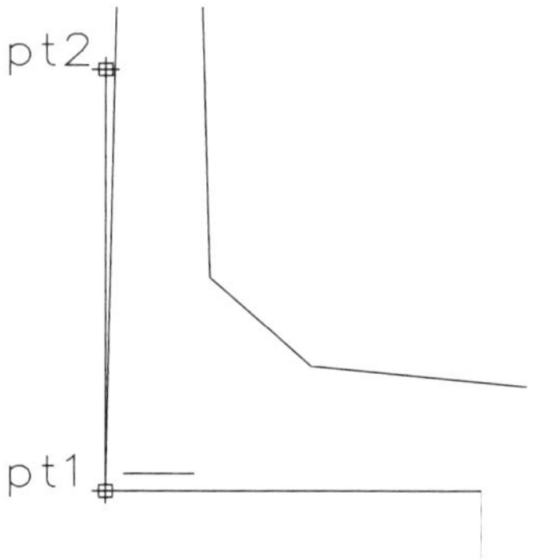

⑨ OFFSET 명령을 이용하여 철근의 기준점을 설정한다.

Command : OFFSET Enter↵
간격띄우기 거리 또는 통과(T) : 70 Enter↵
간격을 띄울 객체 선택 : 마우스를 이용하여 pt1의 객체를 선택한다.
간격을 띄울 변 : 마우스를 이용하여 pt2의 기준점을 지정한다.
간격을 띄울 객체 선택 : Enter↵ (명령을 종료한다).

⑩ ERASE 명령을 이용하여 철근의 가상선을 지운다.

Command : ERASE [Enter↵]

객체 선택 : pt1 가상선을 지정한다.

객체 선택 : [Enter↵]

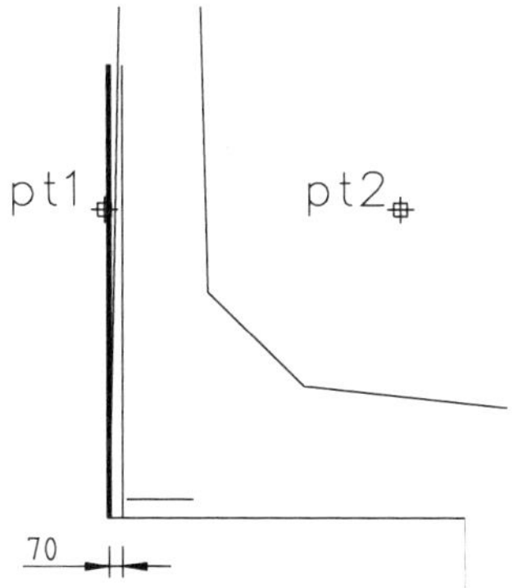

⑪ OFFSET 명령을 이용하여 철근의 기준점을 설정한다.

Command : OFFSET [Enter↵]

간격띄우기 거리 또는 통과(T) : 355 [Enter↵]

간격을 띄울 객체 선택 : 마우스를 이용하여 pt1의 객체를 선택한다.

간격을 띄울 변? : 마우스를 이용하여 pt2의 기준점을 지정한다.

간격을 띄울 객체 선택 : [Enter↵] (명령을 종료한다).

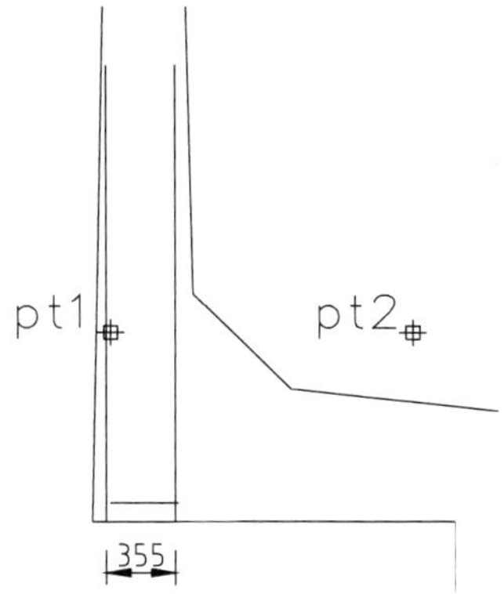

⑫ FILLET 명령을 이용하여 철근의 기준점을 정렬한다.

Command : FILLET Enter↵

(TRIM 모드) 현재 모깎기 반지름 = 10.0000
폴리선(P)/반지름(R)/자르기(T)/〈첫번째 객체 선택〉 : R Enter↵
〈10.0000〉 : 0 Enter↵ (설정값이 0이면 선택한 두 선의 끝점을 연결시킨다).

Command : FILLET Enter↵

폴리선(P)/반지름(R)/자르기(T)/〈첫번째 객체 선택〉 : 마우스를 이용하여 pt1의 객체를 선택한다.
두번째 객체 선택 : 마우스를 이용하여 pt2의 객체를 선택한다.

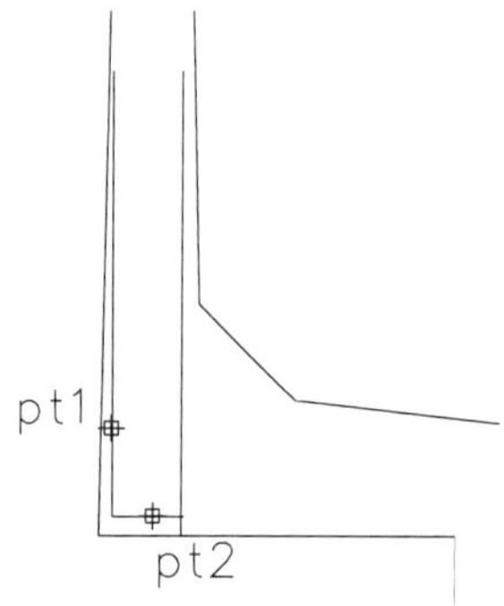

⑬ LINE 명령을 이용하여 기준점을 연결하는 선을 작도한다.

Command : LINE Enter↵

시작점 : INT Enter↵ 마우스를 이용하여 pt1점을 지정한다.
다음점 : INT Enter↵ 마우스를 이용하여 pt2점을 지정한다.
다음점 : Enter↵

⑭ 위와 같은 방법을 사용하여 pt3, pt4의 연결되는 선을 작도한다.

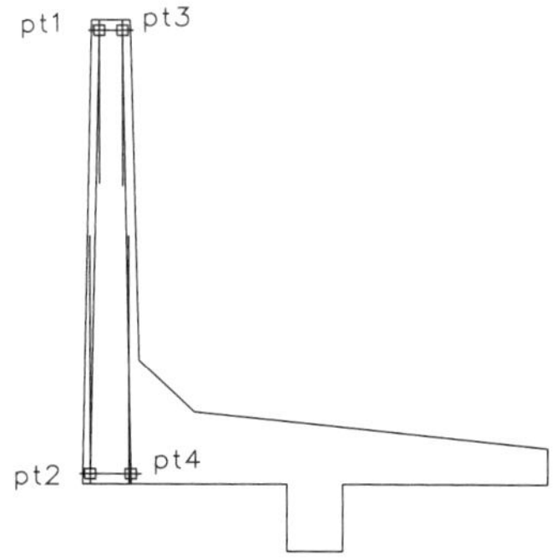

⑮ ERASE 명령을 이용하여 철근의 기준선을 지운다.

Command : ERASE [Enter↵]

객체 선택 : pt1, pt2, pt3, pt4 기준선을 지정한다.
객체 선택 : [Enter↵]

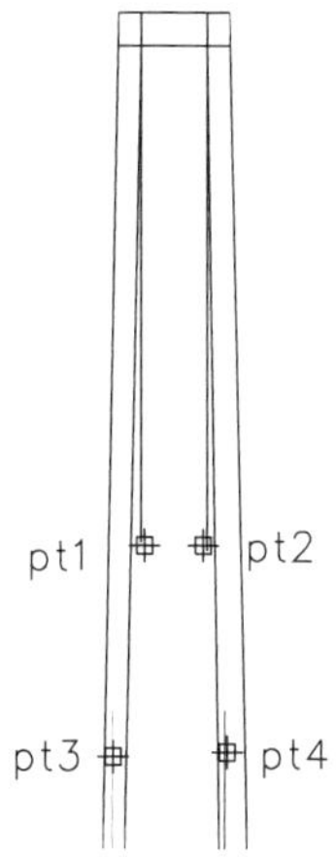

⑯ FILLET 명령을 이용하여 철근의 모서리를 정렬한다.

Command : FILLET [Enter↵]

폴리선(P)/반지름(R)/자르기(T)/〈첫번째 객체 선택〉 : 마우스를 이용하여 pt1의 객체를 선택한다.
두번째 객체 선택 : 마우스를 이용하여 pt2의 객체를 선택한다.

⑰ 위와 같은 방법을 사용하여 pt3, pt4의 연결되는 선과 pt5, pt6의 연결되는 선을 정렬한다.

⑱ 위와 같은 방법을 사용하여 벽체 배근 단면도를 완성시킨다.

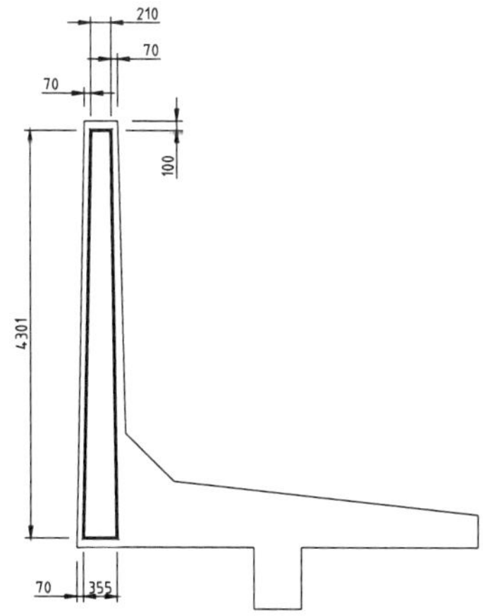

2.3 저판 배근 단면도 작도

유의사항

외형 단면도를 기준으로 저판 배근 단면도를 작도한다(선택된 객체를 OFFSET을 사용하여 복사한 후 끝단을 FILLET 또는 CHAMFER를 사용하여 처리한다).

명 령 어

OFFSET, FILLET, CHAMFER, LINE, OSNAP

외형 단면도를 이용하여 철근을 작도한다(필자는 철근에 하늘색(CYAN)을 사용하였다).
ZOOM 기능을 사용하여 외형 단면도를 확대 또는 축소 후 철근을 작도한다.
벽체 배근 단면도 작도 방법과 같은 방법으로 저판 배근 단면도를 작도한다.

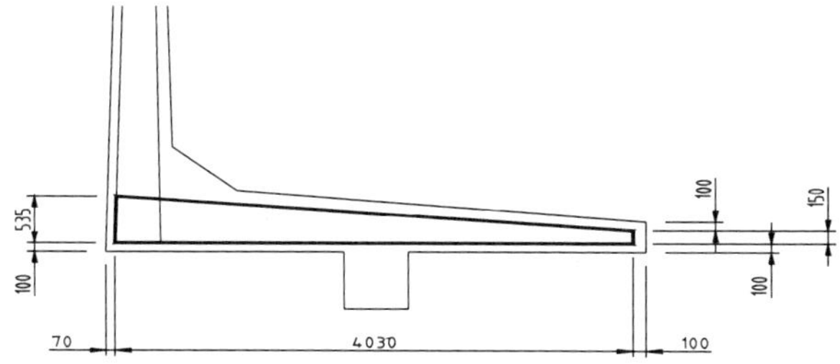

2.4 돌출부 단면도 작도

유의사항

외형 단면도를 기준으로 돌출부 단면도를 작도한다(선택된 객체를 OFFSET을 사용하여 복사한 후 끝단을 FILLET 명령을 사용하여 처리한다).

명 령 어

OFFSET, FILLET, LINE, OSNAP

① 외형 단면도를 이용하여 철근을 작도한다(필자는 철근에 하늘색(CYAN)을 사용하였다). ZOOM 기능을 사용하여 외형 단면도를 확대 또는 축소 후 철근을 작도한다.

② OFFSET 명령을 이용하여 철근의 기준점을 설정한다.

Command : OFFSET Enter↵
간격띄우기 거리 또는 통과(T) : 100 Enter↵
간격을 띄울 객체 선택 : 마우스를 이용하여 pt1의 객체를 선택한다.
간격을 띄울 변? : 마우스를 이용하여 pt2의 기준점을 지정한다.
간격을 띄울 객체 선택 : Enter↵ (명령을 종료한다).

③ 위와 같은 방법을 사용하여 pt3, pt4의 선을 OFFSET한다.

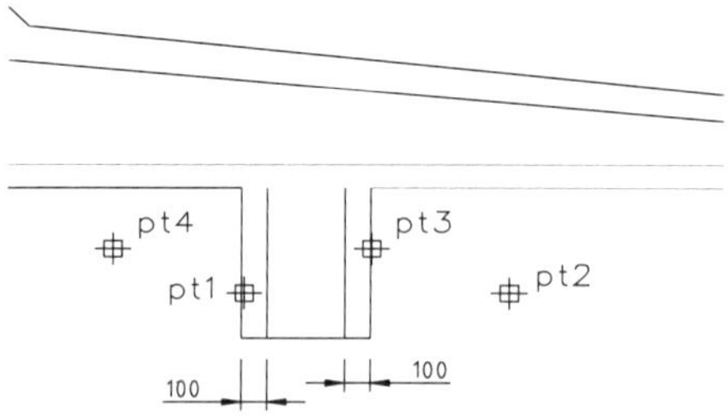

④ OFFSET 명령을 이용하여 철근의 기준점을 설정한다.

Command : OFFSET Enter↵

간격띄우기 거리 또는 통과(T) : 100 Enter↵
간격을 띄울 객체 선택 : 마우스를 이용하여 pt1의 객체를 선택한다.
간격을 띄울 변 : 마우스를 이용하여 pt2의 기준점을 지정한다.
간격을 띄울 객체 선택 : Enter↵ (명령을 종료한다).

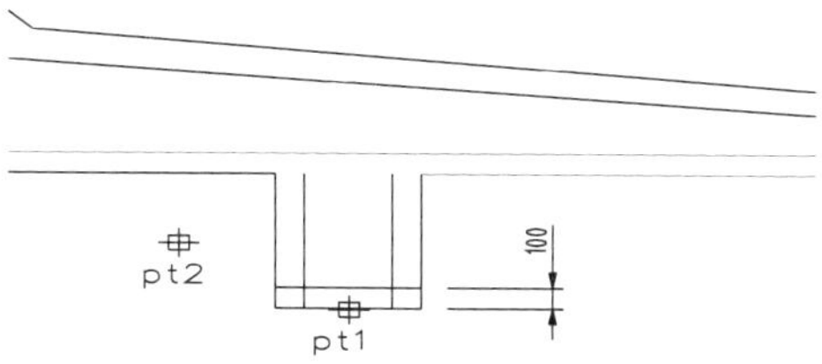

⑤ FILLET 명령을 이용하여 철근의 모서리를 정렬한다(반지름 값이 0이어야 한다).

Command : FILLET Enter↵

폴리선(P)/반지름(R)/자르기(T)/〈첫번째 객체 선택〉 : 마우스를 이용하여 pt1의 객체를 선택한다.
두번째 객체 선택 : 마우스를 이용하여 pt2의 객체를 선택한다.

⑥ 위와 같은 방법을 사용하여 pt3, pt4의 연결되는 선을 정렬한다.

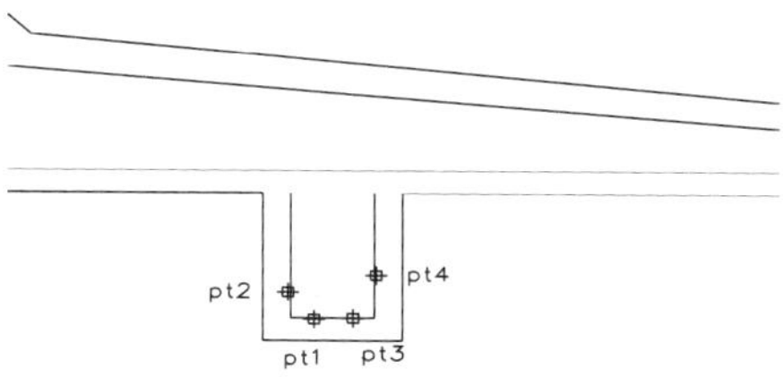

⑦ EXTEND 명령을 이용하여 철근의 모서리를 연장한다.

Command : EXTEND Enter↵

경계 모서리 선택 : (투영 모드 = 뷰, 모서리 모드 = 연장 안함) : 마우스를 이용하여 pt1의 객체를 선택 후 Enter↵
〈연장할 객체 선택〉/투영(P)/모서리(E)/명령 취소(U) : 마우스를 이용하여 pt2의 객체를 선택한다.
〈연장할 객체 선택〉/투영(P)/모서리(E)/명령 취소(U) : 마우스를 이용하여 pt3의 객체를 선택한다. Enter↵

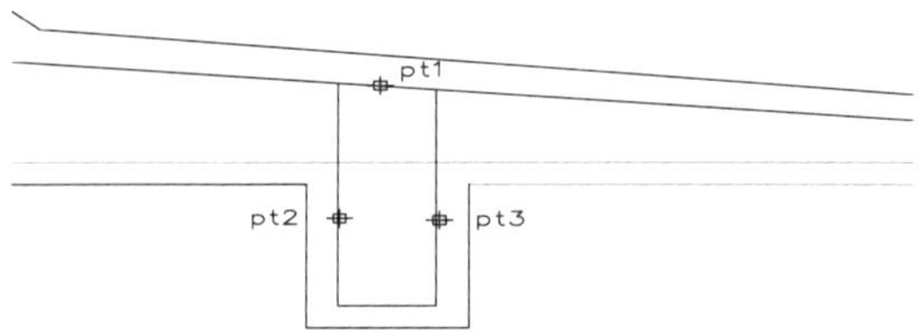

2.5 헌치의 단면도 작도

유의사항

외형 단면도를 기준으로 헌치의 단면도를 작도한다(선택된 객체를 OFFSET을 사용하여 기준점을 설정 후 철근을 작도한다).

명 령 어

OFFSET, LINE, OSNAP, ERASE

① ZOOM 기능을 사용하여 외형 단면도를 확대 또는 축소 후 철근을 작도한다.

② 도면의 기준점과 헌치의 길이 1855를 이용하여 헌치의 길이를 계산한다.

$\frac{1855\sqrt{2}}{2}=1312$, 경사 설정값 2% 적용시켜 $1312\times0.02=26$

기준점에서 수평으로 1312+26=1338 만큼 떨어진 기준점을 지정한다.

③ OFFSET 명령을 이용하여 철근의 기준점을 설정한다.

Command : OFFSET Enter↵

간격띄우기 거리 또는 통과(T) : 1312 Enter↵

간격을 띄울 객체 선택 : 마우스를 이용하여 pt1의 객체를 선택한다.

간격을 띄울 변? : 마우스를 이용하여 pt2의 기준점을 지정한다.

간격을 띄울 객체 선택 : Enter↵ (명령을 종료한다).

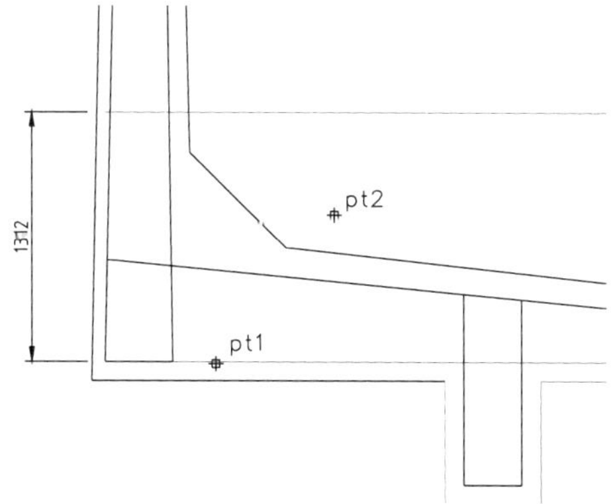

④ COPY 명령을 이용하여 철근의 기준점을 설정한다.

Command : COPY Enter↵

객체 선택 : 마우스를 이용하여 pt1의 객체를 선택한다. Enter↵

〈기준점 또는 변위〉/다중(M) : 마우스를 이용하여 pt1점을 지정한다.

변위의 두번째 점 : @1338,0 Enter↵

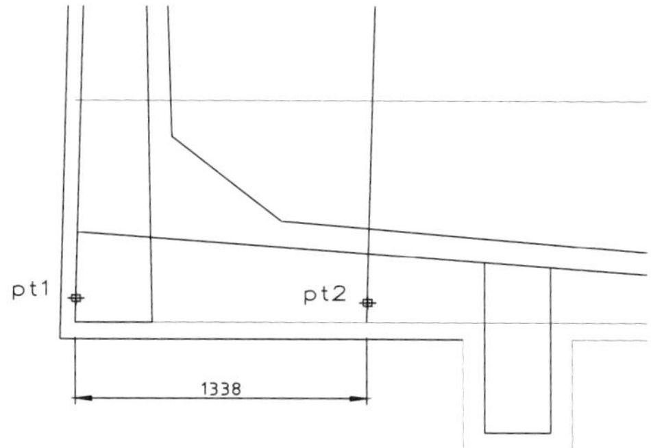

⑤ LINE 명령을 이용하여 기준점을 연결하는 선을 작도한다.

Command : LINE Enter↵

시작점 : INT Enter↵ 마우스를 이용하여 pt1점을 지정한다.

다음점 : INT Enter↵ 마우스를 이용하여 pt2점을 지정한다.

다음점 : Enter↵

⑥ ERASE 명령을 이용하여 필요없는 가상선을 지운다.

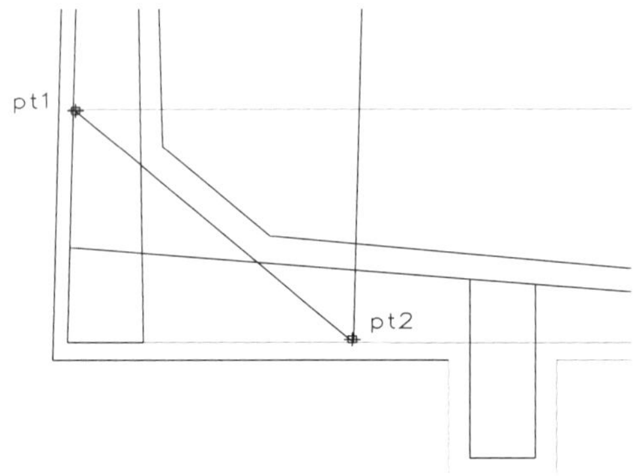

2.6 단면도 철근 배근 작도

유의사항

외형 단면도를 기준으로 철근 배근 단면도를 작도한다(철근을 작도 후 ARRAY 명령을 사용하여 다중 배열한다).

명 령 어

CIRCLE, ARRAY

① ZOOM 기능을 사용하여 외형 단면도를 확대 또는 축소 후 철근을 작도한다. 원형 철근의 작도에서 제도박사의 원형 철근 삽입 기능을 사용하면 쉽게 작도할 수 있다.

② 원형 철근의 배열을 위해 SNAP 명령을 사용하여 기울기 각도를 설정한다.

Command : SNAP Enter↵

스냅 간격 또는 켜기(ON)/끄기(OFF)/종횡비(A)/회전(R)/유형(S) 〈28.0000〉 : R Enter↵

기준점 〈0.0000,0.0000,0.0000〉 : INT Enter↵ 마우스를 이용하여 pt1점을 지정한다.

회전 각도 〈0〉 : INT Enter↵ 마우스를 이용하여 pt1점을 지정한다.

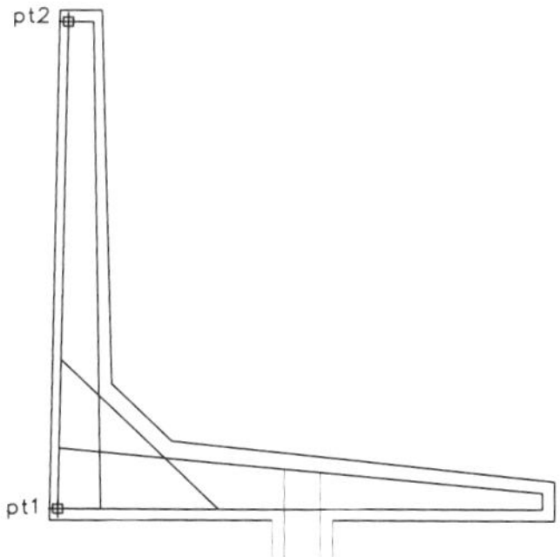

③ CIRCLE 명령을 사용하여 원형 철근을 작도한다(사용자에 따라 원형 철근을 DONUT 명령을 사용하여 작도하여도 상관없다).

Command : CIRCLE [Enter↵]

3점(3P)/2점(2P)/두접선과 반지름(T)/〈중심점〉 : 2P [Enter↵]
지름상의 첫번째 점 : END [Enter↵] 마우스를 이용하여 pt1점을 지정한다.
지름상의 두번째 점 : @32〈180

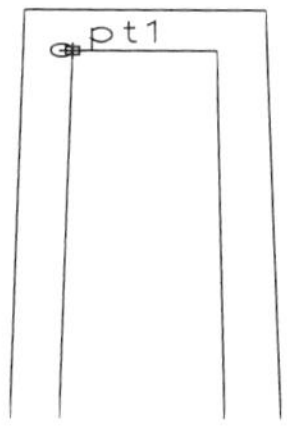

④ ARRAY 명령을 사용하여 원형 철근을 다중 배열한다.

Command : ARRAY [Enter↵]

객체 선택 : 원형 철근을 선택한다.
직사각형 또는 원형 배열(〈R〉/P) : R [Enter↵]
행 수(---) 〈1〉 : [Enter↵]
열 수(|||) 〈1〉 : 19 [Enter↵]
열 사이의 거리 (|||) : -200 [Enter↵]

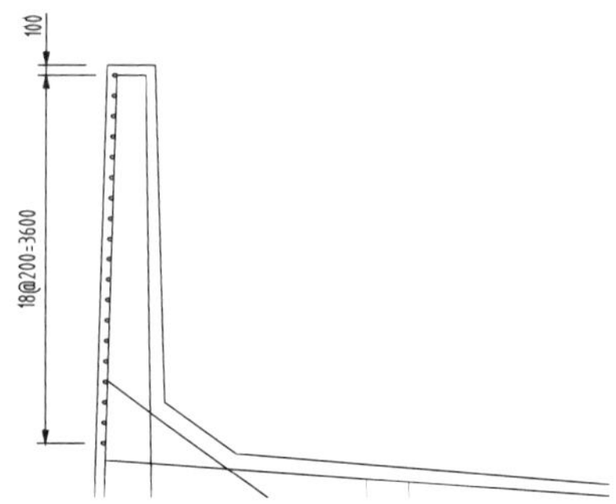

⑤ 같은 방법으로 SNAP, ARRAY 명령을 사용하여 반대편 원형 철근을 작도한다.

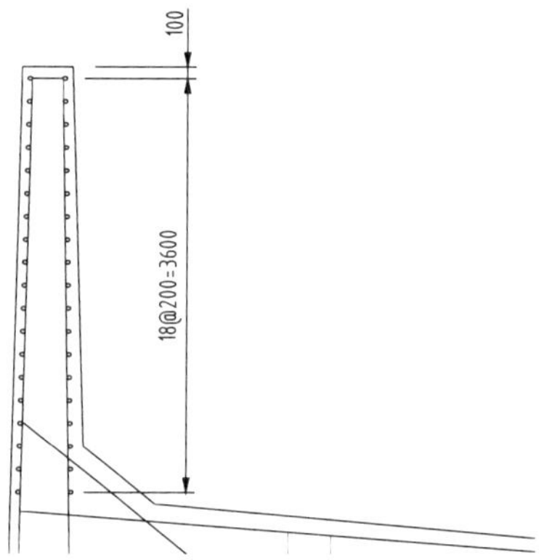

2.7 스페이서 철근 작도

유의사항

외형 단면도를 기준으로 스페이서 철근을 작도한다(OFFSET을 사용하여 철근을 작도 후 EXTEND 명령을 사용하여 철근의 끝선을 처리한다).

명 령 어

OFFSET, EXTEND, CHPROP

① OFFSET 명령을 이용하여 스페이서 철근을 작도한다.

Command : OFFSET [Enter↵]

간격띄우기 거리 또는 통과(T) : 1100 [Enter↵]

간격을 띄울 객체 선택 : 마우스를 이용하여 pt1의 객체를 선택한다.

간격을 띄울 변 : 마우스를 이용하여 pt2의 기준점을 지정한다.

간격을 띄울 객체 선택 : [Enter↵] (명령을 종료한다).

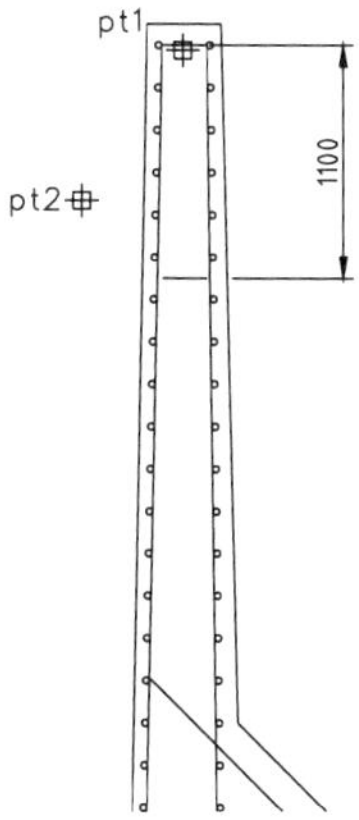

② 같은 방법으로 OFFSET 명령을 사용하여 스페이서 철근을 작도한다.

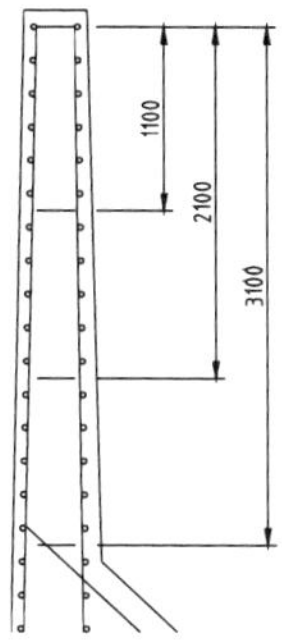

③ EXTEND 명령을 이용하여 스페이서 철근을 연장한다.

Command : EXTEND [Enter↵]

경계 모서리 선택 : (투영 모드 = 뷰, 모서리 모드 = 연장 안함) : 마우스를 이용하여 pt1, pt2 철근을 선택한다. [Enter↵]

〈연장할 객체 선택〉/투영(P)/모서리(E)/명령 취소(U) : pt3, pt4, pt5, pt6, pt7, pt8 철근을 선택한다.

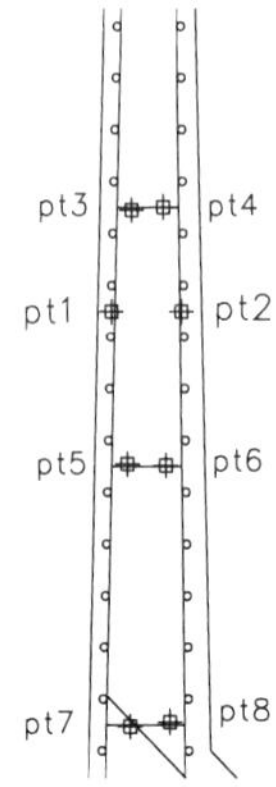

④ CHPROP 명령을 이용하여 스페이서 철근의 선유형을 점선으로 변경한다.

Command : CHPROP Enter↵
객체 선택 : 마우스를 이용하여 pt1 스페이서 철근을 선택한다. Enter↵
변경할 특성 (색상(C)/도면층(LA)/선종류(LT)/선종류 축척(S)/두께(T))? LT Enter↵
새 선종류 〈BYLAYER〉 : HIDDEN Enter↵
변경할 특성 (색상(C)/도면층(LA)/선종류(LT)/선종류 축척(S)/두께(T))? Enter↵

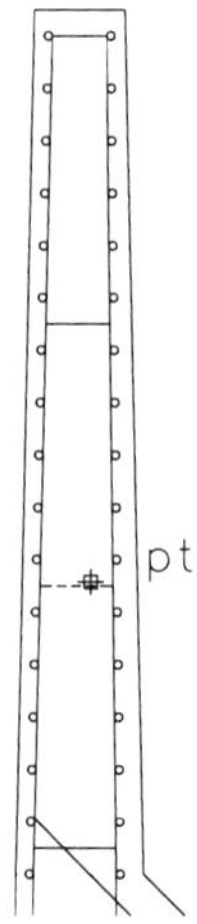

2.8 저판 철근 배근 작도

유의사항

철근 배근 도면을 기준으로 저판 철근을 작도한다(원형 철근의 작도와 배열을 한다).

명 령 어

OFFSET, ARRAY, DRAWCP

① 원형 철근을 삽입한다.

Command : DRAWCP

작도 위치 선택 : INT [Enter↵]
마우스를 이용하여 pt1점을 지정한다.
기준점을 지정하면 화면에 위치 지정 상자가 표시된다.
철근의 위치를 지정하면 된다.

② 같은 방법으로 pt2의 원형 철근을 작도한다.

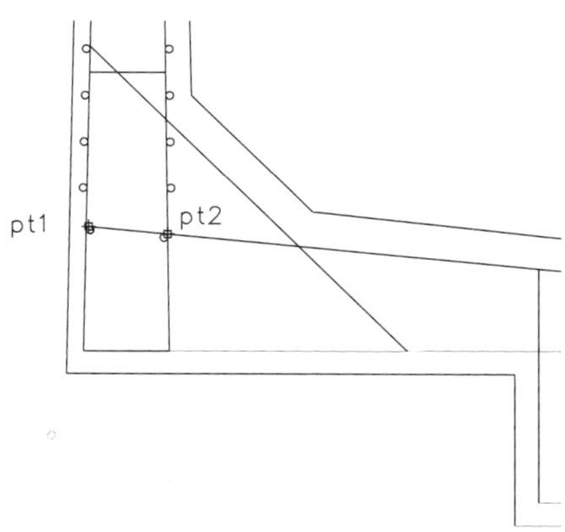

③ 철근의 기준점을 설정하기 위해 pt1, pt2의 기준점을 중심으로 가상선을 작도한다.

Command : LINE [Enter↵]

다음점 : INT [Enter↵] 마우스를 pt1점을 지정한다.
다음점 : 마우스를 이용하여 pt2점을 지정한다(ORTHO MODE = ON).
다음점 : [Enter↵]

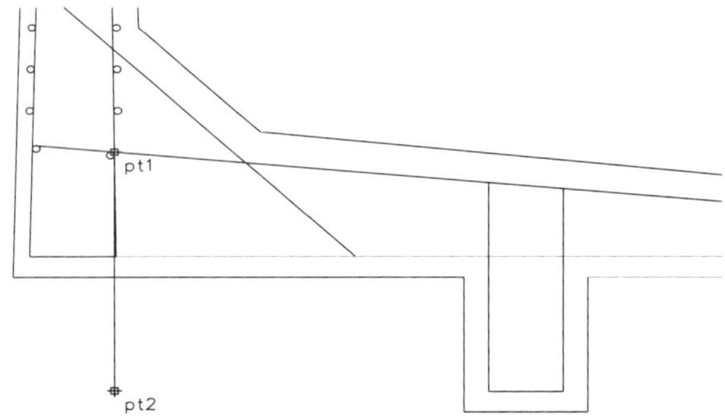

④ OFFSET 명령을 이용하여 원형 철근의 기준점을 지정한다.

Command : OFFSET Enter↵

간격띄우기 거리 또는 통과(T) : 102 Enter↵

간격을 띄울 객체 선택 : 마우스를 이용하여 pt1의 객체를 선택한다.

간격을 띄울 변? : 마우스를 이용하여 pt2의 기준점을 지정한다.

간격을 띄울 객체 선택 : Enter↵ (명령을 종료한다).

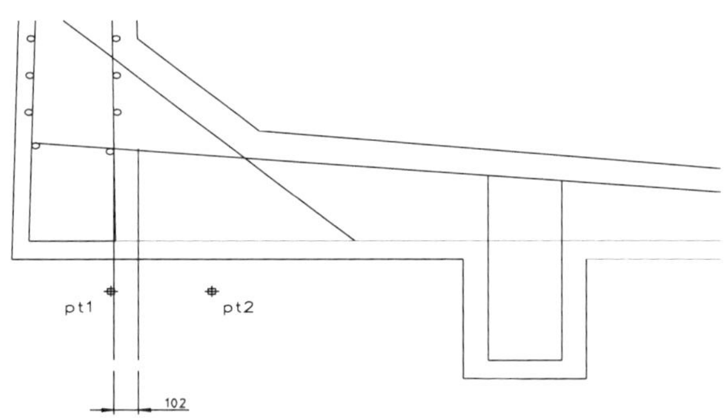

⑤ ARRAY 명령을 사용하여 원형 철근의 기준선을 다중 배열한다.

Command : ARRAY Enter↵

객체 선택 : pt1 원형 철근을 선택한다.

직사각형 또는 원형 배열 (〈R〉/P) : R Enter↵

행 수(---) 〈1〉 : Enter↵

열 수(|||) 〈1〉 : 6 Enter↵

열 사이의 거리 (|||) : 250 Enter↵

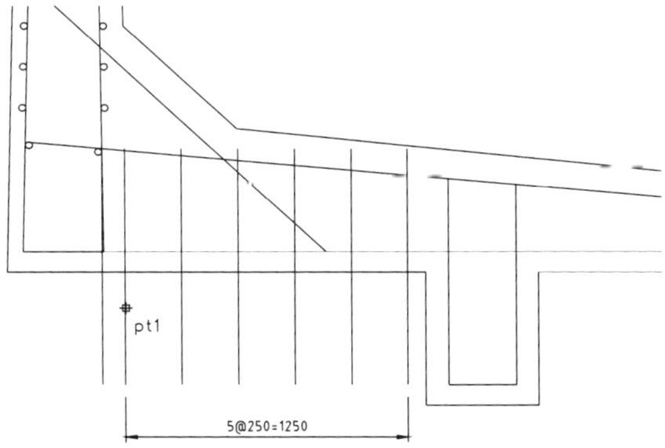

⑥ 원형 철근을 삽입한다.

Command : DRAWCP

작도 위치 선택 : INT Enter↵ 마우스를 이용하여 pt1점을 지정한다.
기준점을 지정하면 화면에 위치 지정 상자가 표시된다.
철근의 위치를 지정하면 된다.

⑦ 같은 방법으로 pt2에서 pt6의 원형 철근을 작도한다.

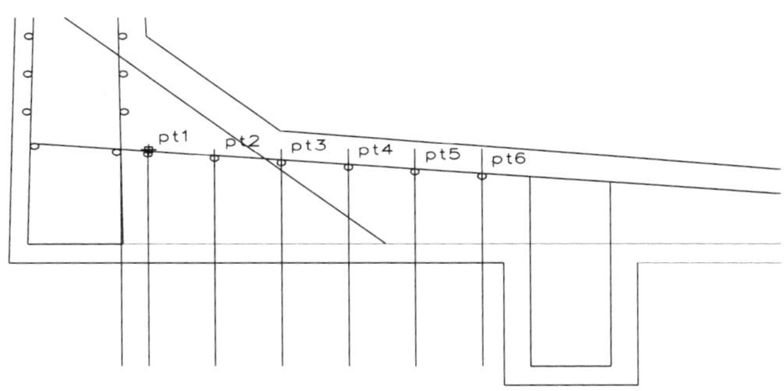

⑧ 원형 철근을 삽입 후 ERASE 명령을 사용하여 기준선을 삭제한다.

⑨ 원형 철근을 삽입한다.

Command : DRAWCP

작도 위치 선택 : INT Enter↵ 마우스를 이용하여 pt1점을 지정한다.
기준점을 지정하면 화면에 위치 지정 상자가 표시된다.
철근의 위치를 지정하면 된다.

⑩ 같은 방법으로 pt2의 원형 철근을 작도한다.

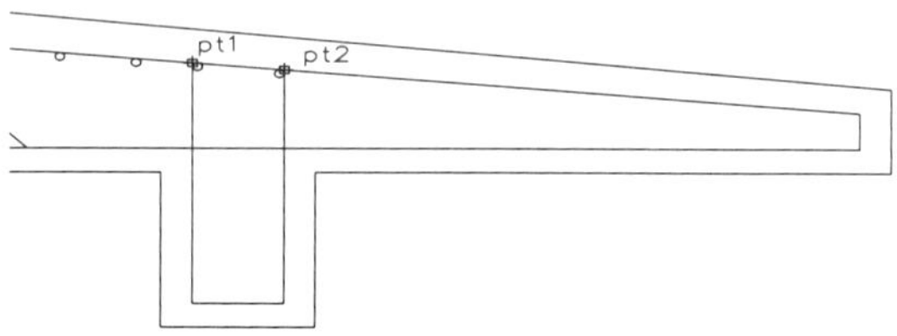

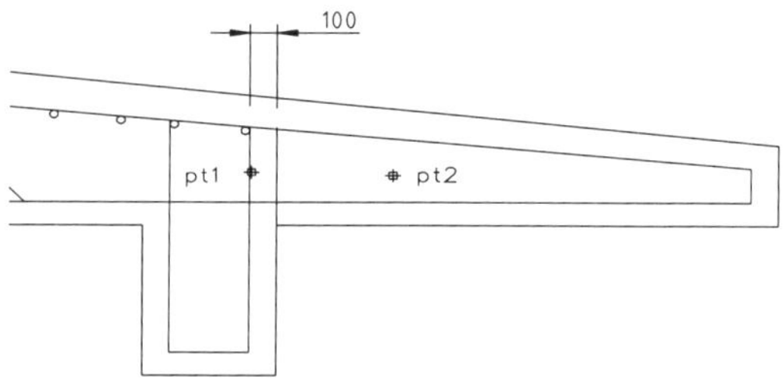

⑪ OFFSET 명령을 이용하여 원형 철근의 기준점을 지정한다.

Command : OFFSET [Enter↵]

간격띄우기 거리 또는 통과(T) : 100 [Enter↵]

간격을 띄울 객체 선택 : 마우스를 이용하여 pt1의 객체를 선택한다.

간격을 띄울 변? : 마우스를 이용하여 pt2의 기준점을 지정한다.

간격을 띄울 객체 선택 : [Enter↵] (명령을 종료한다).

⑫ ARRAY 명령을 사용하여 원형 철근의 기준선을 다중 배열한다.

Command : ARRAY [Enter↵]

객체 선택 : pt1 원형 철근을 선택한다.

직사각형 또는 원형 배열 (〈R〉/P) : R [Enter↵]

행 수(---) 〈1〉 : [Enter↵]

열 수(|||) 〈1〉 : 7 [Enter↵]

열 사이의 거리 (|||) : 250 [Enter↵]

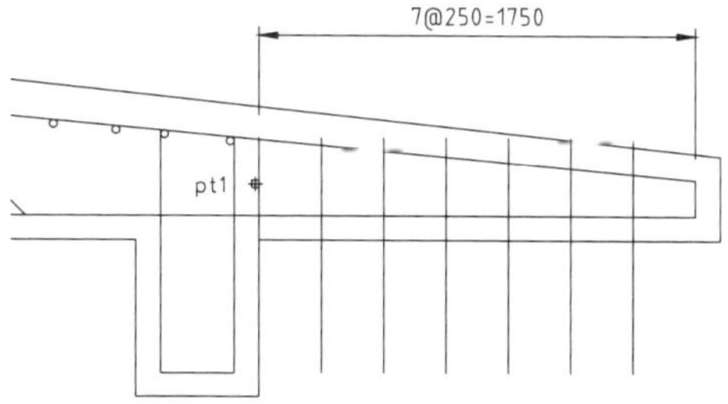

⑬ 원형 철근을 삽입한다.

Command : DRAWCP

작도 위치 선택 : INT Enter↵ 마우스를 이용하여 pt1점을 지정한다.
기준점을 지정하면 화면에 위치 지정 상자가 표시된다.
철근의 위치를 지정하면 된다.

⑭ 같은 방법으로 pt2~pt8의 원형 철근을 작도한다.

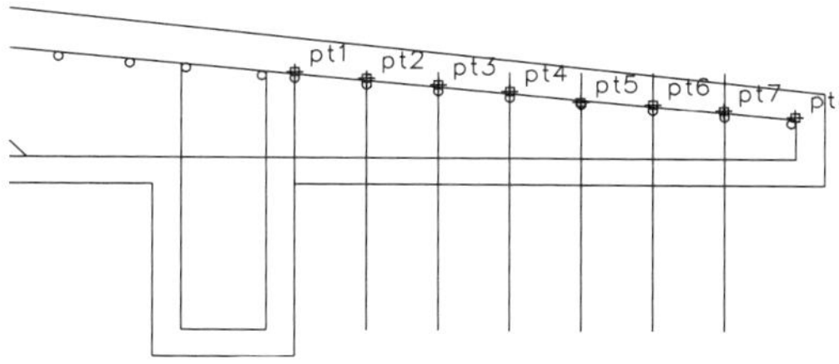

⑮ 위와 같은 방법으로 하면 철근 배근도를 작도한다.

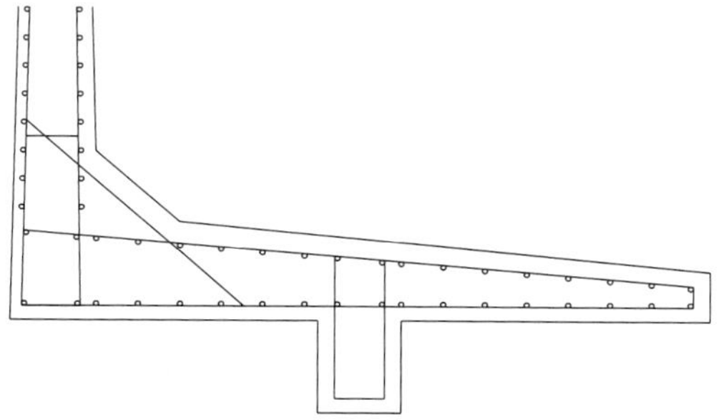

2.9 돌출부 철근 배근 작도

유의사항

철근 배근 도면을 기준으로 돌출부 철근을 작도한다(원형 철근의 작도와 배열을 한다).

명 령 어

DRAWCP, ARRAY

① 원형 철근을 삽입한다.

Command : DRAWCP

작도 위치 선택 : INT Enter↵ 마우스를 이용하여 pt1점을 지정한다.
기준점을 지정하면 화면에 위치 지정 상자가 표시된다.
철근의 위치를 지정하면 된다.

② 같은 방법으로 pt2의 원형 철근을 작도한다.

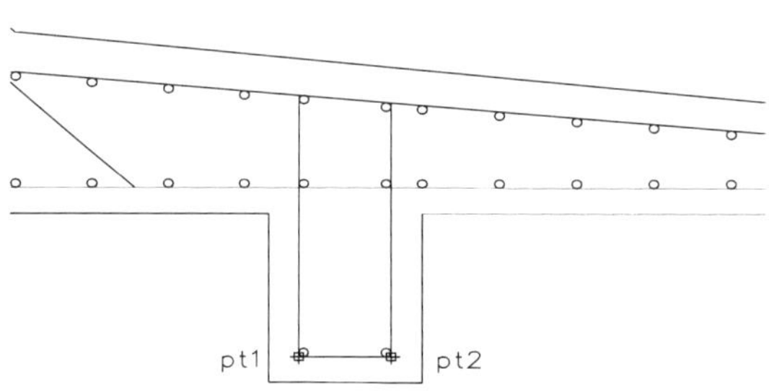

③ ARRAY 명령을 사용하여 원형 철근의 기준선을 다중 배열한다.

Command : ARRAY Enter↵

객체 선택 : pt1, pt2 원형 철근을 선택한다.
직사각형 또는 원형 배열 (〈R〉/P) : R Enter↵
행 수(---) 〈1〉 : 3 Enter↵
열 수(|||) 〈1〉 : Enter↵
열 사이의 거리 (|||) : 250 Enter↵

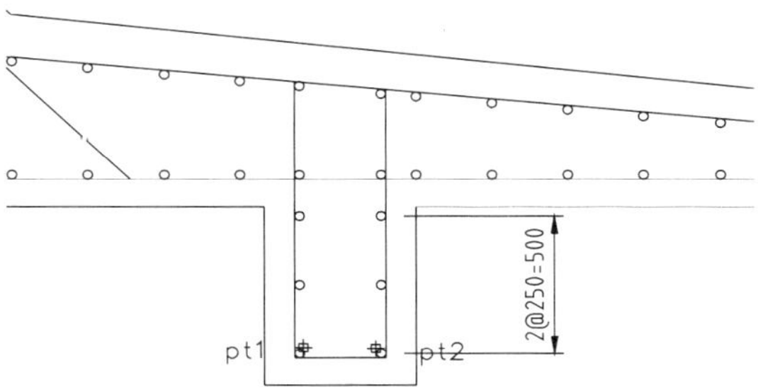

2.10 저판 스페이서 철근 작도

유의사항

철근 배근 도면을 기준으로 스페이서 철근을 작도한다(원형 철근의 스페이서를 작도 한다).

명 령 어

DRII, CHPROP

① 원형 철근의 스페이서를 작도한다.

Command : DRII

철근1 작도 원 요소 선택 : QUA Enter↵ 마우스를 이용하여 pt1점을 지정한다.
철근2 작도 원 요소 선택 : QUA Enter↵ 마우스를 이용하여 pt2점을 지정한다.
작도 위치 선택 : 마우스를 이용하여 pt3점을 지정한다(철근의 방향을 지정한다).

② 위와 같은 방법으로 스페이서 철근을 작도한다.

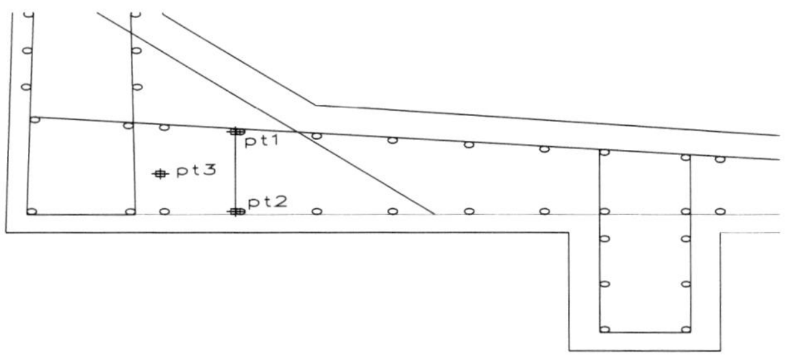

③ 위와 같은 방법으로 스페이서 철근을 작도한다.

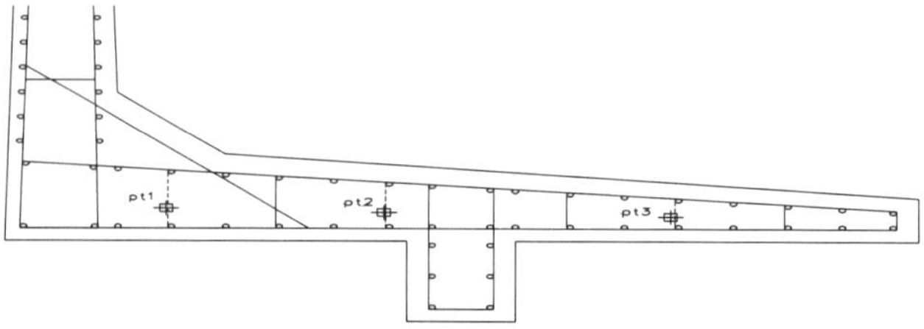

④ CHPROP 명령을 이용하여 스페이서 철근의 선유형을 점선으로 변경한다.

Command : CHPROP [Enter↵]

객체 선택 : 마우스를 이용하여 pt1 스페이서 철근을 선택한다. [Enter↵]
변경할 특성 (색상(C)/도면층(LA)/선종류(LT)/선종류 축척(S)/두께(T))?
LT [Enter↵]
새 선종류 〈BYLAYER〉 : HIDDEN [Enter↵]
변경할 특성 (색상(C)/도면층(LA)/선종류(LT)/선종류 축척(S)/두께(T))? [Enter↵]

2.11 정면도(벽체) 작도

유의사항

외형 단면도를 기준으로 정면도를 작도한다(외형 단면도의 상관선을 이용하여 벽체를 작도한다).

명 령 어

LINE, TRIM, OFFSET

① LINE 명령을 사용하여 정면도의 기준선을 작도한다.

Command : LINE [Enter↵]

시작점 : INT [Enter↵] 마우스를 이용하여 pt1점을 지정한다.
다음점 : 마우스를 이용하여 pt2점을 지정한다(ORTHO MODE = ON)
다음점 : [Enter↵]

② 위와 같은 방법으로 나머지 기준선을 작도한다.

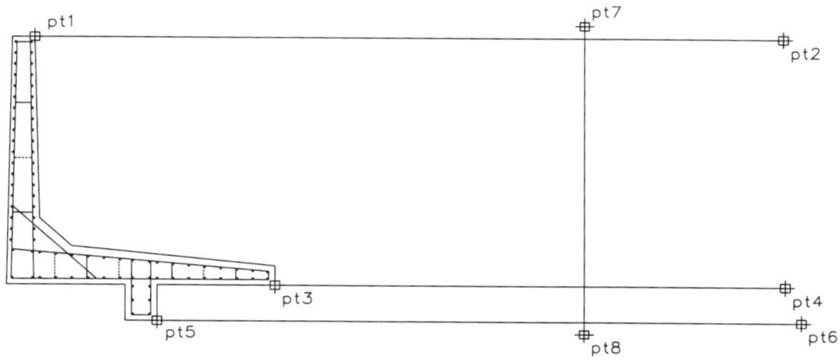

③ OFFSET 명령을 이용하여 정면도의 형태를 작도한다.

Command : OFFSET [Enter↵]

간격띄우기 거리 또는 통과(T) : 1000 [Enter↵]

간격을 띄울 객체 선택 : 마우스를 이용하여 pt1의 객체를 선택한다.

간격을 띄울 변? : 마우스를 이용하여 pt2의 기준점을 지정한다.

간격을 띄울 객체 선택 : [Enter↵] (명령을 종료한다).

④ 위와 같은 방법으로 나머지 윤곽선을 작도한다.

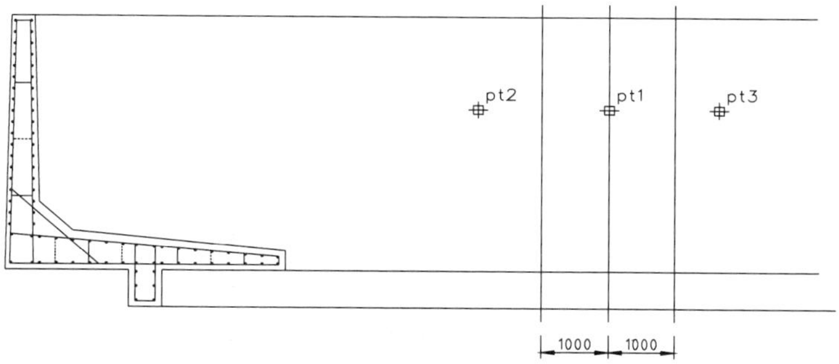

⑤ TRIM 명령을 이용하여 정면도의 모서리를 정렬한다.

Command : TRIM [Enter↵]
자르기할 모서리 선택 : (투영 모드 = 뷰, 모서리 모드 = 연장 안함)
객체 선택 : [Enter↵]
〈자를 객체 선택〉/투영(P)/모서리(E)/명령 취소(U) : pt1 ~ pt12 객체를 지정한다.

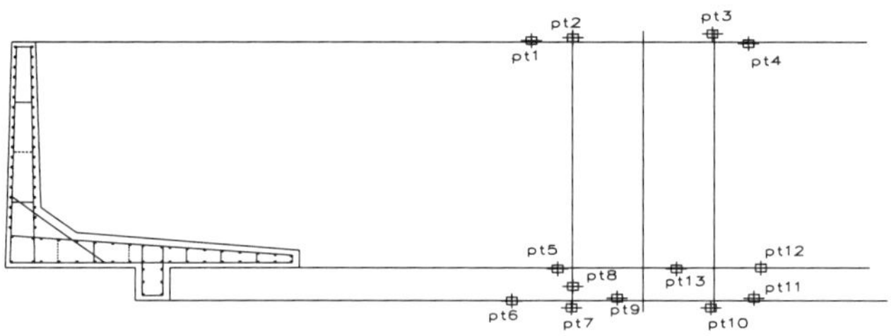

2.12 벽체의 전면 작도

유의사항

벽체의 전면을 작도한다(외형 단면도의 원형 철근을 이용하여 벽체를 작도한다).

명 령 어

DRAWCL, DRAWI2, TRIM, ARRAY

① DRAWCL 명령을 이용하여 벽체의 전면을 작도한다.

Command : DRAWCL [Enter↵]
철근 원의 선택
객체 선택 : 마우스를 이용하여 pt1과 pt2 사이의 원형 철근을 지정한다.
처음 단 Line 요소 선택 : 마우스를 이용하여 pt3의 객체를 선택한다.
끝단 Line 요소 선택 : 마우스를 이용하여 pt4의 객체를 선택한다.
계산 작도중 ... –〉 작도 완료 !

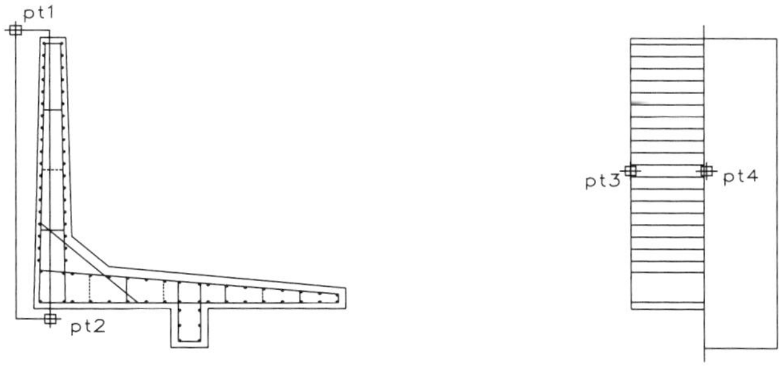

② ARRAY 명령을 사용하여 주철근을 작도한다.

Command : ARRAY Enter↵
객체 선택 :
직사각형 또는 원형 배열 (〈R〉/P) : R Enter↵
행 수(---) 〈1〉 : Enter↵
열 수(|||) 〈1〉 : 4 Enter↵
열 사이의 거리 (|||) : 250 Enter↵

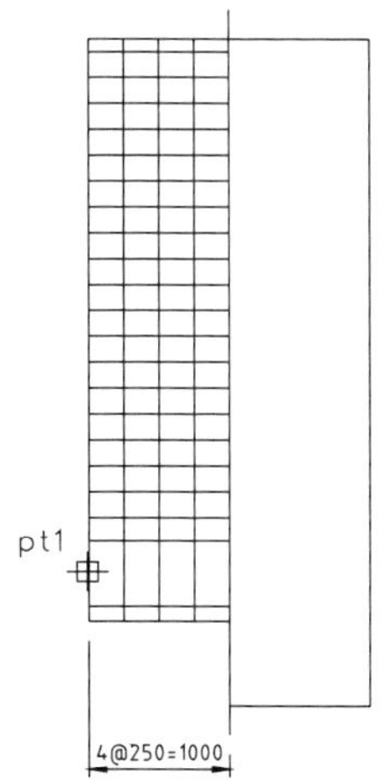

③ TRIM 명령을 이용하여 주철근의 모서리를 정렬한다.

Command : TRIM [Enter↵]

자르기할 모서리 선택 : (투영 모드 = 뷰, 모서리 모드 = 연장 안함)

객체 선택 : 마우스를 이용하여 pt1, pt2의 객체를 선택한다. [Enter↵]

〈자를 객체 선택〉/투영(P)/모서리(E)/명령 취소(U) : pt3 ~ pt8 객체를 지정한다.

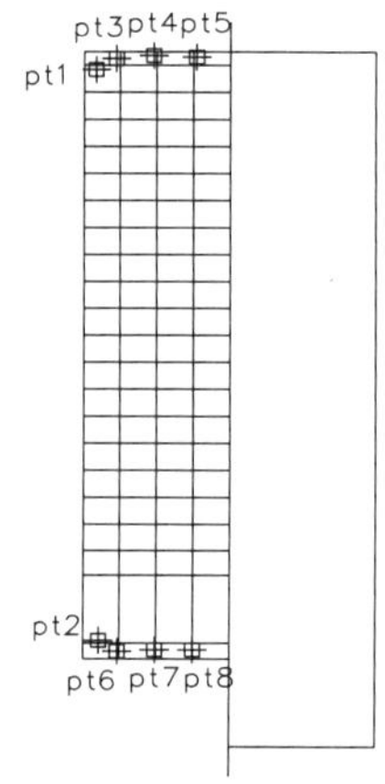

④ DRAWI2 명령을 이용하여 스페이서 철근을 작도한다.

Command : DRAWI2 [Enter↵]

철근 꺽쇠 위치 : INT [Enter↵] 마우스를 이용하여 pt1의 기준점을 지정한다.

철근 꺽쇠 위치 : 나머지 pt2 ~ pt6 스페이서 기준점을 지정한다.

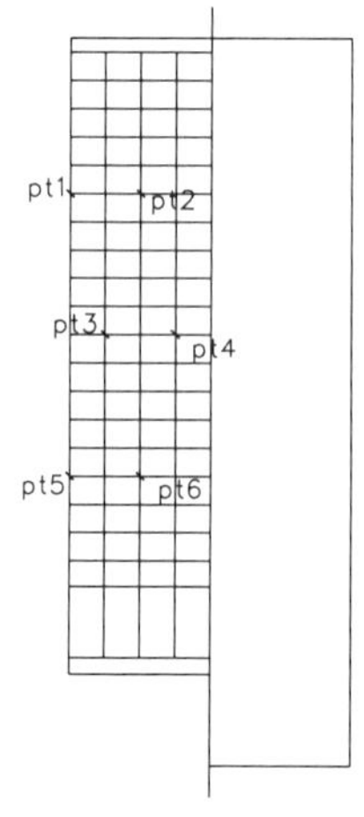

2.13 벽체의 후면 작도

유의사항

벽체의 후면을 작도한다(외형 단면도의 원형 철근을 이용하여 벽체를 작도한다).

명 령 어

DRAWCL, DRAWI2, TRIM, ARRAY. OFFSET

① DRAWCL 명령을 이용하여 벽체의 후면을 작도한다.

Command : DRAWCL [Enter↵]

철근 원의 선택

객체 선택 : WP [Enter↵] 마우스를 이용하여 pt1 ~ pt8 사이의 원형 철근을 지정한다.

처음 단 Line 요소 선택 : 마우스를 이용하여 pt9의 객체를 선택한다.

끝단 Line 요소 선택 : 마우스를 이용하여 pt10의 객체를 선택한다.

계산 작도중 ... –> 작도 완료 !

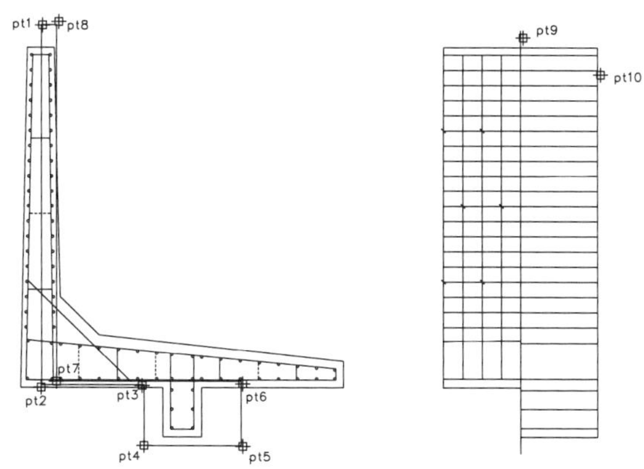

② ARRAY 명령을 사용하여 주철근을 작도한다.

Command : ARRAY [Enter↵]

객체 선택 :

직사각형 또는 원형 배열 (〈R〉/P) : R [Enter↵]

행 수(---) 〈1〉 : [Enter↵]

열 수(|||) 〈1〉 : 4 [Enter↵]

열 사이의 거리 (|||) : 250 [Enter↵]

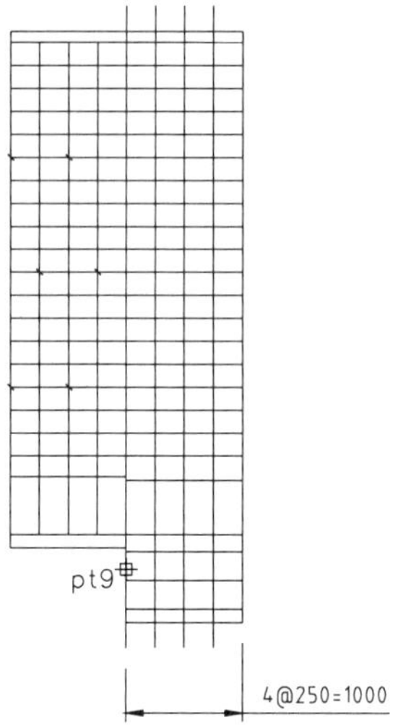

③ TRIM 명령을 이용하여 주철근의 모서리를 정렬한다.

Command : TRIM Enter↵

자르기할 모서리 선택 : (투영 모드 = 뷰, 모서리 모드 = 연장 안함)

객체 선택 : 마우스를 이용하여 pt1, pt2의 객체를 선택한다. Enter↵

〈자를 객체 선택〉/투영(P)/모서리(E)/명령 취소(U) : pt3 ~ pt8 객체를 지정한다.

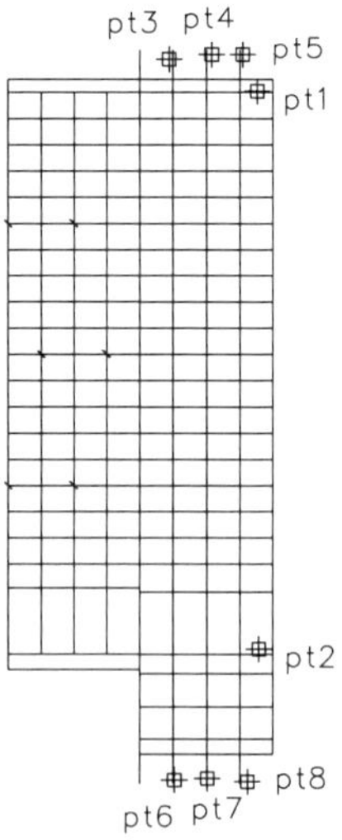

④ OFFSET 명령을 이용하여 주철근을 복사한다.

Command : OFFSET [Enter↵]

간격띄우기 거리 또는 통과(T) : 125 [Enter↵]

간격을 띄울 객체 선택 : 마우스를 이용하여 pt1의 객체를 선택한다.

간격을 띄울 변 : 마우스를 이용하여 pt5의 기준점을 지정한다.

간격을 띄울 객체 선택 : 나머지 주철근의 객체를 복사한다.

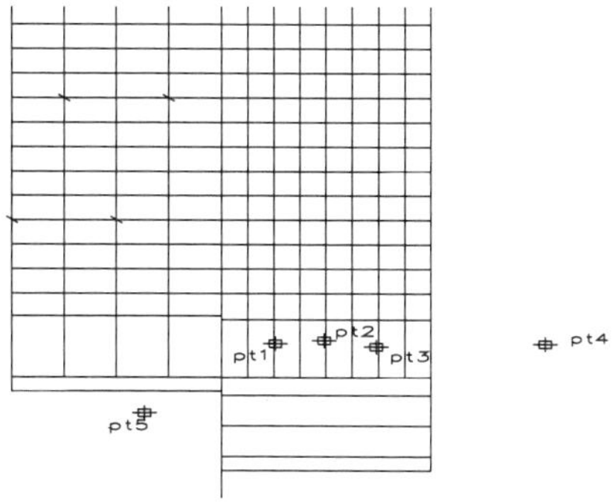

⑤ OFFSET 명령을 이용하여 주철근의 경계를 기준으로 주철근을 정렬한다.

Command : OFFSET [Enter↵]

간격띄우기 거리 또는 통과(T) : 2350 [Enter↵]

간격을 띄울 객체 선택 : 마우스를 이용하여 pt1의 객체를 선택한다.

간격을 띄울 변? : 마우스를 이용하여 pt2의 기준점을 지정한다.

간격을 띄울 객체 선택 : [Enter↵]

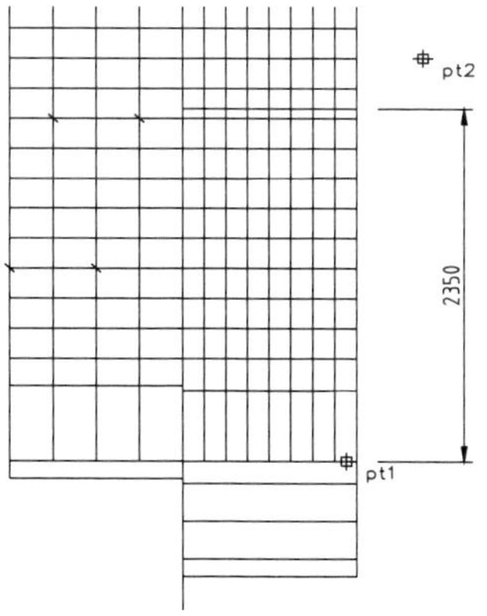

⑥ TRIM 명령을 이용하여 주철근의 경계를 기준으로 모서리를 절단한다.

Command : TRIM Enter↵

자르기할 모서리 선택 : (투영 모드 = 뷰, 모서리 모드 = 연장 안함)

객체 선택 : 마우스를 이용하여 pt1의 객체를 선택한다. Enter↵

〈자를 객체 선택〉/투영(P)/모서리(E)/명령 취소(U) : pt2 ~ pt5 객체를 지정한다.

⑦ ERASE 명령을 이용하여 pt1 경계를 삭제한다.

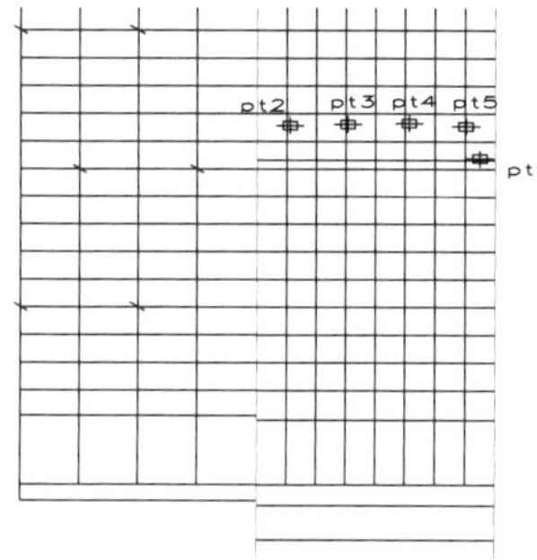

⑧ COPY 명령을 이용하여 스트럽 철근을 복사한다.

Command : COPY Enter↵

첫번째 구석 : 마우스를 이용하여 pt1의 기준점을 지정한다.

반대 구석 : 마우스를 이용하여 pt2의 기준점을 지정한다.

객체 선택 : Enter↵

〈기준점 또는 변위〉/다중(M) : 마우스를 이용하여 pt1의 기준점을 지정한다.

변위의 두번째 점 : @20<180

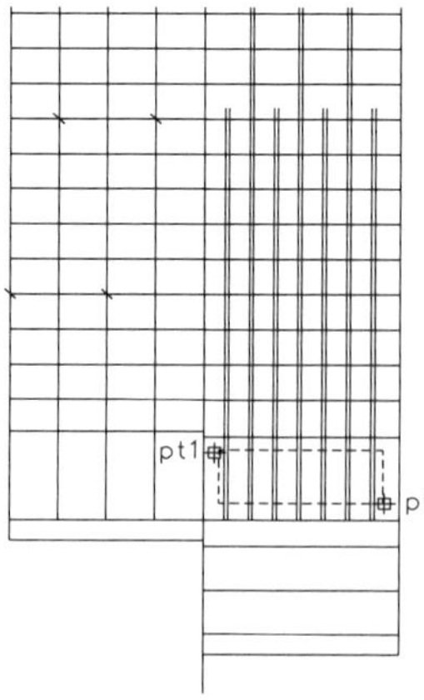

⑨ EXTEND 명령을 이용하여 스트럽 철근을 연장한다.

Command : EXTEND Enter↵

경계 모서리 선택 : (투영 모드 = 뷰, 모서리 모드 = 연장 안함) : 마우스를 이용하여 pt1 철근을 선택한다. Enter↵

〈연장할 객체 선택〉/투영(P)/모서리(E)/명령 취소(U) : 나머지 POINT를 선택한다.

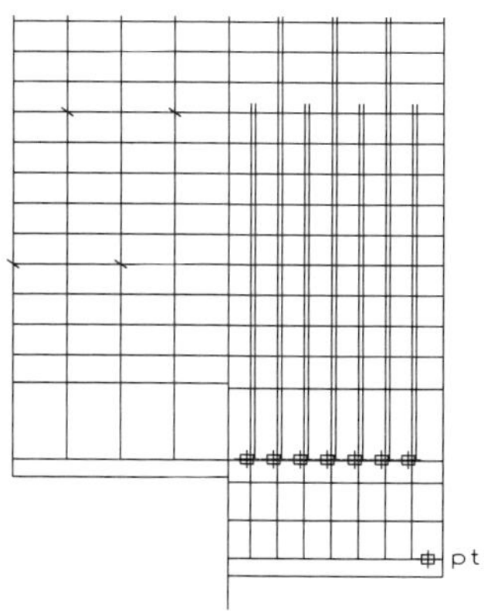

⑩ OFFSET 명령을 이용하여 스트럽 철근의 경계를 기준으로 스트럽 철근을 정렬한다.

Command : OFFSET Enter↵

간격띄우기 거리 또는 통과(T) : 1010 Enter↵

간격을 띄울 객체 선택 : 마우스를 이용하여 pt1의 객체를 선택한다.

간격을 띄울 변 : 마우스를 이용하여 pt2의 기준점을 지정한다.

간격을 띄울 객체 선택 : Enter↵

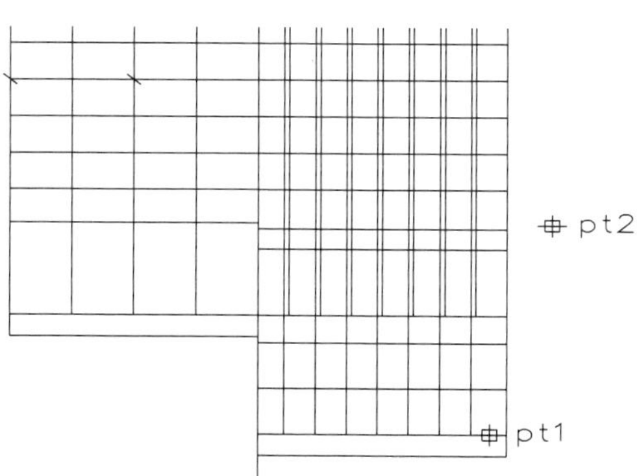

⑪ TRIM 명령을 이용하여 스트럽 철근을 완성한다.

Command : TRIM Enter↵

자르기할 모서리 선택 : (투영 모드 = 뷰, 모서리 모드 = 연장 안함)

객체 선택 : 마우스를 이용하여 pt1의 객체를 선택한다. Enter↵

〈자를 객체 선택〉/투영(P)/모서리(E)/명령 취소(U) : 나머지 POINT 객체를 지정한다.

⑫ ERASE 명령을 이용하여 pt1 경계를 삭제한다.

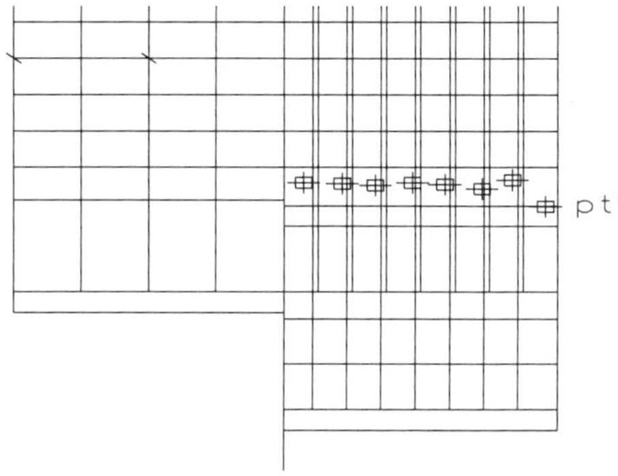

⑬ COPY 명령을 이용하여 헌치 부분의 철근을 그린다.

Command : COPY Enter↵

첫번째 구석 : 마우스를 이용하여 pt1의 기준점을 지정한다.

반대 구석 : 마우스를 이용하여 pt2의 기준점을 지정한다.

객체 선택 : Enter↵

〈기준점 또는 변위〉/다중(M) : 마우스를 이용하여 pt1의 기준점을 지정한다.

변위의 두번째 점 : @20〈0

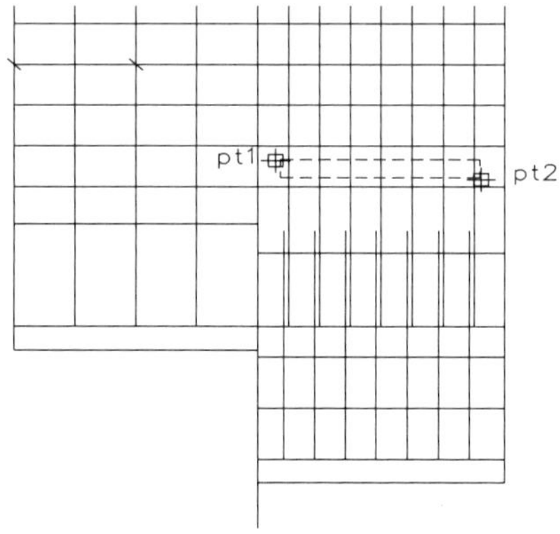

⑭ OFFSET 명령을 이용하여 헌치 철근의 경계를 지정한다.

Command : OFFSET [Enter↵]

간격띄우기 거리 또는 통과(T) : 1412 [Enter↵]
간격을 띄울 객체 선택 : 마우스를 이용하여 pt1의 객체를 선택한다.
간격을 띄울 변 : 마우스를 이용하여 pt2의 기준점을 지정한다.
간격을 띄울 객체 선택 : [Enter↵]

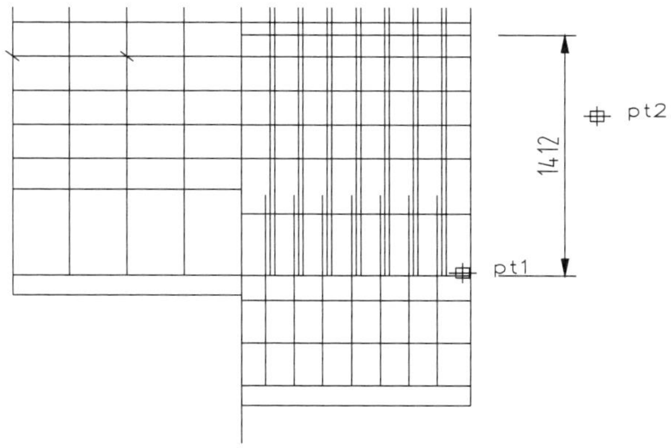

⑮ TRIM 명령을 이용하여 스트럽 철근을 완성한다.

Command : TRIM [Enter↵]

자르기할 모서리 선택 : (투영 모드 = 뷰, 모서리 모드 = 연장 안함)
객체 선택 : 마우스를 이용하여 pt1의 객체를 선택한다. [Enter↵]
<자를 객체 선택>/투영(P)/모서리(E)/명령 취소(U) : 나머지 POINT 객체를 지정한다.

⑯ ERASE 명령을 이용하여 pt1 경계를 삭제한다.

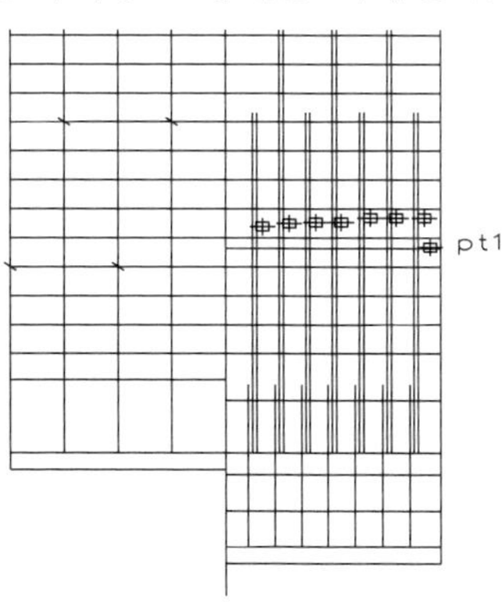

⑰ CHPROP 명령을 이용하여 정면도의 경계의 선유형을 1점 쇄선으로 변경한다.

Command : CHPROP [Enter↵]

객체 선택 : 마우스를 이용하여 pt1, pt2, pt3 철근을 선택한다. [Enter↵]
변경할 특성 (색상(C)/도면층(LA)/선종류(LT)/선종류 축척(S)/두께(T)) ? LT [Enter↵]
새 선종류 〈BYLAYER〉 : CENTER [Enter↵]
변경할 특성 (색상(C)/도면층(LA)/선종류(LT)/선종류 축척(S)/두께(T)) ? [Enter↵]

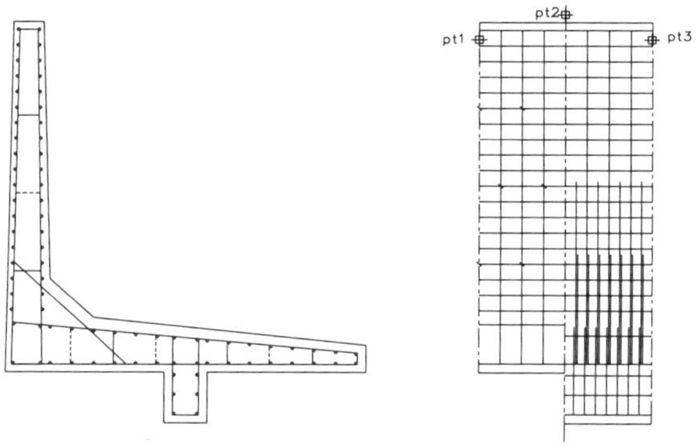

2.14 저판 작도

유의사항

외형 단면도를 기준으로 저판을 작도한다(외형 단면도의 상관선을 이용하여 저판을 작도한다).

명 령 어

LINE, TRIM, OFFSET

① LINE 명령을 사용하여 저판의 기준선을 작도한다.

Command : LINE [Enter↵]

시작점 : INT [Enter↵] 마우스를 이용하여 pt1점을 지정한다.
다음점 : 마우스를 이용하여 pt2점을 지정한다(ORTHO MODE = ON).
다음점 : [Enter↵]

② 위와 같은 방법으로 나머지 기준선을 작도한다.

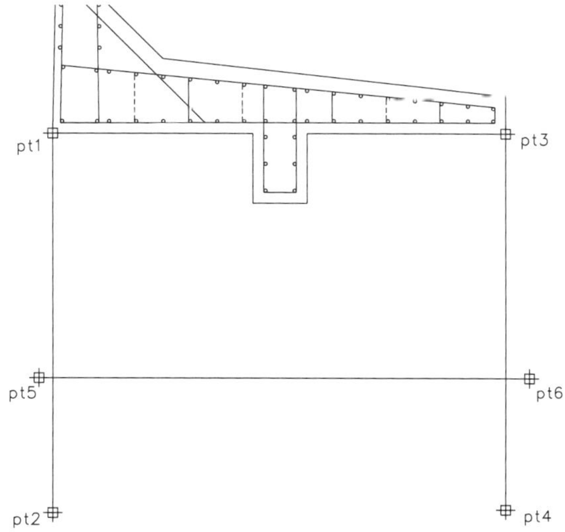

③ OFFSET 명령을 이용하여 저판의 형태를 작도한다.

Command : OFFSET [Enter↵]

간격띄우기 거리 또는 통과(T) : 1000 [Enter↵]
간격을 띄울 객체 선택 : 마우스를 이용하여 pt1의 객체를 선택한다.
간격을 띄울 변? : 마우스를 이용하여 pt2의 기준점을 지정한다.
간격을 띄울 객체 선택 : [Enter↵] (명령을 종료한다).

④ 위와 같은 방법으로 나머지 윤곽선을 작도한다.

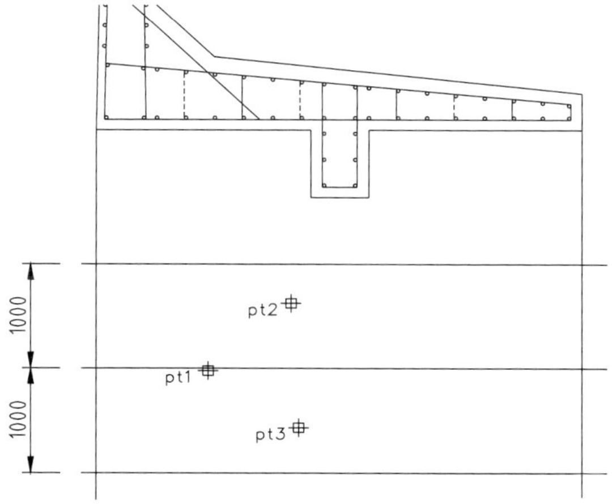

⑤ TRIM 명령을 이용하여 저판의 모서리를 정렬한다.

Command : TRIM [Enter↵]

자르기할 모서리 선택 : (투영 모드 = 뷰, 모서리 모드 = 연장 안함)

객체 선택 : [Enter↵]

〈자를 객체 선택〉/투영(P)/모서리(E)/명령 취소(U) : pt1 ~ pt12 객체를 지정한다.

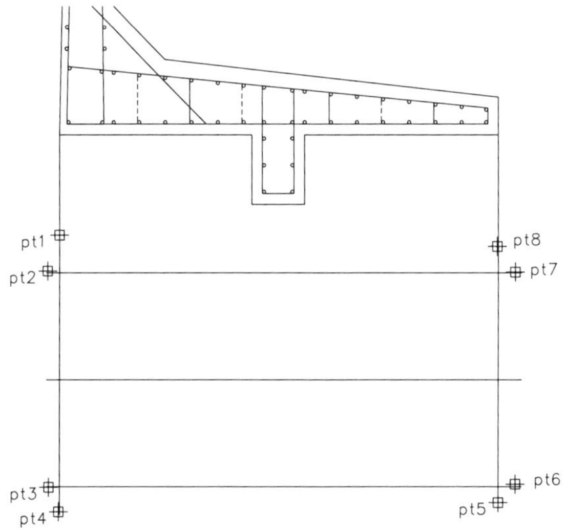

2.15 저판의 상면 작도

유의사항

저판의 상면을 작도한다(외형 단면도의 원형 철근을 이용하여 저판을 작도한다).

명 령 어

DRAWCL, TRIM, ARRAY

① DRAWCL 명령을 이용하여 저판의 상면을 작도한다.

Command : DRAWCL Enter↵

철근 원의 선택 :

객체 선택 : 마우스를 이용하여 pt1과 pt2 사이의 원형 철근을 지정한다.

처음 단 Line 요소 선택 : 마우스를 이용하여 pt3의 객체를 선택한다.

끝단 Line 요소 선택 : 마우스를 이용하여 pt4의 객체를 선택한다.

계산 작도중 ... -> 작도 완료 !

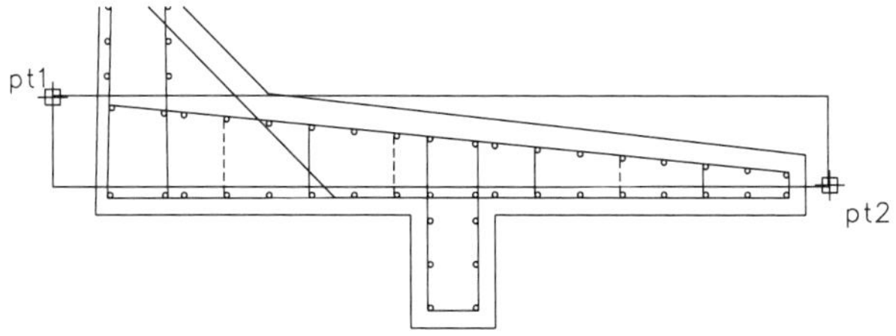

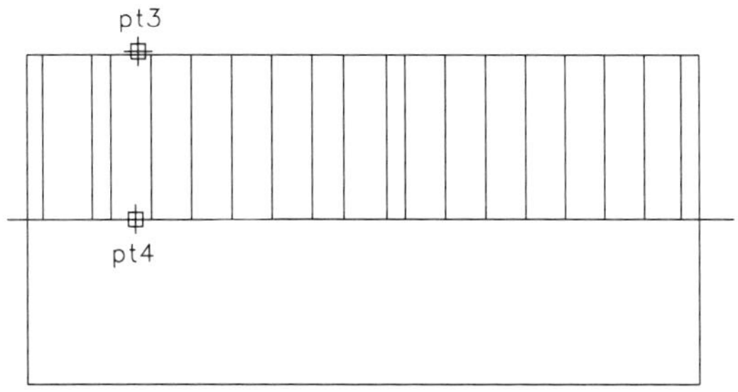

② ARRAY 명령을 사용하여 저판의 철근을 배열한다.

```
Command  : ARRAY [Enter↵]
객체 선택 :
직사각형 또는 원형 배열 (<R>/P) : R [Enter↵]
행 수(---) <1> : 8 [Enter↵]
열 수(|||) <1> : [Enter↵]
열 사이의 거리 (|||) : -125 [Enter↵]
```

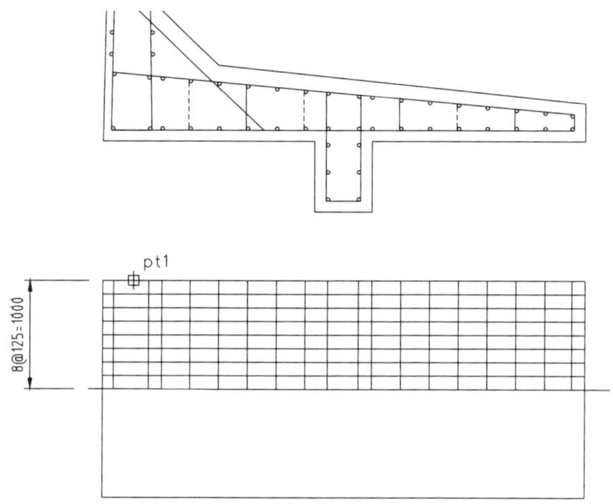

③ COPY, TRIM 명령을 사용하여 스페이서 철근을 작도한다.

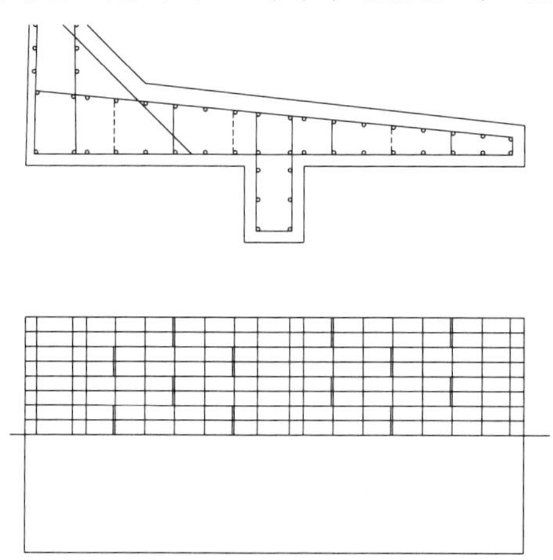

2.16 저판의 하면 작도

유의사항

저판의 하면을 작도한다(외형 단면도의 원형 철근을 이용하여 저판을 작도한다).

명 령 어

DRAWCL, ARRAY

① DRAWCL 명령을 이용하여 저판의 상면을 작도한다.

Command : DRAWCL Enter↵

철근 원의 선택 :
객체 선택 : 마우스를 이용하여 pt1과 pt2 사이의 원형 철근을 지정한다.
처음 단 Line 요소 선택 : 마우스를 이용하여 pt3의 객체를 선택한다.
끝단 Line 요소 선택 : 마우스를 이용하여 pt4의 객체를 선택한다.
계산 작도중 ... –> 작도 완료 !

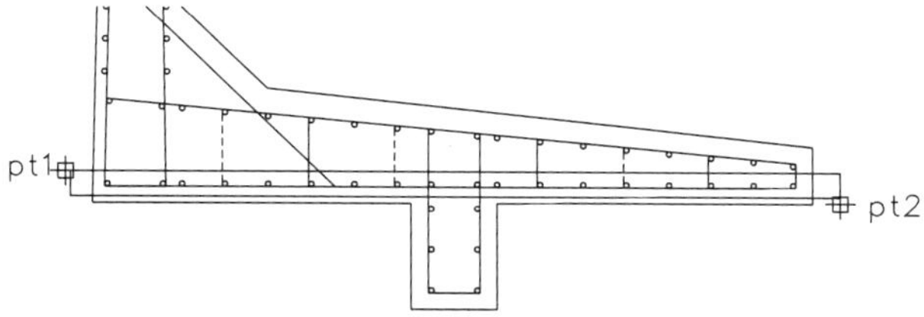

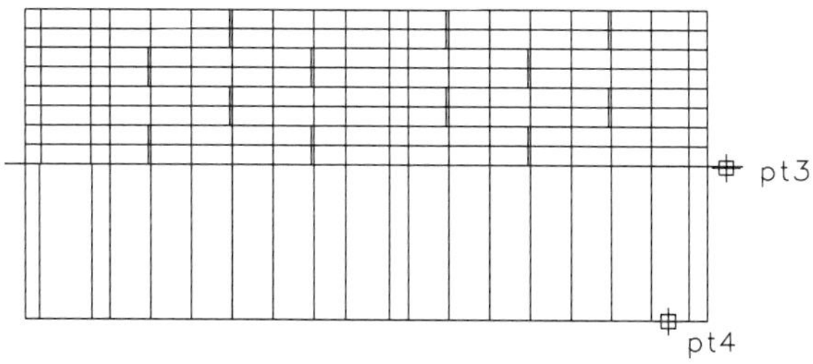

② ARRAY 명령을 사용하여 저판의 철근을 배열한다.

Command : ARRAY Enter↵

객체 선택 :

직사각형 또는 원형 배열 (〈R〉/P) : R Enter↵

행 수(---) 〈1〉 : 4 Enter↵

열 수(|||) 〈1〉 : Enter↵

열 사이의 거리 (|||) : 250 Enter↵

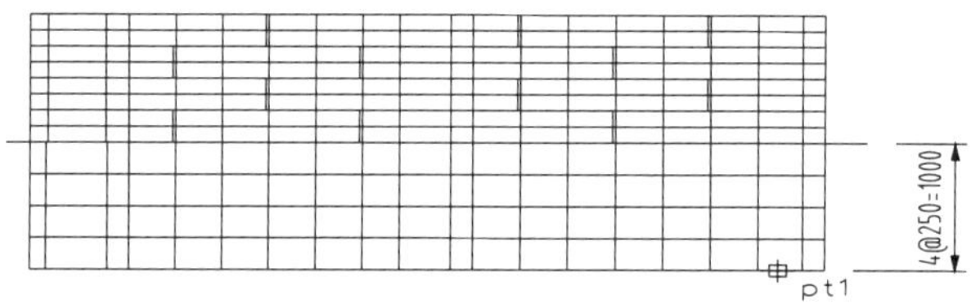

③ CHPROP 명령을 이용하여 정면도의 경계의 선유형을 1점 쇄선으로 변경한다.

Command : CHPROP Enter↵

객체 선택 : 마우스를 이용하여 pt1, pt2, pt3 철근을 선택한다. Enter↵

변경할 특성 (색상(C)/도면층(LA)/선종류(LT)/선종류 축척(S)/두께(T)) ? LT Enter↵

새 선종류 〈BYLAYER〉 : CENTER Enter↵

변경할 특성 (색상(C)/도면층(LA)/선종류(LT)/선종류 축척(S)/두께(T)) ? Enter↵

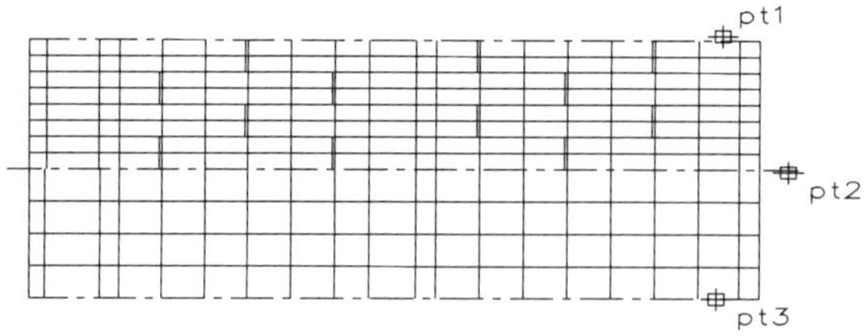

2.17 외형 단면도 치수 기입

유의사항

OSANP 기능을 사용하여 정확한 기준점을 지정한다.

명 령 어

DIM, HOR(수평 치수 기입), VER(수직 치수 기입), OSNAP

① DIM 명령을 이용하여 수평 치수 기입을 한다.

Command : DIM [Enter↵]

Dim : Hor [Enter↵]

마우스를 이용하여 치수 기입의 기준점을 지정한다(기준점을 지정할 때에는 OSNAP 기능을 사용한다).

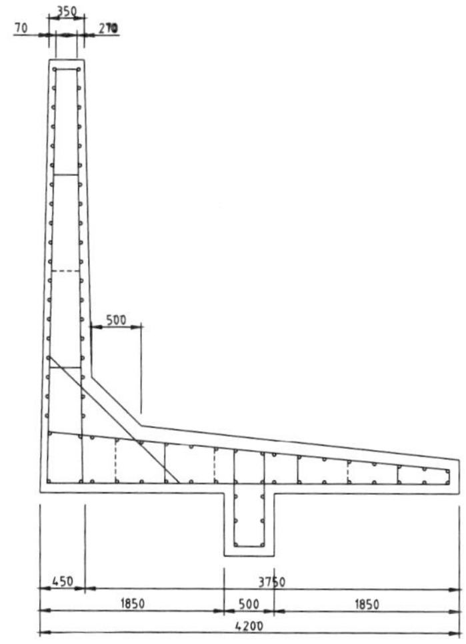

② DIM 명령을 이용하여 수직 치수기입을 한다.

Command : DIM [Enter↵]

Dim : Ver [Enter↵]

마우스를 이용하여 치수 기입의 기준점을 지정한다(기준점을 지정할 때에는 OSNAP 기능을 사용한다).

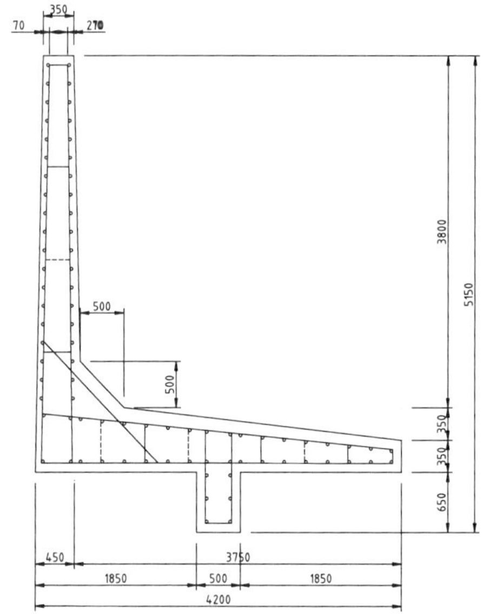

③ 철근 번호를 삽입한다.

Command : DRAWD Enter↵

마우스를 이용하여 철근의 삽입 기준점을 지정한다(기준점을 지정할 때에는 OSNAP 기능을 사용한다).

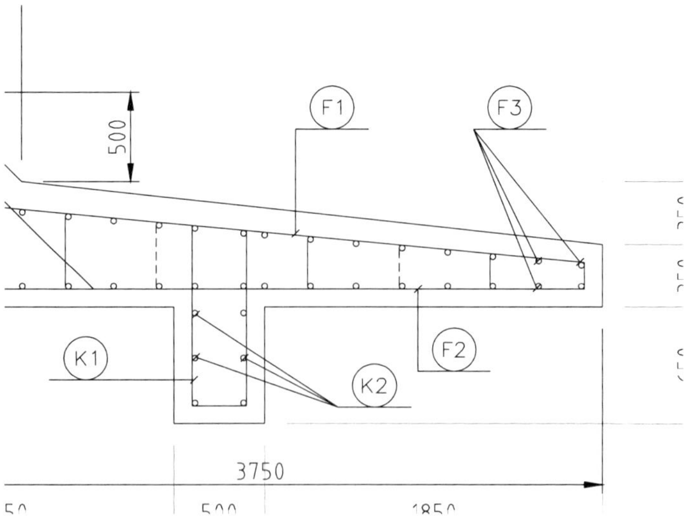

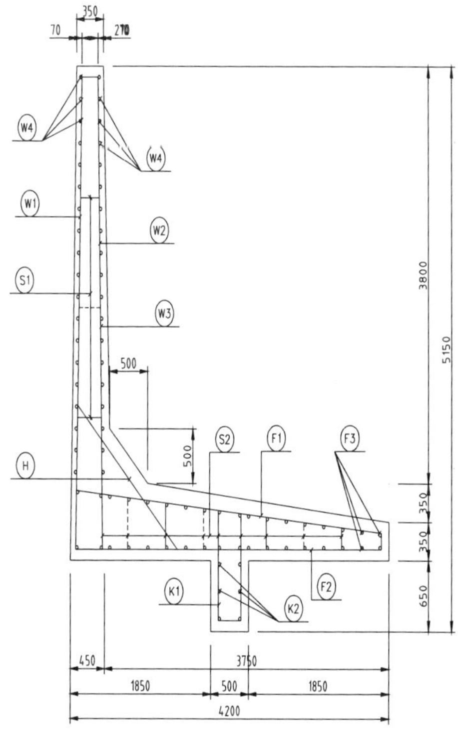
350
70
270
W4
W4
W1
W2
S1
W3
500
500
S2
F1
F3
H
3800
5150
350
350
650
K1
F2
K2
450
3750
1850
500
1850
4200

2.18 벽체 치수 기입

유의사항

OSANP 기능을 사용하여 정확한 기준점을 지정한다.

명 령 어

DIM, HOR(수평 치수 기입), VER(수직 치수 기입), OSNAP

① DIM 명령을 이용하여 수평 치수 기입을 한다.

Command : DIM [Enter↵]

Dim : Hor [Enter↵]

마우스를 이용하여 치수 기입의 기준점을 지정한다(기준점을 지정할 때에는 OSNAP 기능을 사용한다).

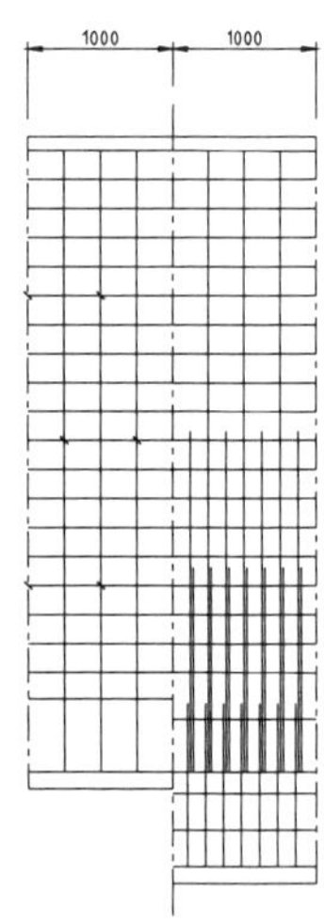

② DIM 명령을 이용하여 수직 치수 기입을 한다.

Command : DIM [Enter↵]

Dim : Ver [Enter↵]

마우스를 이용하여 치수 기입의 기준점을 지정한다(기준점을 지정할 때에는 OSNAP 기능을 사용한다).

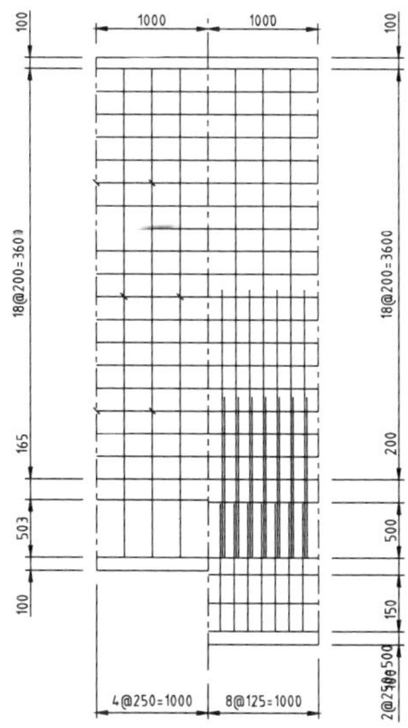

③ 철근 번호를 삽입한다.

> **Command : DRAWD** Enter↵
>
> 마우스를 이용하여 철근의 삽입 기준점을 지정한다(기준점을 지정할 때에는 OSNAP 기능을 사용한다).

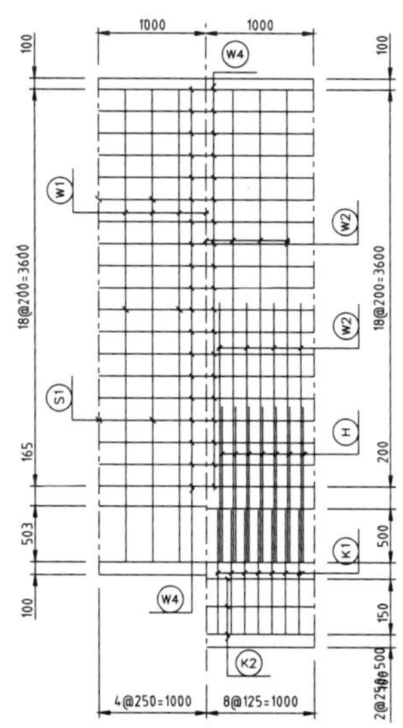

2.19 저판 치수 기입

유의사항

OSANP 기능을 사용하여 정확한 기준점을 지정한다.

명 령 어

DIM, HOR(수평 치수 기입), VER(수직 치수 기입), OSNAP

① DIM 명령을 이용하여 수평 치수 기입을 한다.

Command : DIM Enter↵

Dim : Hor Enter↵

마우스를 이용하여 치수 기입의 기준점을 지정한다(기준점을 지정할 때에는 OSNAP 기능을 사용한다).

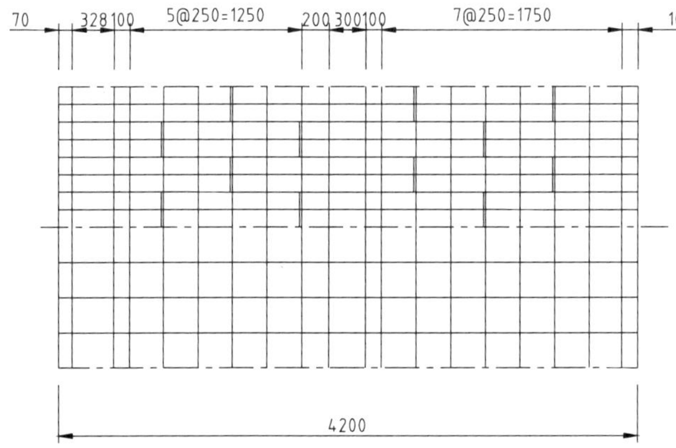

② DIM 명령을 이용하여 수직 치수 기입을 한다.

Command : DIM Enter↵

Dim : Ver Enter↵

마우스를 이용하여 치수 기입의 기준점을 지정한다(기준점을 지정할 때에는 OSNAP 기능을 사용한다).

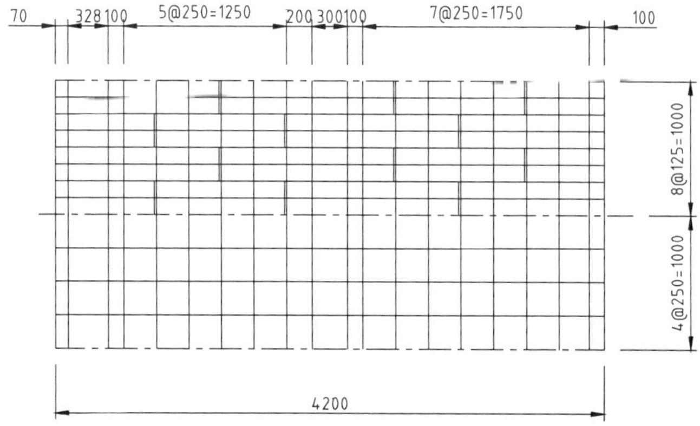

③ 철근 번호를 삽입한다.

Command : DRAWD Enter↵

마우스를 이용하여 철근의 삽입 기준점을 지정한다(기준점을 지정할 때에는 OSNAP 기능을 사용한다).

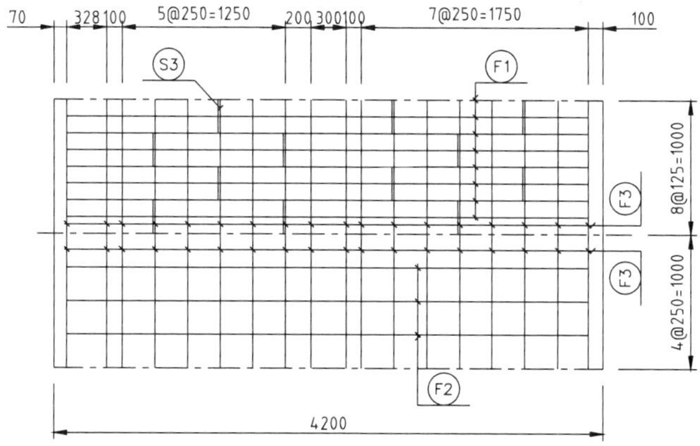

2.20 철근 상세도 작도

유의사항

단면도의 철근을 복사하여 철근 상세도를 작도한다.

명 령 어

OSNAP, DRAWD2

① 완성된 L형 옹벽 도면의 철근을 복사하여 치수 기입을 한다.

② DRAWD2 명령을 이용하여 철근 번호를 삽입한다.

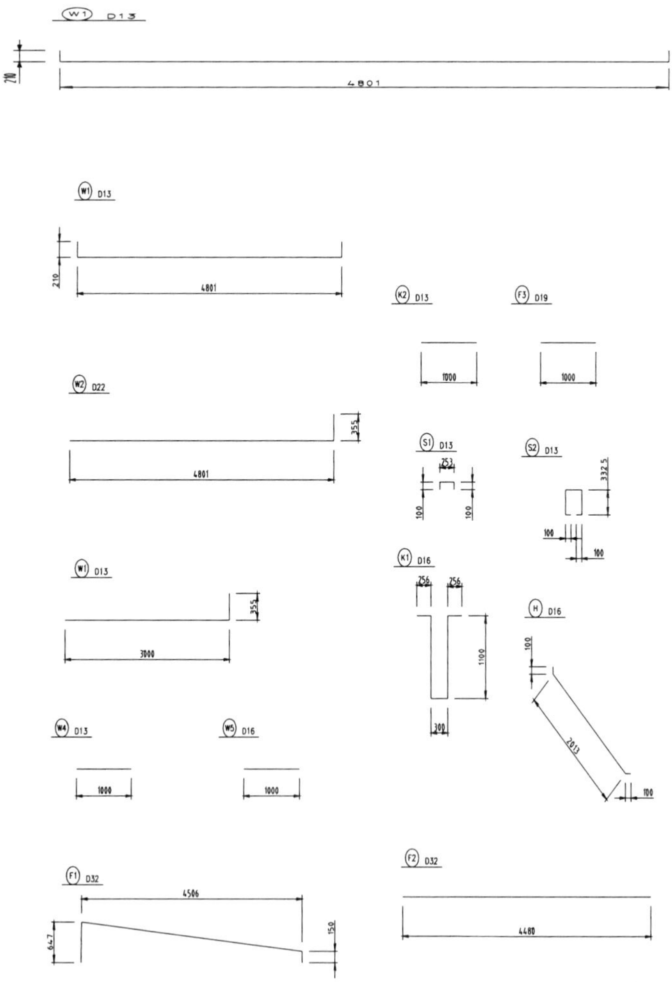

2.21 일반도 작도

유의사항

단면도를 복사하여 일반도를 작도한다.

명 령 어

OSNAP, LLMARK

① 완성된 L형 옹벽 도면의 외형도를 복사하여 치수 기입을 한다.

② LLMARK 명령을 이용하여 지면 표시를 한다.

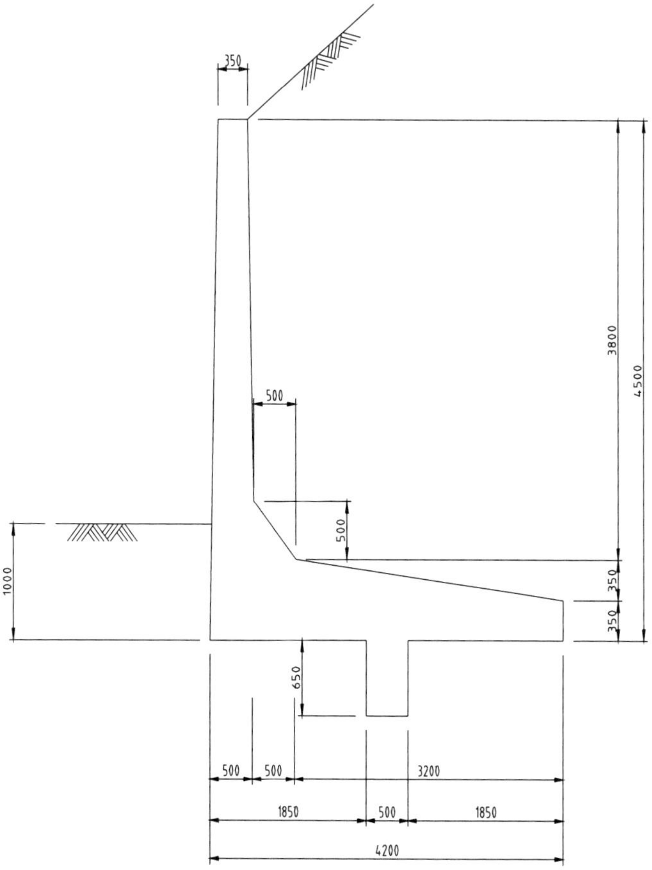

2.22 표제란 작도

유의사항

표제란을 삽입한다.

명 령 어

POOMARK

① 완성된 L형 옹벽 도면의 우측 하단에 표제란을 삽입한다.

② POOMARK 명령을 이용하여 표제란을 삽입한다.

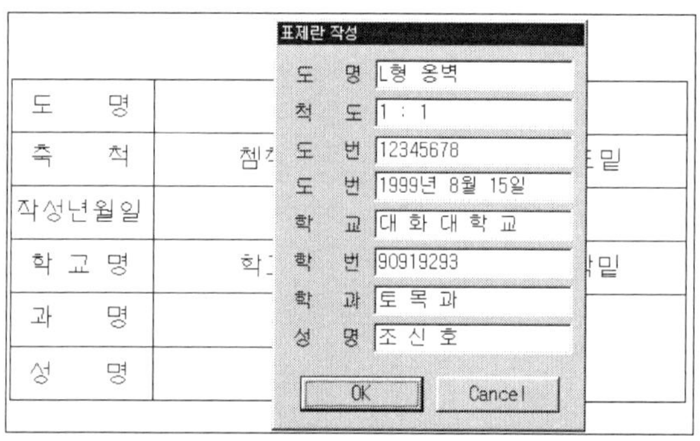

2.23 배 열

유의사항

완성된 도면을 배열한다.

명 령 어

MOVE

① 완성된 L형 옹벽 도면을 MOVE 명령을 사용하여 배열한다.

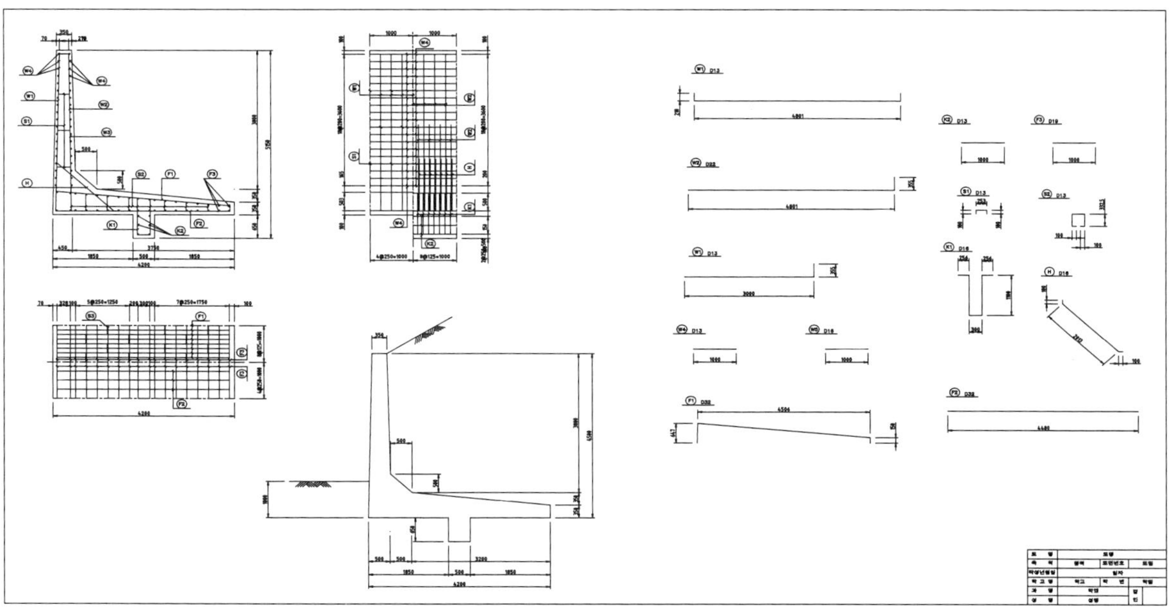

Chapter 03

L형옹벽 3차원(입체) 따라하기

3.1 개 요

3차원 따라하기에 사용되는 3차원 모델링 기법은 솔리드 모델링을 사용하여 L형 옹벽을 작도하는 것이다.

3차원 모델링에서 사용되는 모델링 기법은 여러 가지가 있지만 필자는 그 중에서 토목 환경과 비슷하고 사용자 쉽게 사용할 수 있는 솔리드 모델링을 사용하여 구조물 예제 도면을 작도할 것이다.

3.2 외형 단면도 3차원 작도

유의사항

솔리드 모델링을 작업하기 위해서는 기존의 LINE을 CIRCLE, PLINE 형식으로 변환하여야 한다.

명 령 어

BPOLY, EXTRUDE, VPOINT

① 평면상으로 작도된 L형 옹벽 도면을 이용하여 3차원 옹벽 도면을 작도한다.

② ERASE 명령을 이용하여 외형 단면도의 철근을 삭제한다.

```
Command  : ERASE [Enter↵]
객체 선택 : 모든 철근을 선택한다.
객체 선택 : [Enter↵]
```

③ VPOINT 명령을 이용하여 3차원상의 관측 위치로 전환한다.

Command : VPOINT Enter↵

회전(R)/〈관측점〉 〈0.0000,0.0000,1.0000〉 : 1,−1,1 Enter↵

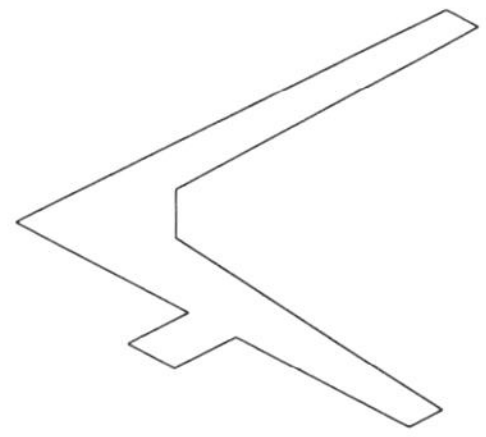

④ BPOLY 명령을 이용하여 외형 단면도의 경계를 POLYLINE으로 변환한다.

Command : BPOLY Enter↵

를 입력하면 대화상자가 표시된다. 점 선택을 지정하여 옹벽의 외형 단면도의 내부 점을 지정한다.
솔리드 모델링은 하나의 연결된 객체를 인식하기 때문에 LINE으로 작도된 외형 단면도를 BPOLY 명령을 이용하여 POLYLINE으로 변환시킨다.

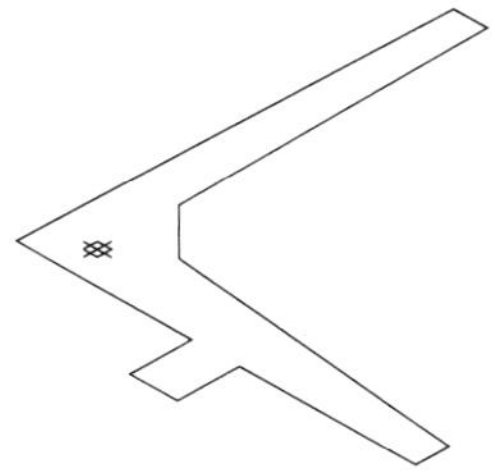

⑤ EXTRUDE 명령을 이용하여 3차원상의 두께를 지정한다.

Command : EXTRUDE Enter↵

객체 선택 : 마우스를 이용하여 pt1 외형 단면도를 지정한다.

경로(P)/〈돌출 높이〉 : 2000 Enter↵ (벽체의 두께를 입력한다).

돌출 테이퍼 각도 〈0〉 : Enter↵

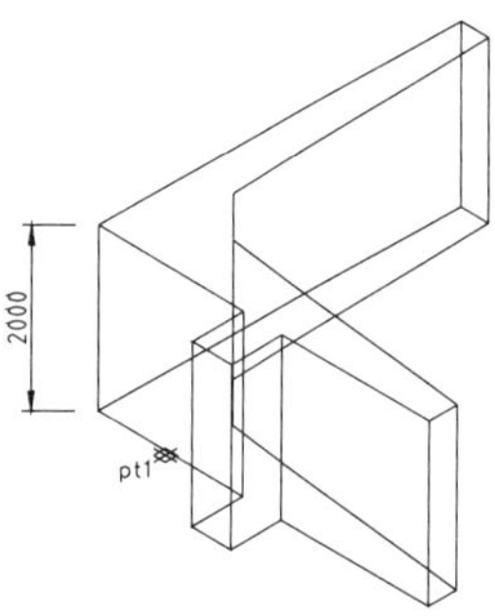

⑥ ROTATE3D 명령을 이용하여 옹벽을 회전시킨다.

Command : ROTATE3D Enter↵

객체 선택 : 마우스를 이용하여 옹벽을 지정한다. Enter↵

축을(를) 객체(O)/최종(L)/뷰(V)/X축/Y축/Z축/〈2점〉에 의해 선택 : X Enter↵

X축 위의 점 〈0,0,0〉 : INT Enter↵ 마우스를 이용하여 pt1점을 지정한다.

〈회전 각도〉/참조(R) : 90 Enter↵

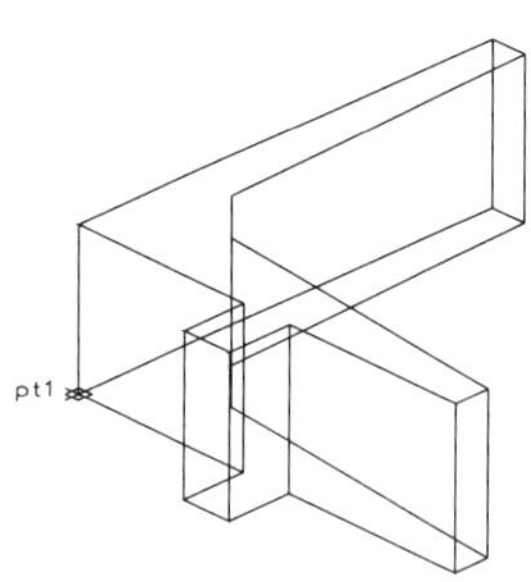

⑦ L형 옹벽의 외형도를 완성시킨다.

⑧ HIDE 명령을 사용하여 L형 옹벽의 숨은선을 제거한다.

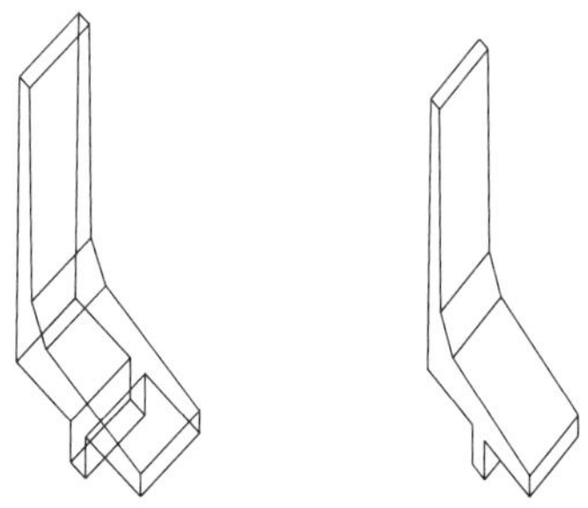

3.3 3차원 철근 작도

유의사항

철근 상세도 도면을 복사하여 사용한다.

명 령 어

PEDIT, EXTRUDE, UCS

① PEDIT 명령을 이용하여 철근 상세도를 POLYLINE으로 변환한다.

Command : PEDIT [Enter↵]

폴리선 선택 : 마우스를 이용하여 pt1점을 지정한다. [Enter↵]

선택된 객체가 폴리선이 아님 그것을 폴리선으로 바꾸겠습니까? 〈Y〉 [Enter↵]

닫기(C)/결합(J)/폭(W)/정점 편집(E)/맞춤(F)/스플라인(S)/직선화(D)/선종류 적용(L)/명령 취소(U)/나가기(X) 〈X〉 : J [Enter↵]

객체 선택 : 마우스를 이용하여 pt2~pt5 점을 지정한다. [Enter↵]

닫기(C)/결합(J)/폭(W)/정점 편집(E)/맞춤(F)/스플라인(S)/직선화(D)/선종류 적용(L)/명령 취소(U)/나가기(X) 〈X〉 : [Enter↵]

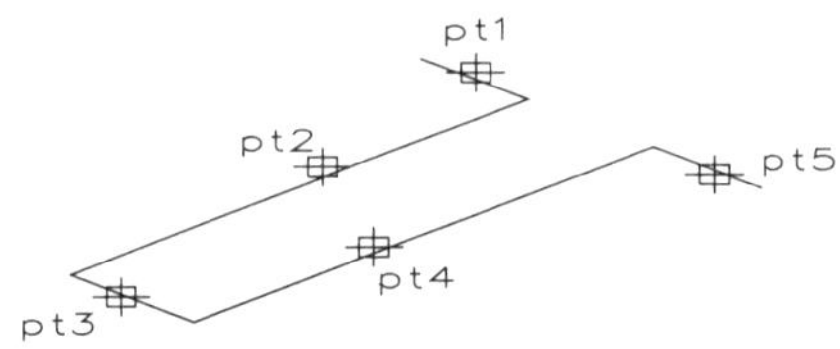

② UCS 명령을 이용하여 철근의 작도 방향을 변경한다(현재의 UCS의 기준으로는 철근의 작도 방향과 철근의 기준 방향이 일치하지 않는다. UCS 명령을 사용하여 작도 방향을 변경 후 CIRCLE을 작도한다).

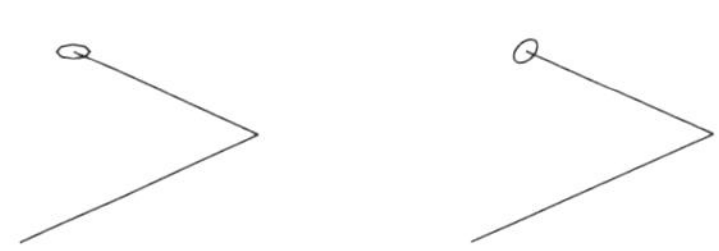

UCS 작도방향 변경전　UCS 작도방향 변경후

Command : UCS [Enter↵]
원점(O)/Z축(ZA)/3점(3)/객체(OB)/뷰(V)/X/Y/Z/이전(P)/복원(R)/저장(S)/삭제(D)/? : Y [Enter↵]
Y축에 관한 회전 각도 〈0〉 : 90 [Enter↵]

Command : CIRCLE [Enter↵]
3점(3P)/2점(2P)/두 접선과 반지름(T)/〈중심점〉 : 마우스를 이용하여 pt1점을 지정한다.
지름(D)/〈반지름〉 : 15 [Enter↵] (철근의 크기를 지정한다).

③ UCS를 변경 후 다시 원상태로 되돌려 놓아야 다음 작업을 할 수 있다.

Command : UCS [Enter↵]
원점(O)/Z축(ZA)/3점(3)/객체(OB)/뷰(V)/X/Y/Z/이전(P)/복원(R)/저장(S)/삭제(D)/? : [Enter↵]

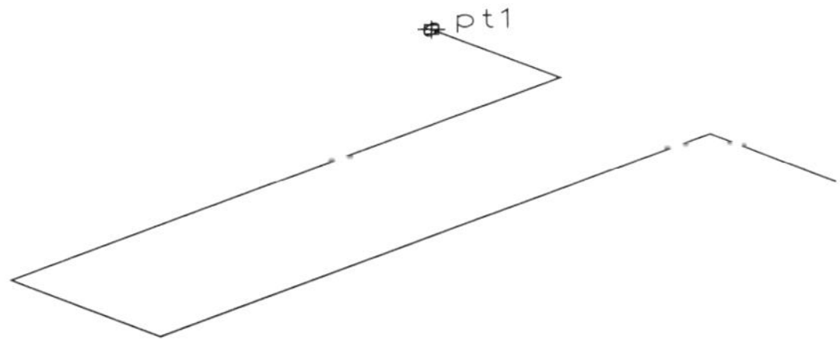

Command : EXTRUDE Enter↵

객체 선택 : 마우스를 이용하여 pt1점(CIRCLE)을 지정한다. Enter↵

경로(P)/〈돌출 높이〉 : P Enter↵

경로 선택 : 마우스를 이용하여 pt2점(POLYLINE)을 지정한다.

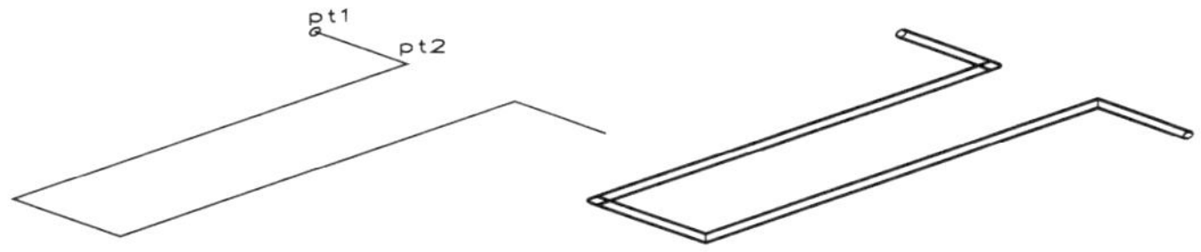

④ 위와 같은 방법으로 나머지 철근을 작도한다.

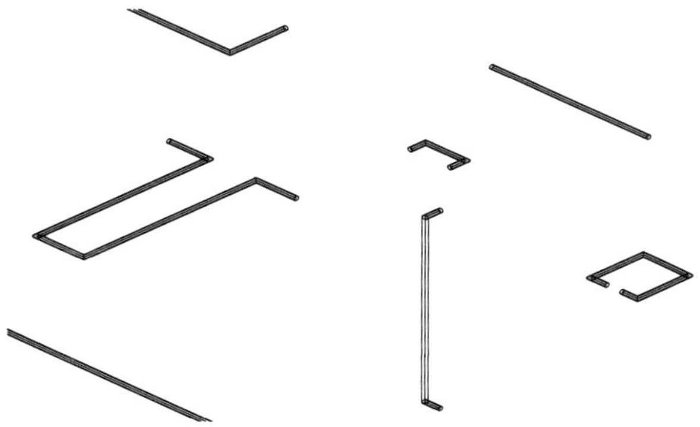

3.4 철근 조립

유의사항

완성된 3차원 철근을 배열한다.

명 령 어

MOVE, OSNAP, ROTATE3D

① 완성된 3차원 철근을 OSNAP, MOVE 명령을 이용하여 철근의 형태를 조립한다.

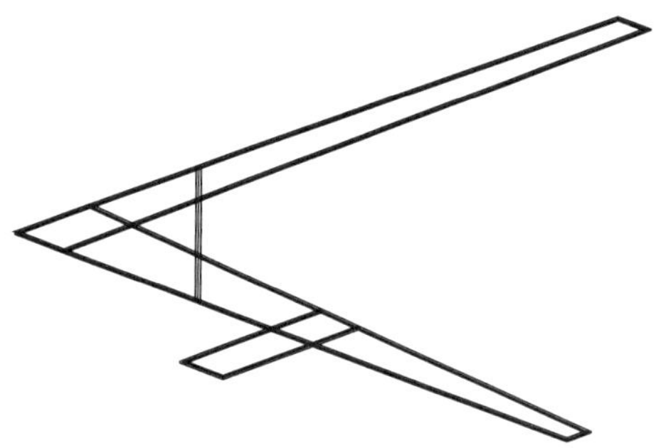

② ROTATE3D 명령을 이용하여 철근을 회전시킨다.

Command : ROTATE3D [Enter↵]

객체 선택 : 마우스를 이용하여 철근 전체를 지정한다. [Enter↵]

축을(를) 객체(O)/최종(L)/뷰(V)/X축/Y축/Z축/〈2점〉에 의해 선택 : X [Enter↵]

X축 위의 점 〈0,0,0〉 : INT [Enter↵] 마우스를 이용하여 pt1점을 지정한다.

〈회전 각도〉/참조(R) : 90 [Enter↵]

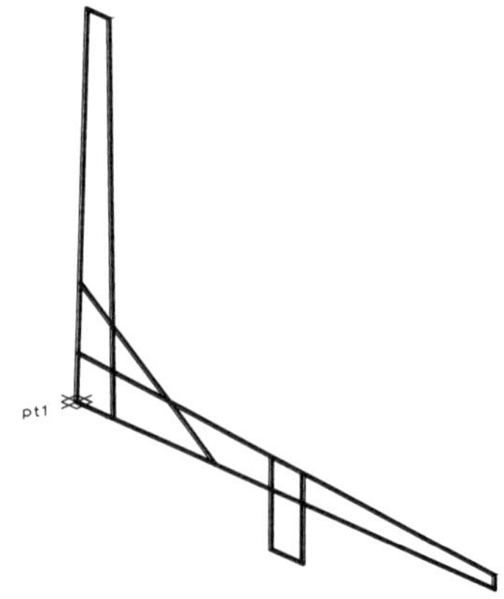

③ ARRAY 명령을 사용하여 3차원 철근을 다중 배열한다.

Command : ARRAY Enter↵

객체 선택 : 마우스를 이용하여 pt1 ~ pt3 철근을 선택한다.

직사각형 또는 원형 배열 (〈R〉/P) : R Enter↵

행 수(---) 〈1〉 : 9 Enter↵

열 수(|||) 〈1〉 : Enter↵

열 사이의 거리 (|||) : 250 Enter↵

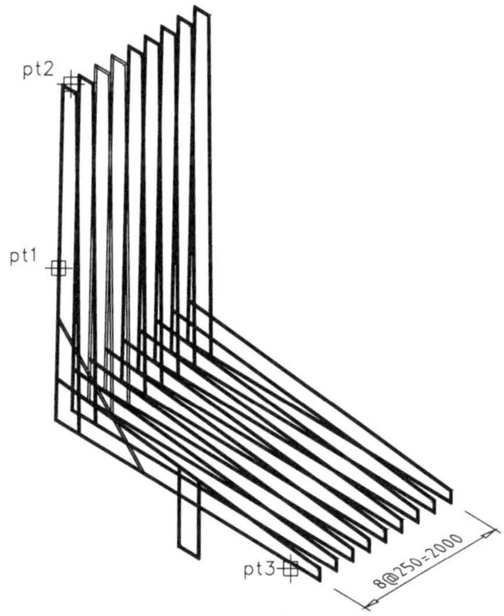

④ 돌출부, 헌치 부분의 철근을 선택하여 배열한다.

⑤ ARRAY 명령을 사용하여 3차원 철근을 다중 배열한다.

Command : ARRAY Enter↵

객체 선택 : 마우스를 이용하여 pt1 ~ pt2 철근을 선택한다.

직사각형 또는 원형 배열 (〈R〉/P) : R Enter↵

행 수(---) 〈1〉 : 17 Enter↵

열 수(|||) 〈1〉 : Enter↵

열 사이의 거리 (|||) : 125 Enter↵

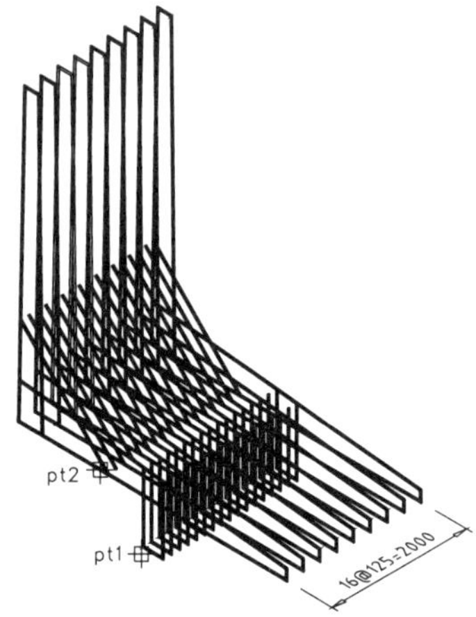

⑥ ERASE 명령을 사용하여 원형 철근만 제외하고 나머지 철근을 제거한 후 작업을 한다.

⑦ 원형 철근을 3차원 작도한다.

Command : EXTRUDE Enter↵

객체 선택 : 마우스를 이용하여 원형 철근을 지정한다. Enter↵

경로(P)/〈돌출 높이〉 : 2000 Enter↵ (철근의 길이)

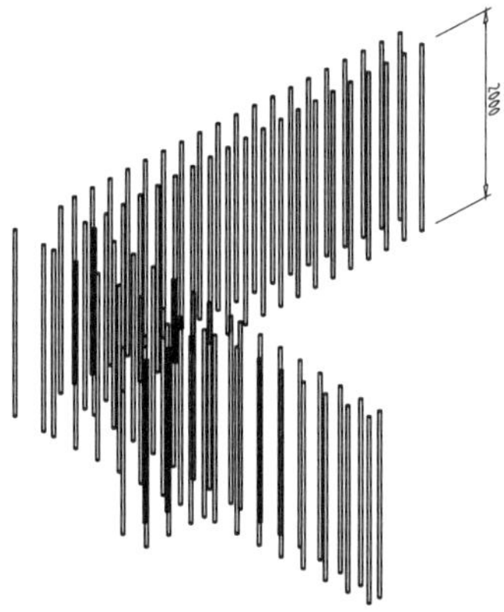

⑧ ROTATE3D 명령을 이용하여 원형 철근을 회전시킨다.

Command : ROTATE3D Enter↵

객체 선택 : 마우스를 이용하여 원형 철근을 지정한디. Enter↵
축을(를) 객체(O)/최종(L)/뷰(V)/X축/Y축/Z축/〈2점〉에 의해 선택 : X Enter↵
X축 위의 점 〈0,0,0〉 : INT Enter↵ 마우스를 이용하여 pt1점을 지정한다.
〈회전 각도〉/참조(R) : 90 Enter↵

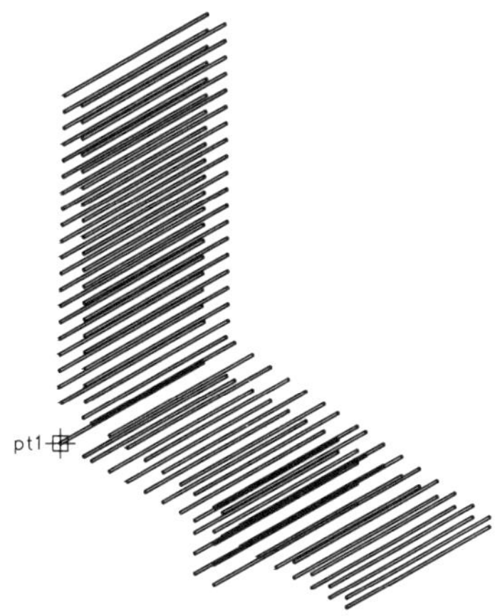

⑨ MOVE 명령을 이용하여 완성된 철근들을 조립한다.

Command : MOVE Enter↵

객체 선택 : 마우스를 이용하여 원형 철근을 지정한다. Enter↵
기준점 또는 변위 : CEN Enter↵ 마우스를 이용하여 pt1점을 지정한다.
변위의 두번째 점 : CEN Enter↵ 마우스를 이용하여 pt2점을 지정한다.

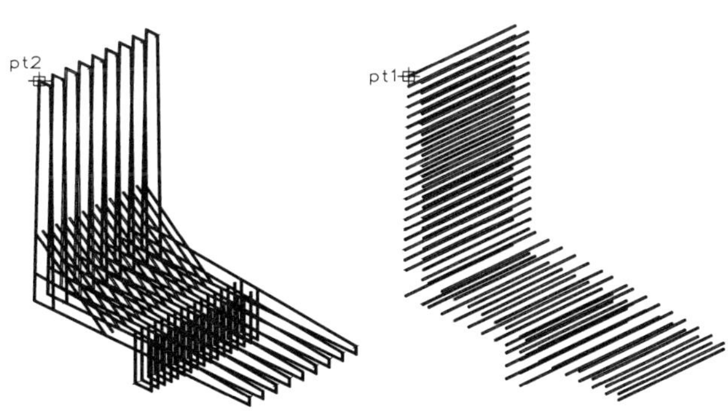

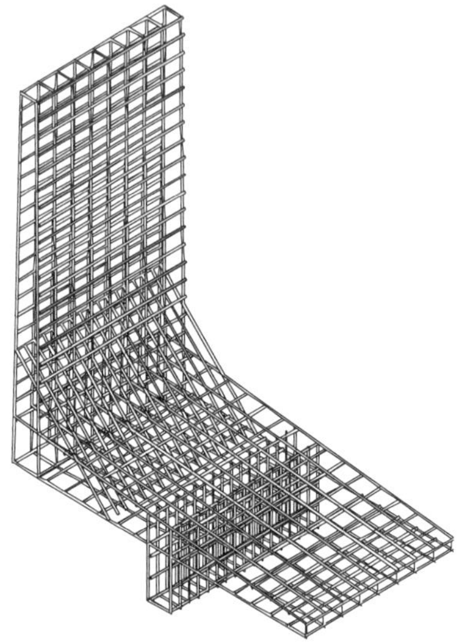

⑩ MOVE 명령을 이용하여 완성된 외형도와 철근 상세도를 조립하여 도면을 완성한다.

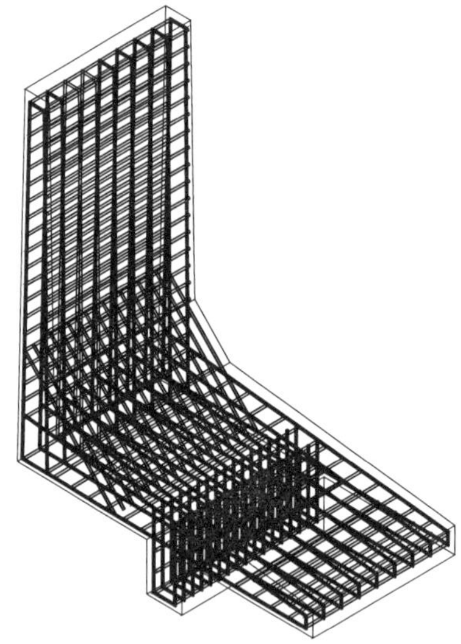

Chapter 04

예제도면 그리기

4.1 개 요

이 책에서 다루는 예제 도면은 주로 토목 구조물 관련 도면으로 분야별 기본적인 도면에 대해 그리기 연습을 하도록 다루었다.
주로 옹벽, 암거, 교량, 측구 등의 구조물에 대한 일반도, 단면도, 상세도 등으로 차례대로 도면 그리기를 반복 연습하여 능숙하게 되도록 한다.
도면을 작성할 때에는 일반적인 토목제도 통칙에 의거하되, 도면의 축척, 선의 종류, 문자, 단면, 치수, 치수선, 기호 등에 유의하여 작업하여야 한다.
이 책의 따라하기를 익히면서 사용자는 실제 도면 작성에서
「AutoCAD의 기본」편과 「AutoCAD의 연습」편에서 익혔던 명령들과 기능을 적절히 활용하여 작성해 보는 연습을 한다.

4.2 예제 도면 그리기

다음 예제 도면에서 그리게 되는 도면의 양식 틀은 다음과 같은 일정한 형태를 이용하도록 하겠다.

<table>
<tr><td rowspan="2">구분</td><td>도면(구조물)의 종류</td><td rowspan="2">예제(-번호)</td></tr>
<tr><td>도면(상세 구분) 명</td></tr>
<tr><td colspan="3"></td></tr>
<tr><td>NOTE</td><td colspan="2"></td></tr>
</table>

1	L형 옹벽 그리기 일반도, 단면도	예제(- 1)

일 반 도

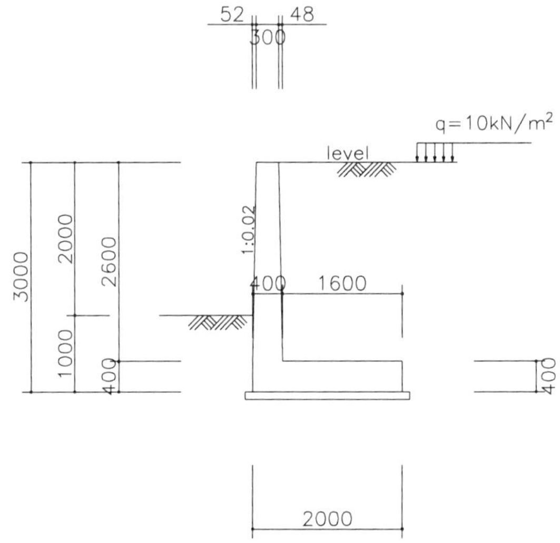

표 준 단 면 도

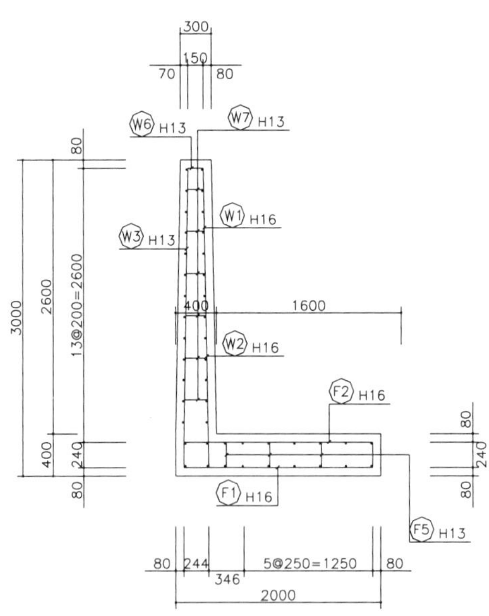

NOTE	L형 옹벽 H= 3.0m, (사면경사 : 수평, 성토 : 0.00m) 도면 SIZE (A3 : 297 × 420)

2	L형 옹벽 그리기	예제(- 2)
	철근 상세도, 철근 재료집계표	

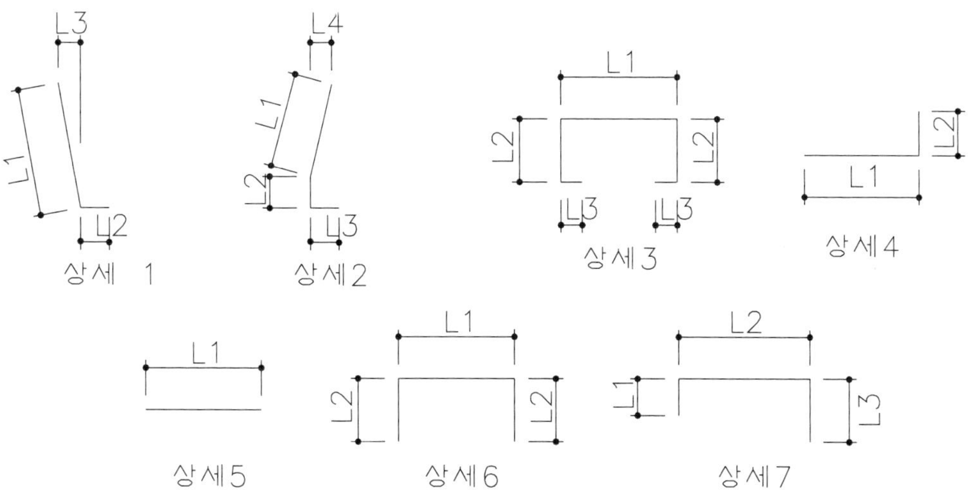

철 근 상 세 (1m당)

부 호	상 세	호 칭	갯 수	길이(mm)	L1(mm)	L2(mm)	L3(mm)	L4(mm)	L5(mm)	L6(mm)	이 음
W1	1	H16	4	3340	2840	500	52				
W2	1	H16	4	2240	1740	500	30				
W3	2	H13	4	3040	2600	240	200	42			
W4	5	H13	13	1049	1000						49
W5	5	H13	13	1049	1000						49
W6	6	H13	4	550	150	200					
W7	6	H13	12	419	219	100					
F1	4	H16	4	2080	1840	240					
F2	7	H16	8	2320	240	1840	240				
F3	5	H13	9	1049	1000						49
F4	5	H13	9	1049	1000						49
F5	3	H13	6	1017	279	269	100				

NOTE	L형 옹벽 H= 3.0m, (사면경사 : 수평, 성토 : 0.00m) 도면 SIZE (A3 : 297 × 420)

3	역T형 옹벽 그리기 일반도, 단면도	예제(- 3)

일 반 도

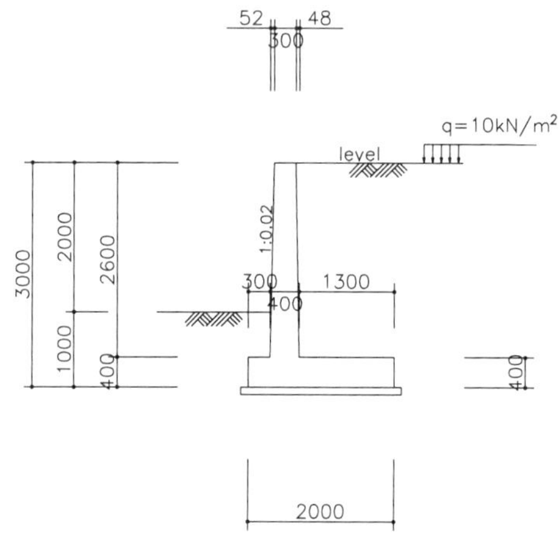

표 준 단 면 도

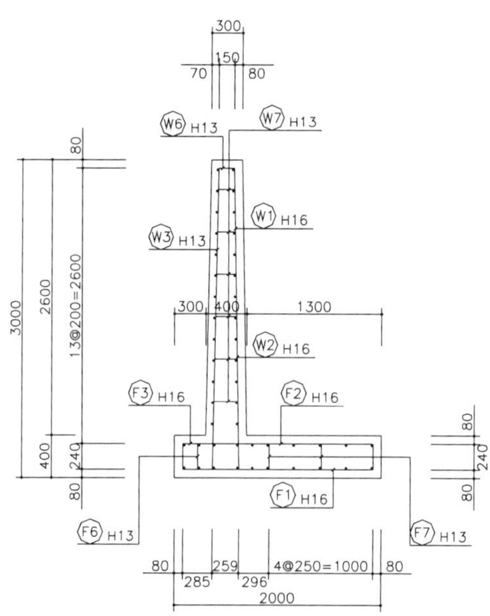

NOTE	역T형 옹벽 H= 3.0m, (사면경사 : 수평, 성토 : 0.00m) 도면 SIZE (A3 : 297 × 420)

4	역T형 옹벽 그리기	예제(- 4)
	철근 상세도, 철근 재료집계표	

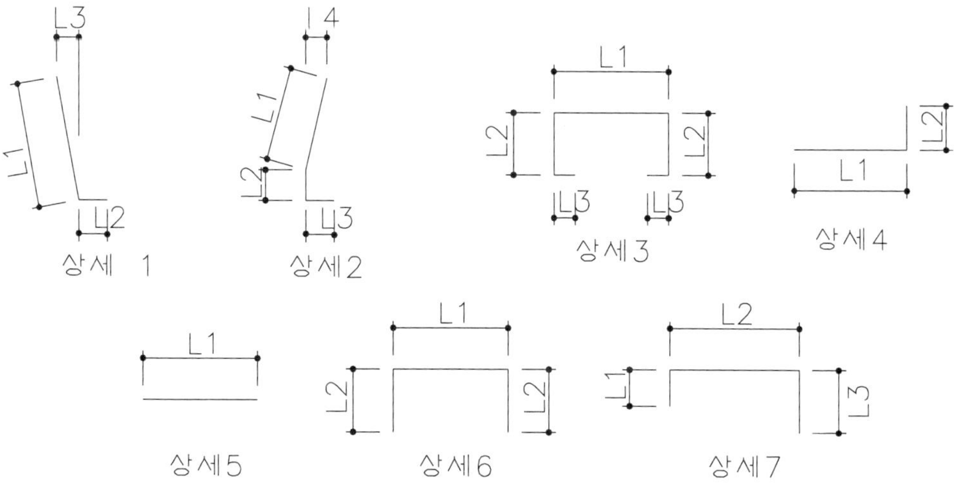

철 근 상 세 (1m당)

부 호	상 세	호 칭	갯 수	길이(mm)	L1(mm)	L2(mm)	L3(mm)	L4(mm)	L5(mm)	L6(mm)	이 음
W1	1	H16	4	3340	2840	500	52				
W2	1	H16	4	2240	1740	500	30				
W3	1	H13	4	3040	2840	200	57				
W4	4	H13	13	1049	1000						49
W5	4	H13	13	1049	1000						49
W6	5	H13	4	550	150	200					
W7	5	H13	12	424	224	100					
F1	3	H16	4	2280	1840	240	200				
F2	7	H16	4	1950	1710	240					
F3	6	H16	4	2280	200	1840	240				
F4	4	H13	10	1049	1000						49
F5	4	H13	10	1049	1000						49
F6	2	H13	2	1017	279	269	100				
F7	2	H13	4	1017	279	269	100				

NOTE	역T형 옹벽 H= 3.0m, (사면경사 : 수평, 성토 : 0.00m) 도면 SIZE (A3 : 297 × 420)

5	반 중력식 옹벽 그리기	예제(- 5)
	일반도, 설계조건	

일 반 도

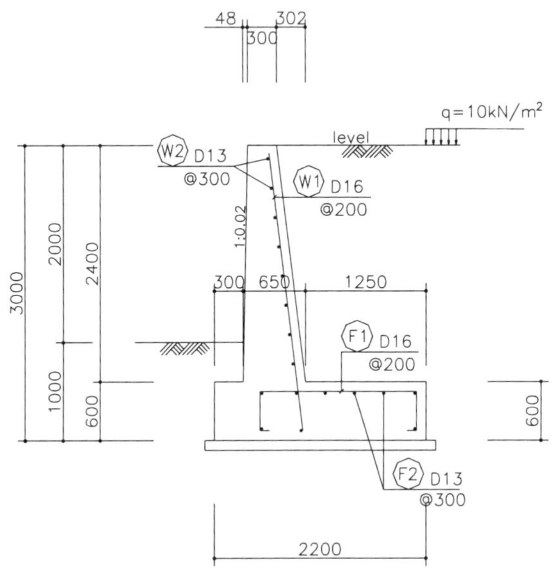

설 계 조 건

항 목		단 위	수 치
옹 벽 높 이		m	3.0
성 토 높 이		m	0.0
뒤채움흙의 내부마찰각		도(°)	30.0
단위 중량	뒤 채 움 흙	kN/m^3	19.0
	철근콘크리트	kN/m^3	24.5
콘크리트 설계기준강도(f_{ck})		MPa	21
철 근 항 복 강 도(f_y)		MPa	300
허용 지지력	상 시	kN/m^2	300
	지 진 시	kN/m^2	450
지반마찰계수	흙과콘크리트	$\tan\phi$	0.50
지 진 계 수	Kh=0.5A	A=0.110	0.055

NOTE	반 중력식 옹벽 H= 3.0m, (사면경사 : 수평, 성토 : 0.00m) 도면 SIZE (A3 : 297 × 420)

6	반 중력식 옹벽 그리기 철근 상세도, 철근 재료집계표	예제(- 6)

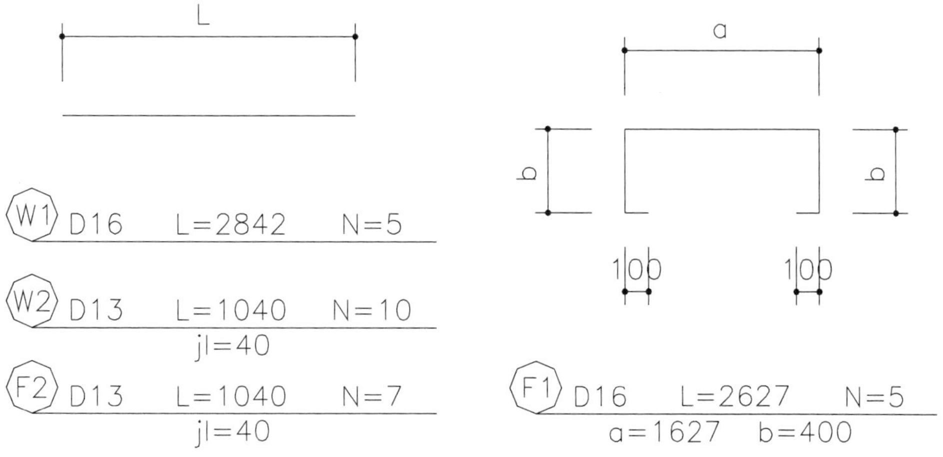

철근상세

SD300

부 호	호 칭	길 이 (m)	갯 수	총 길 이 (m)	단위중량 (kg/m)	총 무 게 (t)	비 고
W1	D16	2.840	5	14.200			(3%할증)
F1		2.630	5	13.150			
소 계				27.350	1.560	0.043	
W2	D13	1.040	10	10.400			
F2		1.040	7	7.280			
소 계				17.680	0.995	0.018	
총 계						0.061	0.063

NOTE	반 중력식 옹벽 H= 3.0m, (사면경사 : 수평, 성토 : 0.00m) 도면 SIZE (A3 : 297 × 420)

7	중력식 옹벽 그리기 일반도, 설계조건	예제(- 7)

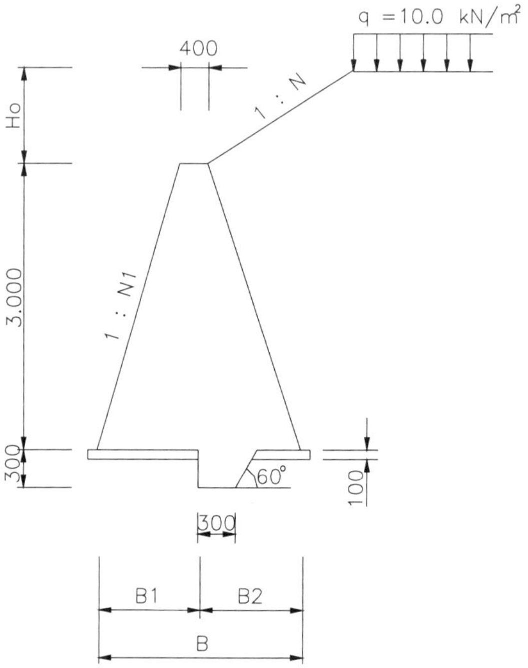

설 계 조 건

항	목	단 위	수 치
뒤채움토의 내부마찰각	1 : 1.8	도(°)	30°
	1 : 1.5	도(°)	35°
뒤채움토의 단위 중량	1 : 1.8	kN/m³	19.0
	1 : 1.5	kN/m³	20.0
무근콘크리트 단위중량		kN/m³	23.0
콘크리트 설계기준강도		MPa	18
허용 지지력	상 시	kN/m²	300
지반마찰계수	흙과콘크리트	$\tan\phi_B$	0.50

NOTE	중력식 옹벽 H= 3.0m, (사면경사 : 1 : N, 성토 : H m) 도면 SIZE (A3 : 297 × 420)

8	중력식 옹벽 그리기 단면 크기 및 작용력, 재료표	예제(- 8)

옹벽높이 : 3.0m

전면경사 N1	사면경사 N	성토높이 Ho/H	하단폭 B(m)	B1 (m)	D2 (m)	연직력 (kN)	수평력 (kN)	모멘트 (kN/m²)	작용편심 (m)	최대반력 (kN/m²)	최소반력 (kN/m²)	단면형상번호
1:0.02	1:1.8	0.5	2.20	1.60	0.60	168.779	66.091	197.798	0.320	143.672	9.764	g- 2
		1.0	2.20	1.60	0.60	182.437	77.502	219.824	0.319	155.072	10.780	g- 2
		∞	2.40	1.50	0.90	221.266	94.322	299.909	0.271	154.656	29.733	g- 2
	1:1.5	0.5	2.00	1.40	0.60	153.130	57.961	163.529	0.311	148.000	5.130	g- 1
		1.0	2.00	1.40	0.60	166.838	69.259	183.908	0.313	161.749	5.089	g- 1
		∞	2.00	1.40	0.60	182.986	82.568	207.915	0.315	177.954	5.032	g- 1
1:0.10	1:1.8	0.5	2.00	1.40	0.60	141.268	61.759	158.300	0.317	137.807	3.461	g- 3
		1.0	2.20	1.60	0.60	168.072	74.200	211.203	0.285	135.807	17.016	g- 4
		∞	2.60	1.60	1.00	224.512	93.371	341.261	0.196	125.408	47.294	g- 5
	1:1.5	0.5	2.00	1.40	0.60	141.894	55.556	159.281	0.269	128.202	13.693	g- 3
		1.0	2.00	1.40	0.60	152.747	65.772	176.284	0.277	139.840	12.907	g- 3
		∞	2.20	1.60	0.60	186.494	81.513	242.519	0.237	139.562	29.978	g- 4
1:0.20	1:1.8	0.5	2.20	1.60	0.60	154.276	53.969	204.556	0.124	93.840	46.410	g- 7
		1.0	2.40	1.50	0.90	169.453	72.813	242.049	0.201	106.085	35.126	g- 8
		∞	2.80	1.80	1.00	222.611	90.983	376.584	0.117	99.437	59.571	g- 9
	1:1.5	0.5	1.80	1.20	0.60	114.864	49.403	125.065	0.241	115.077	12.550	g- 6
		1.0	2.00	1.40	0.60	137.208	60.917	167.040	0.227	115.323	21.885	g- 7
		∞	2.40	1.50	0.90	185.303	78.891	272.692	0.154	106.935	47.484	g- 8
1:0.30	1:1.8	0.5	2.20	1.60	0.60	146.671	47.597	206.914	0.014	69.214	64.123	g-11
		1.0	2.60	1.60	1.00	170.983	71.290	272.943	0.121	84.126	47.400	g-12
		∞	2.80	1.80	1.00	198.987	83.875	345.890	0.083	83.707	58.427	g-13
	1:1.5	0.5	1.80	1.20	0.60	105.051	45.237	121.903	0.170	91.433	25.290	g-10
		1.0	2.20	1.60	0.60	139.381	59.135	193.063	0.139	87.372	39.338	g-11
		∞	2.60	1.60	1.00	184.625	76.282	302.500	0.075	83.300	58.719	g-12

재 료 표

단면형상번호	전면경사 (N1)	사면경사 N	Ho/H (m)	B (m)	콘크리트 (㎥)	버림콘크리트 (㎥)	거푸집 (㎡)
g- 2	1:0.02	1:1.8	0.5	2.20	4.016	0.226	6.469
g- 2			1.0	2.20	4.016	0.226	6.469
g- 2			∞	2.40	4.316	0.246	6.573
g- 1		1:1.5	0.5	2.00	3.716	0.206	6.373
g- 1			1.0	2.00	3.716	0.206	6.373
g- 1			∞	2.00	3.716	0.206	6.373
g- 3	1:0.10	1:1.8	0.5	2.00	3.716	0.206	6.285
g- 4			1.0	2.20	4.016	0.226	6.369
g- 5			∞	2.60	4.616	0.266	6.566
g- 3		1:1.5	0.5	2.00	3.716	0.206	6.285
g- 3			1.0	2.00	3.716	0.206	6.285
g- 4			∞	2.20	4.016	0.226	6.369
g- 7	1:0.20	1:1.8	0.5	2.20	4.016	0.226	6.369
g- 8			1.0	2.40	4.316	0.246	6.370
g- 9			∞	2.80	4.916	0.286	6.558
g- 6		1:1.5	0.5	1.80	3.416	0.186	6.164
g- 7			1.0	2.00	3.716	0.206	6.222
g- 8			∞	2.40	4.316	0.246	6.370
g-11	1:0.30	1:1.8	0.5	2.20	4.016	0.226	6.264
g-12			1.0	2.60	4.616	0.266	6.402
g-13			∞	2.80	4.916	0.286	6.486
g-10		1:1.5	0.5	1.80	3.416	0.186	6.173
g-11			1.0	2.20	4.016	0.226	6.264
g-12			∞	2.60	4.616	0.266	6.402

NOTE	중력식 옹벽 H= 3.0m, (사면경사 : 1 : N, 성토 : H m) 도면 SIZE (A3 : 297 × 420)

9	수로 암거 그리기	예제(- 9)
	일반도, 단면도, 측벽 상세도, 슬래브 상세도	

일 반 도

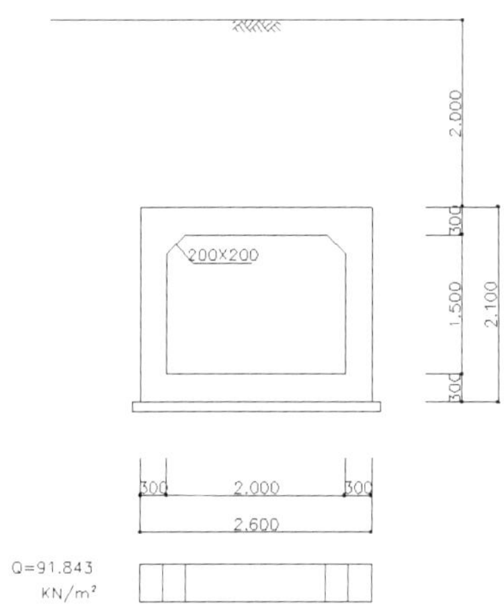

표 준 단 면 도

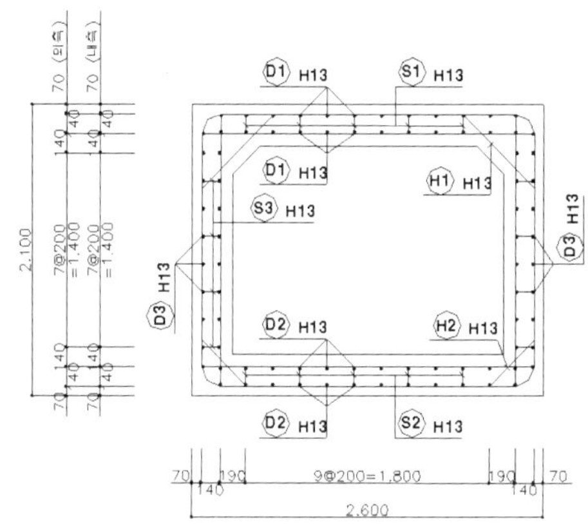

측 벽

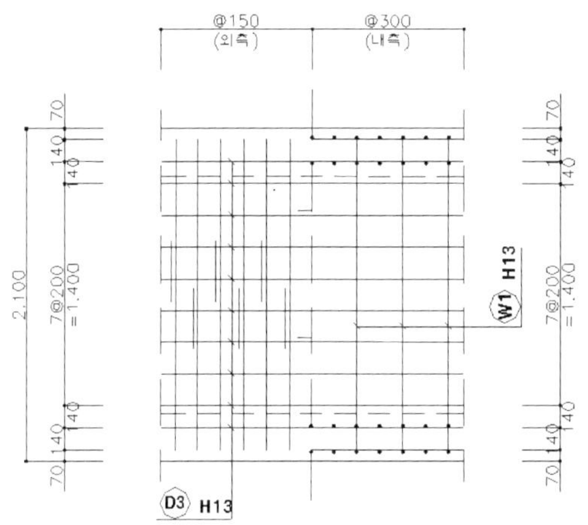

상 부 슬 래 브

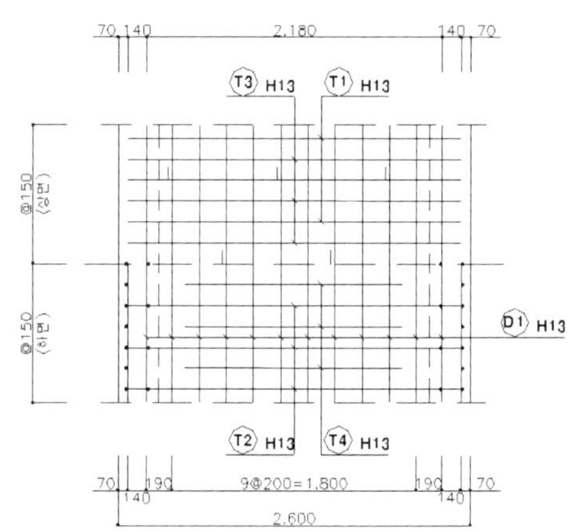

NOTE	수로 암거 1련 (2.0 × 1.5, 토피 H= 2.0 m) 도면 SIZE (A3 : 297 × 420)

10	수로 암거 그리기 주철근 조립도, 철근 상세도, 철근 재료표	예제(- 10)

주철근조립도

CYCLE-1(@300)

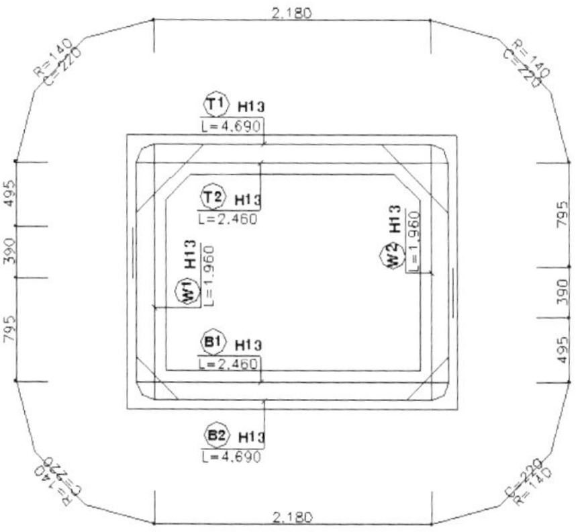

CYCLE-2(@300)

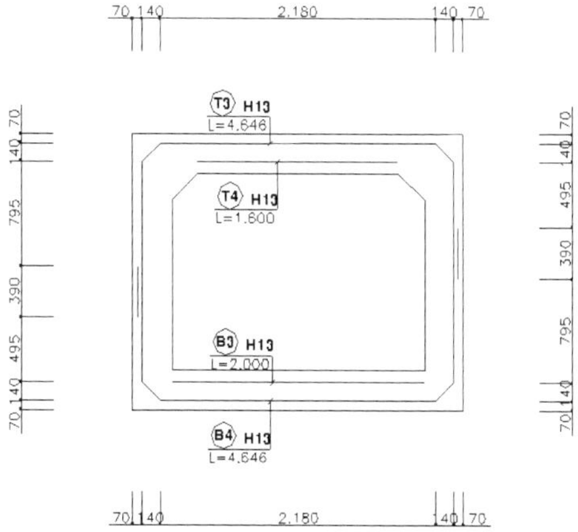

철근상세

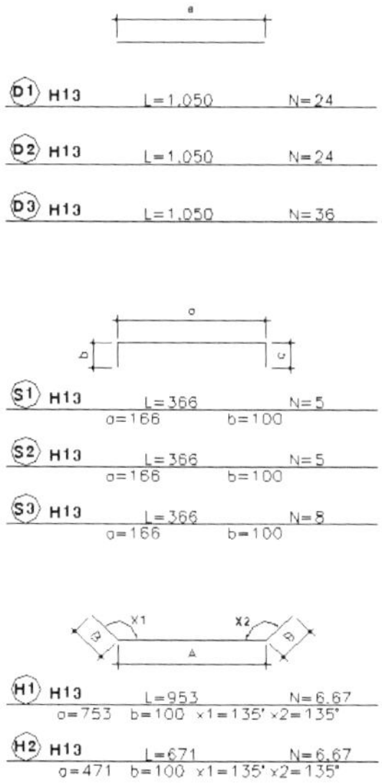

철근재료표(1m당)

(SD400)

기호	직경	길이 (M)	개수	총길이 (M)	단위무게 (KG/M)	총무게 (TON)	할증 (%,TON)
B1	H13	2.460	3.33	8.200			
B2	"	4.690	3.33	15.633			
B3	"	2.000	3.33	6.667			
B4	"	4.646	3.33	15.487			
D1	"	1.050	24	25.200			
D2	"	1.050	24	25.200			
D3	"	1.050	36	37.800			
H1	"	953	6.67	6.353			
H2	"	671	6.67	4.473			
S1	"	366	5	1.830			
S2	"	366	5	1.830			
S3	"	366	8	2.928			
T1	"	4.690	3.33	15.633			
T2	"	2.460	3.33	8.200			
T3	"	4.646	3.33	15.487			
T4	"	1.600	3.33	5.333			
W1	"	1.960	3.33	6.533			
W2	"	1.960	3.33	6.533			
소계				209.320	0.995	0.208	0.215(3%)
총계				209.320		0.208	0.215

NOTE	수로 암거 1련 (2.0 × 1.5, 토피 H= 2.0 m) 도면 SIZE (A3 : 297 × 420)

11	통로 암거 그리기	예제(- 11)
	일반도, 단면도, 측벽 상세도, 슬래브 상세도	

일 반 도

표 준 단 면 도

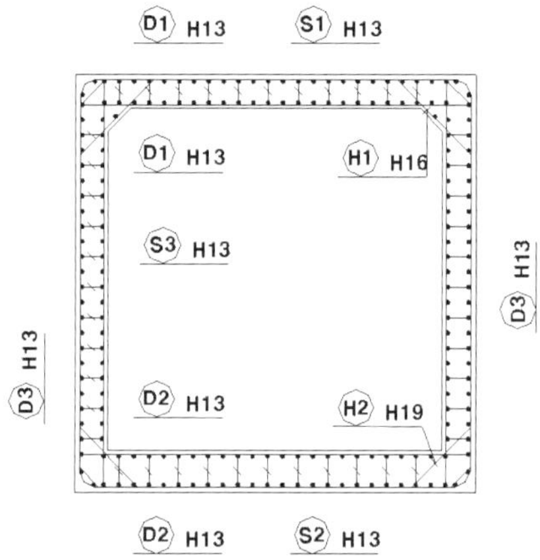

측 벽

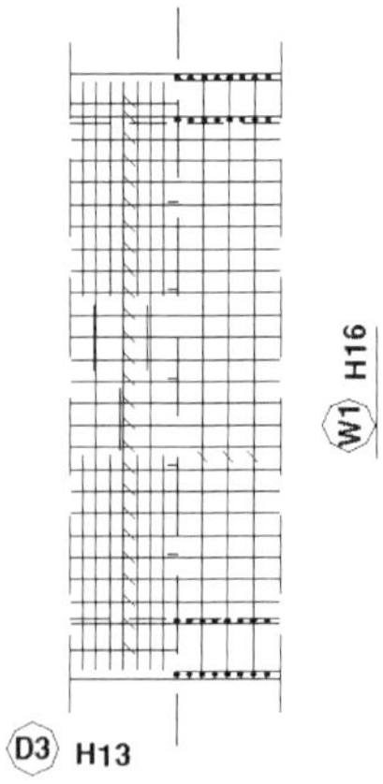

상 부 슬 래 브

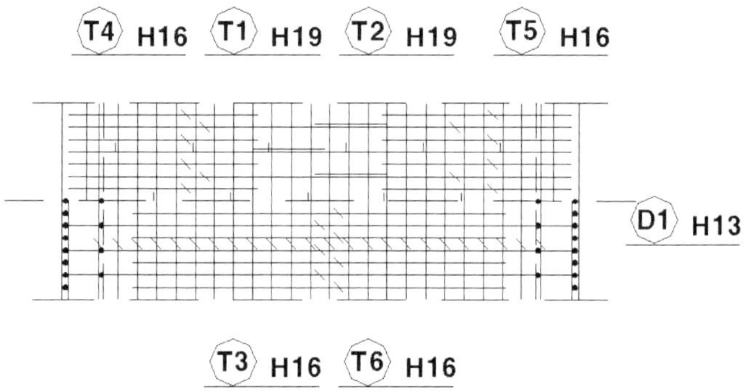

NOTE	통로 암거 1련 (4.5 × 4.5, 토피 H= 2.0 m) 도면 SIZE (A3 : 297 × 420)

12	통로 암거 그리기 주철근 조립도, 철근 상세도, 철근 재료표	예제(- 12)

주철근조립도

CYCLE-1(@500)

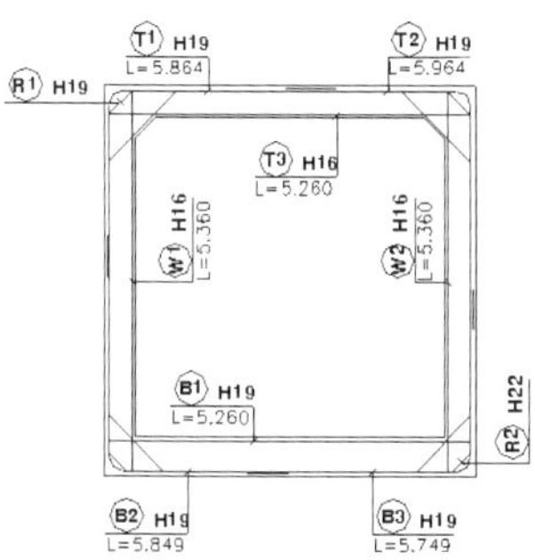

CYCLE-2,4(@500)

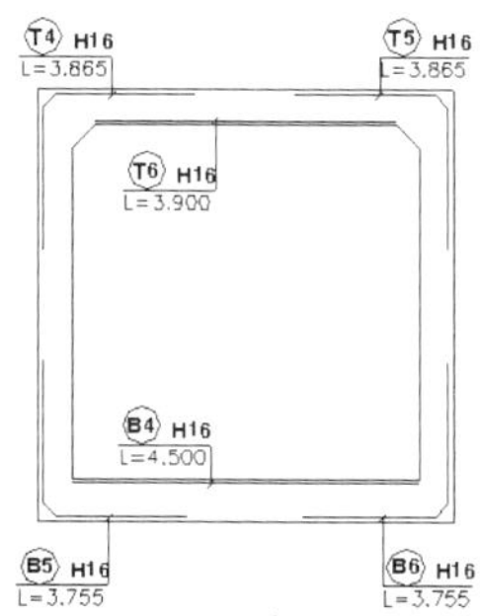

CYCLE-3(@500)

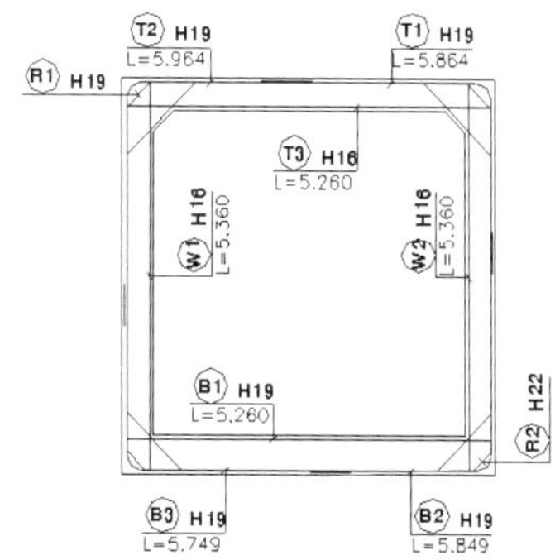

철근상세

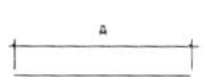

D1 H13 L=1 070 N=52

D2 H13 L=1.070 N=50

D3 H13 L=1 050 N=96

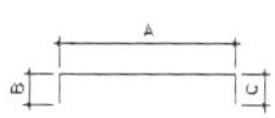

S1 H13 L=562 N=11 a=362 b=100

S2 H13 L=662 N=11 a=462 b=100

S3 H13 L=562 N=22 a=362 b=100

H1 H16 L=1.599 N=8 a=1.399 b=100 x1=135' x2=135'

H2 H19 L=1 316 N=8 a=1.116 b=100 x1=135' x2=135'

R1 H19 L=1.081 N=8 a=481 b=300 x1=135' x2=135'

R2 H22 L=968 N=8 a=368 b=300 x1=135' x2=135'

철근재료표(1m당)

(SD400)

기 호	직 경	길 이 (M)	개 수	총길이 (M)	단위무게 (KG/M)	총무게 (TON)	할 증 (%,TON)
R2	H22	968	8	7.744			
소 계				7.744	3.040	0.024	0.025(6%)
B1	H19	5.260	4	21.040			
B2	"	5.849	4	23.396			
B3	"	5.749	4	22.996			
H2	"	1.316	8	10.528			
R1	"	1.081	8	8.648			
T1	"	5.864	4	23.456			
T2	"	5.964	4	23.856			
소 계				133.920	2.250	0.301	0.310(3%)
B4	H16	4.500	4	18.000			
B5	"	3.755	4	15.020			
B6	"	3.755	4	15.020			
H1	"	1.599	8	12.792			
T3	"	5.260	4	21.040			
T4	"	3.865	4	15.460			
T5	"	3.865	4	15.460			
T6	"	3.900	4	15.600			
W1	"	5.360	4	21.440			
W2	"	5.360	4	21.440			
소 계				171.272	1.560	0.267	0.275(3%)
D1	H13	1.070	52	55.640			
D2	"	1.070	50	53.500			
D3	"	1.050	96	100.800			
S1	"	562	11	6.182			
S2	"	662	11	7.282			
S3	"	562	22	12.364			
소 계				235.768	0.995	0.235	0.242(3%)
총 계				548.704		0.827	0.852

NOTE	통로 암거 1련 (2.0 × 1.5, 토피 H= 2.0 m) 도면 SIZE (A3 : 297 × 420)

13	통로 암거 그리기 주철근 조립도, 철근 상세도, 철근 재료표	예제(- 13)

일 반 도

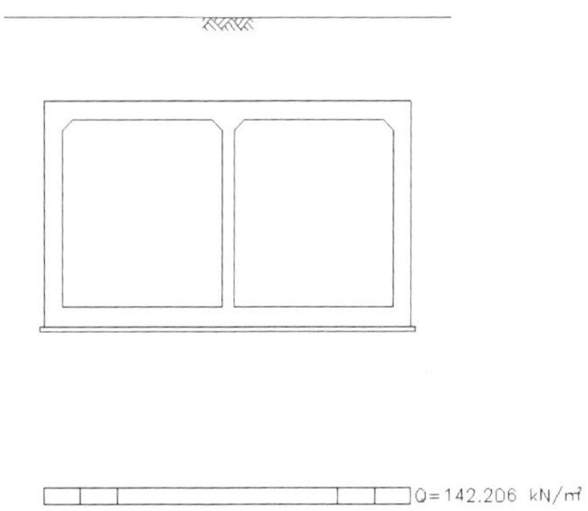

표 준 단 면 도

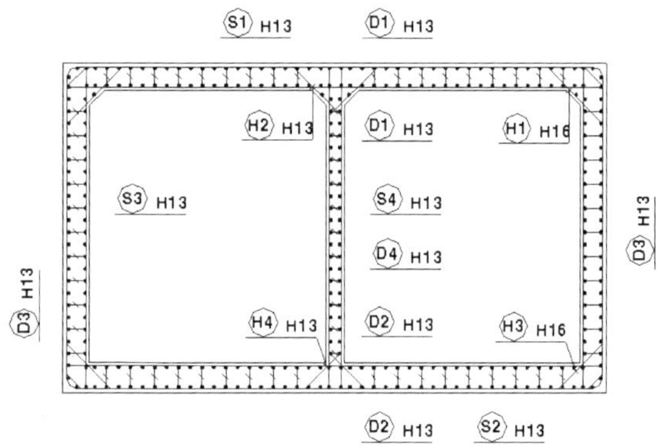

측 벽

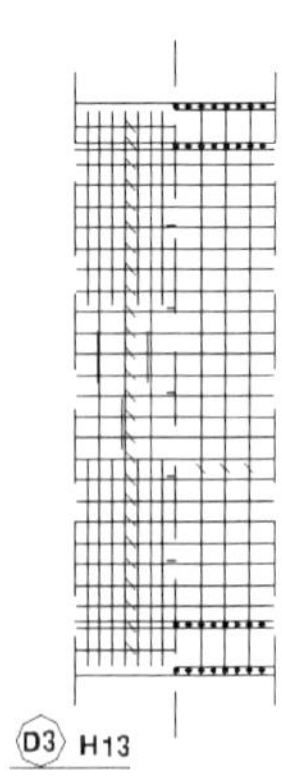

내 벽

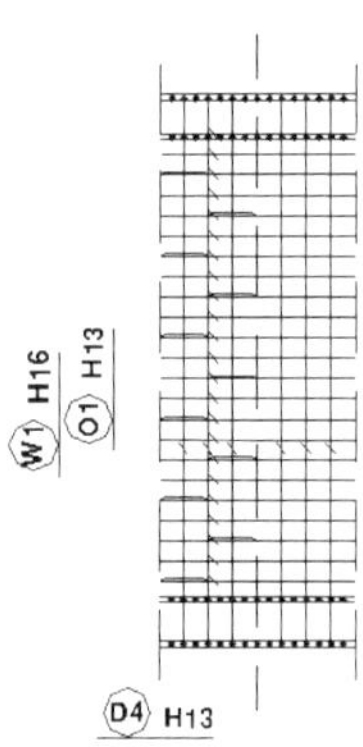

상 부 슬 래 브

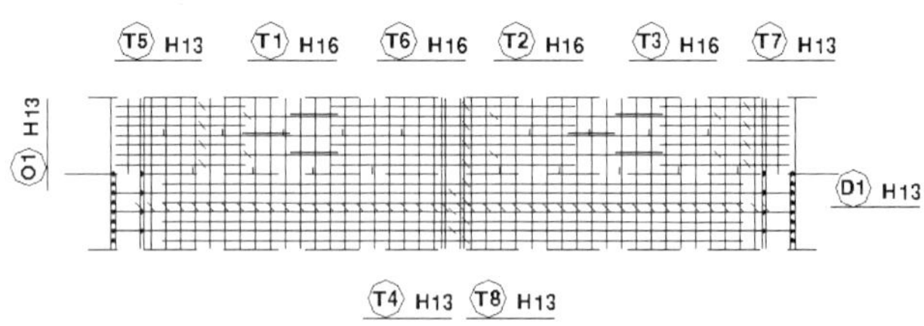

NOTE	통로 암거 2련 (4.0 × 4.5, 토피 H= 2.0 m) 도면 SIZE (A3 : 297 × 420)

14	통로 암거 그리기 주철근 조립도, 철근 상세도, 철근 재료표	예제(- 14)

주철근조립도

CYCLE-1(@500)

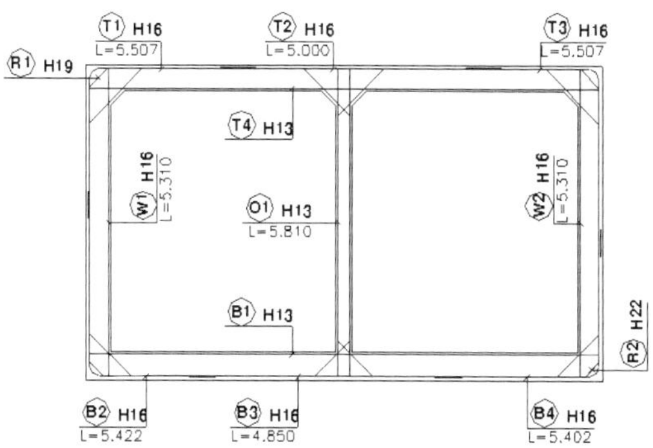

CYCLE-2,4(@500)

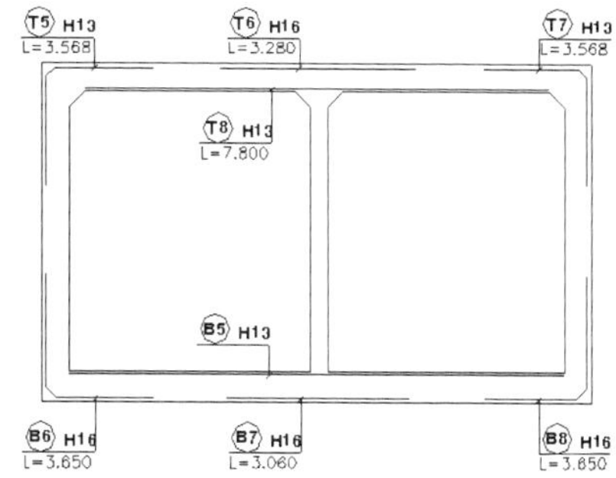

CYCLE-3(@500)

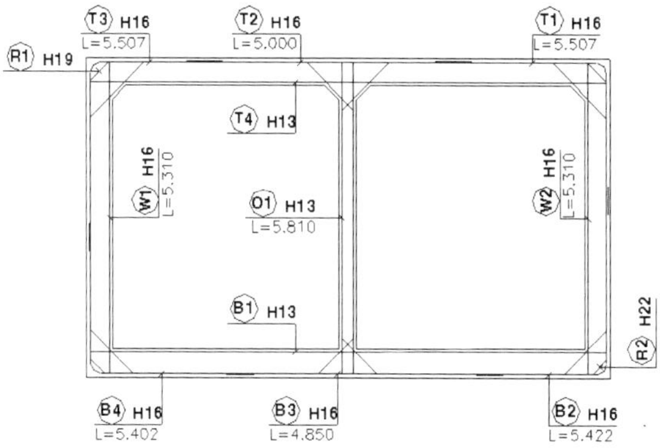

철근상세

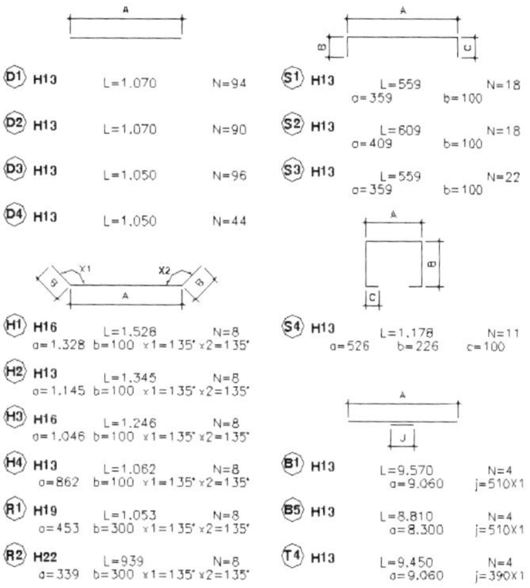

NOTE	통로 암거 2련 (4.0 × 4.5, 토피 H= 2.0 m) 도면 SIZE (A3 : 297 × 420)

15	수로 암거 날개벽 그리기	예제(- 15)
	주철근 조립도, 철근 상세도, 철근 재료표	

표준단면도(H=1.50m)

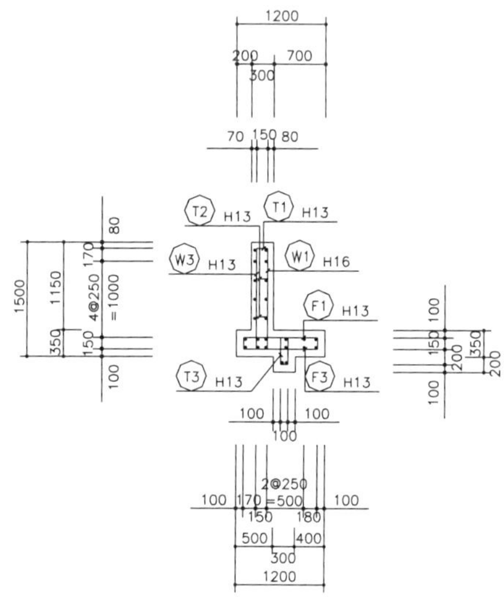

벽 체 전 면

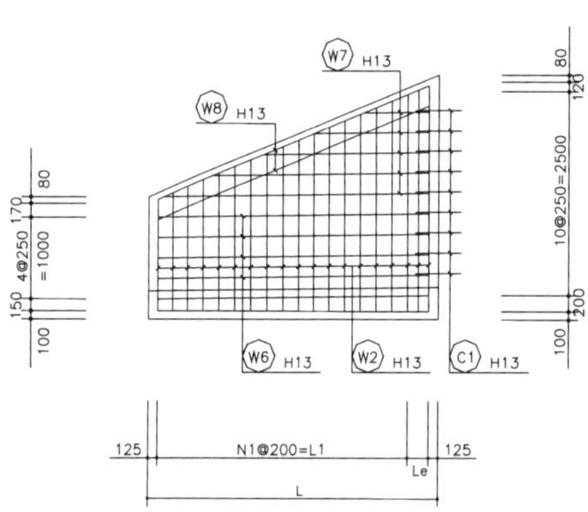

저 판 상 면

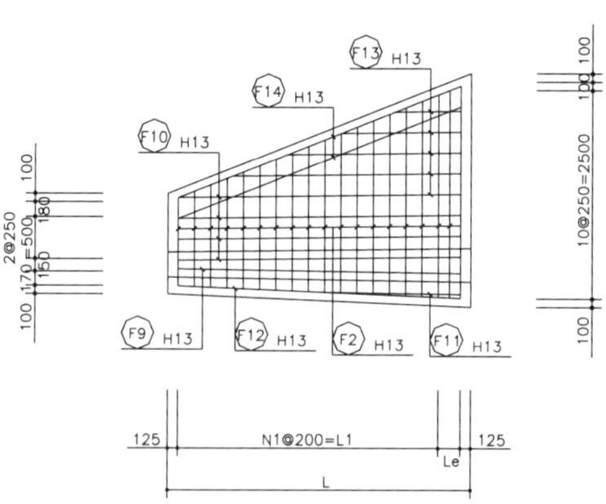

NOTE	수로 암거 날개벽 (1.5 ~ 3.0, 내공높이 H= 3.0 m) 도면 SIZE (A3 : 297 × 420)

16	통로 암거 날개벽 그리기 정면도, 측면도, 배면도, 평면도	예제(- 16)

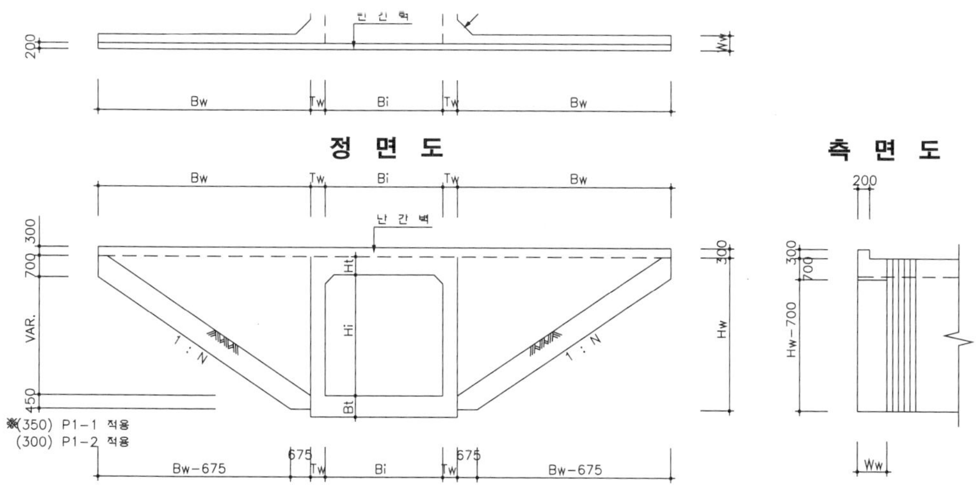

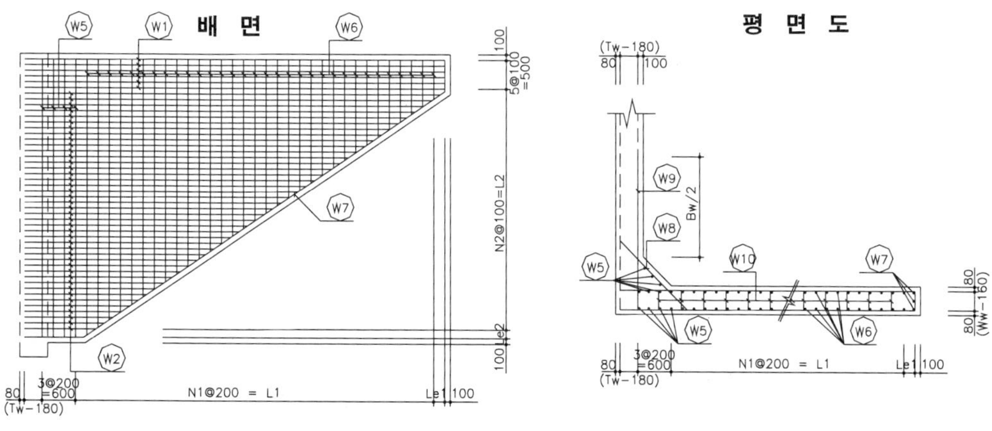

NOTE	통로 암거 날개벽 도면 SIZE (A3 : 297 × 420)

17	암거 연결 및 방수 상세도 신축이음, 암거연결상세도	예제(- 17)

1련암거 2련암거 3련암거

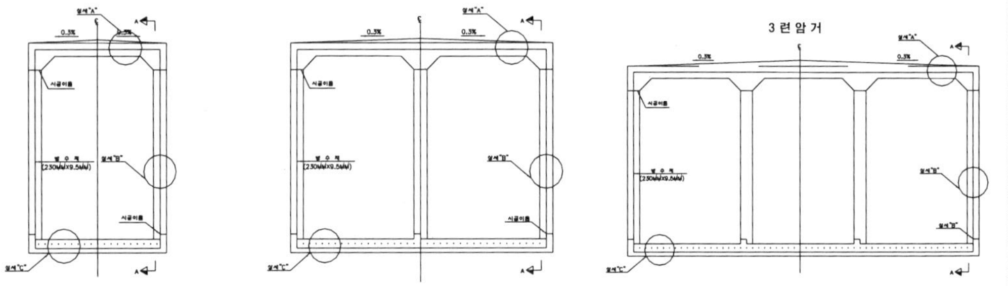

신설암거 연결 상세도

상세 "A" (상판)

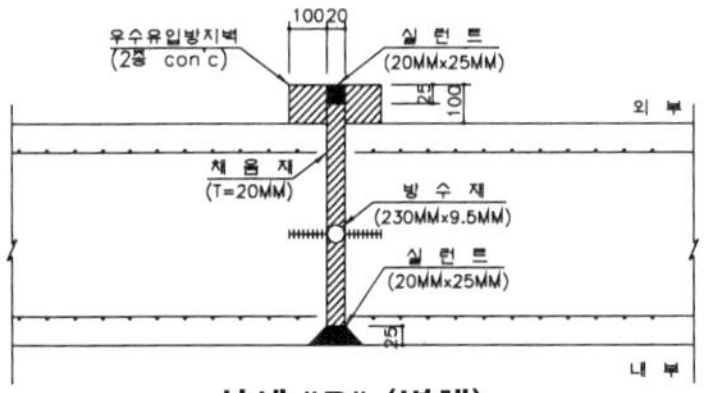

상세 "B" (벽체)

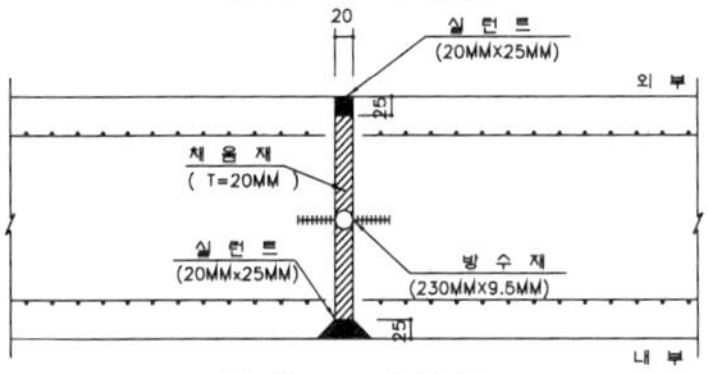

상세 "C" (저판)

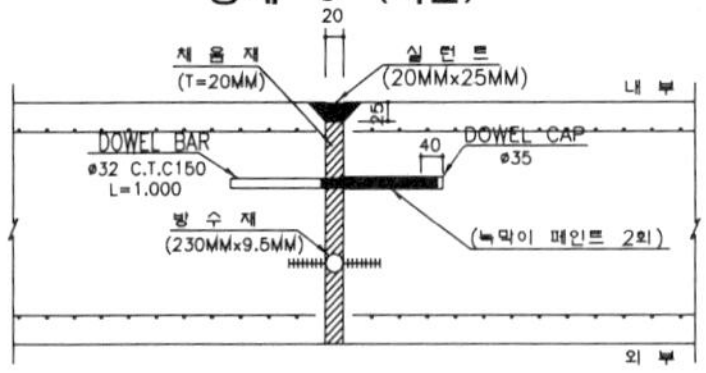

기존암거와 신설암거 연결 상세도

상세 "A" (상판)

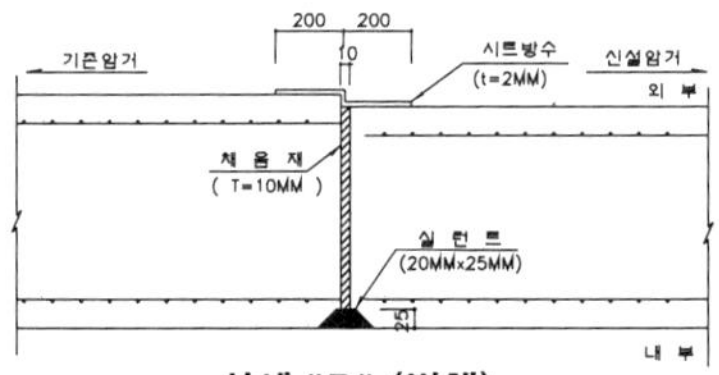

상세 "B" (벽체)

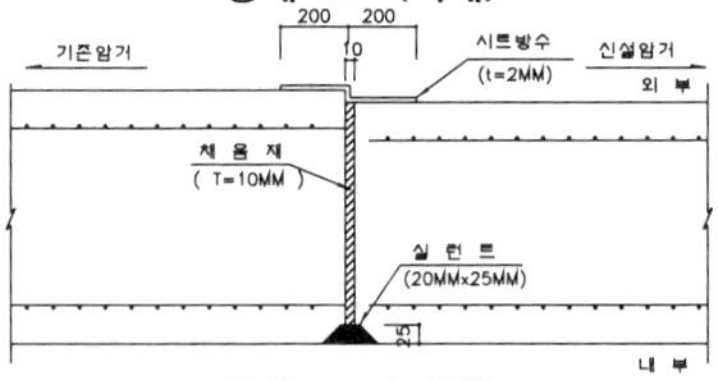

상세 "C" (저판)

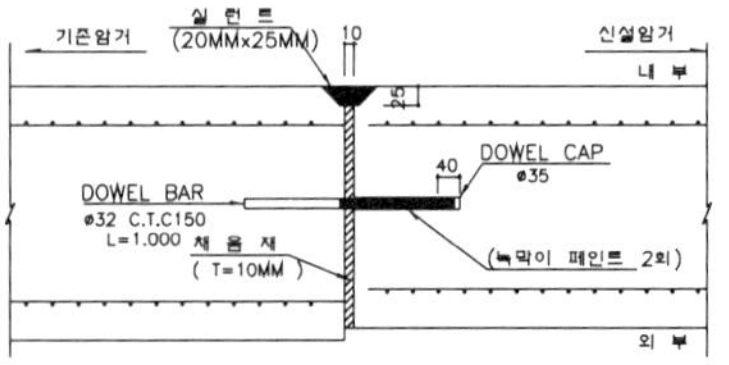

NOTE	암거 연결 및 방수 상세도 (성토지반, 연약지반, 토피 H= 5.0 미만) 도면 SIZE (A3 : 297 × 420)

18	측구 배수로 그리기 측구 상세도	예제(- 18)

V 형 측 구
(형 식 1,2,3)
S = 1:100

토 사 측 구
S = 1:100

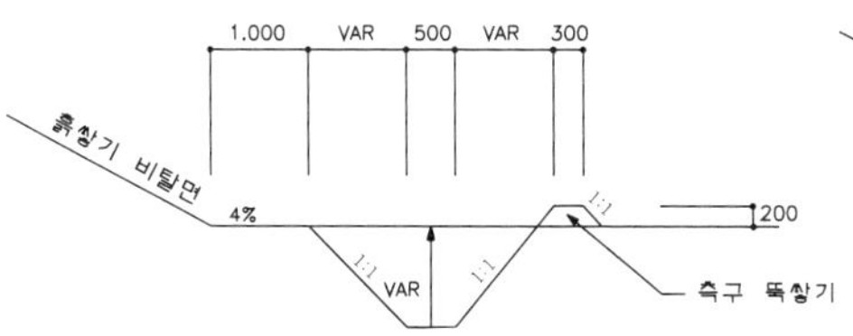

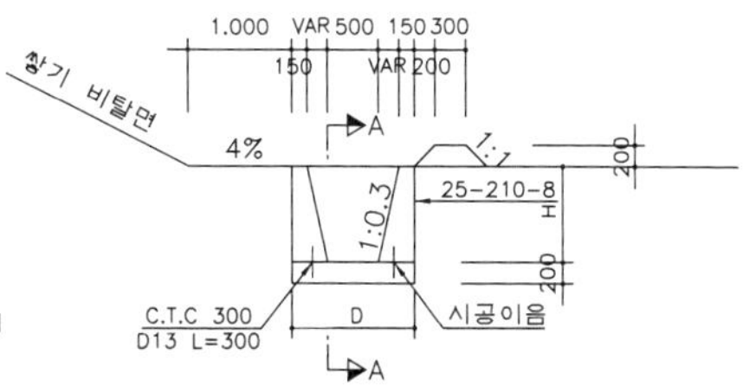

측구 경사로 상세도
(형 식 1,2,3)
S = 1:50

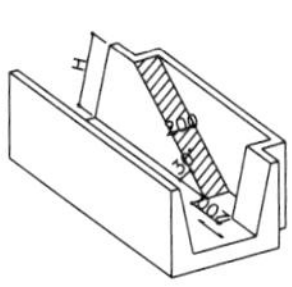

산 마 루 측 구
형 식 1,2,3 : 콘크리트 측구
S = 1:100

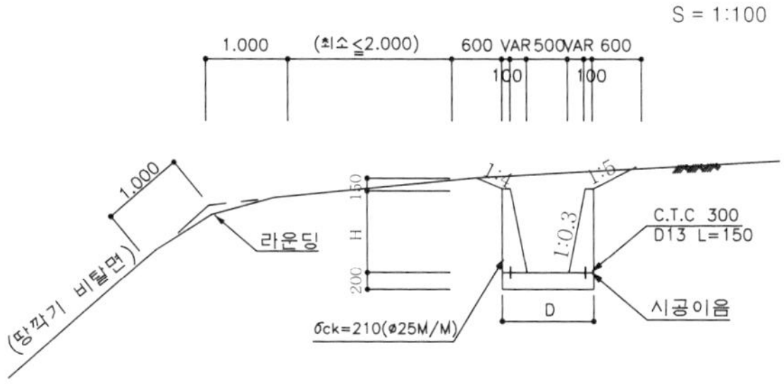

형 식 4,5,6: P.Y.S 조립식 측구
S = 1:20

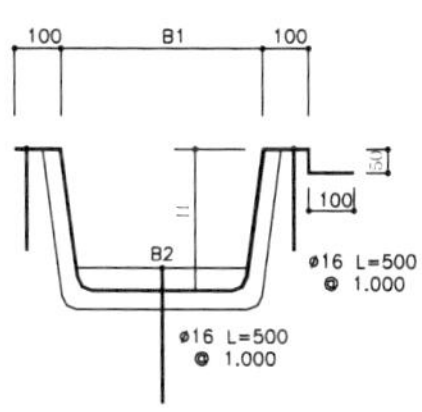

NOTE	측구 배수로 (토사, V형, 측구경사로, 산마루측구, PYS조립식측구) 도면 SIZE (A3 : 297 × 420)

19	교량 접속 슬래브 그리기 줄눈 설치 일반도, 줄눈 단면 상세도	예제(- 19)

교량 접속부 줄눈설치 일반도

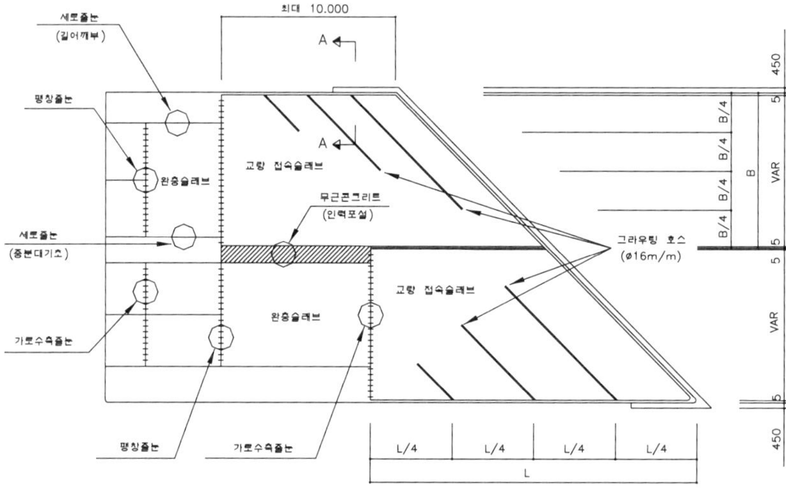

단면 A-A

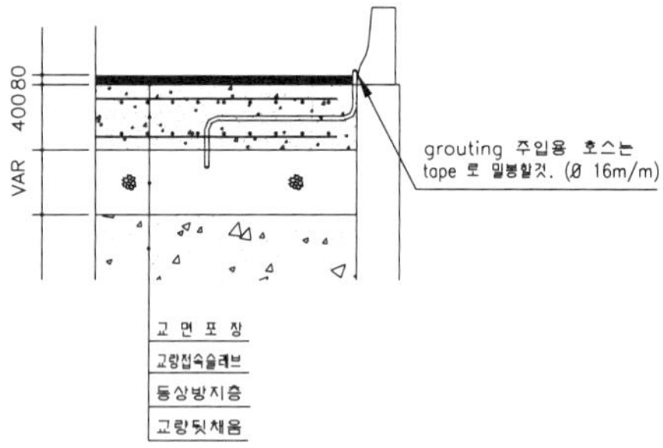

주) – ▨ 부분은 중분대기초가 기계시공됨에 따라 접속슬래브 두께와 동일하게 무근콘크리트 포설. (Fck=270kg/cm², Ø=25m/m)
– 시공시 교량부와 토공부의 길어깨 횡단경사 차이는 완충슬래브 길어깨에서 조정
– 공용시 접속슬래브 하부의 뒷채움 침하를 대비한 grouting 주입용 호스설치.

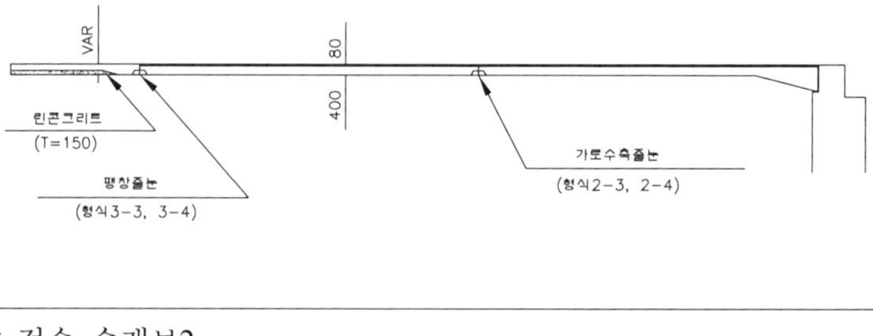

NOTE	교량 접속 슬래브2 도면 SIZE (A3 : 297 × 420)

20	교량 완충 슬래브 그리기	예제(- 20)
	4차로 교량완충 슬래브 배근도	

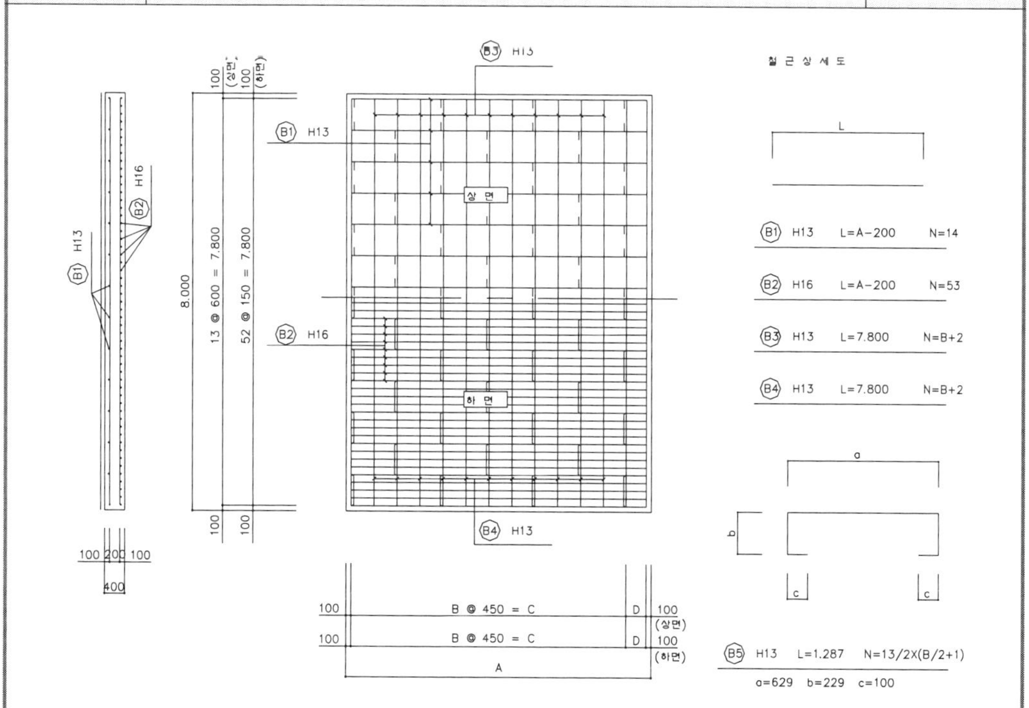

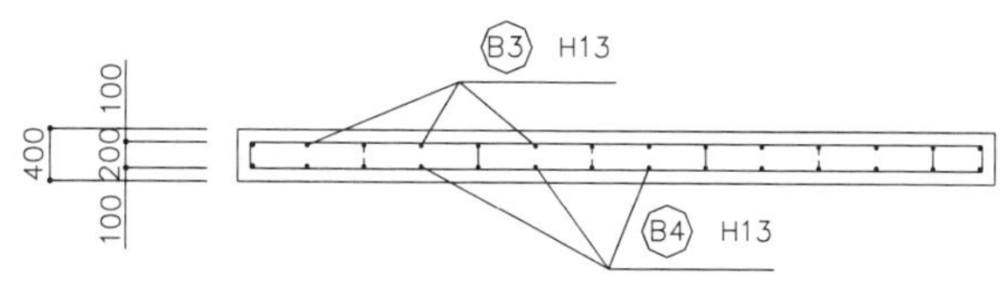

NOTE	교량 완충 슬래브 (4차로 기준) 도면 SIZE (A3 : 297 × 420)

21	단주식 표지판 그리기	예제(- 21)
	정면도, 배면도, 측면도, 덮개상세도, 클램프 상세도	

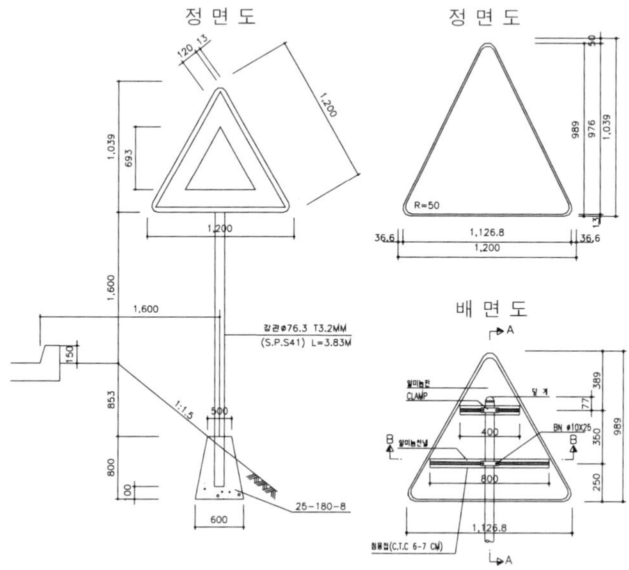

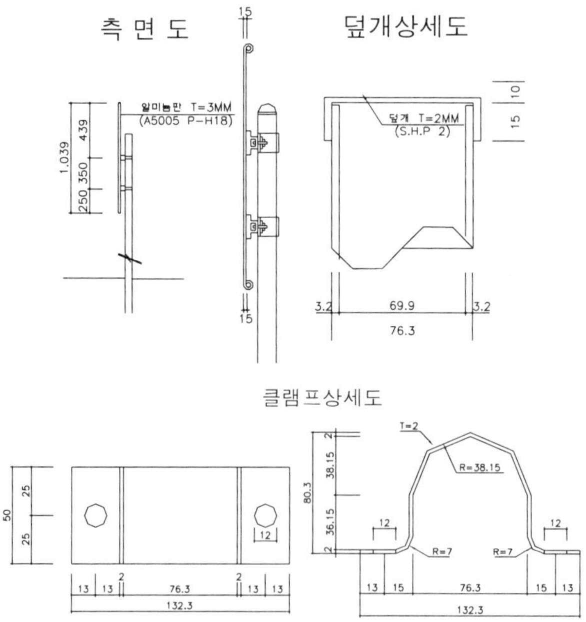

NOTE	단주식 표지판 (표지만 및 기초) 도면 SIZE (A3 : 297 × 420)

22	방음벽 그리기 방음벽 일반도, 단면도, 철근 상세도, 철근 재료표	예제(- 22)

일 반 도

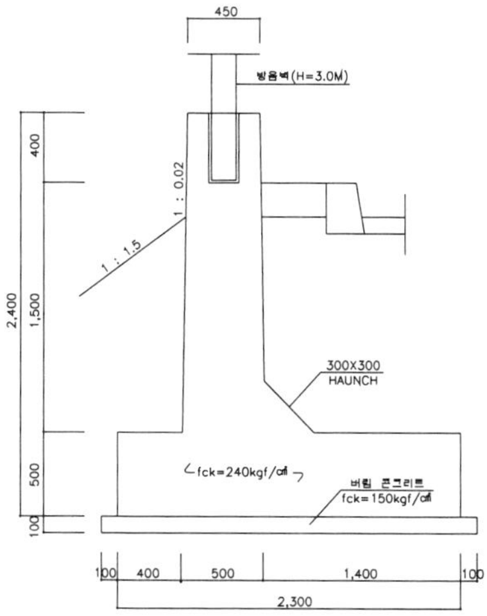

단 면 도

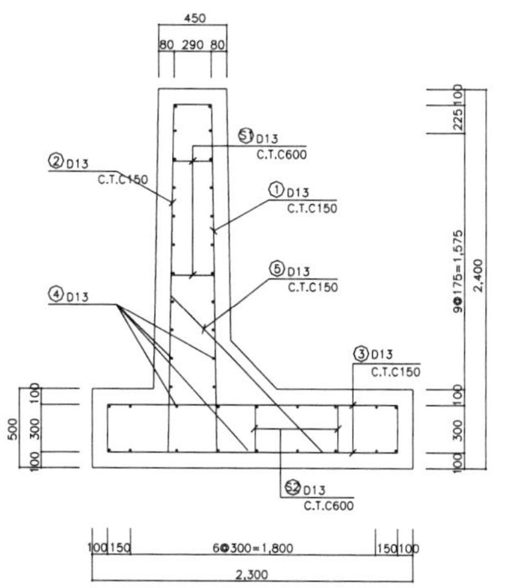

철 근 상 세 도

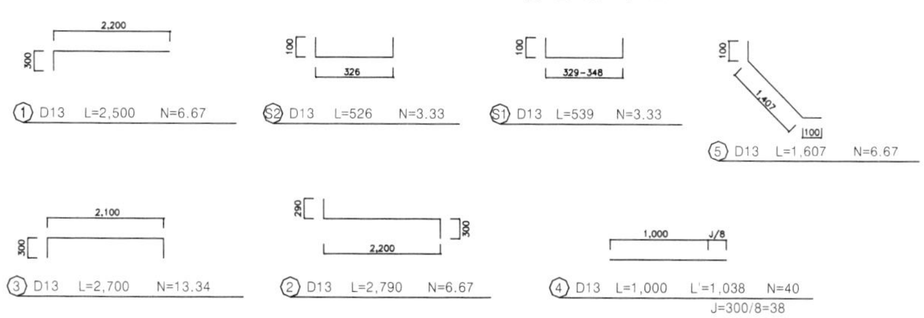

철 근 재 료 표

(1M 당)

기 호	직 경	길 이 (M)	수 량 (EA)	총 길 이 (M)	단위중량 (Kg/m)	총 중 량 (TON)	할증 3% (TON)
1	D13	2.500	6.67	16.675			
2	D13	2.790	6.67	18.609			
3	D13	2.700	13.34	36.018			
4	D13	1.038	40	41.520			
5	D13	1.607	6.67	10.719			
S1	D13	0.539	3.33	1.795			
S2	D13	0.526	3.33	1.752			
소 계				127.088	0.995	0.126	0.130
합 계						0.126	0.130

*NOTE 방음벽기초의 최대지반 반력 Qmax=8.185 t/㎡ 이므로 기초시공전 지반조사를 실시하며 그에따라 산정된 지지력이 Qmax에 미달될때는 이에대한 대책공법을 수립하여 감독원의 승인을 득한후 시공하여야 한다.

NOTE	방음벽 (H= 3.0 m) 도면 SIZE (A3 : 297 × 420)

23	터널 일반도 그리기	예제(- 23)
	터널 정면도, 측면도	

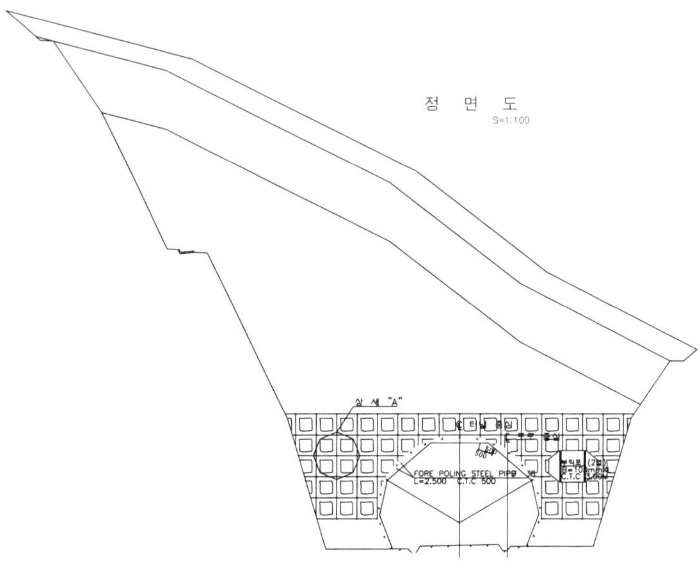

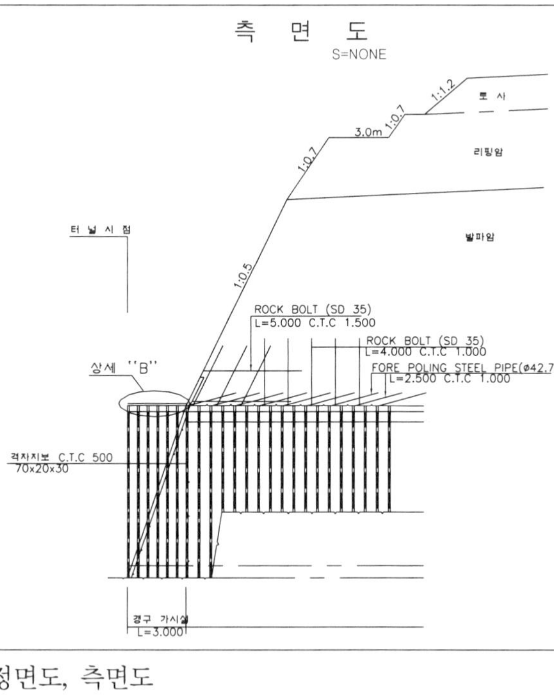

NOTE	터널 정면도, 측면도 도면 SIZE (A3 : 297 × 420)

24	도로 표준 횡단면도 그리기	예제(- 24)
	표준 횡단면도 (아스팔트, 시멘트 콘크리트)	

(4 차 로 구 간)

아스팔트 콘크리트 포장

S = 1:100

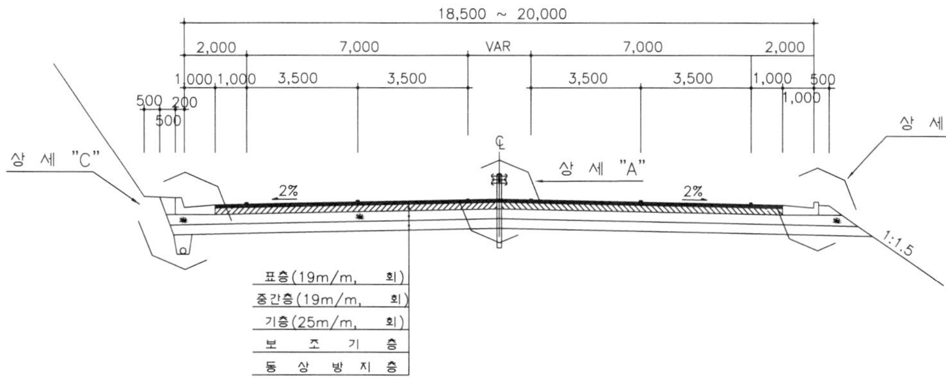

(4 차 로 구 간)

시멘트 콘크리트 포장

S = 1:100

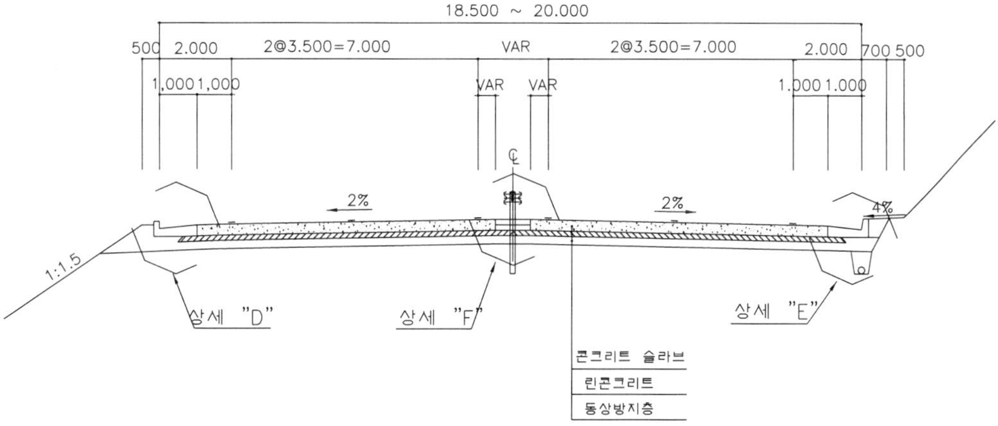

NOTE	도로 표준횡단면도 (4차로, 아스팔트 / 시멘트 콘크리트) 도면 SIZE (A3 : 297 × 420)

25	표준 횡단면도 상세 단면도 그리기 상세 단면도 ("A", "B", "C")	예제(- 25)

상 세 "C"

S = 1 : 30

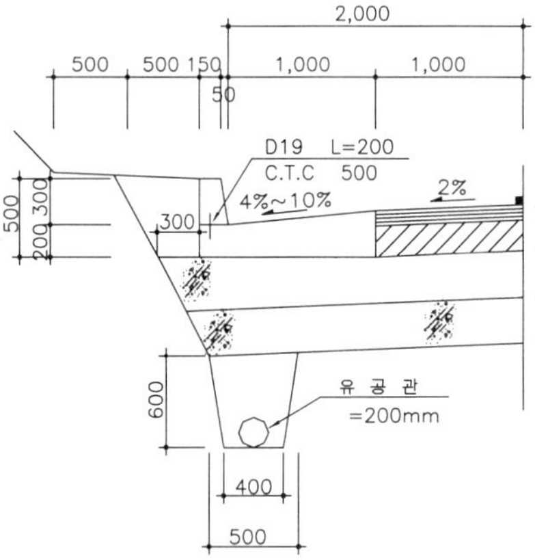

상 세 "B"

S = 1 : 30

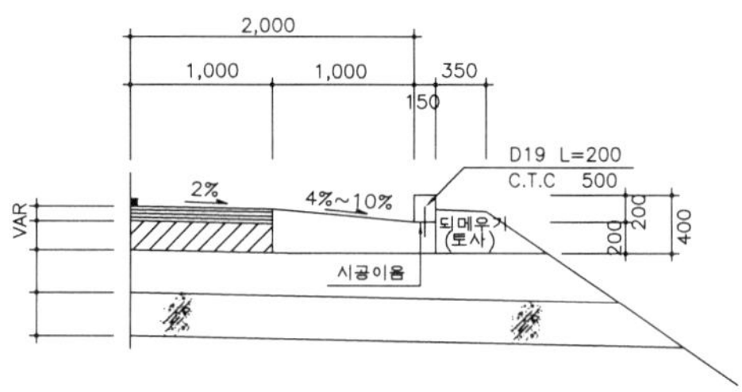

상 세 "A"

(양면 가드레일) S = 1 : 30

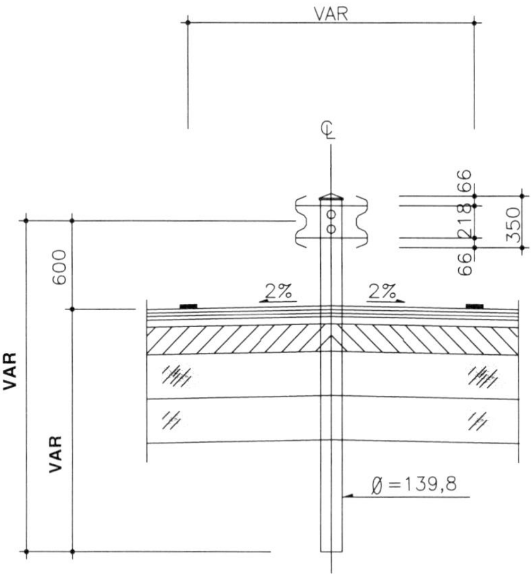

NOTE	표준 횡단면도 상세단면 도면 SIZE (A3 : 297 × 420)

26	교량 상부공 일반도그리기	예제(- 26)
	교량 상부공 횡단면도, 주철근 조립도	

횡 단 면 도 [단부,중앙부]

S = 1 : 50

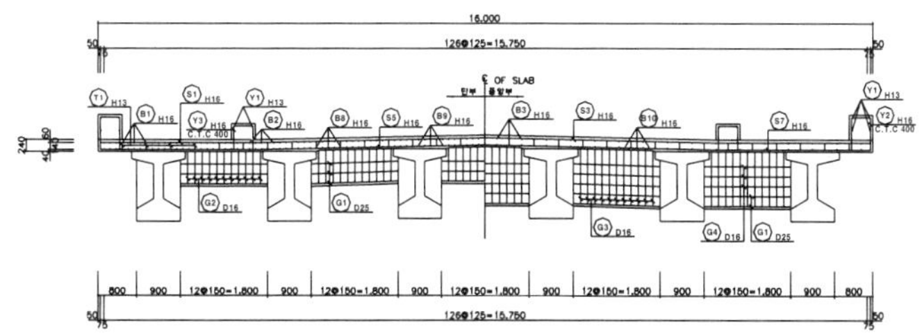

횡 단 면 도 [연속지점부]

S = 1 : 50

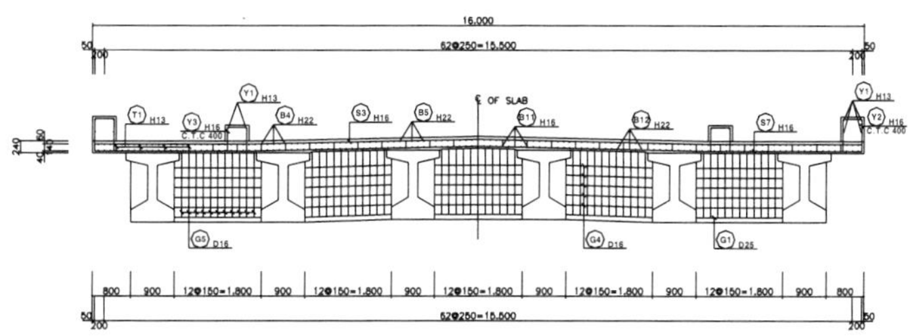

주철근 조립도

S = 1 : 50

< 단 부 >

① CYCLE C.T.C. 100

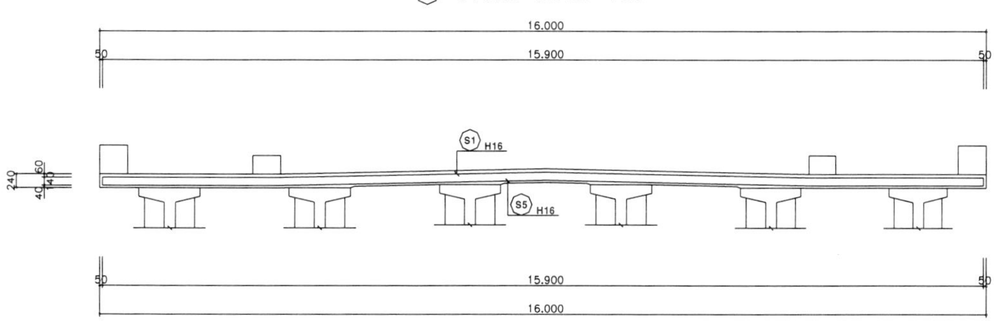

NOTE	교량 상부공 (교량 폭 B= 16.0 m) 도면 SIZE (A3 : 297 × 420)

27	교량 교대 일반도 그리기 교대 정면도, 평면도, 단면 상세도	예제(- 27)

정 면 도

S=1:100

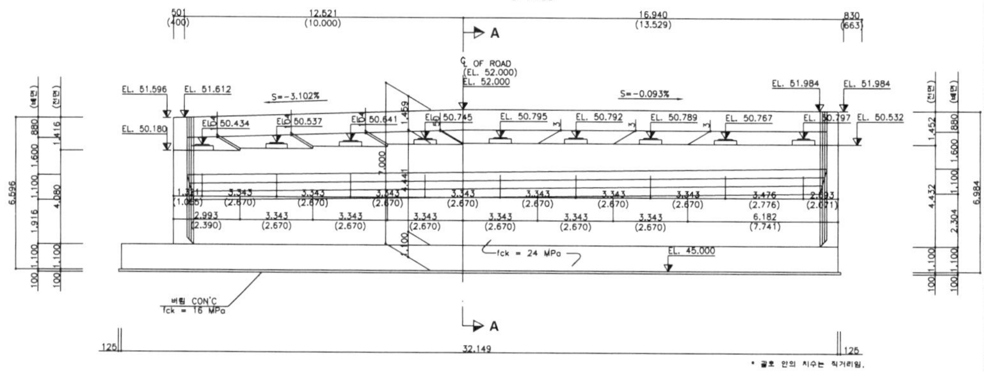

단면 A-A

S=1:100

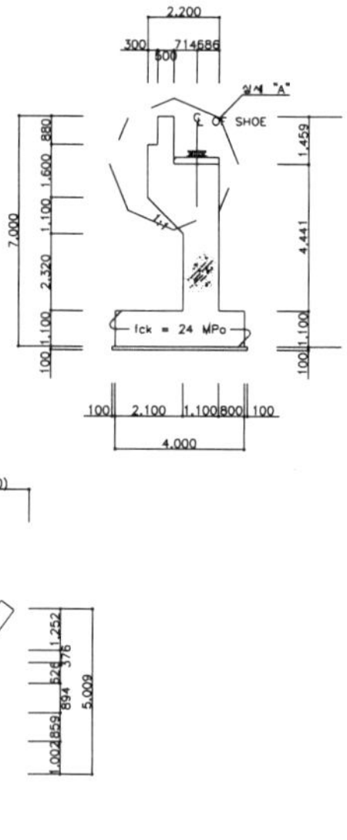

평 면 도

S=1:100

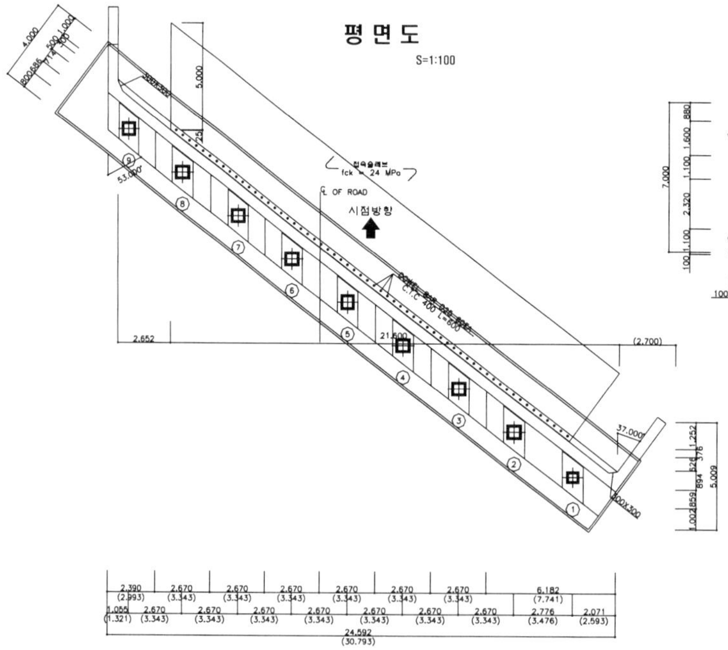

NOTE	교량 교대 일반도 도면 SIZE (A3 : 297 × 420)

28	교량 교대 날개벽 그리기	예제(- 28)
	날개벽 단면도 (좌, 우측), 날개벽 단면도, 교량받침	

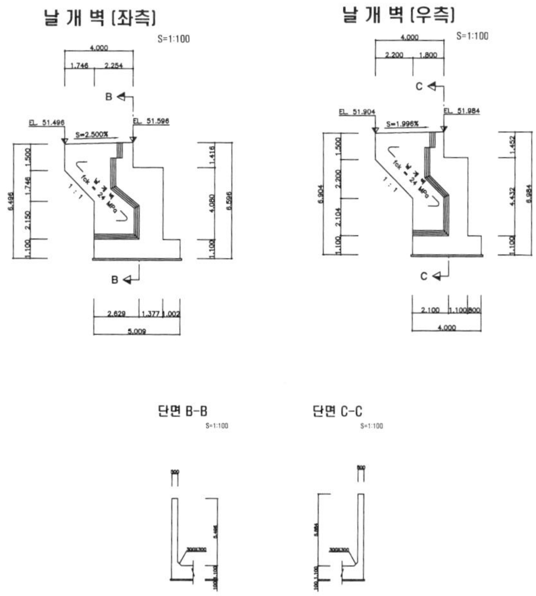

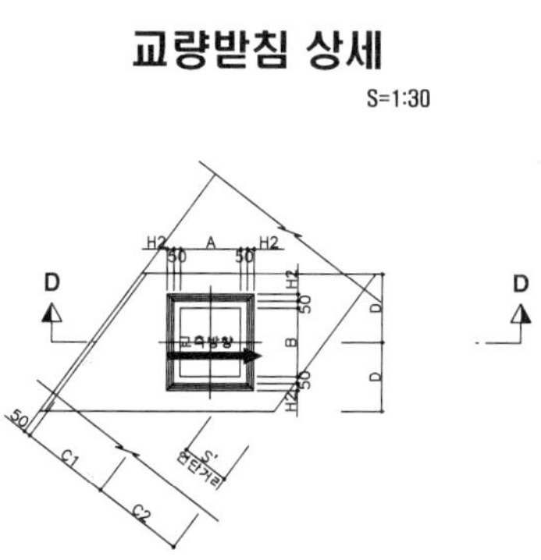

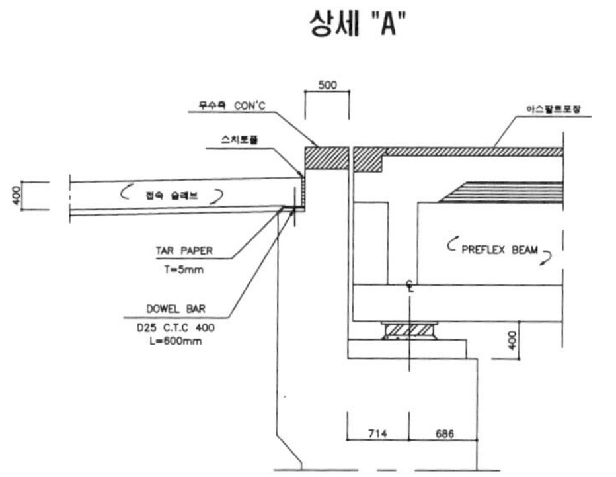

NOTE	교량 교대 날개벽 도면 SIZE (A3 : 297 × 420)

29	교량 접속 옹벽 그리기	예제(- 29)
	접속 옹벽 평면도, 전개도, DRAIN BOARD, 시공이음상세도,	

평 면 도

S=1:100

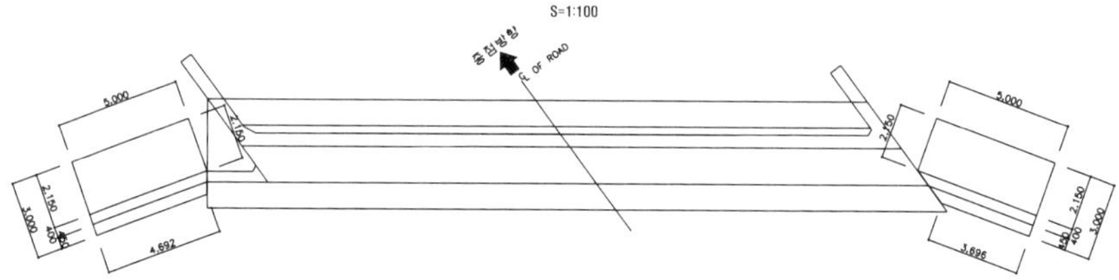

전 개 도

S=1:100

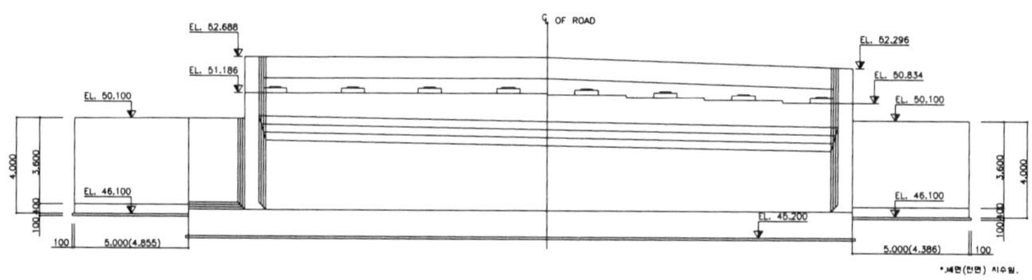

DRAIN BOARD 설치 배수공

배수공 및 배수재 **배수구 상세**

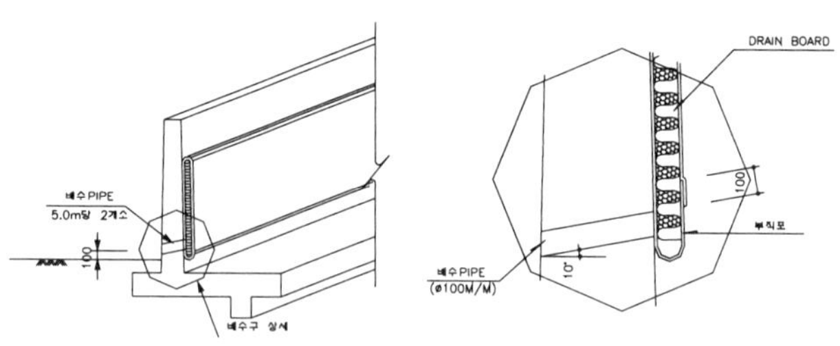

시공이음 상세

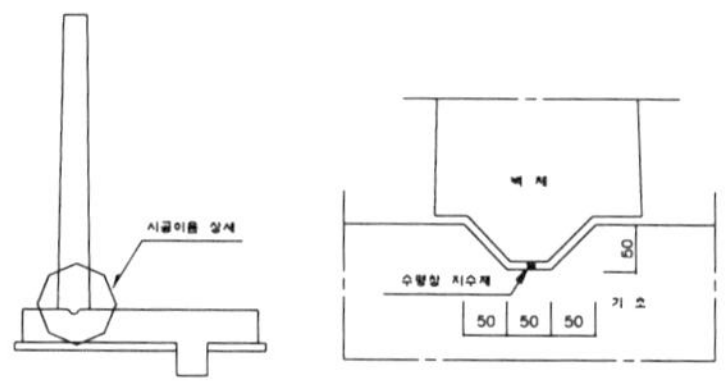

NOTE	교량 접속옹벽 (H= 4.0 m) 도면 SIZE (A3 : 297 × 420)

Chapter 05

분야별 도면 그리기

5.1 개 요

이 챕터에서 다루는 예제 도면은 주로 토목 각 분야별 주요 공종에서 흔히 접하게 되는 종·평면도 및 일반도, 종단면도 등이다.

다음의 도면들은 기본적인 설계도면을 구성하는 각각의 도면들로, 하나의 도면안에 설계에서 시공 및 유지관리에 이르끼까지 건설 전 분야에 활용될 수 있도록 관련된 모든 기술자 누구나 쉽게 이해하고 적용할 수 있게 일정한 작성요령에 의거하여 만들어진 표준화 도면 들이다.

특히 시공시 고려해야 할 사항 및 반영 되어야할 주요 공법등을 도면화하는 기술적인 기법을 통해 설계자가 계획하여 의도하는 바를 도면에 표현하게 된다.

또한 이러한 도면을 작성 하는 데는 국토해양부 등과 같은 특별한 기관에 의해 공표되는 각종 설계 실무 요령 및 설계 지침, 표준도 등을 참조하고 해당 현장 여건, 공사의 성격, 공종의 종류 등을 고려하여 설계자의 기술적인 경험과 판단대로 적절하게 설계도를 작성하게 된다.

따라서 다음의 예제도면을 참고 하면서 기존 선배들이 작성한 설계도면 등을 살펴보고 반복 연습해 나가는 방법을 통해 도면 작성방법 등을 하나하나 익혀 나가야 할 것이다. 다음의 예제도면은 다음과 같다. 평면 및 종단면도, 배수 종평면도, 통로암거 및 수로암거 일반도, 교량 종평면도, 가시설 종단면도, 상수관로 종평면도 등이다.

평 면 및 종 단 면 도 (01)
(STA. 0+000.00 ~ 0+800.00)
SCALE H=1:1,200 V=1: 200
MATCH LINE STA 0+800.00
공사시점
STA. 0+000.00
국지도82호선 접속
S=2.50%
S=8.64%
S=5.83%
평면 및 종단 면 도 (01)
(STA. 0+000.00 ~ 0+800.00)
H=1:1,200
V=1: 200
2000. 00
000
OO도시계획도로 중0-0호 개설공사 실시설계

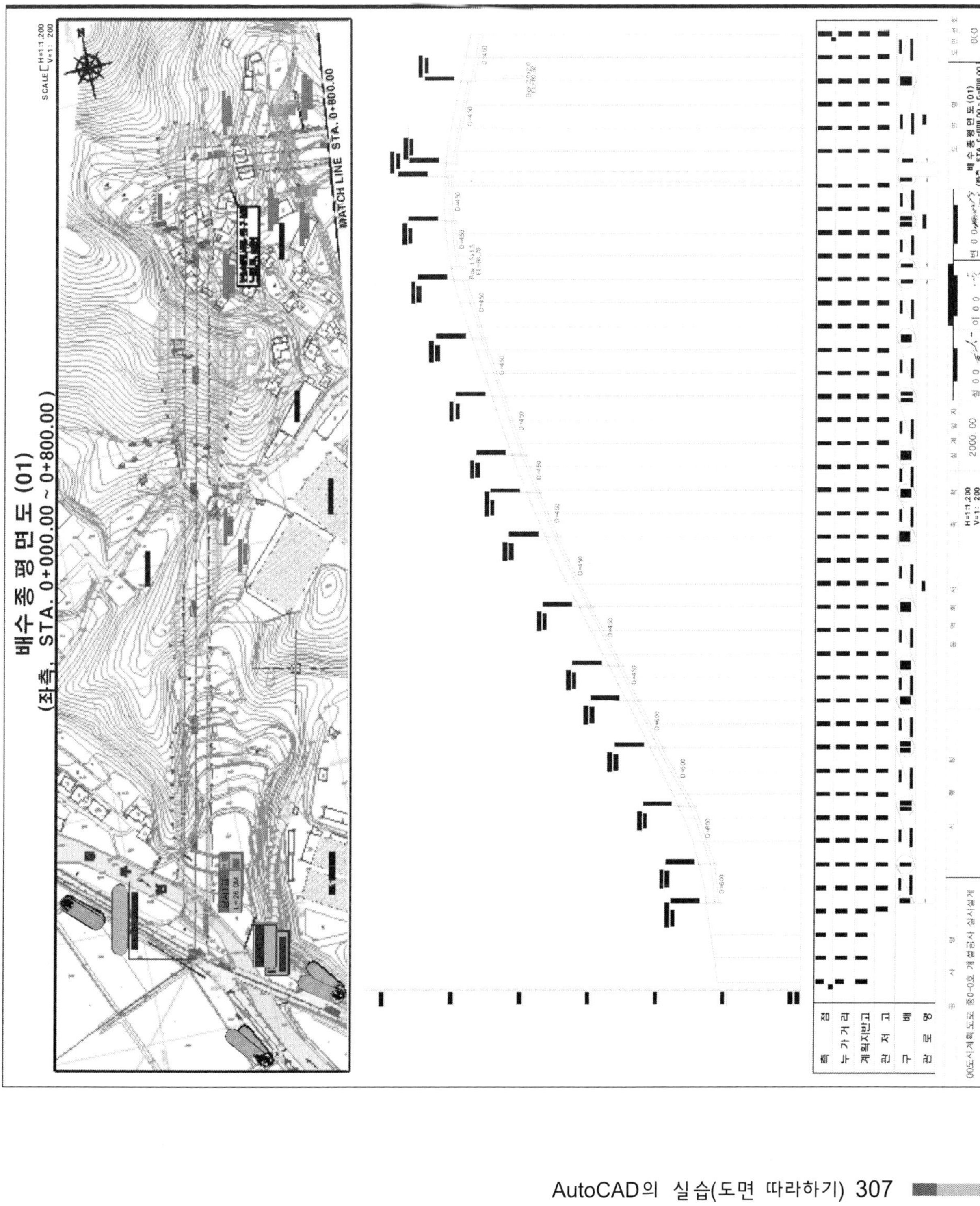
배수 종 평 면 도 (01)
(좌측, STA. 0+000.00 ~ 0+800.00)
MATCH LINE STA. 0+800.00

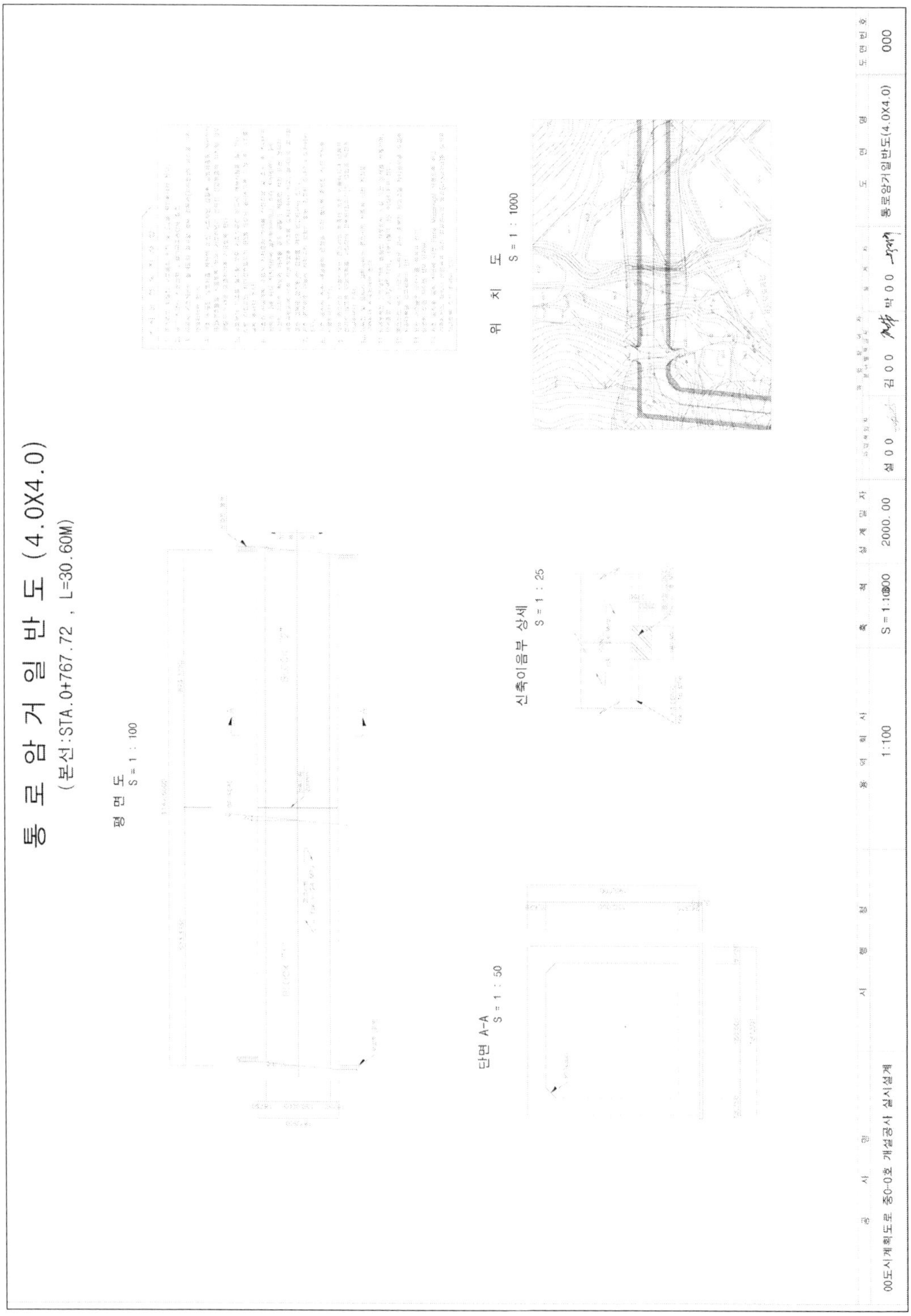
통로암거일반도(4.0X4.0)
(본선:STA.0+767.72 , L=30.60M)
평면도
S = 1 : 100
위치도
S = 1 : 1000
신축이음부 상세
S = 1 : 25
단면 A-A
S = 1 : 50
00도시계획도로 중0-0호 개설공사 실시설계
1:100
S = 1:100
2000. 00
통로암거일반도(4.0X4.0)
000

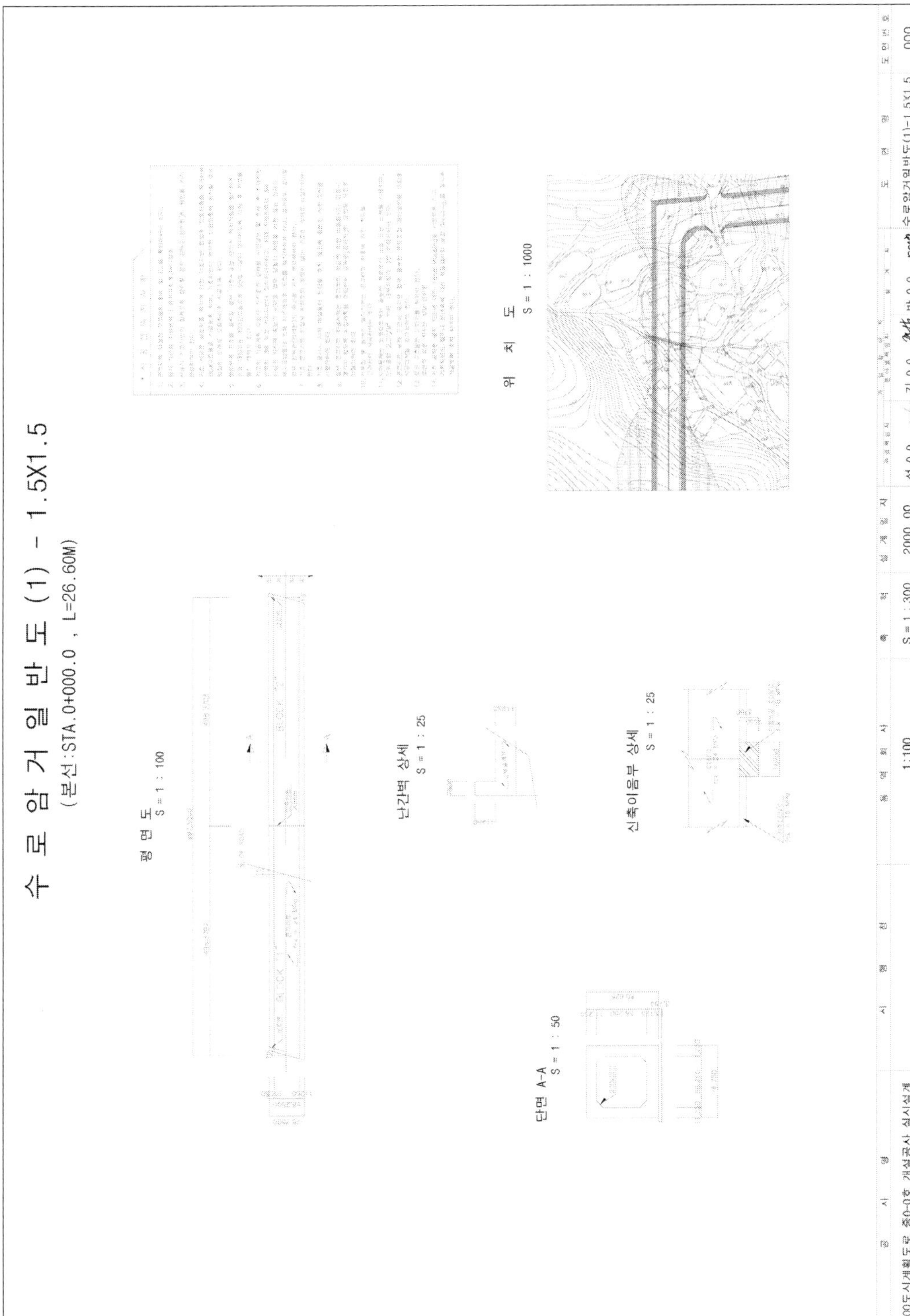
수 로 암 거 일 반 도 (1) - 1.5X1.5
(본선:STA.0+000.0 , L=26.60M)
평 면 도
S = 1 : 100
난간벽 상세
S = 1 : 25
신축이음부 상세
S = 1 : 25
단면 A-A
S = 1 : 50
위 치 도
S = 1 : 1000
OO도시계획도로 중0-0호 개설공사 실시설계
1:100
S = 1 : 300
2000. 00
설 O O
김 O O
박 O O
수로암거일반도(1)-1.5X1.5
000

OO1교 종평면도
시공전 숙지사항
평면도 S=1:300
종단면도 S=1:300
횡단면도 S=1:100
편경사도
평면 선형 개요도
종경사도
신축이음량
위치도 S=NONE
OO도시계획도로 중0-0호 개설공사 실시설계
S = 1 : 300
2000. 00
OO1교 종평면도
001

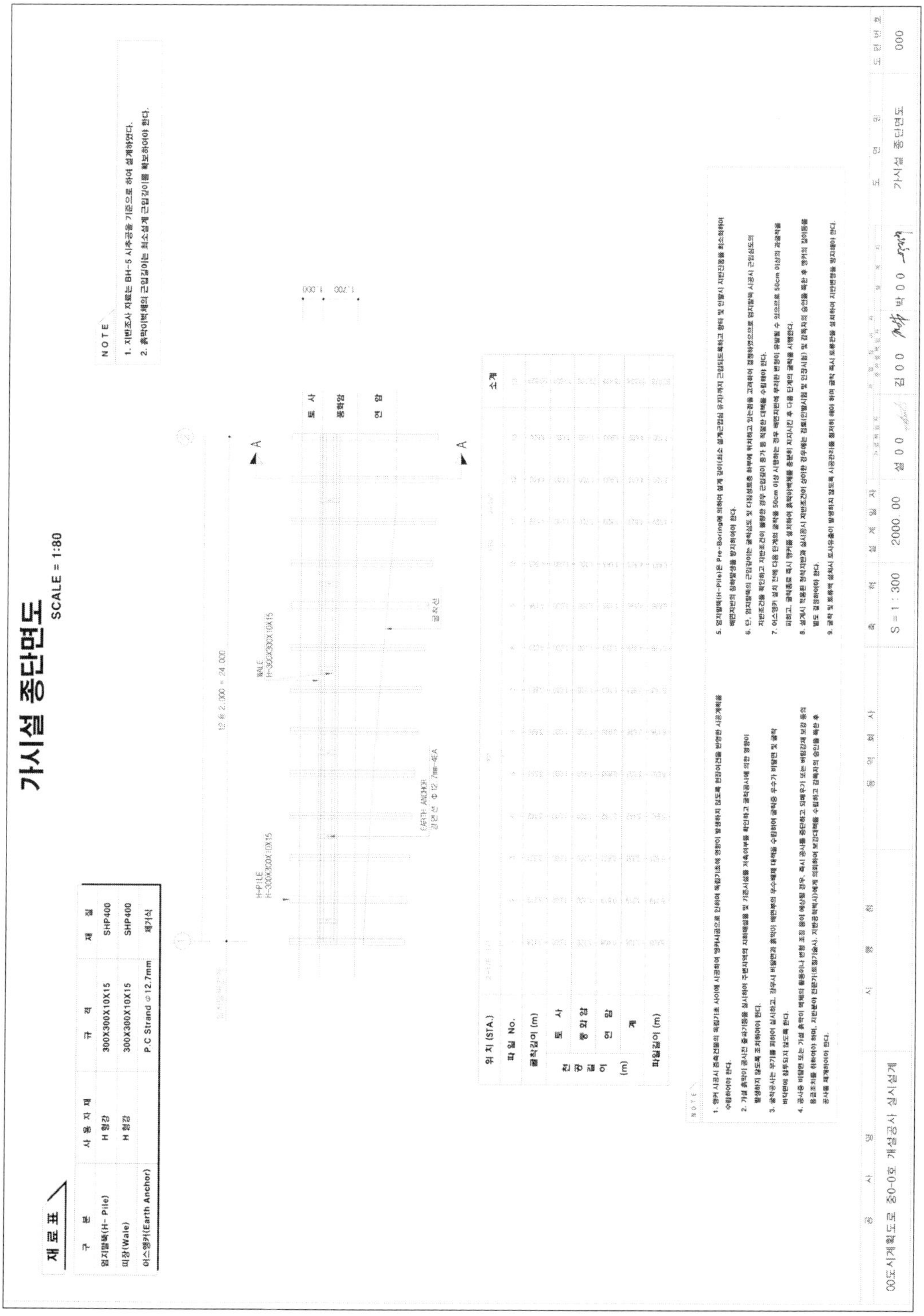

가시설 종단면도
SCALE = 1:80
재료표
NOTE

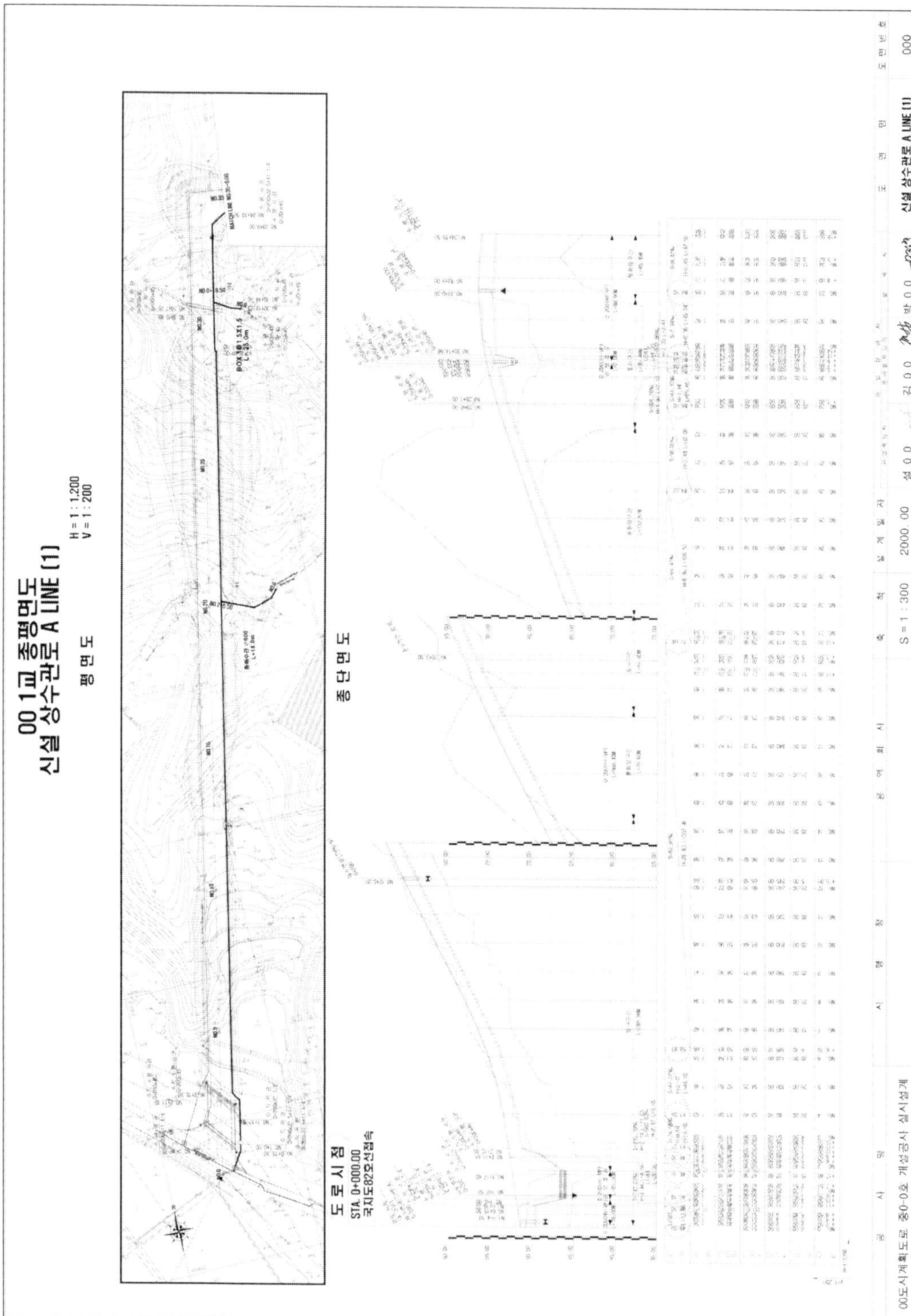
00 1교 종평면도
신설 상수관로 A LINE (1)
H = 1 : 1,200
V = 1 : 200
평 면 도
종 단 면 도
도 로 시 점
STA. 0+000.00
국지도82호선접속
00도시계획도로 중0-0호 개설공사 실시설계
S = 1 : 300
2000. 00
신설 상수관로 A LINE (1)
000

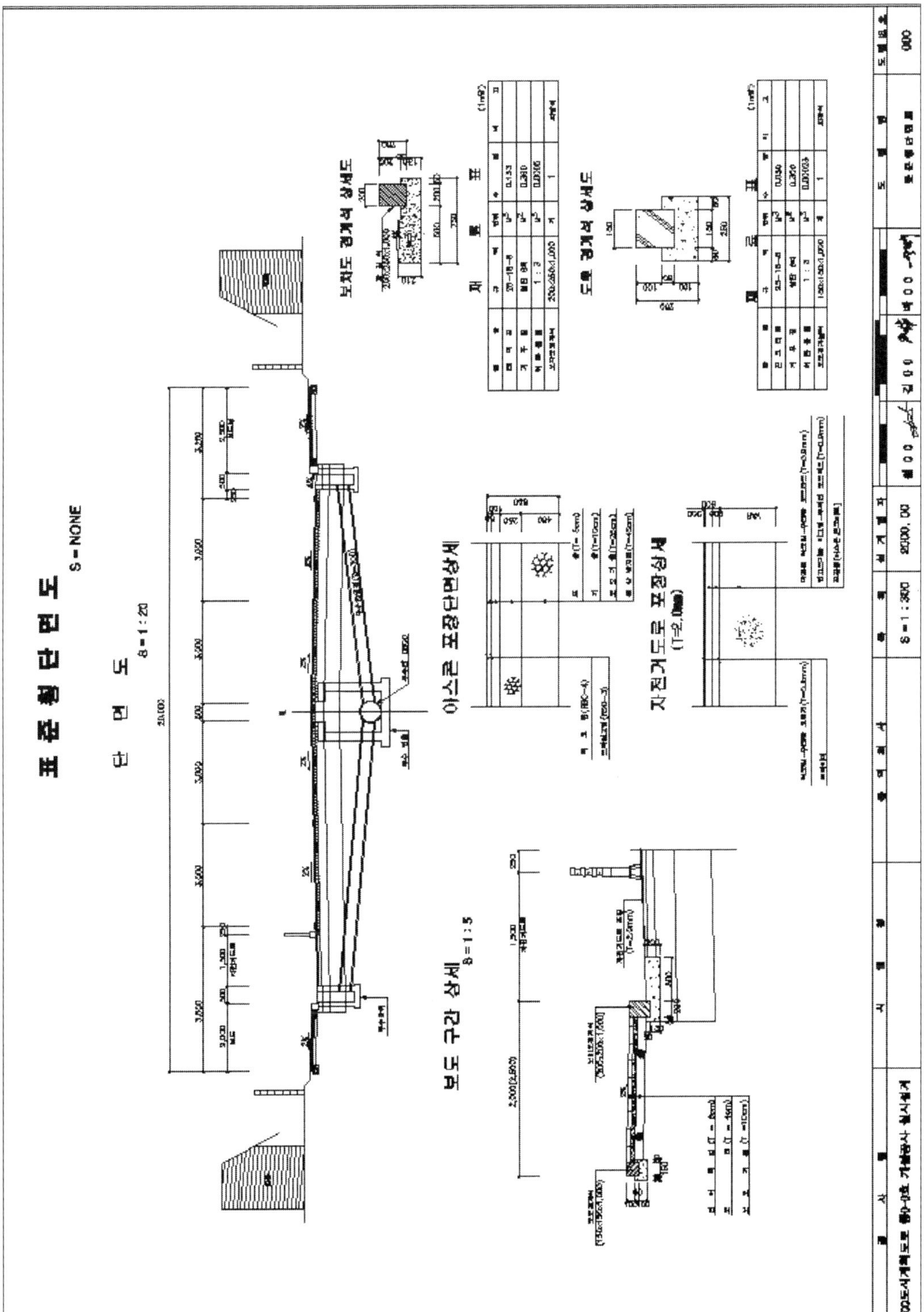
표준횡단면도
S-NONE
단 면 도
S=1:20
보도 구간 상세
S=1:5
아스콘 포장단면상세
자전거도로 포장상세
보차도 경계석 상세도
도류 경계석 상세도
재 료 표
S=1:300
2000. 00

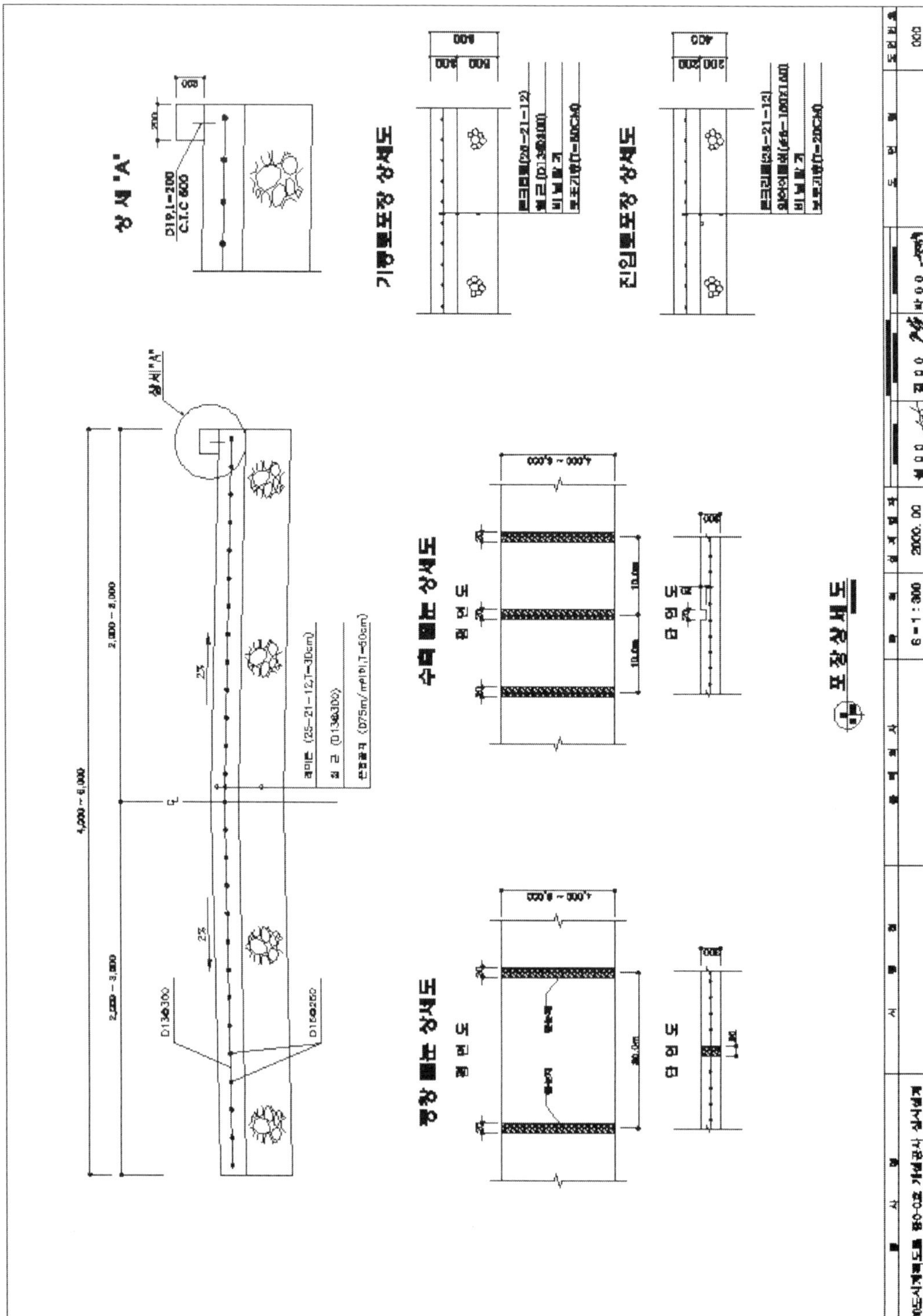

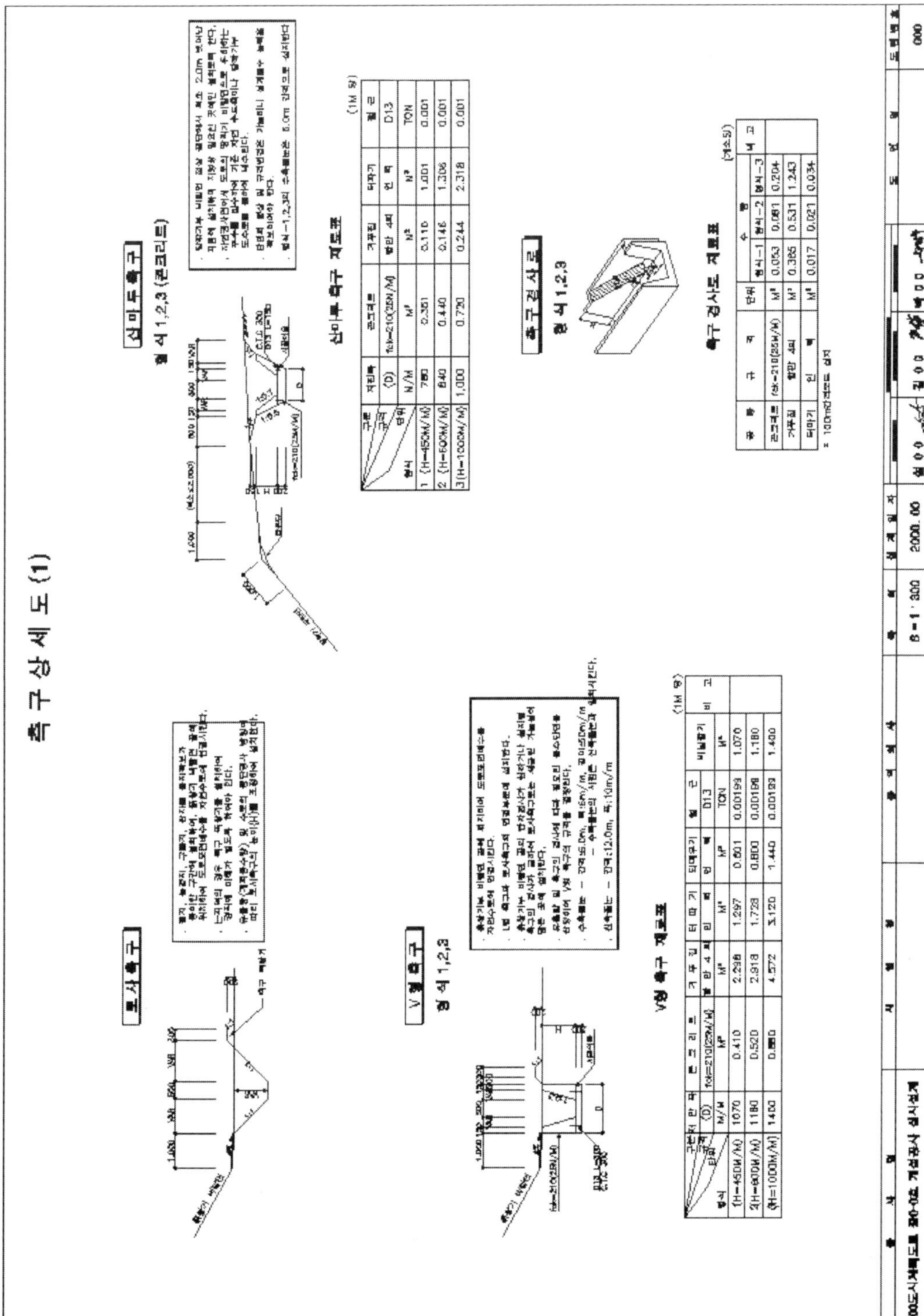
측 구 상 세 도 (1)
산마루측구
형 식 1,2,3 (콘크리트)
토사측구
V형측구
형 식 1,2,3
산마루 측구 재료표
V형 측구 재료표
2000. 00
000

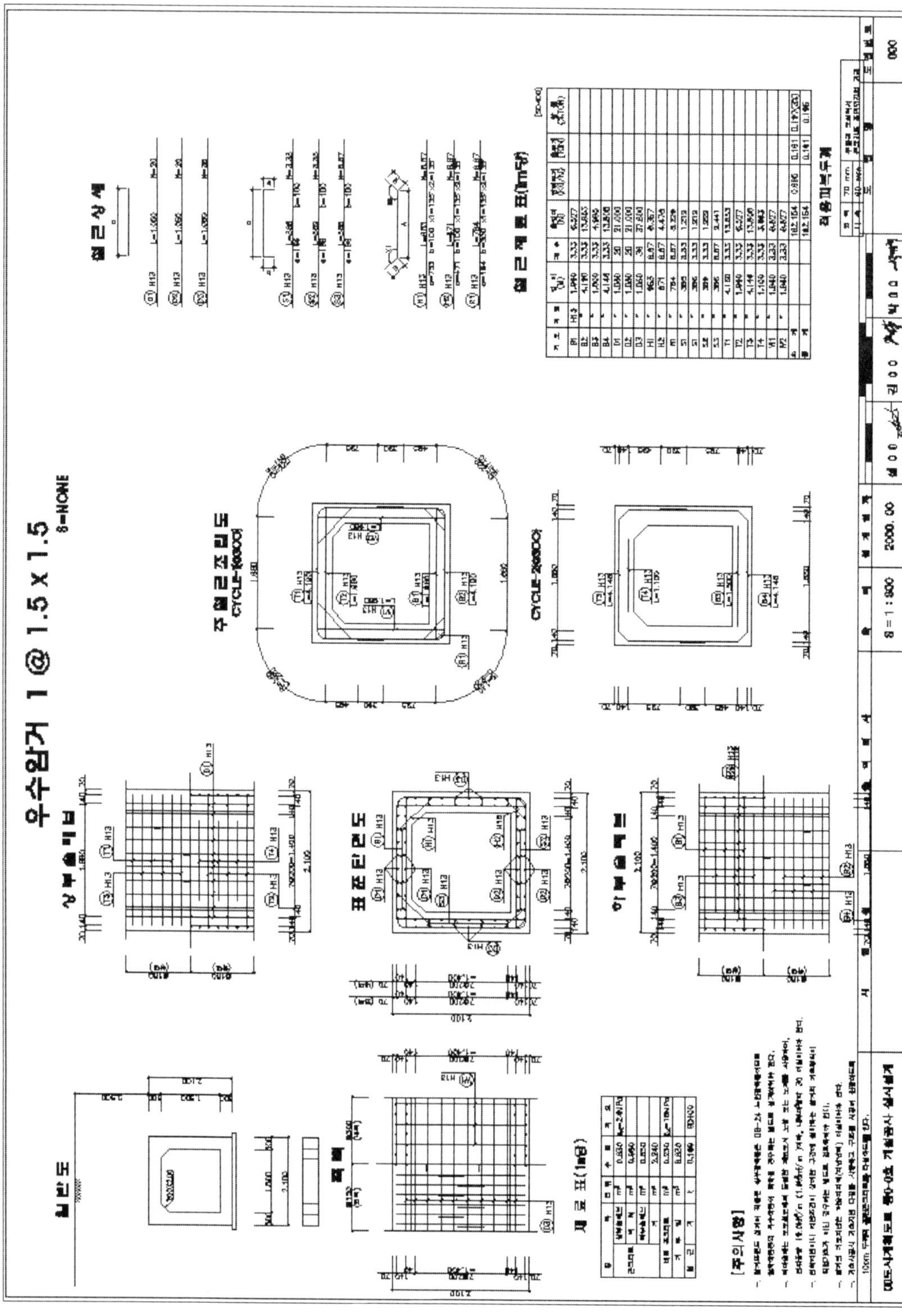
우수암거 1 @ 1.5 X 1.5
S=NONE
일반도
상부슬래브
표준단면도
하부슬래브
주철근조립도
철근상세
철근재료표(1m당)
재료표(1m당)
[주의사항]

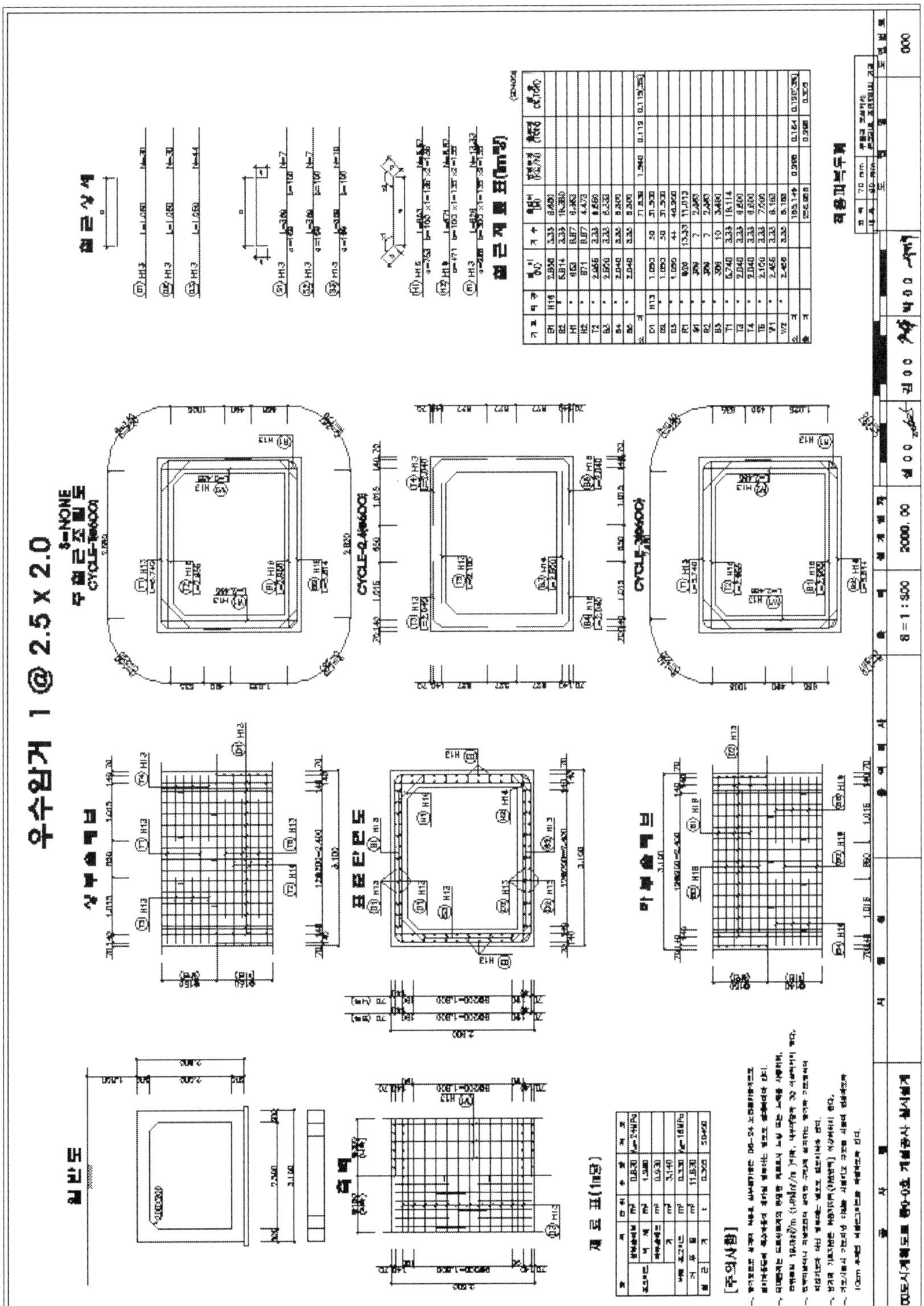
우수암거 1 @ 2.5 X 2.0
일반도
상부슬래브
표준단면도
하부슬래브
철근상세
[주의사항]

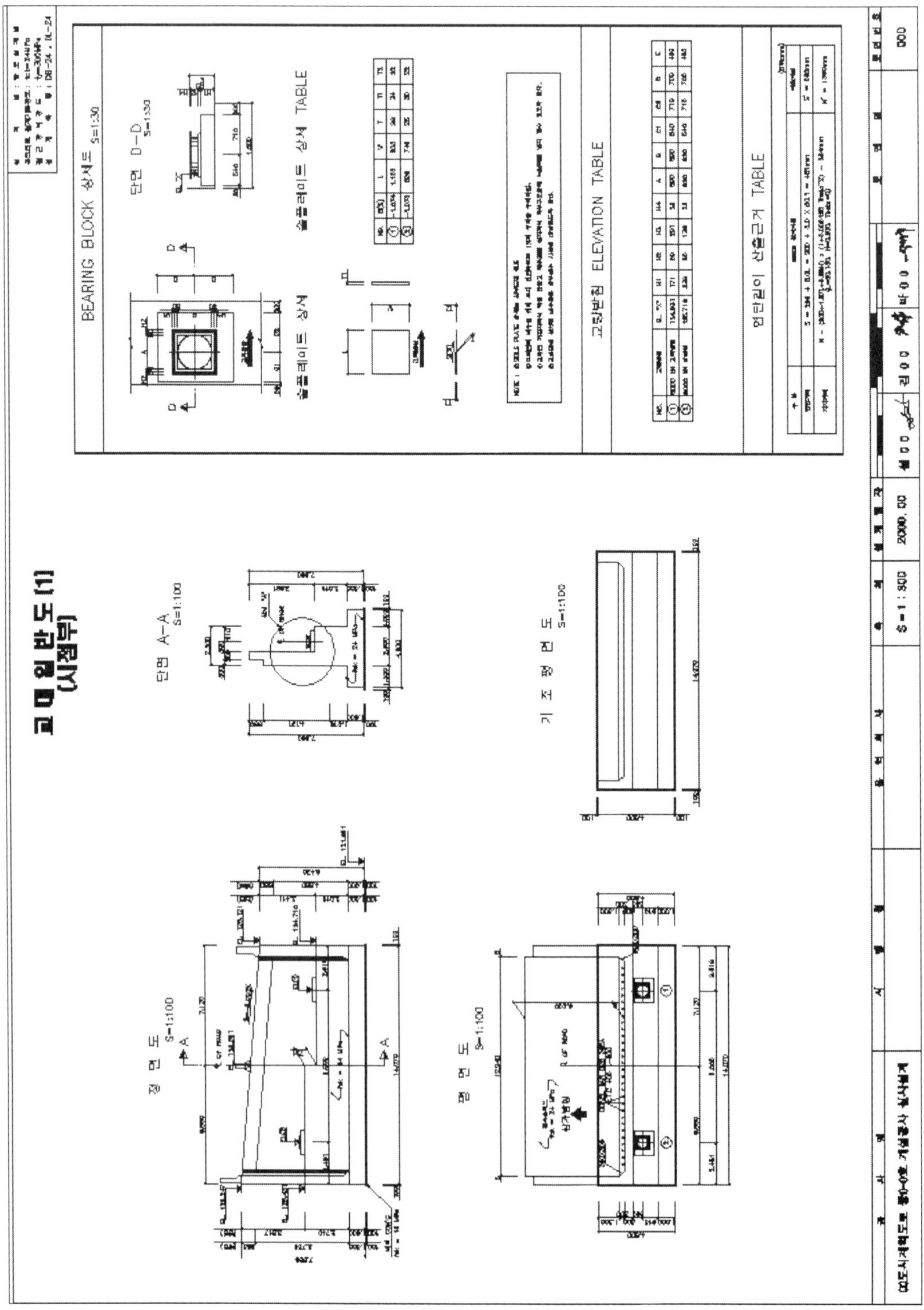
교대일반도 (1) (시점부)
BEARING BLOCK 상세도 S=1:30
단면 D-D S=1:30
솔플레이트 상세
솔플레이트 상세 TABLE
고정받침 ELEVATION TABLE
연단길이 산출근거 TABLE
단면 A-A S=1:100
기초평면도 S=1:100
정면도 S=1:100
평면도 S=1:100

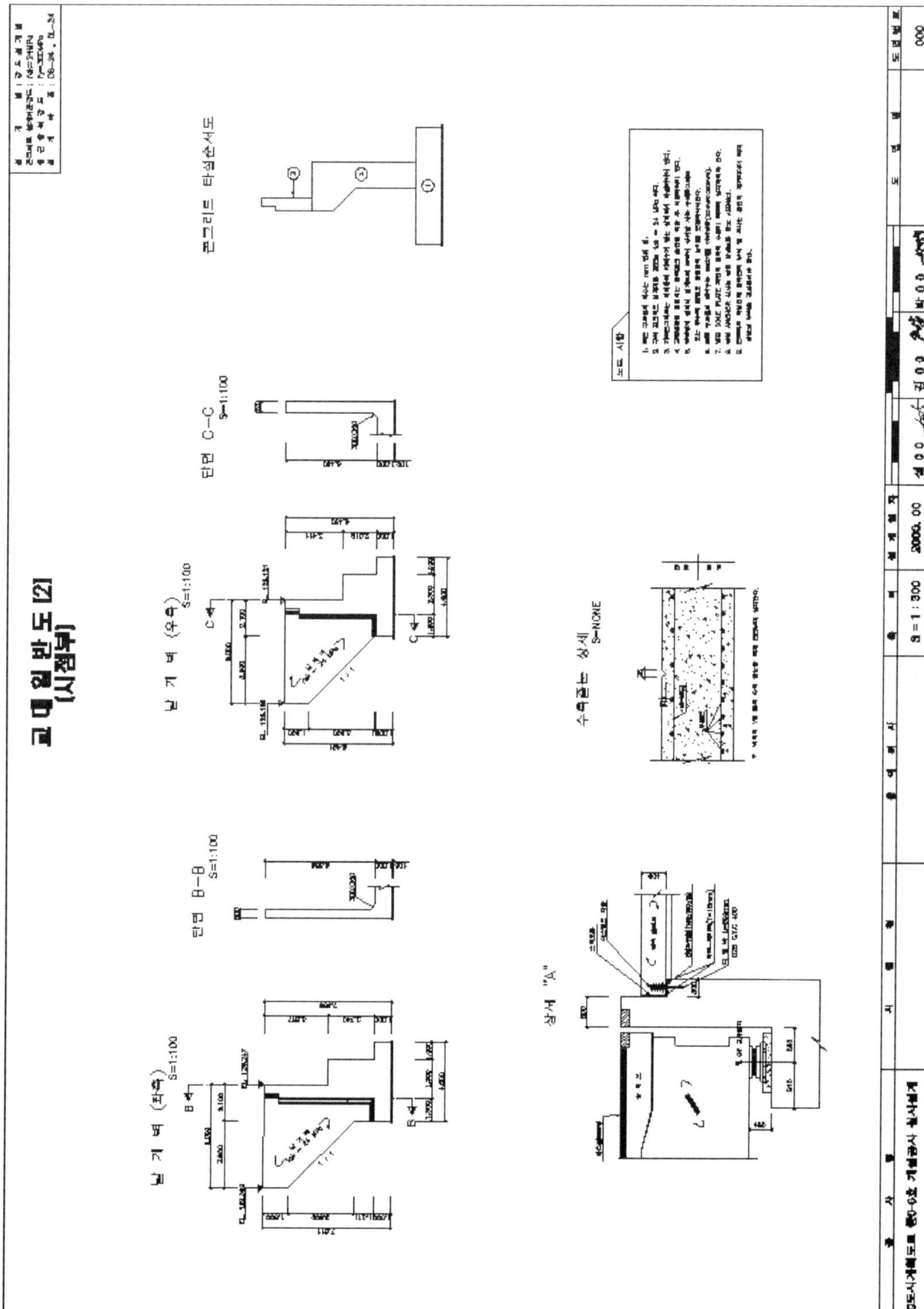
교대일반도 [2]
(시점부)
날개벽 (좌측)
S=1:100
단면 B-B
S=1:100
날개벽 (우측)
S=1:100
단면 C-C
S=1:100
콘크리트 타설순서도
상세 "A"
수축줄눈 상세
S=NONE
노트 사항
S = 1 : 300
2009. 00

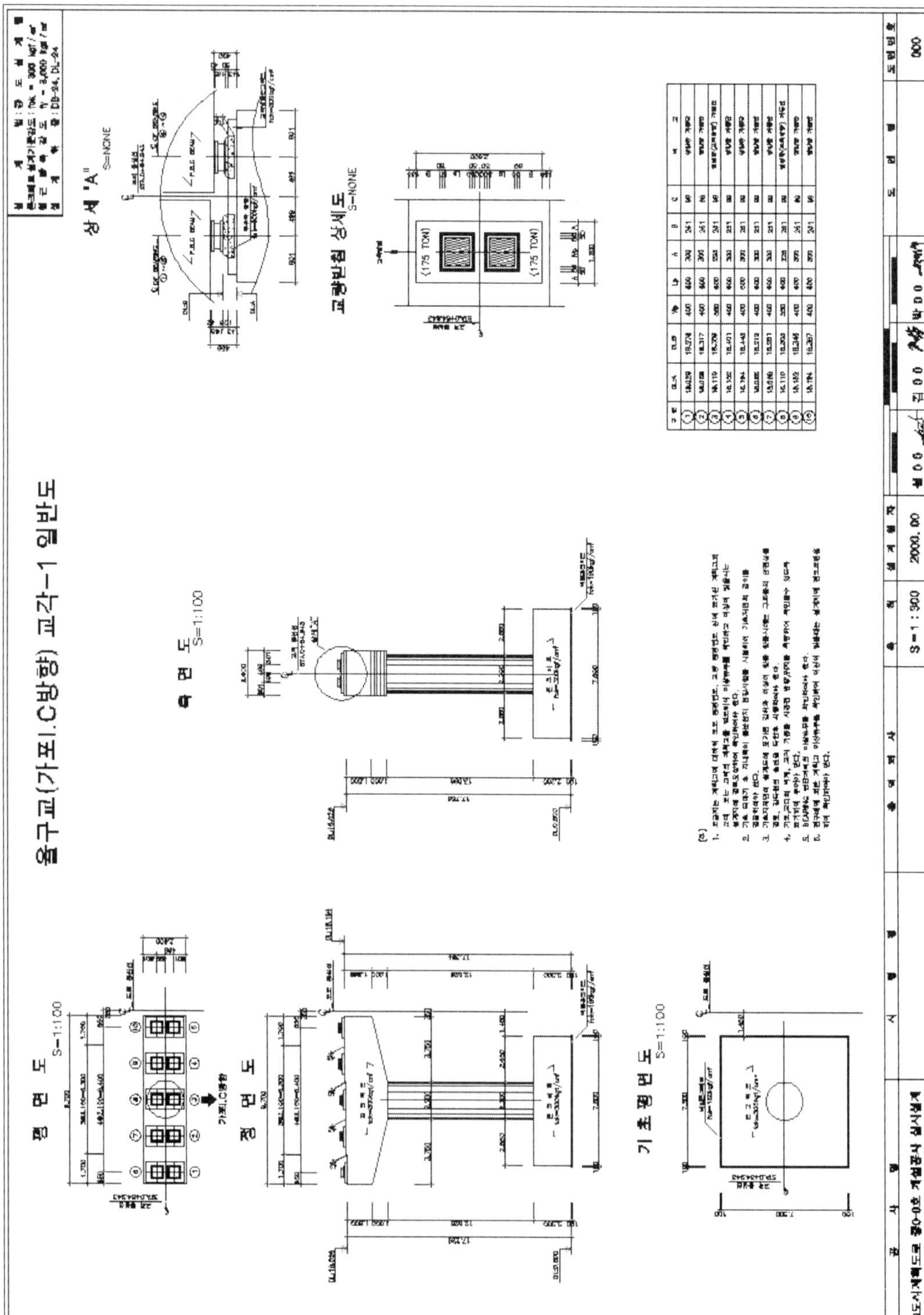
올구교(가포I.C방향) 교각-1 일반도
평 면 도 S=1:100
정 면 도 S=1:100
측 면 도 S=1:100
기 초 평 면 도 S=1:100
상 세 "A" S=NONE
교량받침 상세도 S=NONE

Chapter 06

기타 도면 그리기

6.1 개 요

지난 『4편. 예제 도면 그리기』, 『5편. 분야별 세부 도면 그리기』에서는 주로 토목 구조물 도면이나 각 공종별 주요 도면(종 평면도) 위주로 예제 도면을 다루었다.

또한 토목 도면의 경우에는 공사를 전제로 설계도를 작성하기 때문에 공사(시공)단계에서 각종 데이터가 도면 안에 기재되어야 한다.

즉 현황 및 계획에 대한 좌표 및 지반고 및 계획고, 측량기준점, 측량 및 지장물, 지적 등이 계획도면 또는 현황도 등에 일정한 작성지침 및 기준에 의해 배치 되어야 한다.

따라서 공사대상이 되는 구간의 현황도 및 지적도, 측량도, 용지도, 지장물도 등이 전체 설계도에 반드시 포함 되어야 하고, 특히 지형 및 지장물등 현황이 기록되어 있는 수치지형도 또는 현황측량도 등은 도면을 작성하는데 있어 필수적인 기본 도면이다.

예제도면은 다음과 같다. 용지도, 지장물도, 지형도(수치지도 1,000분의 1도), 지적도 등의 예제도면을 수록하였다.

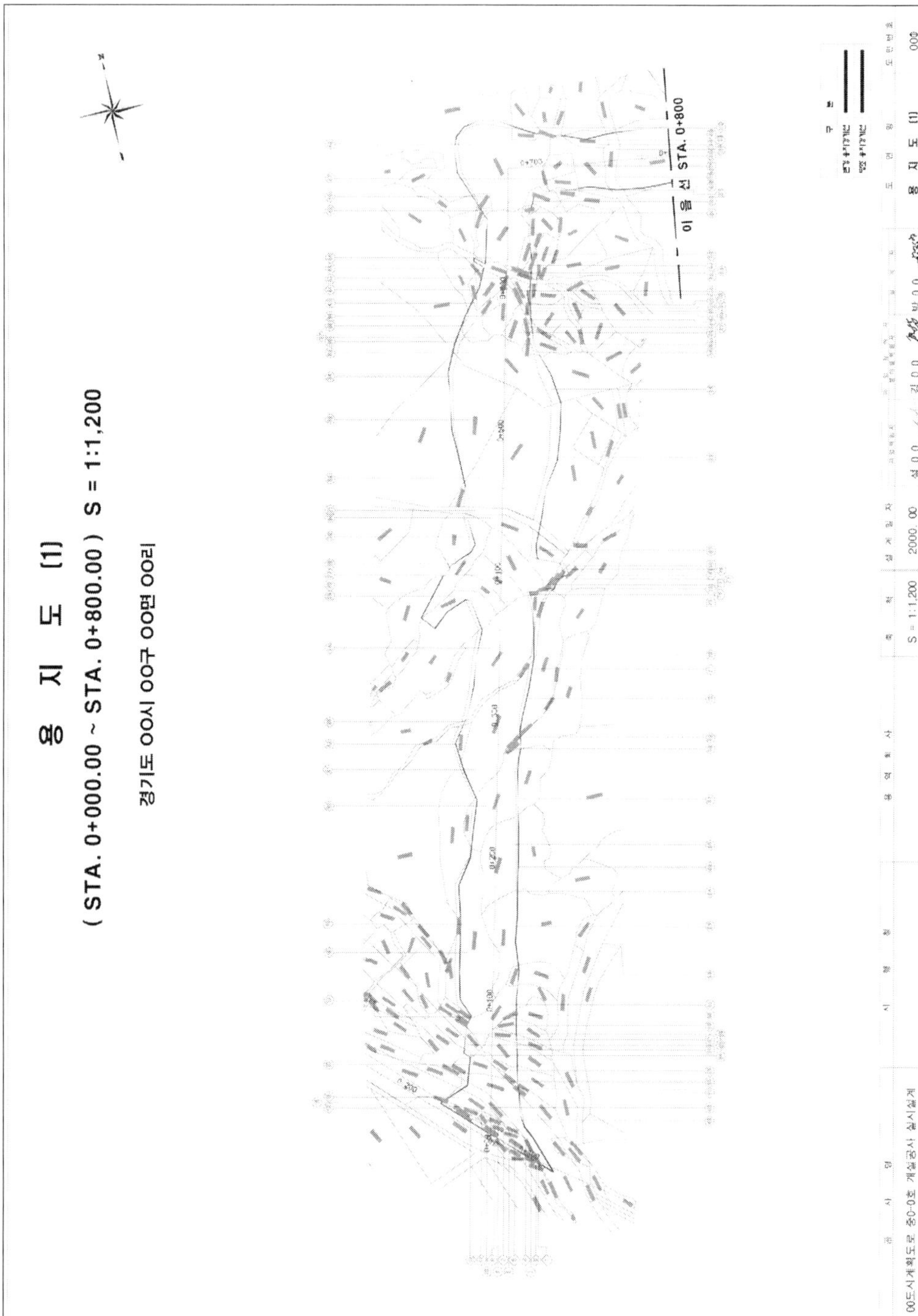
용 지 도 (1)
(STA. 0+000.00 ~ STA. 0+800.00) S = 1:1,200
경기도 OO시 OO구 OO면 OO리
이 음 선 STA. 0+800
S = 1:1,200
2000. 00
용 지 도 (1)
OO도시계획도로 중0-0호 개설공사 실시설계

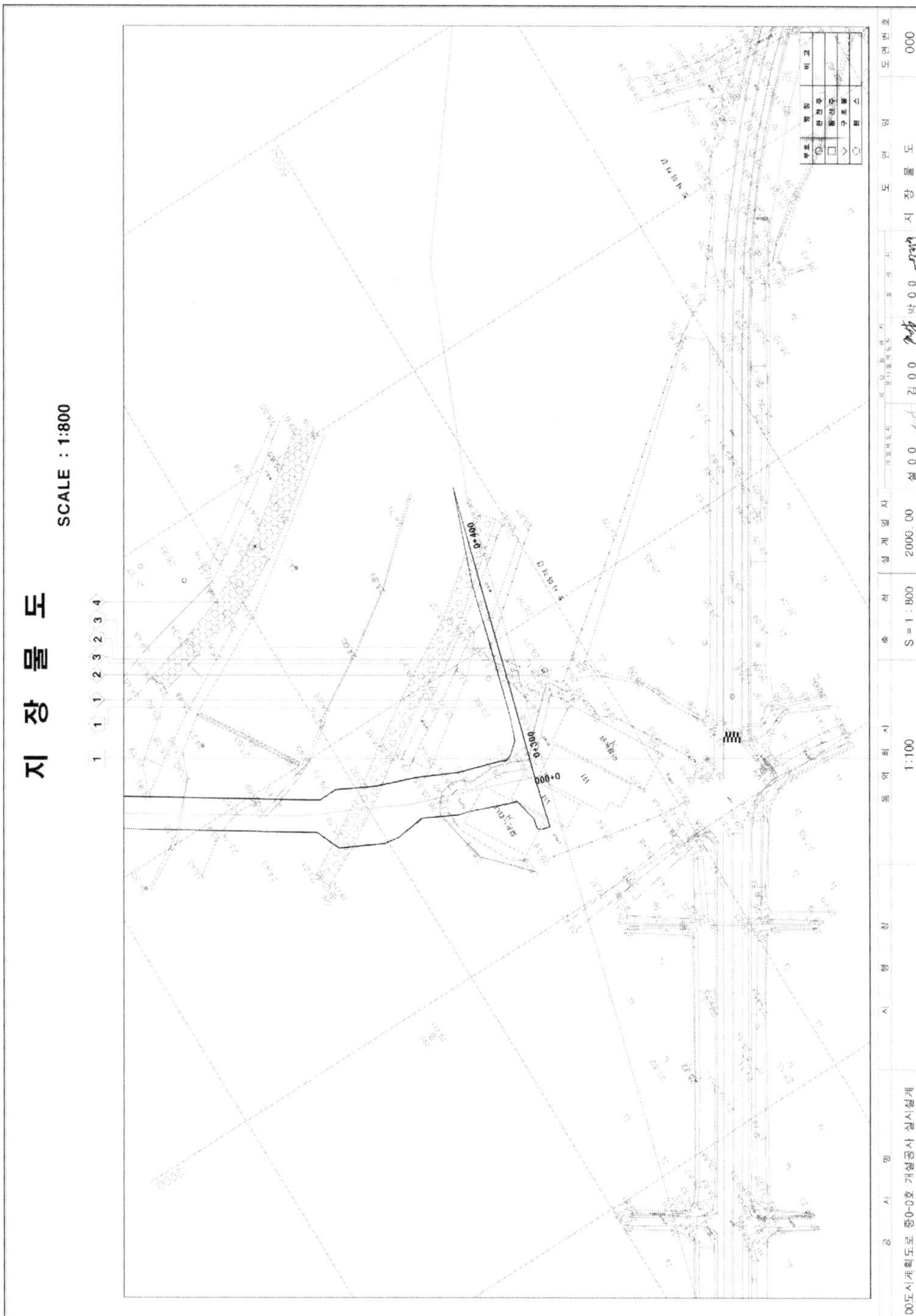
지 장 물 도
SCALE : 1:800

○○시 관내 지적도
000
○○시 관내 지적도
S = 1 : 1000
2000. 00
1:100

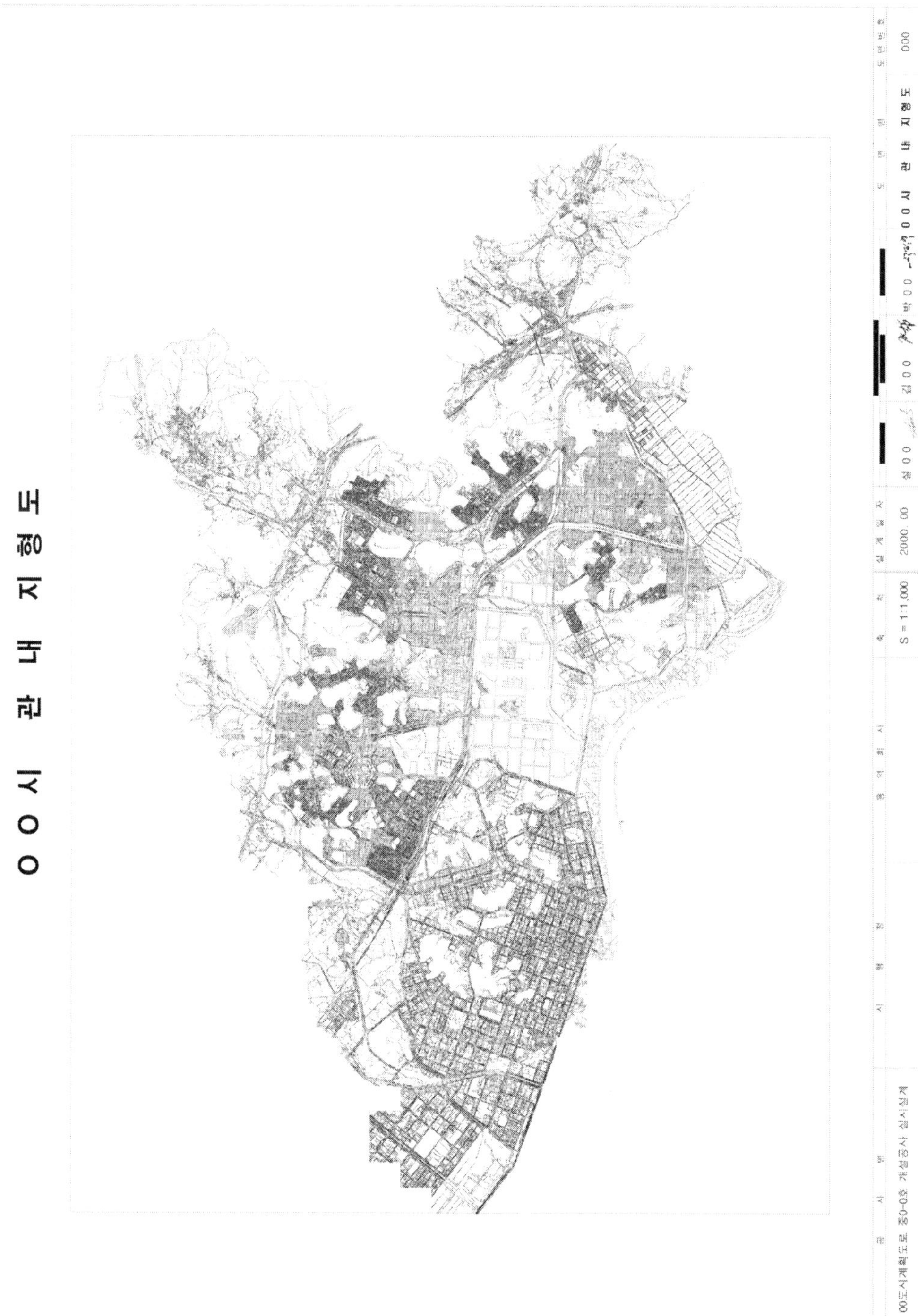

OO시 관내 지형도
OO도시계획도로 중0-0호 개설공사 실시설계
S = 1:1,000
2000. 00
OO시 관내 지형도
000

PART 6.
AutoCAD의 응용

Chapter 01

AutoCAD 2011 버전(Version)

1.1 개 요

「제1부. AutoCAD의 개요」에서 AutoCAD의 정의, 발전, 역사에 대해 간략히 살펴본 바 있다.

본 교재에서는 현재도 가장 많이 사용하는 보편적인 AutoCAD 버전의 하나인 AutoCAD 2006을 통해 AutoCAD의 주요 특징, 각종 명령어 및 기능, 사용 방법, 활용 및 연습, 실습 예제 등 다양한 방법 및 내용으로 초보수준에서부터 중급 수준의 내용까지 두루 언급하였다. AutoCAD의 발전에 따라 편리한 기능 및 다양한 활용, 인터페이스의 변화 등이 있지만, 큰 틀에서 보면 AutoCAD 자체의 변화는 미미한 편이라 할 수 있다.

현재는 AutoCAD 2012 버전까지 제품이 개발되어 출시된 상황이다. AutoCAD 2009 버젼부터 화면의 구성및 사용자 인터페이스가 이전 버전 제품들과 변화되어 조금씩 변경되어 가면서 꾸준히 업그레이드 되어가고 있다.

한편 최신 버전의 하나인 AutoCAD 2011에 대해서는 아래에서 간략히 소개하겠다.

1.2 AutoCAD 2011

AutoCAD 2011의 특징은 도면요소에 대한 처리속도도 많이 향상되었고, 인터넷에서 도면의 퍼블리싱을 위한 도구들이 추가되었다는 점 등을 들 수 있다.

또한 3D 디자인 기능과 서페이스 모델링 도구 및 객체와 도면층의 투명도 적용 등 새로운 기능이 추가됐다.

추가된 기능중 서페이스 모델링(Surface Modeling) 도구는 매끄러운 표면작성과 곡면 표현등 편집기능을 지원한다. 최고 20억 개의 포인트를 지원하는 포인트 클라우드(Point Cloud) 도구는 3D 스캔장치로 측정한 데이터를 오토캐드 내에 삽입, 설계에 이용하도록 하였다.

또한 해치 명령기능과 제도 효율성이 개선됐고, 그라데이션 해치패턴 도구로 더 많은 색상과 음영을 추가할 수 있다.
오토데스크의 제품간 모델링 데이타인 fbx 파일을 가져오거나 내보내는 것이 가능해져 각 프로그램에서 활용 가능하다.

AutoCAD 2011 초기화면

그러면 Autocad 2011의 초기화면 및 화면구성에 대해서 화면 캡춰 이미지를 통해 세부적으로 살펴보기로 한다.

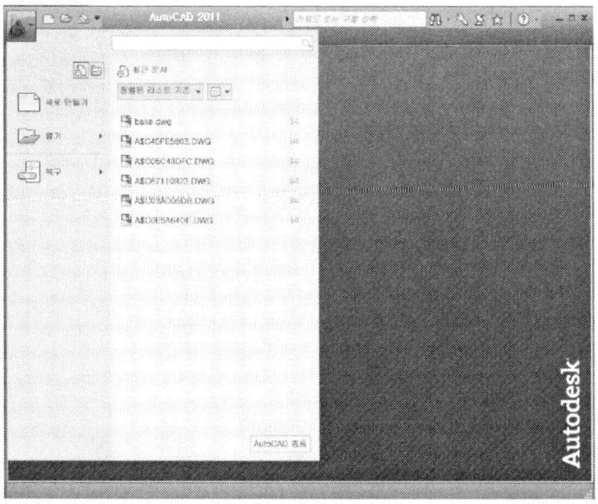

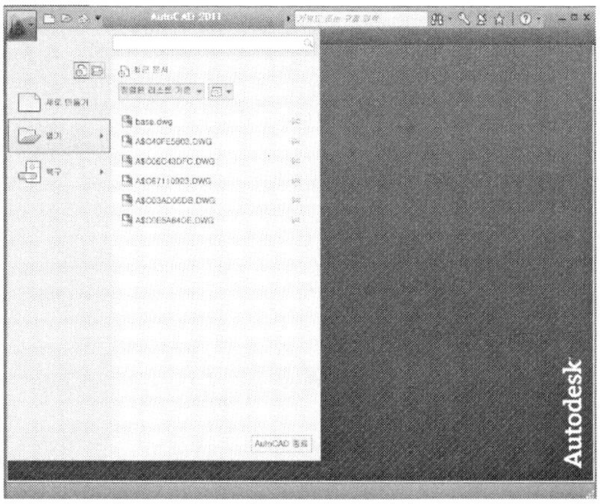

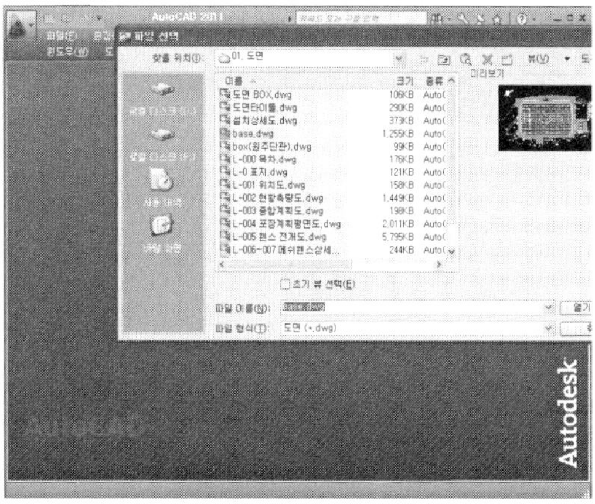

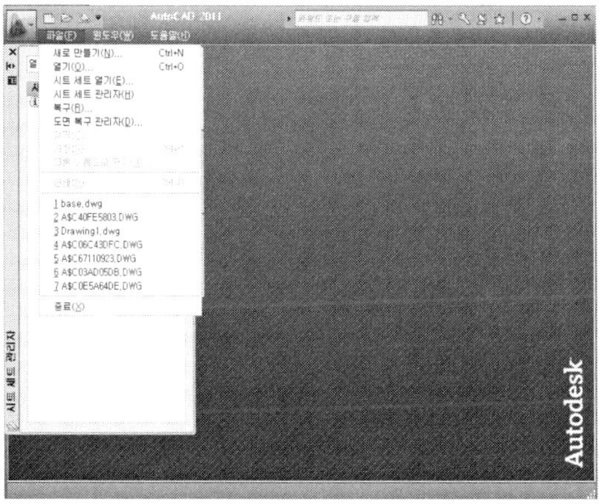

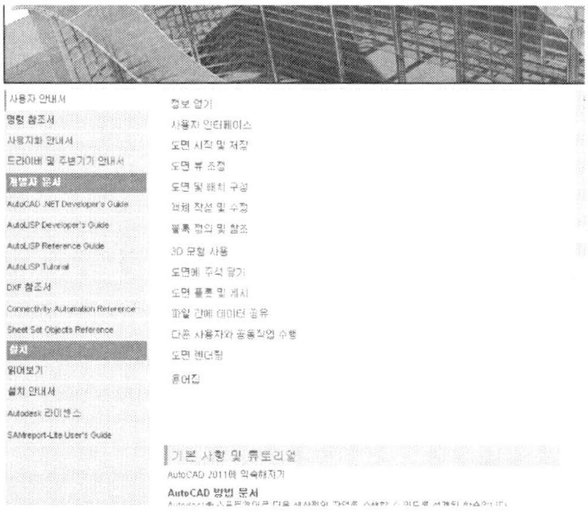

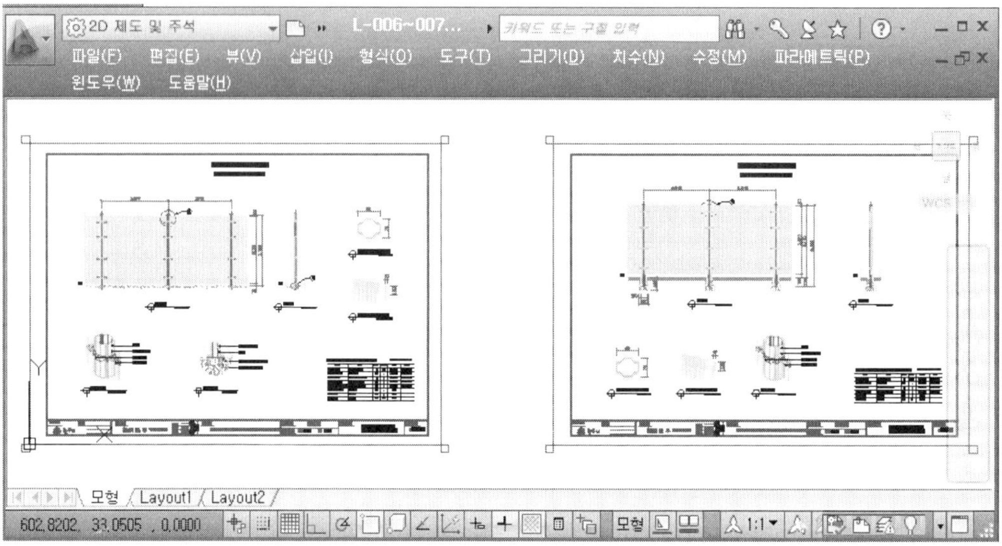

화면 구성 및 아이콘 구성

■ 풀다운 메뉴

Chapter 02

기본 기능 및 응용

2.1 개 요

AutoCAD를 사용하여 도면작업을 하면서 도면을 그리는데 꼭 필요한 명령어나 필수 기능은 아니지만 AutoCAD를 보다 편리하고 능숙하게 사용하기 위해 알아두면 좋은 각종 기능이나 사용법 등이 있다.

기본 기능을 숙지하고 다음에 소개하는 응용기능이나 사용방법을 활용할 줄 안다면 보다 편리하게 AutoCAD를 사용할 수 있을 것이다.

AutoCAD FONT 및 Window FONT 및 Window font의 설치, Acad pgp의 설정, 캐드 바이러스 체크 및 복구, 파일용량 줄이기, 자동저장, idwgtab 설치, 각종 리습설치, 응용 프로그램 로드, 캐드 오류해결 등 실제적으로 맞부딪히게 되는 갖가지 상황에 대한 여러 설정 등을 통해 궁금한 부분들을 해결하고, 보다 편리하게 작업할 수 있는 환경을 만들도록 해 보겠다.

또한 「CHAPTER 3. 질문 및 대답(Q & A)」 편에서 세부적인 사항에 대해 따로 자세히 설명하도록 하겠다.

다음에 소개하는 방법 등을 참고하여 사용자가 사용하기에 편리하고 효율적인 환경으로 설정하도록 꾸준히 연습해 나가면 좋겠다.

2.2 기본 기능 설치

FONT(글꼴) 설치

FONT는 AutoCAD에서 지원하는 TEXT가 다양하고 특정된 글자체와 형태로 표시되도록 지원하는 기능을 한다.

즉 각 도면파일마다 저마다의 다양한 FONT파일을 사용함으로써 해당되는 FONT가 AutoCAD 프로그램내에 없을 경우에는 해당 도면을 열면 화면에서 TEXT가 깨진 상태

(???로 표시)로 열리거나, 쉐이프파일 선택, 스타일 글꼴 지정(해당 폰트) 등의 대화상자가 표시되면서 도면이 열리지 않고 화면이 정지된다.

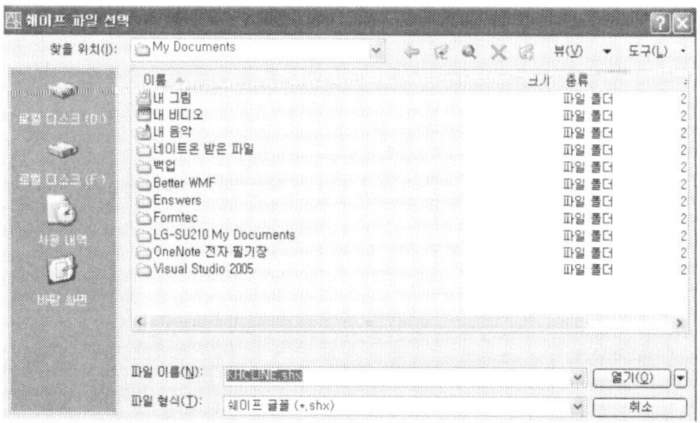

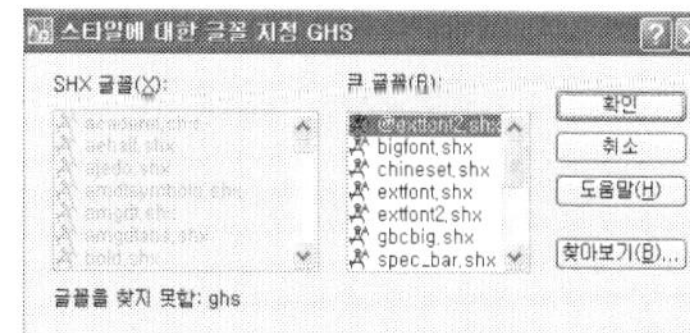

AutoCAD옵션에서 다음과 같이 특정한 환경을 설정한 경우에는 자동으로 해당 FONT(글꼴)대신 사전에 대체하기로 설정된 FONT(글꼴)로 대체되어 화면이 열린다.

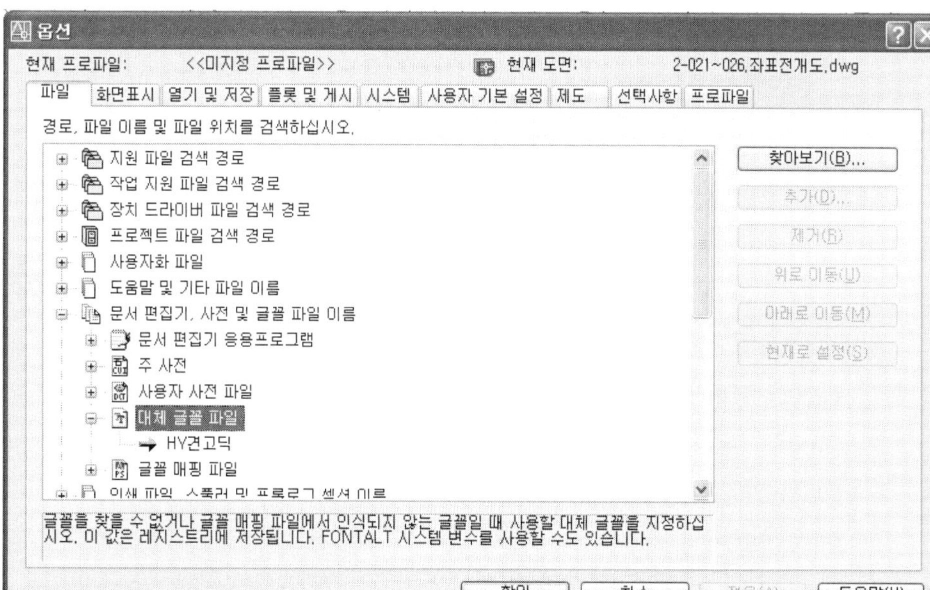

AutoCAD 2006 형식 파일 여는 중

[HYgtrE]에 대한 [H2GTRE.TTF] 대체중

[HYgtrE]에 대한 [H2GTRE.TTF] 대체중

[HYgtrE]에 대한 [H2GTRE.TTF] 대체중

배치 재생성 중

모형 재생성 중

이러한 필수적인 도면요소의 하나인 TEXT(문자)요소를 제대로 표시하기 위해서는 AutoCAD FONT 및 Window FONT를 설치하여야 한다.

AutoCAD FONT는「C:\Program Files\AutoCAD 2006\Fonts」폴더에 지원할 FONT(글꼴)들을 설치하면 된다.

AutoCAD 2006 프로그램을 설치하면 프로그램내의 일반적인 FONT(글꼴)이 설치되어 상당 부분의 FONT(글꼴) 기능을 지원하지만, 어떤 도면파일들은 특정한 FONT(글꼴)들을 포함하고 있는 경우도 있어서

화면에서 TEXT가 깨지는 경우가 종종 발생된다.

따라서 AutoCAD 옵션에서 대체 글꼴 파일을 설정하여 자동으로 대체 FONT(글꼴)로 대체되도록 설정해 두는 것이 필요하다.

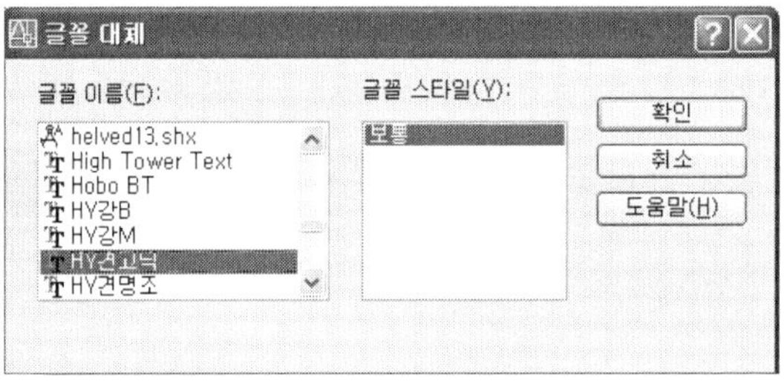

또한 WINDOW FONT가 없는 경우에도 화면에서 TEXT가 깨지는 현상이 발생할 수 있으므로 가급적 다양한 WINDOW FONT를 확보하여 설치하는 것이 좋다.

또한 WINDOW FONT는「C:\WINDOWS\Fonts」폴더에 지원할 FONT(글꼴)들을 설치하면 된다.

ACAD PGP(프로그램 매개변수 편집) 설정

AutoCAD는 키보드 입력으로 명령어의 단축키를 정의하여 사용할 수 있도록 acad. pgp 파일을 설정한다.

acad. pgp 파일은 Autocad 명령어 단축키 정의 뿐만 아니라 외부 프로그램의 정의도 가능하다. 또한 Windows에서 제공되는 문서편집기를 통하여 pgp 파일을 편집하여 설정한다.

acad. pgp 파일의 구조를 살펴보면 다음과 같다.

```
;
;
; Program Parameters File For AutoCAD 2006
```

```
; External Command and Command Alias Definitions

; Copyright(C) 1997-2005 by Autodesk, Inc.  All Rights Reserved.

; Each time you open a new or existing drawing, AutoCAD searches
; the support path and reads the first acad.pgp file that it finds.

; -- External Commands --
; While AutoCAD is running, you can invoke other programs or utilities
; such Windows system commands, utilities, and applications.
; You define external commands by specifying a command name to be used
; from the AutoCAD command prompt and an executable command string
; that is passed to the operating system.

; -- Command Aliases --
; The Command Aliases section of this file provides default settings for
; AutoCAD command shortcuts.  Note: It is not recommended that you directly
; modify this section of the PGP file., as any changes you make to this section of the
; file will not migrate successfully if you upgrade your AutoCAD to a
; newer version.  Instead, make changes to the new
; User Defined Command Aliases
; section towards the end of this file.

; -- User Defined Command Aliases --
; You can abbreviate frequently used AutoCAD commands by defining
; aliases for them in the User Defined Command Aliases section of acad.pgp.
; You can create a command alias for any AutoCAD command,
; device driver command, or external command.

; Recommendation: back up this file before editing it.  To ensure that
; any changes you make to PGP settings can successfully be migrated
; when you upgrade to the next version of AutoCAD, it is suggested that
; you make any changes to the default settings in the User Defined Command
; Aliases section at the end of this file.

; External command format:
; 〈Command name〉,[〈Shell request〉],〈Bit flag〉,[*]〈Prompt〉,

; The bits of the bit flag have the following meanings:
; Bit 1: if set, don't wait for the application to finish
; Bit 2: if set, run the application minimized
; Bit 4: if set, run the application "hidden"
; Bit 8: if set, put the argument string in quotes
;
; Fill the "bit flag" field with the sum of the desired bits.
; Bits 2 and 4 are mutually exclusive; if both are specified, only
; the 2 bit is used.  The most useful values are likely to be 0
```

```
; (start the application and wait for it to finish), 1(start the
; application and don't wait), 3(minimize and don't wait), and 5
; (hide and don't wait). Values of 2 and 4 should normally be avoided,
; as they make AutoCAD unavailable until the application has completed.
;
; Bit 8 allows commands like DEL to work properly with filenames that
; have spaces such as "long filename.dwg". Note that this will interfere
; with passing space delimited lists of file names to these same commands.
; If you prefer multiplefile support to using long file names, turn off
; the "8" bit in those commands.

; Examples of external commands for command windows

CATALOG, DIR /W,     8,파일 지정사항: ,
DEL,     DEL,        8,삭제할 파일: ,
DIR,     DIR,        8,파일 지정사항: ,
EDIT,    START EDIT, 9,편집할 파일: ,
SH,      ,           1,*OS 명령: ,
SHELL,   ,           1,*OS 명령: ,
START,   START,      1,*시작할 응용프로그램: ,
TYPE,    TYPE,       8,나열할 파일: ,

; Examples of external commands for Windows
; See also the(STARTAPP) AutoLISP function for an alternative method.

EXPLORER, START EXPLORER, 1,,
NOTEPAD,  START NOTEPAD, 1,*편집할 파일: ,
PBRUSH,   START PBRUSH,  1,,

; Command alias format:
;  <Alias>,*<Full command name>

; The following are guidelines for creating new command aliases.
; 1.  An alias should reduce a command by at least two characters.
;     Commands with a control key equivalent, status bar button,
;     or function key do not require a command alias.
;     Examples: Control N, O, P, and S for New, Open, Print, Save.
; 2.  Try the first character of the command, then try the first two,
;     then the first three.
; 3.  Once an alias is defined, add suffixes for related aliases:
;     Examples: R for Redraw, RA for Redrawall, L for Line, LT for
;     Linetype.
; 4.  Use a hyphen to differentiate between command line and dialog
;     box commands.
;     Example: B for Block, -B for -Block.
;
; Exceptions to the rules include AA for Area, T for Mtext, X for Explode.
```

■ 외부 명령어 참조

acad. pgp 파일은 외부 명령어, DOS명령어, AutoCAD 화면, *.프롬프트, 외부 프로그램 화면 등의 순서에 따라 설정되어 있다.

; External Command and Command Alias Definitions
; Examples of external commands for command windows
; External command format:
; 〈Command name〉,[〈Shell request〉],〈Bit flag〉,[*]〈Prompt〉,

■ 명령어 단축키

acad. pgp 파일은 명령어 단축키를 설정할 수 있는데, AutoCAD 사용자가 명령어를 사용하기 편리하게 「단축키, *. 명령어」 형태로 수정 편집하여 설정할 수 있다.

; Command alias format:
; 〈Alias〉,*〈Full command name〉

다음은 acad. pgp 파일의 명령어 단축키를 설정한 사례이다.

3A,	*3DARRAY	B,	*BLOCK
3DMIRROR,	*MIRROR3D	-B,	*-BLOCK
3DNavigate,	*3DWALK	BC,	*BCLOSE
3DO,	*3DORBIT	BE,	*BEDIT
3DW,	*3DWALK	BH,	*HATCH
3F,	*3DFACE	BO,	*BOUNDARY
3M,	*3DMOVE	-BO,	*-BOUNDARY
3P,	*3DPOLY	BR,	*BREAK
3R,	*3DROTATE	BS,	*BSAVE
A,	*ARC	BVS,	*BVSTATE
AC,	*BACTION	C,	*CIRCLE
ADC,	*ADCENTER	CAM,	*CAMERA
AECTOACAD,	*-ExportToAutoCAD	CH,	*PROPERTIES
AA,	*AREA	-CH,	*CHANGE
AL,	*ALIGN	CHA,	*CHAMFER
3AL,	*3DALIGN	CHK,	*CHECKSTANDARDS
AP,	*APPLOAD	CLI,	*COMMANDLINE
AR,	*ARRAY	COL,	*COLOR
-AR,	*-ARRAY	COLOUR,	*COLOR
ATI,	*ATTIPEDIT	CO,	*COPY
ATT,	*ATTDEF	CP,	*COPY
-ATT,	*-ATTDEF	CT,	*CTABLESTYLE
ATE,	*ATTEDIT	CYL,	*CYLINDER
-ATE,	*-ATTEDIT	D,	*DIMSTYLE
ATTE,	*-ATTEDIT	DAL,	*DIMALIGNED

DAN,	*DIMANGULAR	-H,	*-HATCH
DAR,	*DIMARC	HE,	*HATCHEDIT
JOG,	*DIMJOGGED	HI,	*HIDE
DBA,	*DIMBASELINE	I,	*INSERT
DBC,	*DBCONNECT	-I,	*-INSERT
DC,	*ADCENTER	IAD,	*IMAGEADJUST
DCE,	*DIMCENTER	IAT,	*IMAGEATTACH
DCENTER,	*ADCENTER	ICL,	*IMAGECLIP
DCO,	*DIMCONTINUE	IM,	*IMAGE
DDA,	*DIMDISASSOCIATE	-IM,	*-IMAGE
DDI,	*DIMDIAMETER	IMP,	*IMPORT
DED,	*DIMEDIT	IN,	*INTERSECT
DI,	*DIST	INF,	*INTERFERE
DIV,	*DIVIDE	IO,	*INSERTOBJ
DJL,	*DIMJOGLINE	J,	*JOIN
DJO,	*DIMJOGGED	L,	*LINE
DL,	*DATALINK	LA,	*LAYER
DLI,	*DIMLINEAR	-LA,	*-LAYER
DLU,	*DATALINKUPDATE	LAS,	*LAYERSTATE
DO,	*DONUT	LE,	*QLEADER
DOR,	*DIMORDINATE	LEN,	*LENGTHEN
DOV,	*DIMOVERRIDE	LI,	*LIST
DR,	*DRAWORDER	LINEWEIGHT,	*LWEIGHT
DRA,	*DIMRADIUS	LMAN,	*LAYERSTATE
DRE,	*DIMREASSOCIATE	LO,	*-LAYOUT
DRM,	*DRAWINGRECOVERY	LS,	*LIST
DS,	*DSETTINGS	LT,	*LINETYPE
DST,	*DIMSTYLE	-LT,	*-LINETYPE
DT,	*TEXT	LTYPE,	*LINETYPE
DV,	*DVIEW	-LTYPE,	*-LINETYPE
DX,	*DATAEXTRACTION	LTS,	*LTSCALE
E,	*ERASE	LW,	*LWEIGHT
ED,	*DDEDIT	M,	*MOVE
EL,	*ELLIPSE	MA,	*MATCHPROP
ER,	*EXTERNALREFERENCES	MAT,	*MATERIALS
EX,	*EXTEND	ME,	*MEASURE
EXIT,	*QUIT	MI,	*MIRROR
EXP,	*EXPORT	ML,	*MLINE
EXT,	*EXTRUDE	MLA,	*MLEADERALIGN
F,	*FILLET	MLC,	*MLEADERCOLLECT
FI,	*FILTER	MLD,	*MLEADER
FREEPOINT,	*POINTLIGHT	MLE,	*MLEADEREDIT
FSHOT,	*FLATSHOT	MLS,	*MLEADERSTYLE
G,	*GROUP	MO,	*PROPERTIES
-G,	*-GROUP	MS,	*MSPACE
GD,	*GRADIENT	MSM,	*MARKUP
GEO,	*GEOGRAPHICLOCATION	MT,	*MTEXT
GR,	*DDGRIPS	MV,	*MVIEW
H,	*HATCH	NORTH,	*GEOGRAPHICLOCATION

NORTHDIR,	*GEOGRAPHICLOCATION
O,	*OFFSET
OP,	*OPTIONS
ORBIT,	*3DORBIT
OS,	*OSNAP
–OS,	*–OSNAP
P,	*PAN
–P,	*–PAN
PA,	*PASTESPEC
PARAM,	*BPARAMETER
PARTIALOPEN,	*–PARTIALOPEN
PE,	*PEDIT
PL,	*PLINE
PO,	*POINT
POL,	*POLYGON
PR,	*PROPERTIES
PRCLOSE,	*PROPERTIESCLOSE
PROPS,	*PROPERTIES
PRE,	*PREVIEW
PRINT,	*PLOT
PS,	*PSPACE
PSOLID,	*POLYSOLID
PTW,	*PUBLISHTOWEB
PU,	*PURGE
–PU,	*–PURGE
PYR,	*PYRAMID
QC,	*QUICKCALC
QCUI,	*QUICKCUI
R,	*REDRAW
RA,	*REDRAWALL
RC,	*RENDERCROP
RE,	*REGEN
REA,	*REGENALL
REC,	*RECTANG
REG,	*REGION
REN,	*RENAME
–REN,	*–RENAME
REV,	*REVOLVE
RO,	*ROTATE
RP,	*RENDERPRESETS
RPR,	*RPREF
RR,	*RENDER
RW,	*RENDERWIN
S,	*STRETCH
SC,	*SCALE
SCR,	*SCRIPT
SE,	*DSETTINGS
SEC,	*SECTION
SET,	*SETVAR

SHA,	*SHADEMODE
SL,	*SLICE
SN,	*SNAP
SO,	*SOLID
SP,	*SPELL
SPL,	*SPLINE
SPLANE,	*SECTIONPLANE
SPE,	*SPLINEDIT
SSM,	*SHEETSET
ST,	*STYLE
STA,	*STANDARDS
SU,	*SUBTRACT
T,	*MTEXT
–T,	*–MTEXT
TA,	*TABLET
TB,	*TABLE
TH,	*THICKNESS
TI,	*TILEMODE
TO,	*TOOLBAR
TOL,	*TOLERANCE
TOR,	*TORUS
TP,	*TOOLPALETTES
TR,	*TRIM
TS,	*TABLESTYLE
UC,	*UCSMAN
UN,	*UNITS
–UN,	*–UNITS
UNI,	*UNION
V,	*VIEW
–V,	*–VIEW
VP,	*DDVPOINT
–VP,	*VPOINT
VS,	*VSCURRENT
VSM,	*VISUALSTYLES
–VSM,	*–VISUALSTYLES
W,	*WBLOCK
–W,	*–WBLOCK
WE,	*WEDGE
X,	*EXPLODE
XA,	*XATTACH
XB,	*XBIND
–XB,	*–XBIND
XC,	*XCLIP
XL,	*XLINE
XR,	*XREF
–XR,	*–XREF
Z,	*ZOOM

2.3 응용 기능

캐드바이러스 체크 및 복구

AutoCAD 프로그램으로 도면작업을 하다보면 이른바 「캐드 바이러스」란 파일에 의해 문제가 생기게 되는 경우가 있다.

AutoCAD에서 사용하는 스크립트 언어로 작성된 웜으로 감염시, AutoCAD Support폴더에 acadapp.lsp 파일이, 그리고 폴더마다 acad.lsp 파일이 생성된다.

증상으로는 AutoCAD에서 LISP 에러를 유발시키며, EXPLODE, XREF, XBLIND 등의 명령이 실행되지 않고, Burst 입력시 화면에 메시지를 출력한다.

acad.fas, acad.vlx, acaddoc.fas, acaddoc.vlx 등의 파일은 CAD바이러스로 이용될 여지가 많고, 분석이 불가능함으로 무조건 삭제하는 편이 좋다.

따라서 해당 캐드파일이 들어 있는 폴더안에 「acad. lsp」이란 파일이 생성되는 경우에는 바이러스에 걸렸거나 걸릴 수 있다고 판단해야 한다.

주요 특징으로는 특정 명령어를 입력하면 실행이 안된다거나, 캐드에 설치된 유틸리티가 실행이 안 되는 현상이 발생된다.

따라서 캐드 바이러스를 감지하여 복구할 수 있는 응용 프로그램을 실행함으로써 바이러스 파일을 제거할 수 있다.

캐드 바이러스 프로그램 으로는 「JMD」 사의 「MARVEL」이란 프로그램과 「한국건축정보기술(주)」사의 「CadVirus Checker」란 프로그램, 「스틸스타(주)」사의 「Sencure」란 프로그램이 있다.

「MARVEL」이란 프로그램은 「http://www.jmdeng.com」 홈페이지에서 다운로드 하고, 「CadVirus Checker」란 프로그램은 「http://www.archioffice.co.kr/archioffice/ CadVirus/cadvirus.htm」 홈페이지, 「Sencure Protector」란 프로그램은 「http://www.sentools.co.kr」에서 무료 또는 쉐어웨어로 다운로드 할 수 있다.

위의 캐드바이러스 프로그램들중에서 「한국건축정보기술(주)」사의 「CadVirus Checker」란 프로그램을 다운받아 설치프로그램을 실행하는 방법을 설명하면 다음과 같다.

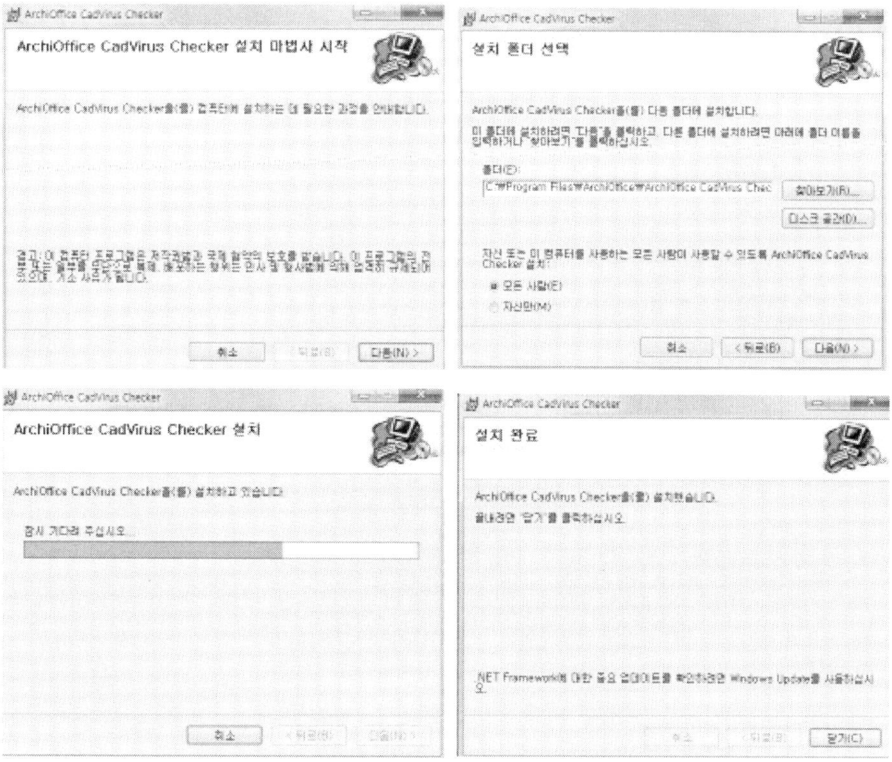

바탕화면에서 또는 ArchiOffice CadVirus Checker 의 아이콘을 클릭하여「CadVirus Checker」란 프로그램을 실행하면 다음과 같은 화면이 표시된다.

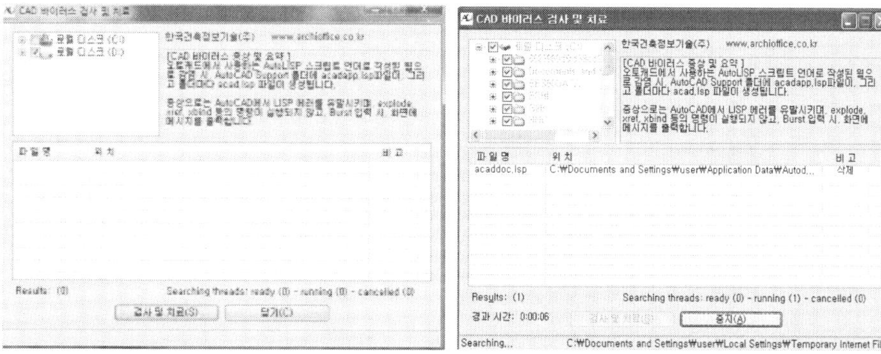

위의 캐드바이러스 프로그램들중에서「스틸스타(주)」사의「Sencure」란 프로그램과「JMD 」사의「MARVEL」이란 프로그램의 실행화면을 소개하면 다음과 같다.

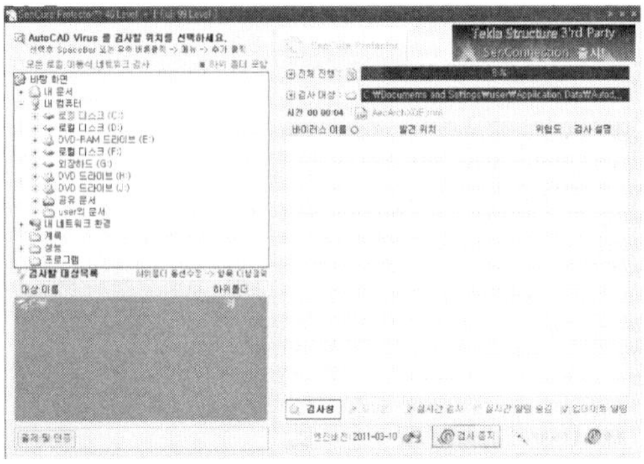

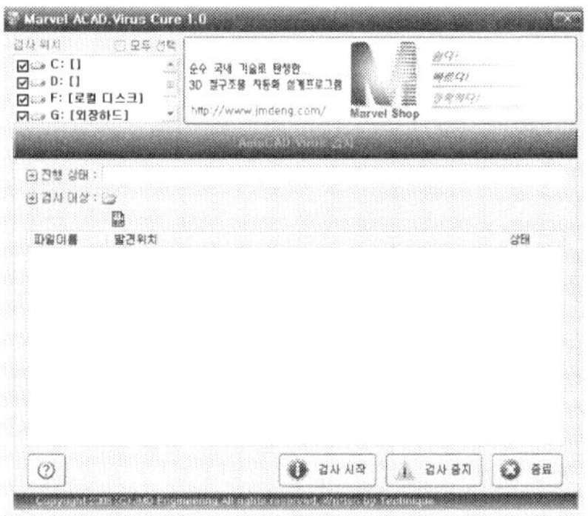

파일용량 줄이기

AutoCAD 프로그램으로 도면작업을 하다 보면 잦은 도면편집 작업으로 인해 도면요소가 중첩 되거나 중복되어 도면용량이 너무 커져서 작업속도가 현저히 늦어지거나, AutoCAD 화면이 오랜시간 멈추는 현상을 경험하게 된다.

이럴때는 앞에서 거론된 원인을 하나하나 살펴서 중복 요소를 제거하고, 캐드바이러스 프로그램을 실행하여 치료하거나 응용프로그램을 실행하거나 특정 명령을 실행하는 방법이 있다.

■ 파일용량을 줄이고 파일을 안정화시키는 방법

① 명령어(PURGE) 실행

사용되지 않는 블록, 레이어, 선의 형태 등을 제거시켜 파일의 용량을 줄인다. 한번이상 PURGE를 실행하면 도면내의 작업흔적을 말끔히 제거되어 파일 용량을 상당히 줄일 수 있다.

② 중복 요소의 제거

외부 참조도면 이나 블록파일의 삽입, 중복된 레이어, 같은 파일의 중첩 등의 원인으로 같은 도면요소가 겹쳐있을때 불필요한 중복 요소를 제거하여 파일용량을 줄인다.

③ 캐드 바이러스 프로그램 실행

도면내에 바이러스 요소나 일부 *. lsp 파일을 제거하여 파일을 안정화 시킨다.

④ 레이어 필터 제거(리습) 실행

레이어 필터가 용량에 많은 부분을 차지하므로 불필요한 레이어 필터를 제거하여 파일용량을 줄일 수 있다.

⑤ 레이어 필터 제거(응용프로그램) 실행

AutoCAD 2008버전이상의 캐드에서는 「scale_list_cleanup_utility」란 응용프로그램을 실행하여 불필요한 레이어 필터를 제거하여 파일 용량을 줄일 수 있다.

- PURGE

앞에서 설명한 바와 같이 PURGE 명령을 실행하여 파일용량을 줄인다. 구체적인 사례를 들어보면 다음과 같다.

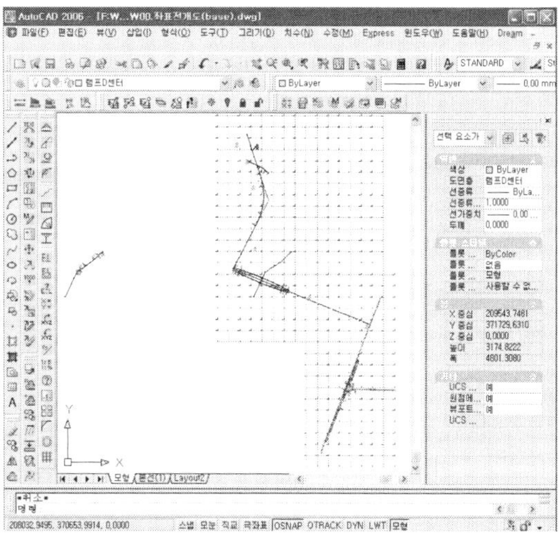

명령 : PURGE Enter↵

18-주측점이(가) 소거되었습니다.
18-보조측점이(가) 소거되었습니다.
18-IP이(가) 소거되었습니다.
18-IP종합이(가) 소거되었습니다.
18-IP정보(좌표전개)-1이(가) 소거되었습니다.
18-IP정보(좌표전개)-2이(가) 소거되었습니다.
18-IP정보(좌표전개)-3이(가) 소거되었습니다.
18-IP정보(좌표전개)-4이(가) 소거되었습니다.
18-IP정보(좌표전개)-5이(가) 소거되었습니다.
18-곡선제원정보(좌표전개)이(가) 소거되었습니다.
18-CP정보-0이(가) 소거되었습니다.
18-CP삼각형-0이(가) 소거되었습니다.
18-CP삼각형-1이(가) 소거되었습니다.
18-CP삼각형-2이(가) 소거되었습니다.

위와 같이 도면내에 사용되지 않는 블록, 레이어, 선의 형태 등을 제거시켜 파일의 용량을 줄인다.

■ 캐드바이러스 예방 및 치료법

① 캐드바이러스 예방법

타인의 캐드파일을 받은 폴더에 acad.lsp 나 acaddoc.lsp, acadapp.lsp 파일이 있는지 확인하고 , 만약 있다면 삭제하고 파일을 실행하여야 한다.

또한 압축파일안에도 acad.lsp 나 acaddoc.lsp 파일이 같이 묶여 있을 수 있으므로 압축을 푼 후에도 반드시 확인하여 해당파일을 삭제하여야 한다.

② 캐드바이러스 제거

『시작』을 클릭하여 『검색』,『모든 파일 및 폴더』를 차례대로 클릭하고, acad나 acaddoc를 입력한 후 아래쪽『고급옵션』,『숨은 파일 및 폴더 검색』을 체크하고 검색을 시작하여 발견된 acad.lsp나 acaddoc.lsp 파일을 모두 삭제한다.

『시작』을 클릭하여 『실행』을 차례대로 클릭하고, 『cmd』를 입력한 후 C드라이브 루트에서 『DEL ACAD.LSP /S』를 실행하여 서브디렉토리까지 지운다.

또 하나의 방법으로 『C:\Documents and Settings\사용자이름\Application Data\Autodesk\AutoCAD2008\R17.1\kor\support\ acad.mnl』파일을 클릭하여 『;; Silent load(princ) 』이후의 내용을 모두 삭제한다.

그리고 캐드의 옵션을 열어 acad .lsp 체크 부분을 끈다.

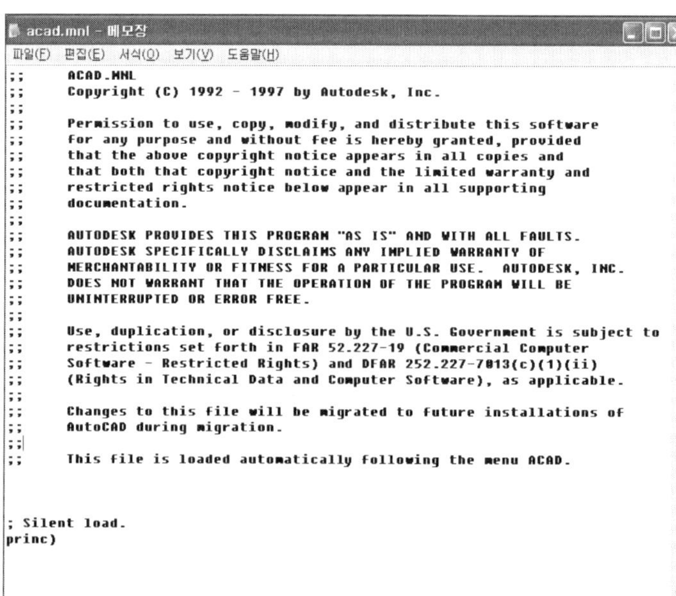

■ 레이어 필터 제거(리습)

레이어필터를 삭제하는 리습 프로그램을 로드하여 불필요한 레이어 필터를 제거하여 파일 용량을 줄일 수 있다.

명령: APPLOAD Enter↵

APPLOAD lfd.lsp 이(가) 성공적으로 로드되었습니다.
lfd.lsp 이(가) 성공적으로 로드되었습니다.

명령: LFD Enter↵

Wildcard mask for filters to keep, or 〈Enter〉 to delete all : Enter↵

■ 레이어 필터 제거(응용프로그램) 실행

AutoCAD 2008버전 이상의 캐드에서는 「scale_list_cleanup_utility」란 응용프로그램을 실행하여 불필요한 레이어 필터를 제거하여 파일 용량을 줄일 수 있다.

scale_list_cleanup_utility_32bit.exe 파일을 실행하면 다음과 같은 설치 대화상자가 표시된다.

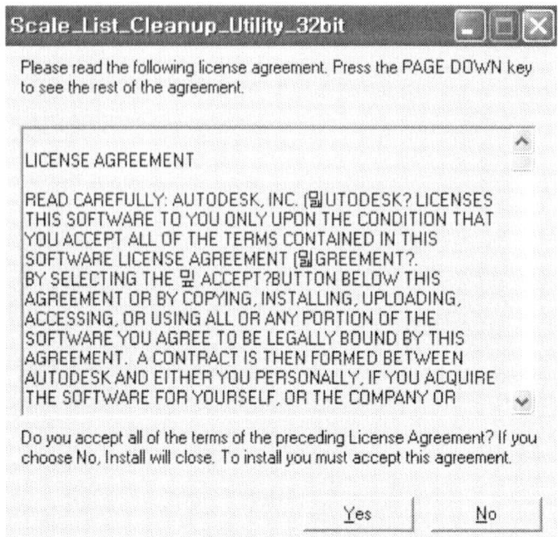

「scale_list_cleanup_utility_32bit.exe 」 파일을 해당 캐드 폴더로 압축을 푼다.

『Yes 』선택후 Browse 클릭하여「C:\ Program Files\ AutoCAD 2008(해당 캐드 버전)」 폴더로 경로를 지정하여『OK』버튼을 클릭한다.

해당 경로에 아래와 같이 세개의 파일이 생성된다.

그중 CleanupScales.exe 파일을 선택후 마우스 오른쪽 >보내기 > 바탕화면에 바로가기 만들기를 선택한다.

바탕화면에 생성된 아이콘을 통해 한꺼번에 오류 도면의 축척리스트를 삭제하여 도면 오류를 해결한다.

폴더 선택하여 도면 수정할지 또는 도면 하나씩 선택하여 수정할지를 선택한 후 『OK』버튼을 클릭하면 해당 도면의 폴더에 축척리스트가 정리된 도면으로 재 변환 된다.

차후 오류 도면 등은 바탕화면 아이콘을 통해 일괄 변환시켜 사용할 수 있다.

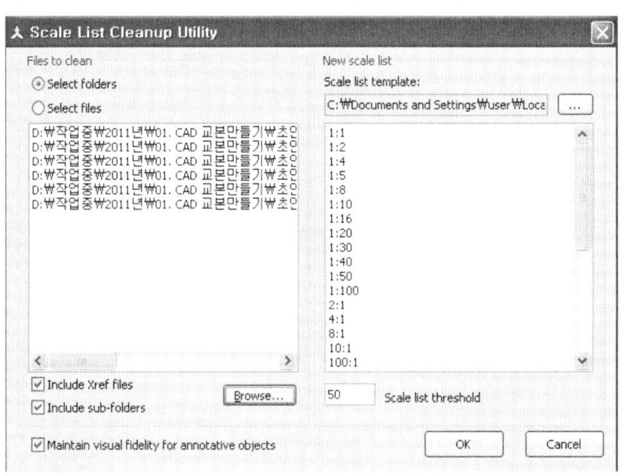

삭제되면 다음과 같이 표시된다.

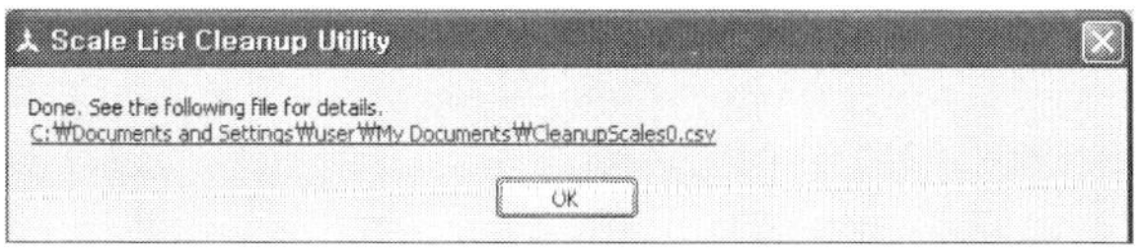

자동저장

많은 AutoCAD 사용자들이 도면작업을 하면서 작업한 도면을 저장하지 않아 낭패를 본 경험을 다들 갖고 있다.

특히 새로운 도면을 그리는데 많은 시간과 노력이 소요되는 점을 감안하면 작업한 파일을 잃지 않고 작업상태 그대로 저장하는 기능을 갖고 있다는 점이 매우 중요한 기능이라는 것을 실감할 수 있다.

AutoCAD 2006 버전에서도 이러한 저장기능을 갖고 있으며, 특정 시간 간격으로 자동저장 되는 기능을 설정할 수 있도록 되어 있다.

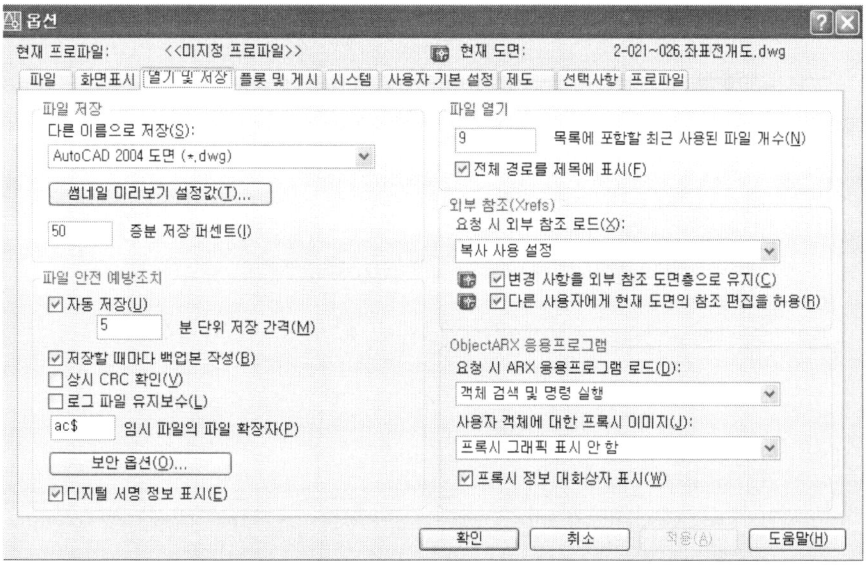

자동저장을 설정하는 방법은 다음과 같다.

위의 대화상자를 보면 「파일 안전 예방조치」 칸에 『자동저장』을 체크하고, 원하는 임의의 시간간격(분 단위)을 따로 설정할 수 있다.

idwgtab 설치

AutoCAD에서 여러 도면파일을 열어 동시에 사용하고자 할 때 도구아이콘 하부의 도면 영역내에 각 도면의 지정아이콘을 배치하여 배치된 아이콘을 클릭함으로써 바로 해당 도면으로 전환되어 그 도면안에서 편히 작업할 수 있도록 설정하는 기능이다. 설치방법은 idwgtab2[2].0.0.2.exe을 실행하여 대화상자에 표시된대로 차례대로 설치하는 방법과 응용 프로그램 idwgtab2004.arx을 로드하여 등록하는 방법이 있다. 먼저 idwgtab2[2].0.0.2 실행파일을 실행하는 방법을 살펴보면 다음과 같다.

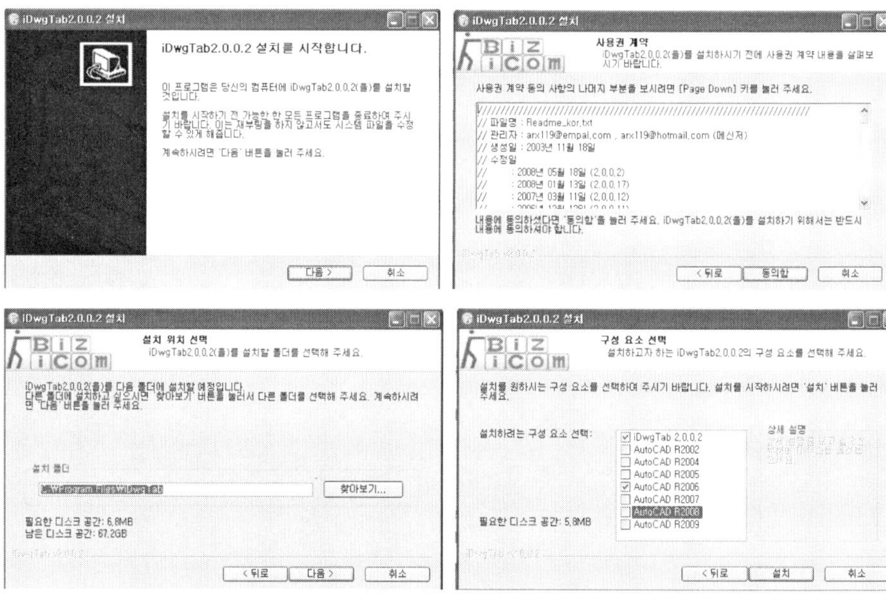

위와 같이 차례대로 진행한 다음에 『설치』를 클릭하면 설치가 진행된다.
또 하나의 방법으로

명령 : APPLOAD [Enter↵]

iDwgTab2004.arx [Enter↵] 하면 명령표시줄에

「**명령: appload**

iDwgTab2004.arx이(가) 로드되었습니다.」와 같이 표시된다.

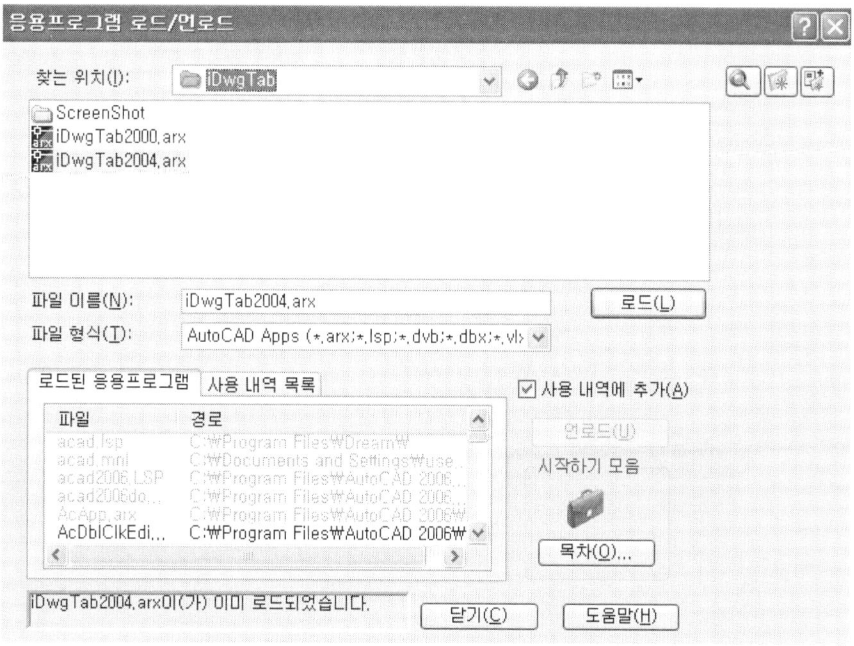

아래의 AutoCAD 도면과 같이 도면 탭이 만들어져 표시된 것을 확인할 수 있다.

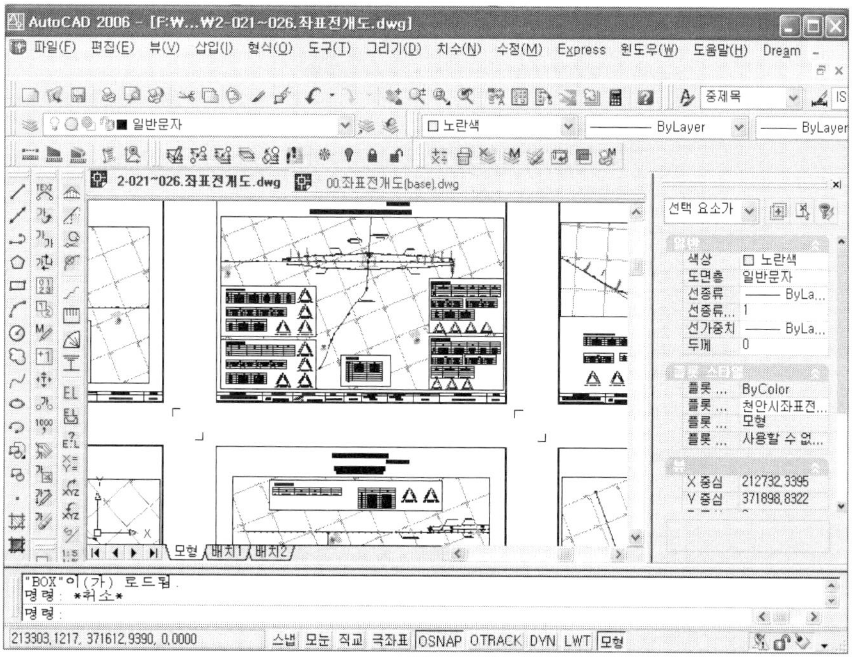

각종 리습설치

LISP 언어는 J.McCarthy가 만든 제4세대 인공지능으로서, CAD 프로그래밍 언어로 수정되었다.

LISP은 List Processing의 준말로 프로그램을 개발할 수 있는 고급 언어이며, AutoCAD의 명령어, 변수, 도면 요소등을 다루는 함수를 만들어 AutoCAD 작업시 단순작업의 반복을 최소화하는 언어이다.

따라서 AutoCAD 사용자들에게 효과적이고 매우 유용한 기능을 제공한다고 할 수 있다.

임의의 LISP을 AutoCAD에서 사용하기 위해 불러들이는 명령어는 APPLOAD이며, 불러오는 요령은 아래의 화면과 같다.

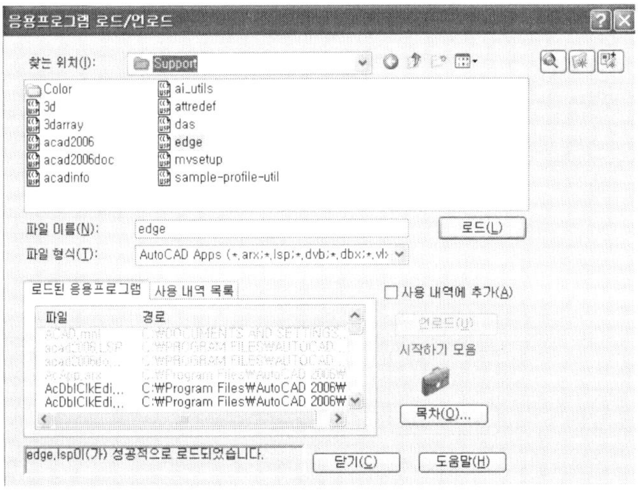

다음은 「DREAM」이란 리습을 로드하여 설치한 경우이다.

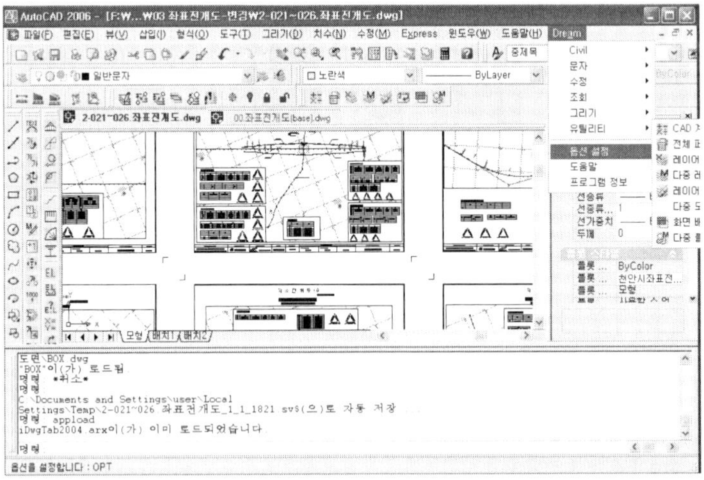

또 다른 방법으로 리습(DREAM)을 직접 설치하는 방법이 있는데, dream(060808).exe 이란 설치파일을 직접 실행하면 다음과 같다.

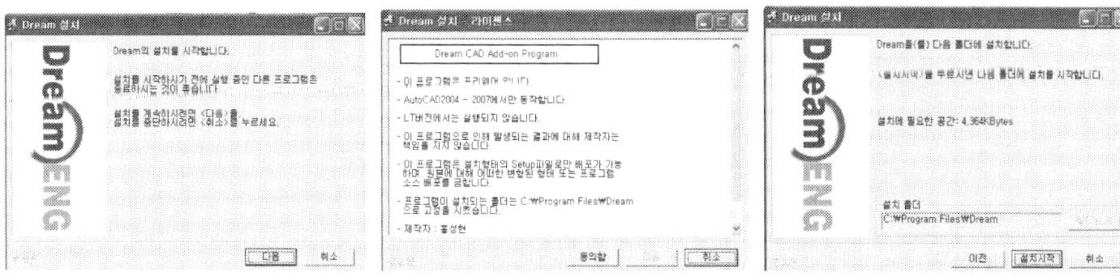

AutoCAD 2006에서 리습(DREAM)이 설치된 후 풀다운 메뉴 및 도구막대를 살펴보면 다음과 같다.

■ 풀다운메뉴

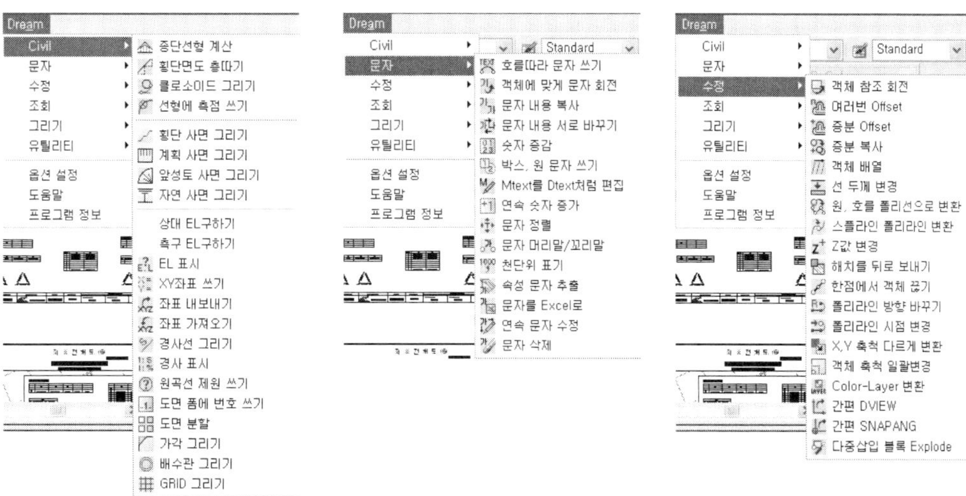

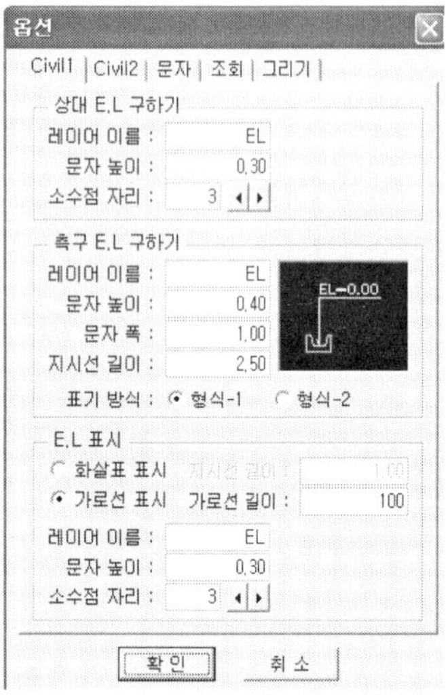

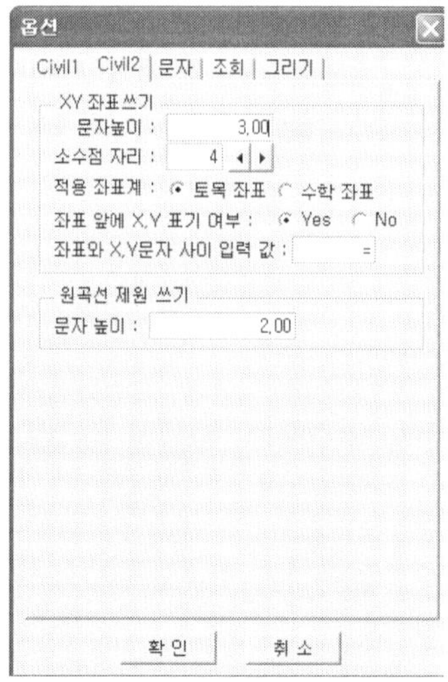

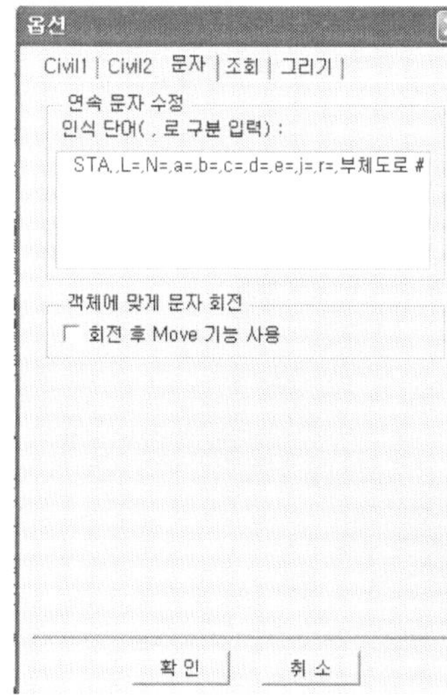

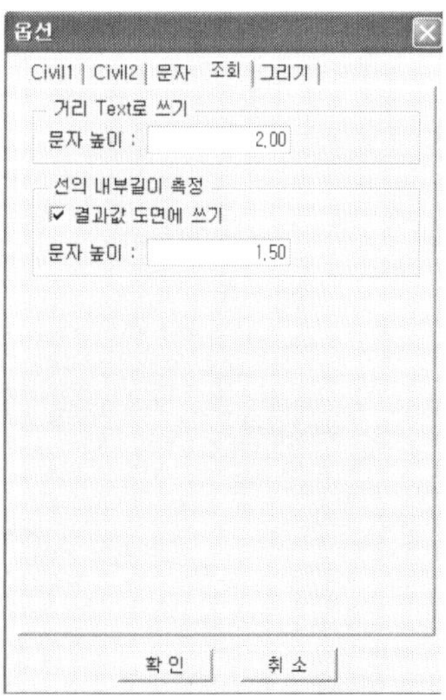

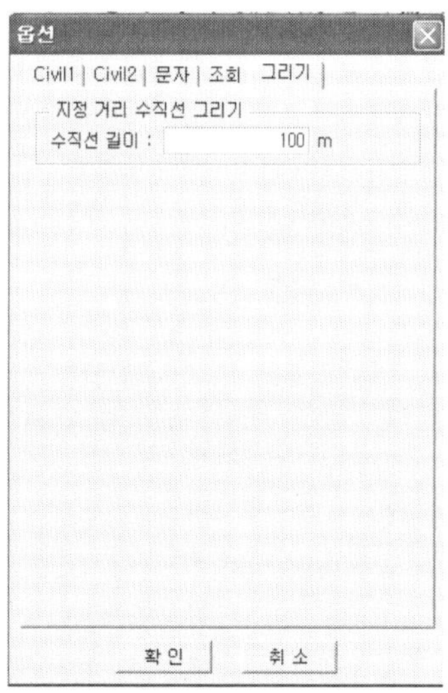

■ 도구막대(ToolBar)

기본적으로 사용하는 도구막대를 살펴보면 다음과 같다.

① CIVIL

② 레이어

③ 숨기기

④ 엑셀

⑤ 문자

⑥ 수정

⑦ 조회

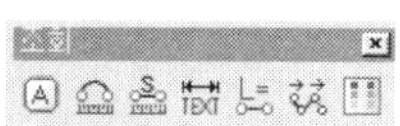

⑧ 그리기

⑨ 유틸리티

플롯 스타일

플롯 스타일에 대해서는 이미「제4부 AutoCAD의 연습」편에서 일반적인 사항 및 플롯 스타일 테이블 편집기에 대해 언급하였으므로 참고하기 바란다.

응용 프로그램 로드

응용 프로그램은 CAD 프로그래밍 언어로 작성된 프로그램으로 AutoCAD의 작업 시 다양한 명령 및 기능을 지원하여 작업을 편리하게 하여 준다.

임의의 응용 프로그램을 AutoCAD에서 사용하기 위해 불러들이는 명령어는 APPLOAD이며, 불러오는 요령은 각종 리습을 설치하는 방법과 동일하다.

사용자화 로드(MENULOAD)

AutoCAD 화면에서 사용되는 메뉴와 도구막대를 디스플레이 하여 사용할 수 있도록 한다.

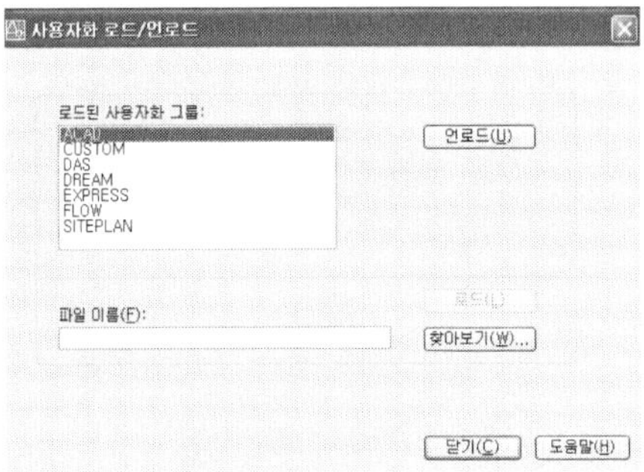

- 로드된 사용자화 그룹
  현재 불러온 메뉴파일에 대한 목록을 보여준다.
- 파일 이름(F)
  불러오고자 하는 파일에 대한 목록을 나타내거나 입력시킨다.
- 언로드(U)
  새로운 파일 메뉴를 불러오기 할 때 기존의 모든 메뉴를 삭제한다.
- 로드(L)
  메뉴 목록 상자에서 선택된 메뉴를 가져온다.
- 찾아보기(W)
  파일 이름 상자안에 있는 메뉴 파일을 불러올 수 있다.

위의 화면에서 『찾아보기』를 선택하면 다음의 화면이 나타난다.

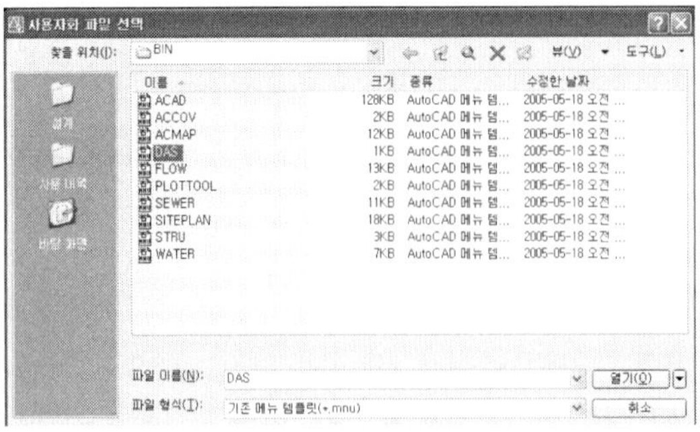

위의 화면과 같은 대화상자에서 불러오고자 하는 파일을 선택하여 열어 로드시키면 된다.

캐드 오류메세지

AutoCAD를 사용하다보면 각종 오류 메시지가 화면에 표시되곤 하는데, 주로 표시되는 오류 메시지와 해결방법을 살펴부면 다음과 같다.

■ 아래와 같은 오류 메세지가 뜨면서 실행이 안된다.

「치명적 오류 : 임시 파일을 저장하기 위한 모든 가능한 디렉토리가 존재하지 않거나 읽기 전용 상태입니다. AutoCAD을(를) 다시 실행하기 전에 이 상태를 수정하십시오.」

1. 폴더를 생성한다.
   C:₩Program Files₩AutoCAD 2006₩ 폴더 안에 'Temp' 라는 폴더를 하나 만든다.
2. 레지스트리 수정을 한다.
   윈도의 '시작'을 누르고, '실행'을 누르고, 열기에 regedit 라고 명령어를 입력 후 '확인'을 누른다.
   HKEY_CURRENT_USER -> Software -> Autodesk -> AutoCAD -> R16.0 -> ACAD-201:409 -> Profiles -> Unnamed Profiles -> Genaral Configuration에 들어가서 TempDirectory 문자열을 만든다.
   TempDirectory 문자열 만드는 방법 : 마우스 오른쪽 클릭, 새로 만들기, 문자열 값에서 'TempDirectory' 입력 후 확인.
   이제 TempDirectory를 더블클릭해서 값데이터에 c:₩Program Files₩AutoCAD 2006₩Temp 라고 입력한다.

위와 같이 따라하거나 다음과 같이 「옵션」 설정상태로 들어가서 다음 화면과 같이 「파일」 설정 중 임시도면 파일위치로 가서 폴더위치를 확인하여 그 폴더로 찾아가서 마우스 오른쪽 버튼을 클릭하여 속성을 설정하는 화면에서 『읽기 전용』이 체크되어 있다면 해제한다.

임시 파일 경로가 읽기 전용이면 AutoCAD 실행 중 임시 데이터를 저장할 수 없으므로 실행이 되지 않는다.

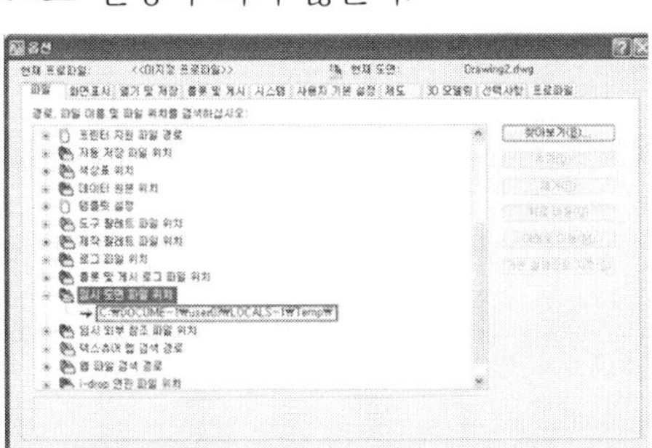

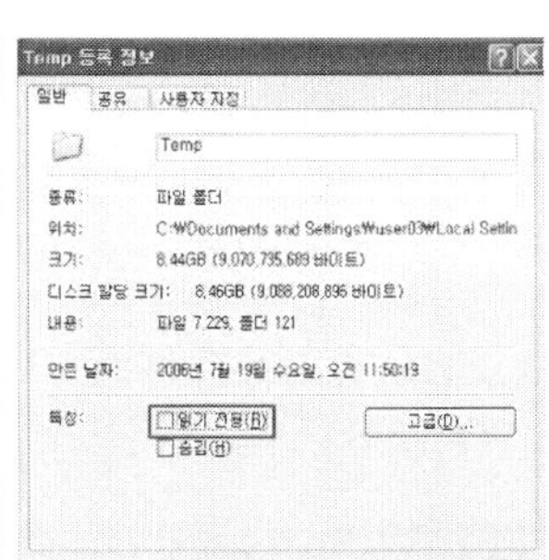

■ 캐드(CAD)부적합함의 원인?

「원인? 부적합함 」이라고 뜨는 경우는 파일의 환경에 문제가 있다(문제로는 해치 중 솔리드 문제 또는 블럭 충돌문제 등이 있을 수 있다).

발생유형의 종류는 다음과 같다.

1. 해치문제 - 해치를 삭제해도 안된다.
2. _pasteclip 중복 정의된 블록 A$C317D338C 은(는) 무시된다. 즉 중복정의된 블록문제는 캐드가 스스로 무시해버린다.
3. 폭파해서 붙여넣어도 안된다.
4. insert해도 안된다.
5. dxf로 인서트해도 안되는 경우. 2002 및 2004버젼으로 해도 안된다.
6. dws로 해도 안된다.
7. 복구 명령으로 복구해도 안됨.
8. 소거 명령으로 PURGE 해도 안됨.

원인은 복사한 파일(B)이 아닌 인서트 할려고 하는 대상 즉 붙여 넣으려고 하는 목적 대상 파일(A)에 문제가 있는 경우이다.
따라서 붙여넣기가 안되는 목적파일(A)의 환경 및 블럭 상태 등을 살펴볼 필요가 있다.
그러므로 복사한 파일(B)에는 문제가 없고, B를 복사한 후 A에 붙여넣기 하면 된다.

다른 원인으로 솔리드 해치가 문제인 경우도 있으므로, 해치를 없애고 나면 복사 붙여넣기가 가능한 경우도 있다.
해결방법으로 감사(AUDIT) 명령을 실행한다.

명령 : AUDIT Enter↵

「탐지된 오류를 수정하겠습니까? [예(Y)/아니오(N)] 〈N〉:」 Y Enter↵
832개의 블록이 감사됨
1단계 10298개의 객체가 감사됨
2단계 10298개의 객체가 감사됨
3단계 28600개의 객체가 감사됨
전체 0건의 오류를 찾아서 0건이 수정됨

이 때 해결방법으로 XREF가 되도록 풀다운 메뉴의 파일을 클릭한 후 붙여넣기가 안되는 파일을 복구명령을 실행한 다음 PURGE 명령을 실행 한 후 XREF가 되면 붙여넣기 (CTRL+SHIFT+V)가 가능하다.

즉 XREF가 가능하도록 대상 파일을 반드시 복구시켜서 파일에 따라 처리할 수 없는 예외 상황을 없애야 한다.
이때 두 가지 조건은 첫째 복구이고, 둘째는 도면 전체를 PURGE 시키는 것이다.

■ 캐드(CAD) 처리할수 없는 예외상황

「참조: 처리할 수 없는 예외 상황 E06D7363(e06d7363h)」, 「참조: 처리할 수 없는 예외 주소 7C812A5Bh」 발생시
AutoCAD 도움말을 보면 「도면층, 문자유형, 치수유형, 블록 이름등에 사용해서는 안되는 문자가 나열되어있습니다! 」 라고 설명되어 있다.
즉 레이어 이름을 「CON'C」 이런식으로 이름을 만들면 위와같은 메세지가 뜬다.
레이어, 문자유형, 치수유형, 블록의 불용문자에는 아래와 같은 것들이 있다.
< > / \ " : ; ? * | = '

LAYER 명령 실행 후 「CON'C 」 레이어 「'」 등을 없애주면 캐드 오류는 제거된다.

■ 다른 버전간 캐드 복사가 안 되는 경우

현장에서 도면을 관리하다보면 캐드 버젼을 예컨대 AutoCAD 2006, 2008 등 둘 이상의 다른 버젼을 혼용하여서 쓰는 경우에, 도면의 호환성 문제가 흔히 발생한다. 물론 보다 상위 버젼인 AutoCAD 2008로 작업하면 되지만, 개인적으로 Autocad 2008의 인터페이스 및 느린 속도, 네트워크 등의 문제로 AutoCAD 2006등 보다 하위버젼을 많이 사용하게 된다.
AutoCAD 2008에서 AutoCAD 2004포맷으로 내보낸 뒤 AutoCAD2006에서 쓰면 되지만, 다른 AutoCAD 2004파일로는 복사가 되지 않는다. 어떤 에러메시지도 나타나지 않았는데 복사가 되지 않는다. 이런 경우는 dxf 포맷으로도 해결이 안 되는 경우가 많다.
이럴 경우에는 우선 AutoCAD 2008포맷의 A라는 파일을 AutoCAD 2004포맷의 B라는 파일로 만든 뒤, 다시 AutoCAD 2006에서 새파일 명령으로 C라는 파일을 만든다. 그리고 나서 파일 C에서 파일 B를 삽입 > 블록, 삽입 > 외부참조로 불러들여, 외부참조는 결합 후 explode하고, 블록은 explode하고 저장하면 다른 AutoCAD2006 파일로 복사가 가능하다.

■ 도면에서 복사 후 붙여넣기가 안될 때 해결방법

도면의 객체를 복사 후 붙여넣기가 안되고 「*유효하지 않음*」이라고 표시되는 에러가 있다.

특히 복사를 해서 다른 도면에 붙여넣을 때 안되면 복사한 도면이 문제가 있는 경우가 많다.

1. DXF로 저장
   1) AutoCAD의 파일 메뉴에서 다른 이름으로 저장(Ctrl+Shift+S)해서 DXF 버전으로 저장한다.
   2) 저장된 DXF를 열어서 복사 붙여넣기 한다.
   3) 잘되면 DXF를 DWG로 저장한다.

〈 DXF로 저장하기 전 참고사항 〉

- DXF로 저장하기 전에 현재 도면의 불필요한 요소를 제거하고, 도면의 오류를 검사하고 저장한다.
- purge 명령을 실행해서 필요 없는 항목을 모두 소거한다.
- audit 명령을 실행해서 현재 도면의 오류를 검사하고 수정한다.

DXF는 복잡한 데이터베이스를 가진 DWG도면과 달리 객체의 여러 속성과 도면 정보가 기록된 Text 파일이다.

따라서 위와 같이 purge – audit – DXF 저장하고, 이를 다시 DWG로 저장하면 도면의 데이터베이스를 새로 정비하여 깨끗한 도면이 만들어지기 때문에 웬만한 도면 에러는 대부분 수정이 된다.

2. Dim Style 또는 폰트 문제

〈 해결방법1 〉

1) 명령창에 『dimstyle』 명령을 입력한다.
2) 〈스타일 재지정〉이 설정되어 있으면 항목에 오른쪽 마우스 버튼을 눌러 삭제한다.
   영문판의 경우 〈style overrides〉 로 표시된다.

〈 해결방법2 〉

아래 명령을 복사하여 명령창에 붙여넣고 엔터를 친다.

```
(command "-dimstyle" "s" "standard" "y")(princ)
```

〈 해결방법3 〉

윈도우 폰트를 사용하는 도면 중 한양(HY로 시작하는 폰트) 폰트를 사용한 경우에 오류가 발생할 수 있다.

현재 도면의 폰트를 다른 AutoCAD 폰트로 바꾸고, 복사 붙여넣기 해보면 오류가 해결된다.

3. AutoCAD 2007 서비스 팩을 설치
AutoCAD 2007에서 낮은 버전으로 저장한 도면이 복사 붙여넣기가 안될 때는 AutoCAD 2007 서비스 팩을 설치한다.

4. 도면에 과다한 주석 축척(Annotation Scale)
AutoCAD 2008 ~ 2010 에서 복사 붙여넣기시 시간이 오래 걸릴 때는 도면에 주석 축척(Annotation Scale)이 많이 포함되어 있기 때문이다.

〈 해결방법1 〉

두 도면에서 다음과 같이 실행한다.

1) 명령창에 -SCALELISTEDIT 명령을 입력한다.
2) R을 입력하여 재 설정한다.
3) 축척 리스트를 기본값으로 재설정하시겠습니까? 물음에 Y를 입력한다.
4) E를 입력하거나 ESC를 눌러 종료합니다.

〈 해결방법 2 〉

아래 캐드 버전에 맞는 Scale List Cleanup Utility를 다운받아 설치하고 실행한다.

AutoCAD 2008 ~ 2009 : 2009_scale_list_cleanup_utility.zip

AutoCAD 2010 : 2010_scale_list_cleanup_utility.zip

〈 설치방법 〉

1) 사용중인 AutoCAD 버전에 맞는 파일을 다운 받아 압축을 풀면 32-bit와 64-bit 두가지가 있다.
2) 32비트 사용자라면 32bit 폴더안의 모든 파일을 AutoCAD가 설치된 폴더에 넣는다.
3) AutoCAD가 설치된 폴더에 넣은 후 CleanupScales.exe를 실행한다.
4) 축척 목록을 삭제할 도면에 추가하고 실행한다. 불러오고자 하는 파일에 대한 목록을 나타내거나 입력시킨다.

Chapter 03

응용 프로그램

3.1 개 요

AutoCAD 프로그램으로 토목 분야의 각종 계획도면을 작성하다보면 다른 응용 프로그램과의 호환 및 활용이 필요한 경우가 많다.
특히 계획 및 설계과정에서는 WINDOWS에 기반을 둔 각종 프로그램을 활용하게 되는데, 임의의 프로그램으로 작성된 자료 및 데이터 파일을 AutoCAD 프로그램의 데이터로 활용하거나 도면에 불러들여 사용하는 방식으로 다른 응용 프로그램을 활용하게 된다.
예를들어(주)나모소프트사의 Road Project 프로그램이나, LH공사의 단지설계시스템인 DAS란 프로그램, 옹벽자동설계프로그램인 RAD Pro란 프로그램 등 AutoCAD 프로그램에서 호환되거나 활용할 수 있는 다양한 많은 프로그램이 있다.
(주)나모소프트사의 Road Project는 http://www.namosoft.co.kr에서 유료로 이용할 수 있고, LH공사의 단지설계시스템인 「DAS」란 프로그램과 옹벽 자동설계프로그램인 「RAD Pro」는 무료로 사용할 수 있다.
Road Project는 주로 도로분야에서 많이 사용되는 응용프로그램으로, 수치지형도 및 현황측량된 지형도를 바탕으로 평면 및 종단 선형계획, 횡단 및 토공계획, 구조물계획 등을 하여 계획을 작성하여 각종 계산 및 수량산출을 한다.
DAS는 도로 및 토공설계를 통해 구축된 데이터가 상수, 우수 및 오수 설계시 연계되어 활용되는 통합설계 프로그램이다.
RAD는 옹벽 안정검토와 각 부재의 단면검토를 수행할 수 있는 프로그램으로 단면설정, 설계조건, 기초조건, 말뚝 및 철근 등 데이터 입력하여 계산을 수행한 후 도면파일과 결과파일을 생성한다.
이러한 응용 프로그램의 기초자료 및 결과파일을 AutoCAD에서 불러들이거나 활용하여 사용할 수 있다.

3.2 응용 프로그램의 소개

위에서 소개한 프로그램 중 「DAS」란 프로그램에 대해 알아보기로 한다.
DAS란 응용 프로그램을 AutoCAD에서 활용하기 위해 APPLOAD(응용 프로그램로드)와 MENULOAD(사용자화 로드)를 함께 실행한다.

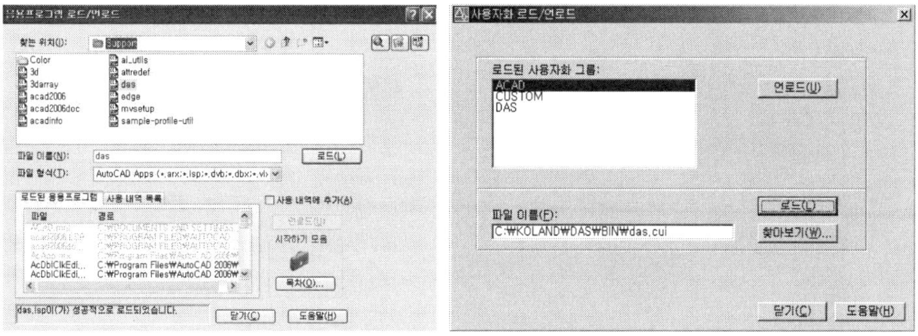

DAS를 AutoCAD 2006에서 로드하기 전과 후를 비교하면 다음의 화면과 같이 풀다운 메뉴에 「단지설계시스템」이란 메뉴가 추가된 것을 볼 수 있다.

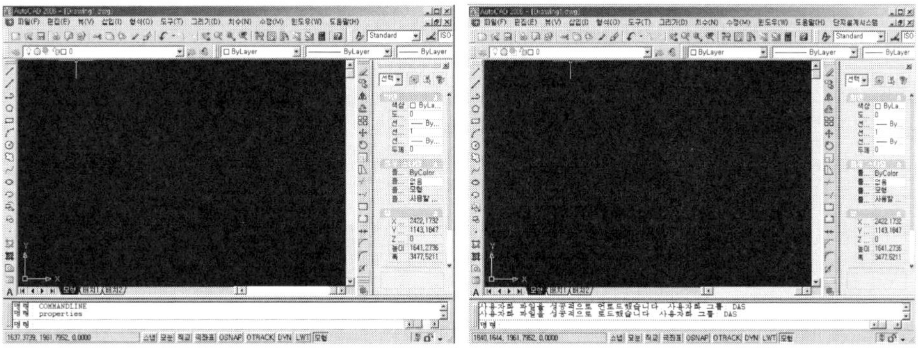

AutoCAD에서 응용 프로그램(DAS)을 로드한 후 풀다운 메뉴 및 도구막대를 살펴보면 다음과 같다.

풀다운메뉴

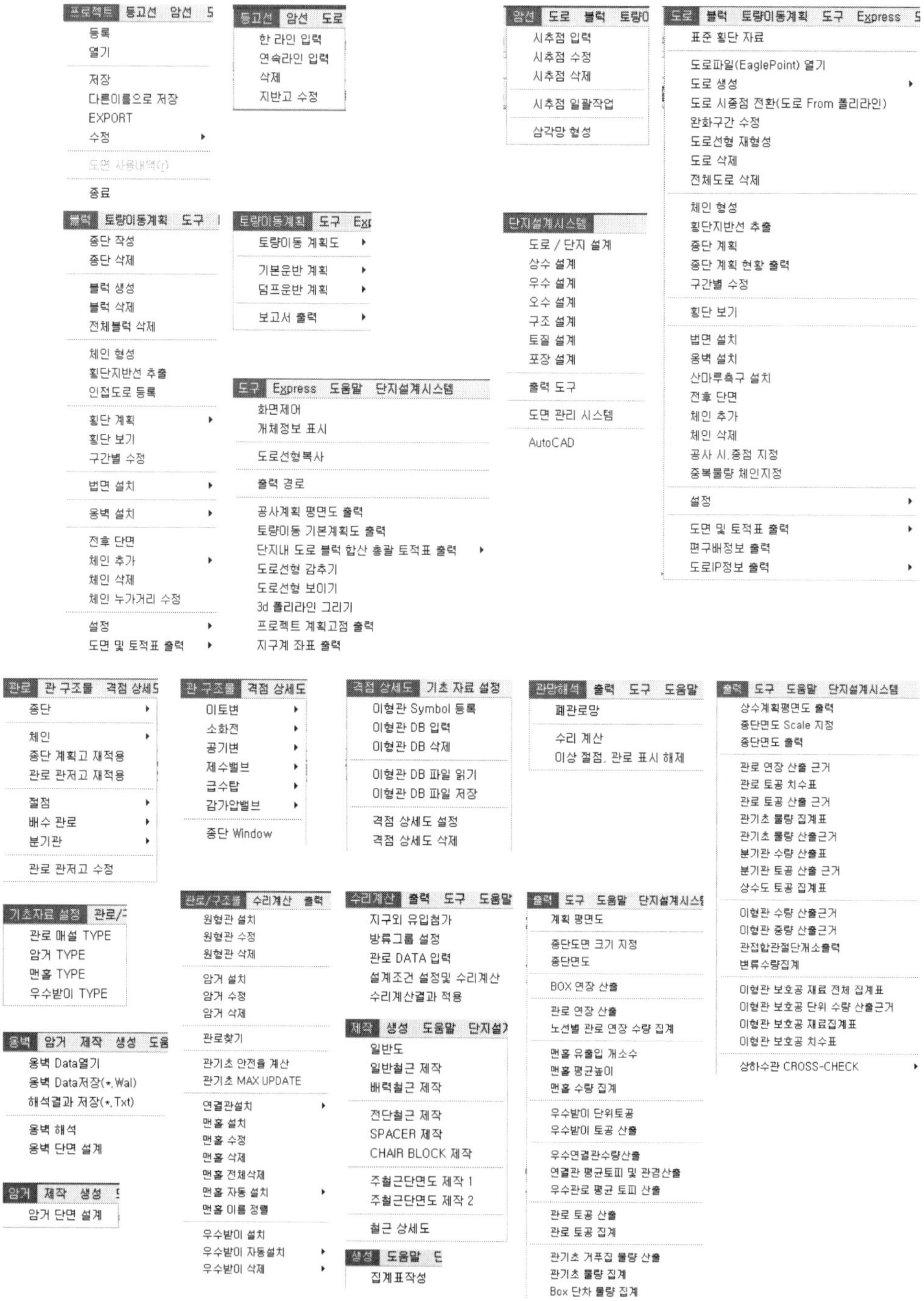

프로젝트 등고선 암선
등록
열기
저장
다른이름으로 저장
EXPORT
수정
도면 사용내역(j)
종료
등고선 암선 도로
한 라인 입력
연속라인 입력
삭제
지반고 수정
암선 도로 블럭 토량이
시추점 입력
시추점 수정
시추점 삭제
시추점 일괄작업
삼각망 형성
도로 블럭 토량이동계획 도구 Express
표준 횡단 자료
도로파일(EaglePoint) 열기
도로 생성
도로 시종점 전환(도로 From 폴리라인)
완화구간 수정
도로선형 재형성
도로 삭제
전체도로 삭제
체인 형성
횡단지반선 추출
종단 계획
종단 계획 현황 출력
구간별 수정
횡단 보기
법면 설치
옹벽 설치
산마루측구 설치
전후 단면
체인 추가
체인 삭제
공사 시.종점 지정
중복물량 체인지정
설정
도면 및 토적표 출력
편구배정보 출력
도로IP정보 출력
블럭 토량이동계획 도구
종단 작성
종단 삭제
블럭 생성
블럭 삭제
전체블럭 삭제
체인 형성
횡단지반선 추출
인접도로 등록
횡단 계획
횡단 보기
구간별 수정
법면 설치
옹벽 설치
전후 단면
체인 추가
체인 삭제
체인 누가거리 수정
설정
도면 및 토적표 출력
토량이동계획 도구 Exp
토량이동 계획도
기본운반 계획
덤프운반 계획
보고서 출력
단지설계시스템
도로 / 단지 설계
상수 설계
우수 설계
오수 설계
구조 설계
토질 설계
포장 설계
출력 도구
도면 관리 시스템
AutoCAD
도구 Express 도움말 단지설계시스템
화면제어
개체정보 표시
도로선형복사
출력 경로
공사계획 평면도 출력
토량이동 기본계획도 출력
단지내 도로 블럭 합산 총괄 토적표 출력
도로선형 감추기
도로선형 보이기
3d 폴리라인 그리기
프로젝트 계획고점 출력
지구계 좌표 출력
관로 관 구조물 격점 상세도
종단
체인
종단 계획고 재적용
관로 관저고 재적용
절점
배수 관로
분기관
관로 관저고 수정
관 구조물 격점 상세도
이토변
소화전
공기변
제수밸브
급수탑
감가압밸브
종단 Window
격점 상세도 기초 자료 설정
이형관 Symbol 등록
이형관 DB 입력
이형관 DB 삭제
이형관 DB 파일 읽기
이형관 DB 파일 저장
격점 상세도 설정
격점 상세도 삭제
관망해석 출력 도구 도움말
폐관로망
수리 계산
이상 절점, 관로 표시 해제
출력 도구 도움말 단지설계시스템
상수계획평면도 출력
종단면도 Scale 지정
종단면도 출력
관로 연장 산출 근거
관로 토공 치수표
관로 토공 산출 근거
관기초 물량 집계표
관기초 물량 산출근거
분기관 수량 산출표
분기관 토공 산출 근거
상수도 토공 집계표
이형관 수량 산출근거
이형관 중량 산출근거
관접합관절단개소출력
변류수량집계
이형관 보호공 재료 전체 집계표
이형관 보호공 단위 수량 산출근거
이형관 보호공 재료집계표
이형관 보호공 치수표
상하수관 CROSS-CHECK
기초자료 설정 관로/
관로 매설 TYPE
암거 TYPE
맨홀 TYPE
우수받이 TYPE
관로/구조물 수리계산 출력
원형관 설치
원형관 수정
원형관 삭제
암거 설치
암거 수정
암거 삭제
관로찾기
관기초 안전율 계산
관기초 MAX UPDATE
연결관설치
맨홀 설치
맨홀 수정
맨홀 삭제
맨홀 전체삭제
맨홀 자동 설치
맨홀 이름 정렬
우수받이 설치
우수받이 자동설치
우수받이 삭제
수리계산 출력 도구 도움말
지구외 유입첨가
방류그룹 설정
관로 DATA 입력
설계조건 설정및 수리계산
수리계산결과 적용
출력 도구 도움말 단지설계시스
계획 평면도
종단도면 크기 지정
종단면도
BOX 연장 산출
관로 연장 산출
노선별 관로 연장 수량 집계
맨홀 유출입 개소수
맨홀 평균높이
맨홀 수량 집계
우수받이 단위토공
우수받이 토공 산출
우수연결관수량산출
연결관 평균토피 및 관경산출
우수관로 평균 토피 산출
관로 토공 산출
관로 토공 집계
관기초 거푸집 물량 산출
관기초 물량 집계
Box 단차 물량 집계
옹벽 암거 제작 생성 도움
옹벽 Data열기
옹벽 Data저장(*.Wal)
해석결과 저장(*.Txt)
옹벽 해석
옹벽 단면 설계
암거 제작 생성
암거 단면 설계
제작 생성 도움말 단지설계
일반도
일반철근 제작
배력철근 제작
전단철근 제작
SPACER 제작
CHAIR BLOCK 제작
주철근단면도 제작 1
주철근단면도 제작 2
철근 상세도
생성 도움말
집계표작성

위의 화면에서 보듯이 도로 및 단지설계, 상수설계, 우수설계, 오수설계, 구조물설계, 토질설계, 포장설계 등 AutoCAD 프로그램내에서 활용할 수 있는 다양한 메뉴가 있다. 그리고 위에서 소개한 프로그램들 중 「RAD」란 프로그램에 대해 살펴보자. RAD란 응용 프로그램에서 그려진 옹벽 일반도 및 배근도 등을 AutoCAD에서 활용할 수 있다.

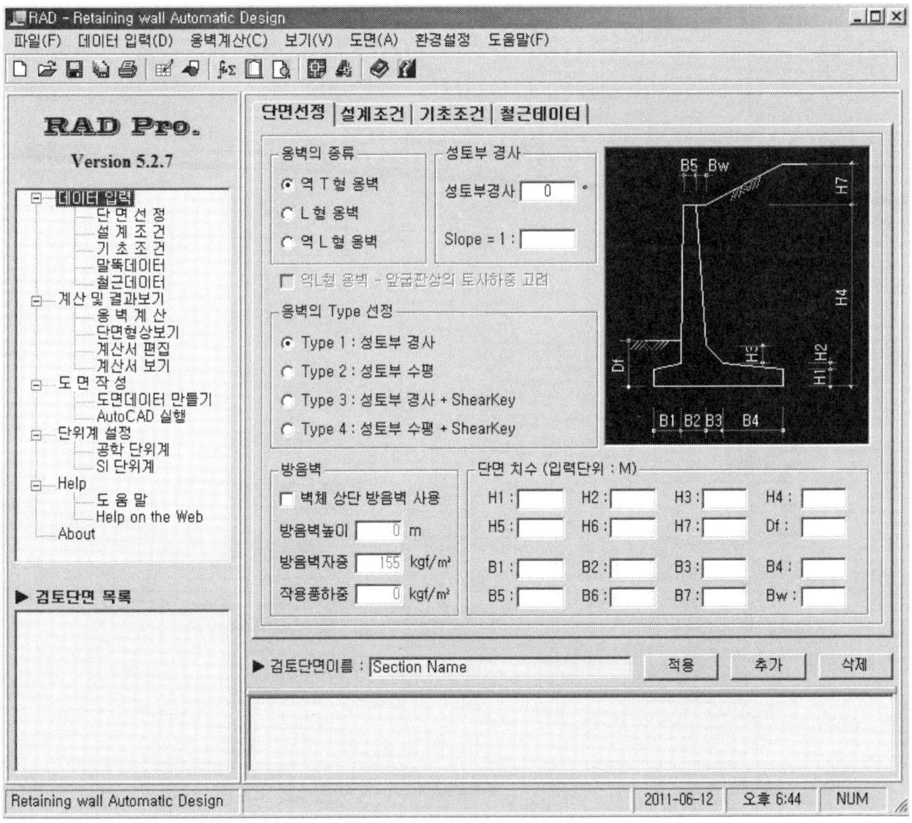

Chapter 04

명령어 및 명령어 약어

4.1 개 요

AutoCAD 도면작업을 하기위해서는 명령행에 명령을 입력하게 되는데, 일반적인 명령어를 그대로 입력하지 않고 명령어 약어를 사용하는 경우가 많다.
다음에서는 AutoCAD 명령어와 명령어 약어를 살펴보기로 한다.

4.2 명령어(Commnad)

[숫자]

• 3D	3차원 다각형 메쉬를 생성한다.
• 3DARRAY	3차원을 배열한다.
• 3DCLIP	3차원 궤도 뷰에서 자르기 평면을 지정한다.
• 3DDISTANCE	3차원 작업시에 카메라 위치를 설정한다.
• 3DFACE	3차원 면을 생성한다.
• 3DMESH	3차원 메쉬를 생성한다.
• 3DORBIT	3차원 궤도 뷰를 활성화한다.
• 3DPAN	3DORBIT 명령시에 PAN을 실행한다.
• 3DPOLY	3차원 폴리라인을 생성한다.
• 3DSIN	3D Studio 파일(*. 3ds)을 불러온다.
• 3DSOUT	3D Studio로 파일을 보낸다.
• 3DZOOM	3DORBIT 명령시에 ZOOM을 실행한다.

[A]

• ABOUT	AutoCAD에 대한 정보를 표시한다.
• ACISIN	ACIS 파일(*.sat)을 불러온다.
• ACISOUT	ACIS 파일로 보낸다.
• ADCENTER	도면이 갖고 있는 특성을 편리하게 관리한다.

[A]

- ALIGN　정렬하기 위해 객체를 이동하거나 회전한다.
- AMECONVERT　AME 솔리드 모델을 AutoCAD 솔리드 객체로 변환한다.
- APERTURE　OSNAP 명령 실행시 Target 박스크기를 조절한다.
- APPLOAD　AutoLISP, ADS, ARX 응용프로그램을 불러온다.
- ARC　호를 그린다.
- AREA　지정된 영영기나 닫혀진 객체의 면적을 계산한다.
- ARRAY　사각형 배열이나 원형 배열을 실행한다.
- ARX　ARX 응용프로그램에 대한 정보를 제공하고 보낸다.
- ATTDEF　속성을 정의한다.
- ATTDISP　속성의 가시성을 조절한다.
- ATTEDIT　속성정의를 편집한다.
- ATTEXT　속성정의를 추출한다.
- ATTREDEF　3D Studio로 파일을 보낸다.
- AUDIT　도면의 오류를 진단한다.

[B]

- BACKGROUND　렌더링 작업시 배경을 설정한다.
- BASE　현 도면의 삽입점을 설정한다.
- BHATCH　대화상자를 통해 원하는 영역을 해칭한다.
- BLIPMODE　블립모드를 제어한다.
- BLOCK　선택된 객체를 블록으로 정의한다.
- BMAKE　선택된 객체를 블록으로 생성한다.
- BMPOUT　선택된 객체를 비트맵 파일로 변환한다.
- BOUNDARY　경계영역을 찾아내어 폴리라인으로 생성한다.
- BOX　3차원 솔리드상자를 그려준다.
- BREAK　객체를 잘라 내거나 한 개의 객체를 두 개로 분리한다.
- BROWSER　시스템에 웹브라우저를 정의한다.

[C]

- CAL　간단한 계산 기능을 수행한다.
- CHAMFER　모서리를 모따기 처리한다.
- CHANGE　도면의 특성을 변경한다.
- CHPROP　도면 객체의 색상, 레이어, 선 형태, 선의 크기, 두께를 변경한다.
- CIRCLE　원을 그린다.

[C]

- COLOR　도면요소의 색상을 설정한다.
- COMPILE　PostScript 폰트 파일(*.shp)의 컴파일을 수행한다.
- CONE　3차원 원뿔을 그려준다.
- CONVERT　2D 폴리라인과 해치를 Release 14 형식으로 전환한다.
- COPY　객체를 복사한다.
- COPYCLIP　클립보드에 객체를 복사한다.
- COPYHIST　명령행의 텍스트를 클립보드에 복사한다.
- COPYLINK　현재 뷰를 다른 윈도우용 OLE 응용프로그램에 링크한다.
- CUTCLIP　도면객체를 클립보드에 복사하고 객체를 삭제한다.
- CYLINDER　3차원 솔리드 원통을 그려준다.

[D]

- DBLIST　모든 도면요소의 정보를 표시한다.
- DDEDIT　텍스트의 내용을 수정한다.
- DDGRIPS　대화상자를 사용하여도 그립을 제어한다.
- DDIM　대화상자를 사용하여 치수를 기입한다.
- DDMODIFY　대화상자를 사용하여 도면요소의 특성을 제어한다.
- DDPTYPE　대화상자를 사용하여 포인트의 유형을 선택한다.
- DDRMODES　도면 보조요소를 설정한다.
- DDSELECT　대화상자를 사용하여 선택모드를 설정한다.
- DDUCS　대화상자를 사용하여 UCS좌표계를 설정한다.
- DDUCSP　대화상자를 사용하여 선택된 UCS좌표계를 불러온다.
- DDUNITS　대화상자를 사용하여 AutoCAD에 사용되는 단위계를 설정한다.
- DDVPOINT　대화상자를 사용하여 3차원 뷰의 관찰점을 설정한다.
- DELAY　스크립트 실행시 지연시간을 설정한다.
- DIM　치수기입 명령을 실행한다.
- DIMALIGNED　정렬로 치수를 기입한다.
- DIMANGULAR　각 치수를 기입한다.
- DIMBASELINE　기준선 치수를 기입한다.
- DIMCENTER　원이나 호의 중심을 표시하는 치수를 기입한다.
- DIMCONTINUE　연속 치수를 기입한다.
- DIMDIAMETER　원이나 호의 지름 치수를 기입한다.
- DIMEDIT　치수를 편집한다.
- DIMLINEAR　선형 치수를 기입한다.

[D]

- DIMORDIANATE 원점치수를 기입한다.
- DIMOVERRIDE 치수변수의 영향을 무시한다.
- DIMRADIUS 반지름 치수를 기입한다.
- DIMSTYLE 대화상자에서 치수유형을 수정하거나 설정한다.
- DIMTEDIT 치수 텍스트를 이동하거나 회전한다.
- DIST 두 점사이의 거리와 각도를 표시한다.
- DIVIDE 객체를 일정한 포인트를 이용하여 등간격으로 표시 한다.
- DONUT 도넛이나 속이 채워진 원을 그려준다.
- DRAGMODE 드래그 기능을 조절한다.
- DRAWORDER 디스플레이 순서를 조절한다.
- DSETINGS 점을 정확하게 지정할 수 있는 옵션들을 설정한다.
- DSVIEWER 공중 뷰 윈도우를 실행한다.
- DTEXT 동적 텍스트를 기입한다.
- DVIEW 동적 뷰를 설정한다.
- DWFOUT DWF 파일(*.dwf)을 생성한다.
- DXBIN DXB 파일(*.dxb)을 불러온다.
- DXFIN DXF 파일(*.dxf)을 불러온다.
- DXFOUT DXF 파일(*.dxf)을 생성한다.

[E]

- EDGE 3D FACE명령에 의해 생성된 모서리 가시성을 변환한다.
- EDGESURF 3차원 다각형 메쉬를 생성한다.
- ELEV 도면요소에 고도를 부여한다.
- ELLIPSE 타원을 그려준다.
- ERASE 도면요소를 삭제한다.
- EXPLODE 한 개의 도면요소나 블록을 각각의 도면요소로 분리한다.
- EXPORT 선택된 도면요소를 다른 형식의 파일로 저장한다.
- EXTEND 도면요소를 다른 도면요소까지 연장한다.
- EXTRUDE 2차원 도면요소를 압축하여 3차원 솔리드로 생성한다.

[F]

- FILL 속이 채워지는 요소의 속채움을 제어한다.
- FILLET 객체의 모서릴르 라운딩 처리한다.
- FILTER 도면요소의 특성에 따라 선택을 조절한다.

[F]

- FIND 문자의 찾기 및 수정을 한다.
- FOG 랜더링 작업시 안개효과를 부여한다.

[G]

- GRID 화면에 그리드를 표시한다.
- GROUP 선택된 객체에 이름을 부여한다.

[H]

- HATCH 경계영역을 해치한다.
- HATCHEDIT 기존에 작성된 해치를 편집한다.
- HELP 온라인 도움말을 제공한다.
- HIDE 3차원 모델에서 은선을 제거하고 보여준다.
- HIGHLIGHT 선택한 객체의 선택여부를 강조시켜 보여준다.

[I]

- ID 선택된 점의 좌표를 표시한다.
- IMAGE 이미지 파일(*.bmp, *.tga, *.tif, *.jdg)을 불러온다.
- IMAGEADJUST 불러온 이미지의 밝기와 대비를 조절한다.
- IMAGEATTACH 새로운 이미지 객체의 정의를 부여한다.
- IMAGECLIP 이미지의 경계를 새로 만들어 준다.
- IMAGEFRAME 이미지 윤곽의 가시성을 제어한다.
- IMAGEQUALITY 이미지의 디스플레이를 조절한다.
- IMPORTH AutoCAD로 다양한 형식의 파일을 도입한다.
- INSERT 현 도면에 블록을 삽입한다.
- INSERTOBJ 다른 응용프로그램을 열고, 작성한 다음 도면에 삽입한다.
- INTERFERE 솔리드의 복합영역을 추출하고 새로 솔리드를 생성한다.
- INTERSECT 공통영역을 새로운 솔리드로 생성한다.
- ISOPLANE 동각 투상을 그리기 위해 평면을 조절한다.

[L]

- LAYER 레이어를 제어하고 형성한다.
- LAYOUT 도면의 배치를 설정한다.
- LEADER 지시선 치수를 기입한다.

[L]

- LENGTHEN 도면요소의 길이와 각을 조절한다.
- LIGHT 렌더링 작업시 조명을 조절한다.
- LIMITS 경계영역을 설정하여 도면의 크기를 조절한다.
- LINE 선을 그린다.
- LINETYPE 선 형태를 설정하거나 새로 생성한다.
- LIST 선택된 도면요소에 대한 정보를 나열한다.
- LOAD SHAPE 파일(*. shx)을 불러온다.
- LOGFILEOFF 문자 윈도우에서 기록하는 파일을 닫아준다.
- LOGFILEON 문자 윈도우의 내용을 파일로 기록하기 시작한다.
- LSEDIT 조경 객체를 편집한다.
- LSLIB 조경 라이브러리를 관리한다.
- LSNEW 새로운 조경 객체를 삽입한다.
- LTSCALE 선의 크기를 조절한다.
- LWEIGHT 선의 두께를 조절한다.

[M]

- MASSPROP 영역이나 솔리드의 질량특성을 계산하고 표시한다.
- MATCHPROP 도면요소의 특성을 다른 도면요소와 일치시킨다.
- MATLIB 재질 라이브러리를 관리한다.
- MEASURE 도면요소에 포인트나 블록을 등간격으로 표시한다.
- MENU 메뉴 파일(*.mnc, *.mnl)을 불러온다.
- MENULOAD 메뉴파일의 일부분을 불러온다.
- MENUUNLOAD 메뉴파일의 일부분을 제거한다.
- MINSERT 블록을 다중으로 배열하여 삽입한다.
- MIRROR 객체를 대칭으로 반사하여 복사한다.
- MIRROR3D 3차원 객체를 대칭으로 반사, 복사한다.
- MLEDIT 다중선을 편집한다.
- MLINE 다중선을 그려준다.
- MLSTYLE 다중선의 형탤르 지정한다.
- MOVE 선택된 객체를 이동시킨다.
- MSLIDE 슬라이드 파일(*. sld)을 생성한다.
- MSPACE 종이 영역에서 모델 영역으로 전환한다.
- MTEXT 다중행으로 문자를 기입한다.
- MULTIPLE 명령을 반복적으로 사용할 수 있게 한다.

[M]

- MVIEW 종이영역에서 선택된 뷰포트만 모델 영역으로 전환한다.
- MVSETUP 도면 설정을 자동화 한다.

[N]

- NEW 새로운 도면을 작업할 수 있는 상태로 전환한다.

[O]

- OFFSET 선택된 EHAUISDYTH를 평행으로 복사한다.
- OLELINKS 선택된 OLE 링크를 수정하고 삭제, 변경한다.
- OOPS 실수로 WDNS 객체를 되살린다.
- OPEN 기존에 작성된 도면파일(*.dwg)을 불러온다.
- ORTHO 직교 모드를 제어한다.
- OSNAP 객체 스냅모드를 설정하거나 해제한다.

[P]

- PARTIALOPEN 도면을 부분적으로 추가한다.
- PAN 현재의 도면을 다른 화면상태로 이동한다.
- PASTECLIP 클립보드에서 복사한 객체를 도면으로 삽입한다.
- PASTESPEC 클립보드에서 데이터를 삽입하고 형식을 제어한다.
- PEDIT 폴리라인을 편집하거나 다각형 메쉬를 편집한다.
- PFACE 3차원 메쉬를 편집한다.
- PLAN 현재의 관측점을 평면 보기로 설정한다.
- PLINE 폴리라인을 그려준다.
- PLOT 도면을 사용자가 지정한 형식으로 출력해준다.
- POINT 원하는 위치에 포인트를 찍어준다.
- POLYGON 등각 등변 다각형을 그려준다.
- PREVIEW 현재의 도면을 인쇄할 경우 출력상태를 미리 보여준다.
- PSDRAG PSIN 드래그 모드를 제어한다.
- PSFILL 2차원 폴리라인의 외곽선을 PostScript로 채워준다.
- PSIN PostScript 파일(*.eps)을 불러온다.
- PSOUT PostScript 파일로 현재의 도면을 저장한다.
- PSPACE 모델 영역에서 도면 영역으로 전환한다.
- PURGE 현재의 도면에서 사용되지 않는 레이어, 블록을 제거한다.

[Q]

- QDIM 여러 객체를 선택하여 빠르게 치수를 작성한다.
- QLEADER 지시선과 문자를 빠르게 작성한다.
- QSAVE 대화상자를 이용하지 않고 현 도면을 빠르게 저장한다.
- QTEXT 문자를 직사각형 상자로 보여준다.
- QUIT AutoCAD를 빠져 나온다.

[R]

- RAY 반 무한선을 그려준다.
- RECORD 구름 모양의 자유도형을 그려준다.
- RECOVER 손상을 입은 도면을 복구한다.
- RECTANG 직사각형이나 정사각형을 그려준다.
- REDEFINE UNDEFINE 명령으로 효력상실한 명령어를 복구시킨다.
- REDO 바로 전에 실행된 UNDO 명령이나 U 명령을 취소한다.
- REDRAW 현 도면의 현재 뷰 포트상태에서 블립을 제거한다.
- REDRAWALL 현 도면의 모든 뷰포트 상태에서 블립을 제거한다.
- REGEN 현 도면의 현재 뷰 포트상태에서 도면을 재생성한다.
- REGENALL 현 도면의 모든 뷰 포트상태에서 도면을 재생성한다.
- REGENAUTO 자동적인 재생성을 제어한다.
- REGION 선택된 도면요소로 영역을 만들어준다.
- REINIT 디지타이저, 프로그램 매개변수 파일을 재정의한다.
- RENAME 블록, 선 형태, 레이어, 문자유형 이름 등을 변경한다.
- RENDER 면을 가진 도면요소들을 렌더링 해준다.
- REPLAY Bmp, Tga, Tiff 파일의 이미지를 표시한다.
- RESUME 스크립트를 계속 수행하도록 한다.
- REVOLVE 축에 대해 도면요소를 회전시켜 솔리드를 생성한다.
- REVSURF 축을 중심으로 회전시켜 3차원 메쉬를 생성한다.
- RMAT 렌더링 작업시 재질을 부여한다.
- ROTATE 선택된 도면요소를 기준점 중심으로 회전시킨다.
- ROTATE3D 3차원 공간에서 객체를 회전시킨다.
- RPREF 렌더를 설정하는 대화상자를 디스플레이 한다.
- RSCRIPT 연속적으로 반복되는 스크립트를 생성한다.
- RULESURF 두 개의 곡선을 연결하는 3차원 메쉬를 생성한다.

[S]

• SAVE	대화상자를 이용하여 현재의 도면을 저장한다.
• SAVEAS	현재의 도면을 새로운 이름으로 저장한다.
• SAVEIMG	렌더 이미지를 파일로 저장한다.
• SCALE	선택된 도면요소의 크기를 변경한다.
• SCENE	모델공간에서 장면을 관리한다.
• SCRIPT	Script 파일을 읽어 명령을 수행한다.
• SECTION	솔리드를 면으로 잘라낸 단면을 영역으로 만들어 준다.
• SELECT	도면요소의 선택방식을 결정한다.
• SETUV	재질 맵을 작성한다.
• SETVAR	시스템 변수를 표시하고 설정값을 변경한다.
• SHADE	Shade 면을 생성한다.
• SHADEMODE	객체에 음영처리 방법을 지정한다.
• SHAPE	Shape를 삽입한다.
• SHELL	AutoCAD를 잠시 빠져나와 DOS로 들어간다.
• SHOWMAT	선택된 도면요소의 재질형과 부착정보 리스트를 보여준다.
• SKETCH	자유 곡선을 가지고 프리핸드 드로잉 작업을 한다.
• SLICE	솔리드를 잘라내어 분리한다.
• SNAP	스냅 작동을 제어한다.
• SOLDRAW	SOLVIEW 명령으로 생성된 뷰 포트에 윤곽선을 생성한다.
• SOLID	솔리드 다각형을 생성한다.
• SOLPROF	3차원의 솔리드의 윤곽선을 생성한다.
• SOLVIEW	3차원 솔리드를 투상법에 따라 뷰 포트를 배치시킨다.
• SPELL	문자의 철자를 검사한다.
• SPHERE	3차원 솔리드 구를 생성한다.
• SPLINE	스플라인 곡선을 그려준다.
• SPLINEDIT	기존에 작성된 스플라인 곡선을 편집한다.
• STATS	렌더 통계량을 디스플레이 한다.
• STATUS	현 도면에 대한 통계를 디스플레이 한다.
• STLOUT	솔리드를 2진 파일이나 아스키 파일에 저장시킨다.
• STRETCH	선택된 도면요소를 잡아늘여 신축한다.
• STYLE	문자의 유형을 조절한다.
• SUBTRACT	감산에 의해 합성 영역이나 솔리드를 생성시킨다.
• SYSWINDOWS	열려있는 윈도우 창을 정렬시킨다.

[T]

• TABLET	디지타이저를 조정, 구성하거나 켜짐과 꺼짐을 제어한다.
• TABSURF	경로 곡선과 방향 벡터로부터 3차원 메쉬를 생성한다.
• TEXT	문자를 기입한다.
• TEXTSCR	AutoCAD 문자 윈도우 창을 열어 준다.
• TIME	도면 작업 시간에 대한 정보를 디스플레이 한다.
• TOLERANCE	대화상자를 통하여 기하공차를 작성한다.
• TOOLBAR	대화상자를 통하여 도구막대의 디스플레이를 조작한다.
• TORUS	도우넛 형태의 솔리드를 생성한다.
• TRACE	폭을 가지며 속이 채워진 선을 그려준다.
• TRANSPARENCY	배경의 투명성을 제어한다.
• TREESTAT	공간 인덱스에 관한 정보를 디스플레이 한다.
• TRIM	경계요소를 중심으로 모서리를 잘라낸다.

[U]

• U	바로 전에 실행한 명령을 취소한다.
• UCS	사용자 좌표계에 관한 작업을 수행한다.
• UCSICON	UCS 아이콘의 가시성을 조절한다.
• UNDEFINE	사용자의 내장명령을 취소한다.
• UNDO	원하는 횟수만큼 전에 작업한 명령을 취소한다.
• UNION	영역이나 솔리드의 합집합을 생성한다.
• UNITS	AutoCAD에서 사용되는 기본적인 단위계를 제어한다.

[V]

• VIEW	대화상자를 사용하여 동적 뷰를 불러오고 설정한다.
• VIEWRES	원이나 호의 해상도를 조절한다.
• VPCLIP	뷰 포트의 경계를 재정의한다.
• VPLAYER	종이영역에서 레이어의 가시성을 설정한다.
• VPOINT	3차원 관점에서 관측점을 설정한다.
• VPORTS	현재의 화면을 여러개의 뷰 포트로 나눈다.
• VSLIDE	현재의 뷰 포트에서 슬라이드 파일을 보여준다.

[W]

- WBLOCK 선택한 도면의 일부분을 파일로 저장한다.
- WEDGE 쐐기형 솔리드를 생성한다.
- WMFIN 윈도우 메타파일(*. wmf) 을 불러온다.
- WMFOPTS 윈도우 메타파일을 불러오기 위해 선택옵션을 설정한다.
- WMFOUT 선택된 도면요소를 윈도우 메타파일로 저장한다.

[X]

- XATTACH 현 도면에 외부참조를 부착한다.
- XBIND 외부참조의 레이어, 블록, 문자유형을 도면에 적용시킨다.
- XCLIP 외부 참조의 자르기 경계를 설정하고 정의한다.
- XLINE 무한선을 그려준다.
- XPLODE 블록을 여러 가지 방법으로 분해한다.
- XREF 현재 도면을 외부 참조도면으로 이용할 수 있게 저장한다.

[Z]

- ZOOM 현재의 뷰 포트에서 화면의 상태를 축소, 확대한다.

4.3 명령어 약어(Commnad Aliases)

명령어 약어

「-」는 텍스트(Text) 모드에서 사용할 수 있는 명령

명령어 약어	해당 명령어	명령어 약어	해당 명령어
3A	3DARRAY	AAD	ASEADMIN
3F	3DFACE	AEX	ASEEXPORT
3P	3DPOLY	ALI	ASLINKS
A	ARC	ASQ	ASESQLED
AA	AREA	ARO	ASEROWS
AL	ALIGN	ASE	ASESSLECT
AP	APPLOAD	AT	DDATTDEF
AR	ARRAY	–AT	ATTDEF

명령어 약어	해당 명령어	명령어 약어	해당 명령어
ATE	DDATTE	EL	ELLIPSE
-ATE	ATTEDIT	EX	EXTEND
B	BMAKE	EXIT	QUIT
-B	BLOCK	EXP	EXPORT
BH	BHATCH	EXT	EXTRUDE
BO	BOUNDARY	F	FILLET
-BO	-BOUNDARY	FI	FILTER
BR	BREAK	G	GROUP
C	CIRCLE	-G	GROUP
CH	DDCHPROP	GR	DDGRIPS
-CH	CHANGE	H	BHATCH
CHA	CHAMFER	-H	HATCH
COL	DDCOLOR	HE	HATCHEDIT
CO	COPY	HI	HIDE
D	DDIM	I	DDINSERT
DAL	DIMALIGNED	-I	INSERT
DAN	DIMANGULAR	IAD	IMAGEADJUST
DBA	DIMBASELINE	IAT	IMAGEATTACH
DCE	DIMCENTER	ICL	IMAGECLIP
DCO	DIMCONTINUE	IM	IMAGE
DDI	DIMDIAMETER	-IM	-IMAGE
DED	DIMEDIT	IMP	IMPORT
DI	DIST	IN	INTERSECT
DIV	DIVIDE	INF	INTERFERE
DLI	DIMLINEAR	IO	INSERTOBJ
DO	DONUT	L	LINE
DOR	DIMORDINARTE	LA	LAYER
DOV	DIMOVERRIDE	-LA	-LAYER
DR	DRAWORDER	LE	LEADER
DRA	DIMRADIUS	LEN	LENGTHEN
DST	DIMSTYLE	LI	LIST
DT	DTEXT	LS	LIST
DV	DVIEW	LT	LINETYPE
E	ERASE	-LT	-LINETYPE
ED	DDEDIT	LTS	LTSCALE

명령어 약어	해당 명령어	명령어 약어	해당 명령어
M	MOVE	RPR	RPREF
MA	MATCHPROP	RR	RENDER
ME	MEASURE	S	STRETCH
MI	MIRROR	SC	SCALE
ML	MLINE	SCR	SCRIPT
MO	DDMODIFY	SE	DDSELECT
MS	MSPACE	SEC	SECTION
MT	MTEXT	SET	SETVAR
MV	MVIEW	SHA	SHADE
O	OFFSET	SL	SLICE
OS	DDOSNAP	SN	SNAP
–OS	–OSNAP	SO	SOLID
P	PAN	SP	SPELL
–P	–PAN	SPL	SPLINE
PA	PASTESPEC	SPE	SPLINEDIT
PE	PEDIT	ST	STYLE
PL	PLINE	SU	SUBTRACT
PO	POINT	T	MTEXT
POL	POLYGON	–T	–MTEXT
PR	PREFERENCES	TA	TABLET
PRE	PREVIEW	TH	THICKNESS
PRINT	PLOT	TI	TILEMODE
PS	PSPACE	TO	TOOLBAR
PU	PURGE	TOL	TOLERANCE
R	REDRAW	TOR	TOURS
RA	REDRAWALL	TR	TRIM
RE	REGEN	UC	DDUCS
REA	REGENALL	UCP	DDUCSP
REC	RECTANGLE	UN	DDUNITS
REG	REGION	–UN	UNITS
REN	DDRENAME	UNI	UNION
–REN	RENAME	V	DDVIEW
REV	REVOLVE	–V	VIEW
RM	DDRMODES	VP	DDVPOINT
RO	ROTATE	–VP	VPOINT

명령어 약어	해당 명령어	명령어 약어	해당 명령어
W	WBLOCK	XC	XCLIP
WE	WEDGE	XL	XLINE
X	EXPLODE	XR	XREF
XA	XATTACH	–XR	–XREF
XB	XBIND	Z	ZOOM
–XB	–XBIND		

Chapter 05

시스템 변수

5.1 개 요

AutoCAD에서 시스템변수는 프로그램의 실행에 관련되는 각종 변수들을 의미한다. 변수값의 설정이나 편집등은 Setvar 명령어로 지정할 수 있다.

그러나 변수값 중에는 수정이 가능한 변수들도 있지만, 값을 볼 수 만 있는 변수들도 있다.

각종 시스템 변수값은 작업한 도면과 함께 저장된다. 시스템 변수를 조정한다는 것은 작업환경을 사용자에 맞게 조절한다는 의미로, 보다 나은 작업환경을 만들 수 있다.

또한 AutoLISP등 응용프로그램을 만드는 경우에도 시스템변수를 활용하여 다양한 응용프로그램 등을 만들 수 있다.

명령 : **SETVAR** Enter↵

AutoCAD의 System variable을 화면에 표시한다.

(읽기 전용) : AutoCAD에서 자동 설정된 변수의 형태로 사용자가 입력을 하지 못하고 단지 설정된 변수값을 참조하는 형태의 변수를 말한다. 치수 기입에 관련된 변수는 Part3의 'chapter 17. 치수 기입' 을 참조한다.

시스템 변수	설 명
ACADPREFIX	"C:₩ACADR14₩support;C:₩ACADR14₩fonts;..." (읽기 전용) • AutoCAD 환경 변수에 의하여 지정된 디렉토리이다.
ACADVER	"14.0h(Hardware Lock)" (읽기 전용) • AutoCAD 버전 번호를 저장한다.
ACISOUTVER	16(읽기 전용) • AutoCAD ACIS SOLID 모델러의 버전을 저장한다.

시스템 변수	설 명
AFLAGS	0(Bit값) • ATTDEF 속성 플래그를 시징힌다. 0 : 선택 없음 1 : 가리기 2 : 상수 4 : 검증 8 : 사전 설정
ANGBASE	0(실수) • UCS에 관한 기준 각도 0 방향을 설정한다.
ANGDIR	0(정수) • 현재 UCS의 각도의 방향을 지정한다. 0 : 반시계 방향 1 : 시계 방향
APERTURE	10(정수) • 객체 스냅의 표적 높이값을 결정한다(픽셀값)
APBOX	0(정수) • AutoSnap의 Display를 결정한다. 0 : 보이기 1 : 안보이기
AREA	0.0000(실수)(읽기 전용) • Area/List 명령에 의한 최종 면적을 저장한다.
ATTDIA	0(정수) • Area/List 명령에 의한 최종 면적을 저장한다.
ATTMODE	1(정수) • 속성 표시의 MODE를 결정한다. 0 : 끄기 1 : 보통 2 : 켜기
ATTREQ	1(정수) • Insert 명령 동안 속성의 설정값을 결정한다. 0 : 모든 속성을 기본값으로 사용 1 : ATTDIA에 의한 프롬프트나 대화상자 사용 가능
AUDITCTL	0(정수) • Audit(감사) 보고서(*.adt)의 작성 여부를 결정한다. 0 : 금지 1 : 쓰기 가능
AUNITS	0(정수) • 각도 단위 모드를 설정한다. 0 : 십진도수, 1 : 도/분/초, 2 : 그래드, 3 : 라디안, 4 : 측량 단위

시스템 변수	설 명
AUPREC	0(정수) • 각도의 소수부 자릿수를 지정한다.
AUTOSNAP	7(Bit) • AutoSnap과 SnapTip의 Display를 결정한다. 0 : 끈다. 1 : Marker을 켠다. 2 : SnapTip을 켠다. 4 : Magnet을 켠다.
BACKZ	0.0000(실수)(읽기 전용) • 뒤 자르기 평면까지 거리를 저장한다(VIEWMODE의 뒷자르기에서만 작동).
BLIPMODE	0 • 선택점에 관한 Display를 조정한다. 0 : 표시한다. 1 : 표시하지 않는다.
CDATE	19981231.12453797(실수)(읽기 전용) • 날짜와 시간을 저장한다.
CECOLOR	"BYLAYER" (문자열) • 새 객체의 색상을 결정한다.
CELTSCALE	1.0000(실수) • 객체에 대한 현재의 전역 선종류의 축척을 설정한다.
CELTYPE	"BYLAYER" (문자열) • 새 객체의 선종류를 설정한다.
CHAMMODE	0(정수) • 모따기 방법을 결정한다. 1 : 2개의 길이로 모따기한다. 2 : 하나의 길이와 각도로 모따기한다.
CIRCLERAD	0.0000(실수) • 원의 반지름 기본값을 설정한다.
CLAYER	"0" (문자열) • 현재 도면층을 결정한다.
CHAMFERA	0.5000(실수) • 첫번째 모따기 길이를 설정한다.

시스템 변수	설 명
CMDACTIVE	1(Bit)(읽기 전용) • 어떤 명령이 작동중인지를 알린다. 1 : 보통 명령 작동중 2 : 보통+투명 명령 작동중 4 : 스크립트 작동중 8 : 대화상자 작동중
CMDDIA	1(정수) • 대화상자의 작동 여부를 결정한다. 0 : 작동 중지 1 : 작동 가능
CMDECHO	1(정수) • AutoLISP의 Command 함수의 명령행에 반환 여부를 결정한다. 0 : 반향 중지 2 : 반향
CMDNAMES	(문자열)(읽기 전용) • 현재 작동중인 명령어를 기록한다.
CMLJUST	0(정수) • 다중선의 자리 맞추기 값을 결정한다. 0 : 맨위 2 : 중간 3 : 맨아래
CMLSCALE	1.0000(실수) • 다중선의 전체 폭(축척)을 결정한다. *0은 선을 1개로 만든다.
CMLSTYLE	"STANDARD" (문자열) • 다중선(MLINE) 그리기에 사용할 다중선의 이름을 설정한다.
COORDS	1(정수) • 화면에 좌표점 갱신을 제어한다. 0 : 좌표점 선택시만 표현 1 : 연속적으로 좌표의 위치를 표현 2 : 거리나 각도가 요청될 때 마지막 좌표를 표현
CURSORSIZE	5(정수) • 화면에 보이는 커서의 십자선 크기를 조정한다. *스크린의 비율로 표현되는 값
CVPORT	2(정수) • 현재 뷰포트의 식별번호를 설정한다.

시스템 변수	설 명
DATE	2451179.53169908(실수)(읽기 전용) • 현재의 율리우스력 날짜를 표현한다.
DBMOD	4(Bit)(읽기 전용) • 도면의 수정 상태를 표현한다. 1 : 객체의 데이터베이스가 수정된다. 2 : 기호 테이블이 수정된다. 4 : 데이터베이스 변수가 수정된다. 8 : 윈도가 수정된다. 16 : 뷰가 수정된다.
DCTCUST	"C:₩ACADR14₩support₩sample.cus" (문자열) • 현재 사용자 철자사전 경로와 파일 이름.
DCTMAIN	"enu" (문자열) • 현재 주 철자 사전의 파일 이름이다.
DELOBJ	1(정수) • 다른 객체를 작성하는 데 사용하는 객체들이 도면 데이터 베이스에서 유지되는지를 결정한다. 0 : 객체 삭제 1 : 객체 유지
DIASTAT	1(정수)(읽기 전용) • 가장 최근의 대화상자 나가기 방법이 기록된다. 0 : 취소 1 : 확인
DISPSILH	0(정수) • 와이어프레임 모드에서 본체 객체의 실루엣 곡선의 표시를 조정한다. 0 : 끄기 1 : 켜기
DISTANCE	0.0000(실수)(읽기 전용) • DIST에 의하여 계산된 거리를 저장한다.
DONUTID	0.5000(실수) • DONUT의 내부 지름을 저장한다.
DONUTOD	1.0000(실수) • DONUT의 외부 지름을 저장한다.

시스템 변수	설 명
DRAGMODE	2(정수) • 객체의 끌기 모드를 실징힌다. 0 : 없음 1 : 켜기 2 : 자동
DRAGP1	10(정수) • 재생성 끌기의 견본 추출률을 정의한다.
DRAGP2	25(정수) • 빠른 끌기의 견본 추출률을 정의한다.
DWGCODEPAGE	"ANSI_949" (문자열)(읽기 전용) • 도면의 코드 페이지를 정의한다.
DWGNAME	"허 O O. dwg" (문자열)(읽기 전용) • 현재 도면의 명칭을 나타낸다.
DWGPREFIX	"C:₩ACADR14₩" (문자열)(읽기 전용) • 현재 도면이 작업되는 디렉토리를 나타낸다.
DWGTITLED	0(정수)(읽기 전용) • 현재 도면에 명칭이 지정되었는지 여부를 나타낸다. 0 : 없음 1 : 명칭이 지정됨
EDGEMODE	0(정수) • TRIM/EXTEND의 모서리 경계의 MODE를 결정한다. 0 : 연장하지 않는다. 1 : 모서리를 연장한다.
ELEVATION	0.0000(실수) • 현재 3D Z축(고도)값을 지정한다.
EXPERT	0(정수) • 임의의 프롬프트 표시를 조정한다. 0 : 모든 프롬프트를 정상적으로 발생 1 : 재생성/도면층 관련 억제 2 : 블록 관련 재정의 억제 3 : 라인 타입 관련 재정의 억제 4 : UCS/ VPORT 관련 재정의 억제 5 : DIM 관련 재정의 억제

시스템 변수	설 명
EXPLMODE	1(정수) • 비균일 축척의 블록의 분해 여부를 지정한다. 0 : 분해 못함 1 : 분해 가능
EXTMAX	−1.0000E+20,−1.0000E+20,−1.0000E+20(좌표)(읽기 전용) • 도면의 가장 오른쪽 상단의 위치점.
EXTMIN	1.0000E+20,1.0000E+20,1.0000E+20(좌표)(읽기 전용) • 도면의 가장 왼쪽 하단의 위치점.
FACETRATIO	0(정수) • FACETRATIO 원통 및 원추형 ACIS 솔리드의 면깎기 종횡비를 조정한다. 0 : 원통 및 원뿔형 ACIS 솔리드에 대해 N x 1 메쉬를 작성한다 1 : 원통 및 원뿔형 ACIS 솔리드에 대해 N x M 메쉬를 작성한다.
FACETRES	0.5000(실수) • 음영 처리와 HIDE된 객체의 부드러움을 자세히 표시하는 정도(0.01에서 10.0까지)
FILEDIA	1(정수) • 파일 대화상자의 표시를 제어한다. 0 : 작동 불능 1 : 작동 가능
FILLETRAD	0.5000(실수) • FILLERT의 반지름값을 지정한다.
FILLMODE	1(실수) • SOLID나 PLINE의 두께 채움을 결정한다. 0 : 채우지 않음 1 : 내부를 채운다.
FONTALT	"굴림체" (문자열) • 지정된 글꼴을 찾지 못하면 대체되는 글꼴.
FONTMAP	"C:₩ACADR14₩support₩acad.fmp" (문자열) • 지정된 글꼴을 찾지 못하면 대체되는 글꼴 매핑 파일을 지정한다.

시스템 변수	설 명
FRONTZ	0.0000(실수)(읽기 전용) • 뷰포트의 평면에서 앞사르기의 거리값을 저장한다.
GRIDMODE	0(정수) • 모눈이 켜지는지의 여부를 결정한다. 0 : 끈다.　　1 : 켠다.
GRIDUNIT	0.5000,0.5000(실수,실수) • 모눈의 X, Y 간격 값을 저장한다.
GRIPBLOCK	0(정수) • 블록에서의 GRIP점을 조정한다. 0 : Insert 위치에만 GRIP점 1 : 블록 내 객체에 GRIP점
GRIPCOLOR	5(정수) • 선택되지 않은 GRIP점의 색상을 결정한다.
GRIPHOT	1(정수) • 선택된 GRIP점의 색상을 결정한다.
GRIPS	1(정수) • GRIP의 신축, 이동, 회전, 축척 등에 대한 대칭 맞물림 여부를 결정한다. 0 : 맞물림 작동 불능 1 : 맞물림 작동 가능
HIGHLIGHT	1(정수) • 객체 선택의 강조를 조정한다. 0 : 객체 선택의 강조를 작동 불능 1 : 객체 선택의 강조를 작동 가능
HPANG	0.0000(실수) • 해치의 각도를 결정한다.
GRIPSIZE	3(정수) • GRIP점의 화소 수를 설정한다(1 – 255)
HANDLES	1(정수)(읽기 전용) • 요소에 특정 번호를 부여할 것인지의 여부를 결정한다. (응용 프로그램에서 사용한다).

시스템 변수	설 명
HIDEPRECISION	0(정수) • 가리기 및 음영의 정확도를 조정한다. 1 : 배정도 0 : 단정도(메모리 사용이 줄어든다).
HPBOUND	1(정수) • BHATCH와 BOUNDARY 명령에 의해 작성되는 객체의 형태를 설정한다. 0 : 폴리선을 작성 1 : 영역을 작성
HPDOUBLE	0(정수) • "U" 해치 패턴의 경우 이중선 여부를 결정한다. 0 : 이중선 금지 1 : 이중선 작성
HPNAME	"ANSI31" (문자열) • 현재 사용중인 해치 패턴의 이름이다.
HPSCALE	1.0000(실수) • 해치 패턴의 축척 요인을 결정한다.
HPSPACE	1.0000(실수) • "U" 해치 패턴의 경우 라인간의 간격(0은 안된다)
INETLOCATION	"http://www.autodesk.com/acaduser" (문자열) • 인터넷 연결 주소
INDEXCTL	0(정수) • 파일이 저장될 때, 도면층, 공간 또는 도면층 및 공간 색인을 작성할지를 결정한다. 0 : 색인이 작성되지 않는다. 1 : 도면층 색인이 작성된다. 2 : 공간 색인이 작성된다. 3 : 공간 색인 및 도면층 색인이 모두 작성된다.
INSBASE	0.0000,0.0000,0.0000(좌표) • 도면이 INSERT될 때의 기준점 좌표
INSNAME	"" (문자열) • DDINSERT/ INSERT의 기본 블록의 이름
ISAVEBAK	1(정수) • *.Bak 파일을 만들지의 여부를 결정한다. 0 : 만들지 않음 1 : Bak 파일 만듬

시스템 변수	설 명
ISAVEPERCENT	50(정수) • 도면의 현재 증분 사항만 저장한다.
ISOLINES	4(정수) • 객체에 있는 면당 등각선의 수를 지정(0~2047까지)
LASTANGLE	0(실수)(읽기 전용) • 마지막 입력된 각도의 값이 저장된다.
LASTPOINT	0.0000,0.0000,0.0000(좌표) • 마지막 입력된 좌표의 값이 저장된다.
LASTPROMPT	"LASTANGLE 0" (문자열)(읽기 전용) • 마지막 입력된 프롬프트 영역의 문자열 값이 저장된다.
LENSLENGTH	50.0000(실수)(읽기 전용) • 현재 뷰포트에 대한 원근 뷰에서 렌즈의 길이 값
LIMCHECK	0(정수) • 도면 밖에 객체를 만들 수 있는지 여부를 결정한다. 0 : 작성 1 : 작성할 수 없다.
LIMMAX	12.0000,9.0000(좌표) • 도면의 한계점(오른쪽 위)
LIMMIN	0.0000,0.0000(좌표) • 도면의 한계점(왼쪽 아래)
LISPINIT	1(정수) • AutoLISP 함수와 변수에 관한 정의 0 : LISP 함수와 변수를 저장한다. 1 : LISP 함수와 변수를 현재 도면에서만 사용가능 하다.
LOCALE	"kor" (문자열)(읽기 전용) • 현재 실행중인 ISO 언어 코드를 표시한다.
LOGFILEMODE	0(정수) • LOG 파일의 저장 여부를 결정한다. 0 : Log 파일 유지하지 않는다. 1 : Log 파일 유지
LOGFILENAME	"C:₩ACADR14₩acad.log" (문자열) • 현재 사용된 LOG 파일의 위치와 이름.

시스템 변수	설 명
LOGINNAME	"조 O O" (문자열)(읽기 전용) • 사용자 이름 AutoCAD 입력시의 값.
LTSCALE	1.0000(실수) • 전역 선종류 축척 요인.
LUNITS	2(정수) • 선형 단위 모드 1 : 과학 2 : 십진 3 : 공학 4 : 건축 5 : 분수
LUPREC	4(정수) • 선형 단위의 소수부 자릿수를 결정한다.
MAXSORT	200(정수) • 정렬된 기호(이름 또는 파일)의 최대 수
MEASUREINIT	1(정수) • 기존의 도면을 열 때, 어떤 해치 패턴과 선종류 파일이 사용되는지 조정한다. 0 : 영국식 : AutoCAD는 ANSIHatch 및 ANSILinetype 레지스트리 설정값에 의해 지정된 해치 패턴과 선종류 파일을 사용한다. 1 : 미터법 : AutoCAD는 ISOHatch 및 ISOLinetype 레지스트리 설정값에 의해 지정된 해치 패턴과 선종류 파일을 사용한다.
MEASUREMENT	0(정수) • MEASUREMENT 시스템 변수가 현재 도면에만 영향을 미치는 것으로 설명되어야 한다.
MAXACTVP	48(정수) • 한 번에 재생성되는 뷰포트의 최대 수
MENUCTL	1(정수) • 화면 메뉴의 페이지 전환을 조정한다. 0 : 화면 메뉴가 키보드 응답으로 전환되지 안는다. 1 : 화면 메뉴가 키보드 응답으로 전환된다.

시스템 변수	설 명
MENUECHO	0(Bit) • 메뉴의 반향과 프롬프트 조정 비트를 설정한다. 1 : 메뉴 항목의 반향을 억제 2 : 프롬프트의 화면 표시를 억제 4 : ^P의 작동 불능 8 : 입력 / 출력 분자열을 표시(DIESEL 관련 디버깅시)
MENUNAME	"C:₩ACADR14₩support₩acad" (문자열)(읽기 전용) • 현재 메뉴의 위치와 파일 명칭
MIRRTEXT	1(정수) • MIRROR시 TEXT의 방향 결정. 0 : 방향을 유지 1 : 대칭 방향으로
MODEMACRO	"" (문자열) • 상태바에 이름, 시간, 날짜 등을 표시(DIESEL을 사용한다).
MTEXTED	"Internal" (문자열) • 다중 편집에 사용하는 프로그램을 결정한다.
OFFSETDIST	-1.0000(실수) • 기본 Offset의 거리를 결정한다. 0 미만 : 통과 모드 0 이상 : 기본값 설정
OLEHIDE	0(정수) • OLE 자료의 Display를 결정한다. 0 : 보여진다. 1 : 종이 공간에서만 보여진다. 2 : 모델 공간에서만 보여진다. 3 : 보여지지 않는다.
ORTHOMODE	0(정수) • 직교 모드를 결정한다. 0 : 직교 Off 1 : 직교 On

시스템 변수	설 명
OSMODE	0(Bit) •Object Snap을 결정한다. 0 : 없음 1 : 끝점 2 : 중간점 4 : 중심점 8 : 절점 16 : 사분점 32 : 교차점 64 : 삽입점 128 : 수직점 256 : 접선 512 : 근처점 1024 : 신속하게 2048 : 명백한 교차점
PDMODE	0(정수) • Point(점)의 모양을 결정한다.
PDSIZE	0.0000(실수) • Point(점)의 크기를 결정한다. 0 미만 : 뷰포트의 퍼센트로 결정 0 이상 : 절대 크기
PELLIPSE	0(정수) • 타원의 형태를 조정한다. 0 : 타원 객체 1 : 폴리선 객체
PERIMETER	0.0000(실수)(읽기 전용) • AREA, LIST, DBLIST에 의한 마지막 둘레값이 저장된다.
PFACEVMAX	4(정수)(읽기 전용) • 면당 정점의 최대수를 지정한다.
PICKADD	1(정수) • 객체의 부가적인 선택을 지원한다. 0 : Shift를 추가한다. 1 : Shift를 삭제한다.
PICKAUTO	1(정수) • 객체 선택시 자동 윈도의 지원을 결정한다. 0 : 지원하지 않는다. 1 : 지원한다.
PICKBOX	3(정수) • 객체 선택시 사용되는 Box의 크기(픽셀값)

시스템 변수	설 명
PICKDRAG	0(정수) • 객체 선택시 자동 윈도의 방법을 결정한다. 0 : 두 번 클릭하여 선택 1 : 한 번의 클릭과 DRAG를 이용하여 선택
PICKFIRST	1(정수) • 미리 선택한 객체(Grip)의 사용 가능 여부를 결정한다. 0 : 작동 불가능 1 : 작동 가능
PICKSTYLE	1(정수) • 그룹과 연관해치의 선택을 조정한다. 0 : 선택 없음 1 : 그룹 선택 2 : 연관 해치 선택 3 : 그룹과 연관 해치의 선택
PLATFORM	"Microsoft Windows Version 4.10(x86)" (문자열)(읽기 전용) • 현재 사용중인 AutoCAD의 O/S 버전값
PLINEGEN	0(정수) • 2D 폴리선 라인 타입의 생성 방법을 결정한다. 0 : 각 라인으로 구분하여 라인 타입을 생성 1 : 각 라인을 연결하여 라인 타입을 생성
PLINETYPE	2(정수) • 2D 폴리선의 형태(POLYLINE/LWPOLYLINE 여부)를 결정한다. 0 : 이전 버전의 자료를 변환하지 않고, 이전 형태를 사용한다. 1 : 이전 버전의 자료를 변환하지 않고, 생성시 새로운 형태 사용 2 : 새로운 형태의 Pline만 사용한다.
PLINEWID	0.0000(실수) • 폴리선의 두께를 결정한다
PLOTID	"Default System Printer" (문자열) • 현재 설정된 기본 플로터의 명칭을 보여 준다

시스템 변수	설 명
PLOTROTMODE	1(정수) • 플로터의 기본 방향을 설정한다. 0 : 플로팅 영역을 회전시킨다. 1 : 플로팅과 도면의 방향을 일치시킨다.
PLOTTER	0(정수) • 구성된 플로터 중 현재 설정 장비의 번호(29개까지 설정할 수 있다)
POLYSIDES	4(정수) • POLYGON의 기본 변의 수(3 –1024까지)
POPUPS	1(정수)(읽기 전용) • 현재 구성된 Display 드라이버의 상태를 표시한다. 0 : 대화상자 등을 지원하지 않는다. 1 : 대화상자 등을 지원한다.
PROJECTNAME	"" (문자열) • 현재 구성한 프로젝트의 이름을 설명한다.
PROJMODE	1(정수) • TRIM과 EXTEND시 연장에 대한 조정을 한다. 0 : 투영없음 1 : 현재 UCS 투영 2 : 현재 VIEW 투영
PROXYGRAPHICS	1(정수) • Proxy objects에 대한 이미지를 저장할지의 여부 0 : 저장하지 않는다. 1 : 저장한다.
PROXYNOTICE	1(정수) • Proxy objects에 대한 이미지를 Display Note 0 : 경고 없음 1 : 경고 출력
PROXYSHOW	1(정수) • Proxy objects에 대한 이미지를 Display 여부 0 : Display하지 않는다. 1 : Display한다. 2 : Box 형태로 Display한다.

시스템 변수	설 명
PSPROLOG	"" (문자열) • PSOUT시 프롤로그의 이름을 지정한다(acad.psf).
PSQUALITY	75(정수) • 포스트스크립트 이미지 렌더링 품질과 그려질 방법을 지정한다. 0 : 작동 불능 0 미만 : AutoCAD 도면 단위당 화소수를 결정 0 이상 : 절대값 화수를 결정하고 Box 형태로 보여 준다.
QTEXTMODE	0(정수) • 신속 문자 모드를 결정한다. 0 : 일반 문자 형태로 1 : 신속 문자(Box) 형태로
RASTERPREVIEW	1(정수) • 미리보기가 도면과 함께 저장되는지의 여부를 결정한다. 0 : BMP만 1 : BMP와 WMF 2 : WMF만 3 : 미리보기 없음
REGENMODE	1(정수) • 도면의 자동 재생성을 조정한다. 0 : REGENAUTO를 끈다. 1 : REGENAUTO를 켠다.
RTDISPLAY	1(정수) • 실시간 Zoom이나 Pan에서 래스터 이미지의 표현 상태를 조정한다. 0 : 표현한다. 1 : Box만 표현한다.
SAVEFILE	"auto.sv$" (문자열)(읽기 전용) • 자동 저장 파일의 이름을 지정한다.
SAVENAME	"" (문자열)(읽기 전용) • 도면을 저장하는 파일의 이름을 저장한다.
SAVETIME	120(정수) • 도면의 자동 저장 시간을 설정한다.

시스템 변수	설 명
SCREENBOXES	0(정수)(읽기 전용) • 그래픽 영역의 화면 메뉴에 있는 상자의 수를 결정한다.
SCREENMODE	3(Bit)(읽기 전용) • AutoCAD의 표현을 상태 표시한다. 0 : 문자 화면의 표시 1 : 그래픽 화면의 표시 2 : 이중 화면 디스플레이가 구성된다.
SCREENSIZE	875.0000,530.0000(실수,실수)(읽기 전용) • 현재 화면의 화소수를 저장한다.
SHADEDGE	3(정수) • 렌더링의 모서리 음영 처리 상태 0 : 면은 음영 처리, 모서리는 강조하지 않는다. 1 : 면은 음영 처리, 모서리는 배경색으로 2 : 면은 채우지 않고, 모서리는 객체 색상으로 3 : 면은 객체 색상으로, 모서리는 배경색으로
SHADEDIF	70(정수) • 배경에 대한 분산 반사광의 비율을 백분율로 표시한다.
SHPNAME	"" (문자값) • 기본 셰이프의 명칭을 저장한다.
SKETCHINC	0.1000(실수) • SKETCH 사용시 레코드의 증분을 결정한다.
SKPOLY	1(정수) • SKETCH 사용시 어떤 요소로 저장될지를 결정한다. 0 : 라인으로 저장 1 : 폴리라인으로 저장
SNAPANG	0(실수) • SNAP의 각도를 설정한다.
SNAPBASE	0.0000,0.0000(좌표) • SNAP과 GRID의 기준 원점을 정한다.
SNAPISOPAIR	0(정수) • 등각 평면을 조정한다. 0 : 왼쪽 1 : 맨위 2 : 오른쪽

시스템 변수	설 명
SNAPMODE	0(정수) • SNAP 모드를 조정한다. 0 : 끄기 1 : 켜기
SNAPSTYL	0(정수) • SNAP의 유형을 정의한다. 0 : 표준 1 : 등각
SNAPUNIT	0.5000,0.5000(좌표) • SNAP의 X, Y값을 결정한다.
SORTENTS	96(Bit) • 객체의 정렬 순서를 설정한다. 0 : 정렬 없음 1 : 객체 선택에 대하여 2 : 객체 스냅에 대하여 4 : 다시그리기 방법으로 8 : MSLIDE순에 의하여 16 : 재생성에 순에 의하여 32 : 플로팅순에 의하여 64 : 포스트스크립트 출력순으로
SPLFRAME	0(정수) • 스플라인 맞춤 폴리선의 표시를 조정한다. 0 : 폴리선 조정 다각형을 표시하지 않는다. 1 : 표시한다.
SPLINESEGS	8(정수) • 각 스플라인에 생성될 선의 수를 설정한다.
SPLINETYPE	6(정수) • Pedit에 의하여 생성될 스플라인 곡선의 형태 5 : 2차 B-스플라인 6 : 3차 B-스플라인
SURFTAB1	6(정수) • Surface의 M방향 벡터의 수
SURFU	6(정수) • M방향 표면 밀도

시스템 변수	설 명
SURFV	6(정수) • N방향 표면 밀도
SURFTYPE	6(정수) • Pedit시 부드럽게 하기의 표면 맞춤의 형태 5 : 2차 B-스플라인 6 : 3차 B-스플라인 8 : 베지어 곡면
SYSCODEPAGE	"ANSI_949" (문자열)(읽기 전용) • acad.xmf에 지정된 시스템의 코드 페이지
SURFTAB2	6(정수) • Surface의 N방향 벡터의 수
TOOLTIPS	1(정수) • 도구 상자의 표시를 조정한다. 0 : 표시하지 않는다. 1 : 표시한다.
TABMODE	0(정수) • 타블렛의 사용을 조정한다. 0 : 타블렛 보드 작동 불능 1 : 타블렛 보드 작동 가능
TARGET	0.0000,0.0000,0.0000(좌표)(읽기 전용) • 현재 뷰포트의 위치를 저장한다.
TDCREATE	2451179.42167257(실수)(읽기 전용) • 도면 작성의 시간과 날짜를 저장한다.
TDINDWG	0.11009259(실수)(읽기 전용) • 도면의 전체 편집 시간을 저장한다.
TDUPDATE	2451179.42167257(실수)(읽기 전용) • 최종 갱신/저장 시간을 저장한다.
TDUSRTIMER	0.11009259(실수)(읽기 전용) • 사용자의 경과 타이머를 저장한다.
TEMPPREFIX	"C:₩WIN98₩TEMP₩" (실수)(읽기 전용) • 임시 파일의 위치를 저장한다.
TEXTEVAL	0(실수) • 문자열의 평가 방법을 조정한다. 0 : 문자열과 속성값에 대한 모든 응답이 문자 그대로 받아들인다. 1 : "(" 나 "!" 로 시작하는 문자열은 AutoLISP로 인정한다(DTEXT 명령은 이와는 무관하다).

시스템 변수	설 명
TEXTFILL	1(정수) • TrueType의 글꼴에 대하여 내부 채우기를 설정한다. 0 : 외각선으로 표시 1 : 문자의 내부를 채워서 표시
TEXTQLTY	50(실수) • TrueType 의 글꼴에 대한 해상도를 결정한다(0 ~ 100까지)
TEXTSIZE	0.2000(실수) • 기준 글자의 크기를 저장한다.
TEXTSTYLE	"STANDARD" • 기준으로 사용된 문자의 형태를 저장한다.
THICKNESS	0.0000(실수) • 새로 그려질 요소의 두께(z축)를 저장한다.
TILEMODE	1(정수) • 도면 공간(종이 공간)을 설정한다. 0 : 도면 공간(종이 공간)을 설정한다. 1 : 타일식 뷰포트로 설정한다.
TRACEWID	0.0500(정수) • Trace의 선두께를 결정한다.
TREEDEPTH	3020(정수) • 트리 구조의 공간 색인이 분기될 수 있는 횟수를 지정한다. 0 : 공간 색인을 전체적으로 억제한다. 0 이상 : 작동을 가능하게 한다. 0 미만 : 모형 공간의 객체는 2차원으로 취급된다.
TREEMAX	10000000(정수) • 공간색인에서 노드의 최대수를 제한한다
TRIMMODE	1(정수) • CHAMFER과 FILLET에서 자료를 절단할지 여부를 결정한다. 0 : 절단하지 않는다. 1 : 절단한다.
UCSFOLLOW	0(정수) • UCS에서 다른 UCS로 변경할 때마다 평면뷰를 재생성한다. 0 : UCS가 뷰에 영향을 주지 않는다. 1 : UCS가 변경되면 현재 뷰포트에서 새로운 UCS의 평면 뷰가 따라서 변경된다.
UCSORG	0.0000,0.0000,0.0000(좌표)(읽기 전용) • 현재 UCS의 기준점이다.

시스템 변수	설 명
UCSICON	1(Bit) • 좌표계의 아이콘을 표시한다. 1 : 아이콘을 표시 작동 2 : UCS 원점으로 아이콘을 표시한다.
UCSNAME	"" (문자열)(읽기 전용) • 현재 공간에 대한 좌표계의 이름을 알려 준다.
UCSYDIR	0.0000,1.0000,0.0000(좌표)(읽기 전용) • 현재 UCS의 Y축의 방향을 설정한다.
UCSXDIR	1.0000,0.0000,0.0000(좌표)(읽기 전용) • 현재 UCS의 X축의 방향을 설정한다.
UNDOCTL	5(Bit)(읽기 전용) • UNDO 명령을 사용할 상태인지를 표현한다. 0 : UNDO가 작동 불능이다. 1 : UNDO가 작동 가능이다. 2 : 하나의 명령만 취소할 수 있다. 4 : 자동 그룹 모드가 작동 가능이다. 8 : 그룹이 현재 작동중이다.
UNDOMARKS	0(정수)(읽기 전용) • UNDO 조정열에 배치된 표시의 수를 저장한다.
UNITMODE	0(정수) • 단위 형식을 조정한다. 0 : 이전에 설정된 분수, 피트 등의 측량사의 각도를 표시한다. 1 : 입력 형식으로 분수, 피트 등의 측량사의 각도를 표시한다.
VIEWCTR	7.4348,4.5000,0.0000(좌표)(읽기 전용) • 현재 뷰포트에서 UCS 좌표의 뷰의 중심을 저장한다.
VIEWDIR	0.0000,0.0000,1.0000(좌표)(읽기 전용) • 현재 뷰의 관측 방향을 저장한다.
VIEWSIZE	9.0000(실수)(읽기 전용) • 현재 뷰포트의 높이가 도면의 단위로 저장된다.
VIEWTWIST	0(실수)(읽기 전용) • 현재 뷰의 비틀기 각도를 저장한다.
VISRETAIN	1(정수) • 외부 참조 도면의 가시성을 지정한다. 0 : 외부 참조 도면층의 값(켜기/동결/색상 등)이 우선한다. 1 : 현재 도면층의 값(켜기/동결/색상 등)이 우선한다.

시스템 변수	설 명
VIEWMODE	0(Bit)(읽기 전용) • 현재 뷰포트의 관측 모드를 조정한다. 0 : 작동불능 1 : 원근뷰 작동중 2 : 앞자르기 작동중 4 : 뒷자르기 작동중 8 : UCS 추종 모드가 작동중 16 : 앞자르기가 눈앞에 없다.
VSMAX	44.6087,27.0000,0.0000(좌표)(읽기 전용) • 현재 뷰포트의 가상화면의 오른쪽 위를 저장한다.
VSMIN	−29.7391,−18.0000,0.0000(좌표)(읽기 전용) • 현재 뷰포트의 가상화면의 왼쪽 아래를 저장한다.
WORLDUCS	1(정수)(읽기 전용) • UCS가 표준 좌표계와 같은지 표시한다. 0 : 다르다.　　　1 : 같다.
XLOADCTL	1(정수) • 외부 참조된 파일에 대하여 요청되어 올리기를 작동 가능하게 한다. 0 : 다른 사용자도 참조된 파일에 접근하여 편집할 수 있다. 1 : 도면 파일을 열 수만 있고며 변경사항을 저장할 수는 없다. 2 : 다른 사용자가 원래의 파일을 사본으로 수정할 수 있다.
WORLDVIEW	1(정수) • UCS가 DVIEW나 VPOINT시 WCS로 변경되는지를 조정한다. 0 : 현재 UCS가 바뀌지 않는다. 1 : 현재 UCS가 바뀐다.
WRITESTAT	1(정수)(읽기 전용) • 도면이 읽기 전용인지 또는 쓰기 가능인지 표시한다. 0 : 도면에 대한 쓰기가 금지된 상태 1 : 도면에 대한 쓰기가 허용된 상태
XLOADPATH	"C:₩WIN98₩TEMP₩" (문자열) • 외부 참조된 파일의 사본이 배치될 경로를 저장한다.
XREFCTL	0(정수) • AutoCAD가 *.xlg 파일(외부 참조 로그 파일)을 기록할지를 조정한다. 0 : 파일을 기록하지 않는다. 1 : 파일을 기록한다.
XCLIPFRAME	0(정수) • 자르기 경계 프레임의 표시 여부를 결정한다. 0 : 자르기 프레임을 끈다. 1 : 자르기 프레임을 켠다.

부 록

1. CAD 관련 WEB SITE
2. 인용도서 및 관련자료

1. CAD관련 WEB SITE

본 교재에서는 AutoCAD 사용과 관련하여 프로그램의 각종 기능 및 활용법, 도움말 등 지원하는 AutoCAD 관련 웹 싸이트를 소개한다.

- 김영수CAD연구소 : http://kcadlab.snu.ac.kr/
- Autodesk(AutoCAD) : http://www.autodesk.com/
- Autodesk(AutoCAD) -한글 : http://www.autodesk.co.kr/
- CAD forum : http://www.cad-forum.com/
- InterGraph(MicroStation) : http://www.intergraph.com/
- Felix CAD : http://www.fcad.com/
- Inteli CAD : http://www.intelicad.com/
- Inteli CAD(한글) : http://www.icad.co.kr/
- Autodesk User Group : http://www.augi.com/
- CAD&Graphics : http://www.dadanet.co.kr/cadgraph
- CSWL INC(DWG VIEWER) : http://www.cswl.com/
- Open DWG : http://www.opendwg.org/
- VB Design : http://vbdesign.hypermart.net/cadpages/index.html
- VBCAD : http://vbcad.com/
- BWMF : http://www.furix.com/
- CADalog : http://www.cadalog.com/
- AEC KOREA : http://www.aeckorea.com/
- GYROSOFT : http://www.gyrosoft.co.kr/
- Active CAD : http://ourworld.compuserve.com/homepages/Humbug_Reality/ActiveCAD/index.htm

2. 인용도서 및 관련자료

금번 「건설환경디자인 CAD」 책을 펴내면서 기존에 출간된 여러 AutoCAD 관련 서적과 자료들 중에서 초보자가 쉽게 습득할 수 있게 잘 설명되어진 도서의 일부내용을 발췌하고 정리하여 AutoCAD를 도면작성용 TOOL로서 쉽게 접근할 수 있도록 하였다.

이 책에서 참고하거나 인용한 도서 및 자료는 다음과 같다.

- AutoCAD 2000 2002 토목캐드 : 구미서관, 박우진 著
- AutoCAD 기본과정 : VECTOR 1&C, 조현 및 유주형 共著
- 실습으로 따라 배우는 AutoCAD 2009 : 구민사, 손미나 著
- 초보자를 위한 토목CAD : 성안당, 배창렬, 이승원, 조신호 共著
- 토목캐드(CIVIL ENGINEERING CAD) : 구미서관, 박우진 著
- 수정판 토목캐드 : 구미서관, 박우진 著
- AutoCAD 2006을 이용한 토목 CAD : 성안당, 한성천, 전용배 共著
- 예제로 배우는 AutoCAD 2000 : 기전연구사, 신동수 著
- AutoCAD 도면 그리는 법 : 일진사, 육은정 著
- AutoCAD 2011 쉽게 따라하기 : (주)한국인프라, 소광영, 이정현 共著
- AutoCAD 2011 : 도서출판사 대림, 윤상수, 김대중 共著
- AutoCAD 2012 쉽게 따라하기 : 내하출판사, 소광영 著

건설환경디자인 CAD

저 자 | 이 승 원

발행인 | 임 해 진
발행처 | 구미서관

발 행 | 2012년 2월 20일 초판 1쇄
2013년 8월 14일 초판 2쇄

주 소 | 서울시 마포구 동교동 174-7 구미빌딩
등 록 | 1979년 6월 29일 No.9-6호
ISBN | 978-89-8225-891-6 (93530)

TEL : (代) 333-1101 FAX : 335-2201
http://www.goomibook.com

정가 20,000원